高等职业教育园林园艺类专业系列教材

园艺植物病虫害防治

主　编　李本鑫　李　静
副主编　刘　洋　亓东明　孙　铭　刘希财
参　编　鞠方成　战　锐　张清丽　张　璐
　　　　李　军
主　审　郑铁军

机械工业出版社

本书是高等职业教育园林、园艺类专业系列教材之一，是根据工学结合的目标和要求，以园艺植物病虫害综合防治技术能力的培养为主线，从园艺植物病虫害防治的岗位分析入手，针对市场的需求，结合职业教育的发展趋势编写的。本书分为5大模块：园艺植物病、虫识别技术；园艺植物病虫害综合防治技术；蔬菜病虫害防治技术；果树病虫害防治技术；观赏植物病虫害防治技术。5个模块下又共分为10个项目：园艺植物病害识别技术；园艺植物昆虫识别技术；园艺植物病虫害调查与测报技术；园艺植物病虫害综合治理技术；蔬菜病害防治技术；蔬菜害虫防治技术；果树病害防治技术；果树害虫防治技术；观赏植物病害防治技术；观赏植物害虫防治技术。每个项目下又分为若干工作任务。本书在理论上重点突出实践技能所需要的理论基础，在实践上突出了技能训练与生产实际的"零距离"结合。做到了内容翔实，南北兼顾。

本书可作为高等职业院校、高等专科院校、成人高校、民办高校及本科院校举办的二级职业技术学院观赏园艺、蔬菜、果树等专业教学用书，也可作为其他相关专业课程的教学参考书，以及植保工、花卉工、绿化工等工种相关内容的培训教材。

本书配有电子教案，凡使用本书作为教材的教师可登录机械工业出版社教材服务网 www.cmpedu.com 下载。咨询邮箱：cmpgaozhi@sina.com。咨询电话：010-88379375。

图书在版编目（CIP）数据

园艺植物病虫害防治/李本鑫，李静主编．—北京：机械工业出版社，2014.2（2025.2重印）
高等职业教育园林园艺类专业系列教材
ISBN 978-7-111-44662-0

Ⅰ.①园… Ⅱ.①李… ②李… Ⅲ.①园艺植物—病虫害防治—高等职业教育—教材 Ⅳ.①S436.8

中国版本图书馆CIP数据核字（2013）第261420号

机械工业出版社（北京市百万庄大街22号　邮政编码100037）
策划编辑：王靖辉　　责任编辑：王靖辉
版式设计：常天培　　责任校对：王　欣
封面设计：赵颖喆　　责任印制：单爱军
北京虎彩文化传播有限公司印刷
2025年2月第1版第8次印刷
184mm×260mm・20.5印张・504千字
标准书号：ISBN 978-7-111-44662-0
定价：55.00元

电话服务　　　　　　　网络服务
客服电话：010-88361066　　机 工 官 网：www.cmpbook.com
　　　　　010-88379833　　机 工 官 博：weibo.com/cmp1952
　　　　　010-68326294　　金 书 网：www.golden-book.com
封底无防伪标均为盗版　　机工教育服务网：www.cmpedu.com

前　言

随着我国经济的发展和人民生活水平的不断提高，园艺产业和教学科研获得了长远的进步，编写贴近园艺植物生产实际需求、突出应用型的高职高专职业教育教材，便成为园艺专业教育工作者的重要任务。

园艺植物病虫害防治是高职高专园艺专业必修的一门专业课程，也是一门理论性和实践性较强的课程。根据高职高专教学特点，以及要求学生掌握够用的理论基础和较强的实践技能，以校企深度融合为基础，以工学紧密结合为主线，以"优者成才，能者成功，人人成长"为目标，按照"走出教室练，进入项目干，跟着企业走，随着季节转"的教学理念，我们编写了适合高职高专园艺专业教学的《园艺植物病虫害防治》。

本书是编者们在总结了多年园艺植物病虫害防治经验基础之上，借鉴前人研究成果和学生学习特点编写而成的。内容上注重针对性和实用性，知识点的讲解力求循序渐进。

本书的主要特色有：

1. 每个项目下都有项目说明、学习内容、教学目标和技能目标来说明完成本项目所要达到的目的。每个项目后都有学习小结和达标检测来检验学生完成项目后的知识和技能的掌握情况。

2. 每个工作任务都通过任务驱动式（工作过程导向）的6个具体步骤来实施，即任务描述→任务咨询→任务实施→任务考核→思考问题→知识链接。

3. 本书将从内容到形式上力求体现我国职业教育发展方向。以为专业服务和够用为原则，集中反映园林类专业课程体系改革的最新成果。全书贯彻综合防治的理念，使学生学会用生态平衡及综合防治的观念去防治园艺植物病虫害。

4. 根据高等职业教育培养高技术、高技能的"双高"人才培养目标和要求，以综合防治技术能力培养为主线，从培养学生对园艺植物病虫害会诊断识别、会分析原因、会制订方案、会组织实施的植保"四会"能力出发而编写。

5. 以园艺植物病虫害综合防治的主要工作任务来驱动，以园艺植物病虫害形态识别技术、园艺植物病虫害调查技术、园艺植物病虫害综合防治技术的典型工作过程为主线，将相关知识的讲解贯穿在完成工作任务的过程中，通过具体的实施步骤完成预定的工作任务。

6. 内容紧紧围绕高等职业教育教学的要求，体现了工学结合的课程改革思路，突出实用性、针对性。体系、框架设计体现了改革和创新。

  本书由李本鑫、李静担任主编，由刘洋、亓东明、孙铭、刘希财担任副主编，由李本鑫制订编写大纲并完成全书的统稿工作。具体编写分工如下：黑龙江生物科技职业学院李本鑫、张清丽，辽宁水利职业学院张璐，云南林业职业学院李军，共同编写项目9及每个项目下学习小结和达标检测；西昌学院农业科学学院李静编写项目1；吉林农业科技学院刘洋编写项目3、项目4；西昌学院农业科学学院亓东明编写项目2；吉林农业科技学院孙铭编写项目5、项目6；吉林农业科技学院刘希财编写项目7、项目8；辽东学院鞠方成编写项目10中的任务1、任务2；吉林工程技术师范学院战锐编写项目10中的任务3、任务4、任务5。全书由郑铁军审阅并提出修改意见。在编写过程中，得到了许多高校同行的大力支持，并提出了许多宝贵意见，在此一并致谢！

  由于时间仓促和作者水平有限，而且园艺植物病虫害防治这门课程的教学改革仍处在探索过程中，所以书中定有许多不完善之处，敬请各位同行和读者在使用过程中，对书中的错误和不足之处进行批评指正，以便及时改进。

编 者

目　　录

前言

模块1　园艺植物病、虫识别技术

项目1　园艺植物病害识别技术 ……… 2
- 任务1　园艺植物病害的症状观察与识别 …… 2
- 任务2　非侵染性病害的观察与识别 …… 8
- 任务3　侵染性病害的观察与识别 …… 13
- 任务4　园艺植物病害诊断技术 …… 23
- 任务5　病害标本采集、制作与保存技术 …… 29
- 学习小结 …… 34
- 达标检测 …… 34

项目2　园艺植物昆虫识别技术 ……… 36
- 任务1　昆虫外部形态观察与识别 …… 36
- 任务2　昆虫内部器官观察与识别 …… 44
- 任务3　昆虫生物学特性观察与识别 …… 49
- 任务4　园艺昆虫主要类群观察与识别 …… 55
- 任务5　昆虫标本采集、制作与保存技术 …… 62
- 学习小结 …… 71
- 达标检测 …… 71

模块2　园艺植物病虫害综合防治技术

项目3　园艺植物病虫害调查与测报技术 …… 74
- 任务1　园艺植物病害调查技术 …… 74
- 任务2　园艺植物害虫调查技术 …… 80
- 任务3　园艺植物病害预测预报技术 …… 87
- 任务4　园艺植物害虫预测预报技术 …… 91
- 学习小结 …… 98
- 达标检测 …… 98

项目4　园艺植物病虫害综合治理技术 …… 99
- 任务1　园艺病虫害综合防治方案的制订 …… 99
- 任务2　农药的性状观察与质量鉴别技术 …… 105
- 任务3　常用农药的配制与使用技术 …… 111
- 学习小结 …… 122
- 达标检测 …… 123

模块3　蔬菜病虫害防治技术

项目5　蔬菜病害防治技术 ………… 126
- 任务1　十字花科蔬菜病害防治技术 …… 126

任务2	葫芦科蔬菜病害防治技术 … 132
任务3	茄科蔬菜病害防治技术 …… 137
任务4	豆科蔬菜病害防治技术 …… 142
任务5	葱蒜类蔬菜病害防治技术 … 146
任务6	绿叶类蔬菜病害防治技术 … 151
学习小结 …………………………… 156
达标检测 …………………………… 156

项目6　蔬菜害虫防治技术 ……… 158

任务1	十字花科蔬菜害虫防治技术 …… 158
任务2	葫芦科蔬菜害虫防治技术 … 165
任务3	茄科蔬菜害虫防治技术 …… 168
任务4	豆科蔬菜害虫防治技术 …… 172
任务5	葱蒜类蔬菜害虫防治技术 … 177
任务6	绿叶类蔬菜害虫防治技术 … 181
学习小结 …………………………… 185
达标检测 …………………………… 185

模块4　果树病虫害防治技术

项目7　果树病害防治技术 ………… 188

任务1	苹果树病害防治技术 ……… 188
任务2	梨树病害防治技术 ………… 195
任务3	葡萄病害防治技术 ………… 202
任务4	柑橘病害防治技术 ………… 208
任务5	桃、李、杏树病害防治技术 …………………………… 212
学习小结 …………………………… 218
达标检测 …………………………… 218

项目8　果树害虫防治技术 ………… 220

任务1	苹果树害虫防治技术 ……… 220
任务2	梨树害虫防治技术 ………… 226
任务3	葡萄害虫防治技术 ………… 232
任务4	柑橘害虫防治技术 ………… 236
任务5	桃、李、杏树害虫防治技术 …………………………… 241
学习小结 …………………………… 246
达标检测 …………………………… 246

模块5　观赏植物病虫害防治技术

项目9　观赏植物病害防治技术 …… 248

任务1	叶、花、果病害防治技术 … 248
任务2	枝干病害防治技术 ………… 257
任务3	根部病害防治技术 ………… 263
任务4	草坪主要病害防治技术 …… 269
学习小结 …………………………… 275
达标检测 …………………………… 275

项目10　观赏植物害虫防治技术 …… 277

任务1	食叶害虫防治技术 ………… 277
任务2	枝干害虫防治技术 ………… 290
任务3	吸汁害虫防治技术 ………… 300
任务4	地下害虫防治技术 ………… 307
任务5	草坪主要害虫防治技术 …… 313
学习小结 …………………………… 317
达标检测 …………………………… 317

参考文献 …………………………… 319

模块 1
园艺植物病、虫识别技术

项目1　园艺植物病害识别技术

项目2　园艺植物昆虫识别技术

园艺植物病害识别技术

【项目说明】

园艺植物在生产栽培和养护管理过程中往往遭受多种病害的侵染,据统计,几乎每一种园艺植物都有病害的发生。它的危害主要表现在导致园艺植物生长发育不良或者出现坏死斑点,发生畸形、凋萎、腐烂等,降低质量,使其失去食用价值,严重时引起整株或整片死亡,给生产造成重大的经济损失。只有对园艺植物病害进行科学有效的防治,园艺植物的经济价值才能得以充分体现,生产栽培才能得以正常开展,园艺植物正常的生长发育才具有可靠保证。

那么,园艺植物病害都有哪些症状呢?这些病害又是怎样传播和危害园艺植物的呢?这就是本项目要讲解的内容。本项目共分5个任务来完成:园艺植物病害的症状观察与识别;非侵染性病害的观察与识别;侵染性病害的观察与识别;园艺植物病害诊断技术;病害标本采集、制作与保存技术。

【学习内容】

掌握园艺植物病害的定义及症状类型;熟悉病原真菌、细菌、病毒、线虫和寄生性种子植物的基本形态、特点及病害症状;了解园艺植物侵染性病害的发生、侵染过程和侵染循环;分析园艺植物病害流行的条件及如何诊断病害。

【教学目标】

通过对园艺植物病害症状的观察与识别、病害的发生规律等相关内容的学习,为正确诊断园艺植物常发生的病害打下基础。

【技能目标】

能识别各种园艺植物病害的症状,并依此准确诊断园艺植物常见病害。

任务1 园艺植物病害的症状观察与识别

任务描述

园艺植物在生长发育及其产品储运过程中,常遭受到不良环境的影响或有害生物的为

害，扰乱了新陈代谢的正常进行，造成从生理机能到组织结构发生一系列的变化和破坏，使产量降低、品质变劣，从而表现出各种不正常的现象，这些不正常的现象即为病害的症状。我们怎么才能从植物病害的各种症状中找出规律，对园艺植物病害进行诊断呢？

本任务就是通过对植物发病以后内部和外部显示的症状进行观察，然后根据症状类型对某些病害作出初步诊断，确定它属于哪一类病害，它的病因是什么。对于复杂的症状变化，还要对症状进行全面的了解，对病害的发生过程进行分析，包括症状发展的过程、典型的和非典型的症状及由于寄主植物反应和环境条件的不同对症状的影响等，并且结合查阅资料，进一步鉴定它的病原物，对病害作出正确诊断。

任务咨询

一、园艺植物病害的定义

园艺植物在生长发育过程中或种苗、球根、鲜切花和成株在储运过程中，由于病原物侵入或不适宜的环境因素的影响，生长发育受到抑制，正常生理代谢受到干扰，组织和器官受到破坏，导致叶、花、果等器官变色、畸形和腐烂，甚至全株死亡，从而降低产量及质量，造成经济损失，影响观赏价值和景色，这种现象称为园艺植物病害。

二、园艺植物病害的症状

园艺植物发病后，经过一定的病理程序，最后表现出的病态特征叫症状。症状按性质分为病状和病征。

（一）病状类型

1. 变色型

植物感病后，叶绿素不能正常形成或解体，因而叶片表现为浅绿色、黄色甚至白色。叶片的全面褪绿常称为黄化或白化。

2. 坏死型

坏死是细胞和组织死亡的现象，常见的有腐烂、溃疡、斑点。

3. 萎蔫型

植物因病而表现失水状态称为萎蔫。植物的萎蔫可以由各种原因引起，茎部的坏死和根部的腐烂都引起萎蔫。

4. 畸形型

畸形是因细胞或组织过度生长或发育不足引起的。常见的有丛生、瘿瘤、变形、疮痂、枝条带化。

5. 流脂或流胶型

植物细胞分解为树脂或树胶流出，常称为流脂病或流胶病。前者发生于针叶树，后者发生于阔叶树。流脂病或流胶病的病原很复杂，有侵染性的，也有非侵染性的，或为两类病原综合作用的结果。

（二）病征类型

1. 粉状物

粉状物直接产生于植物表面、表皮下或组织中，以后破裂而散出，包括锈粉、白粉、黑粉和白锈。

2. 霉状物

霉状物是真菌的菌丝、各种孢子梗和孢子在植物表面构成的特征，其着生部位、颜色、质地、结构常因真菌种类不同而各异，可分为3种类型。

3. 点状物

点状物是在病部产生的形状、大小、色泽和排列方式各不相同的小颗粒状物，它们大多呈暗褐色至褐色，针尖至米粒大小，为真菌的子囊壳、分生孢子器、分生孢子盘等，例如苹果树腐烂病、各种植物炭疽病等。

4. 颗粒状物

颗粒状物是真菌菌丝体变态形成的一种特殊结构，其形态大小差别较大，有的似鼠粪状，有的像菜籽形，多数为黑褐色，生于植株受害部位，例如十字花科蔬菜菌核病、莴苣菌核病等。

5. 脓状物

脓状物是细菌性病害在病部溢出的含有细菌菌体的脓状黏液，一般呈露珠状或散布为菌液层；在气候干燥时，会形成菌膜或菌胶粒，例如黄瓜细菌性角斑病等。

症状是植物特征和病原特征在外界影响下相结合的反应。不同病害的症状（特别是病征）具有一定的特异性和稳定性。许多病害都是根据特有的症状命名的，例如丛矮病、花叶病、黑粉病、霜霉病等。因此，熟悉症状对诊断病害有重要意义。但是完全依靠症状诊断病害也有一定的局限性。许多病害常产生相似的症状，同一病害因植物品种、发育阶段、发病部位、环境条件不同，症状也会有较大差异。在这种情况下，必须借助其他方法才能诊断。

三、园艺植物病害的类别

按照引起园艺植物病害的病原不同可将病害分为非侵染性病害和侵染性病害。

1. 非侵染性病害

非侵染性病害是由不适宜的环境因素持续作用引起的，不具有传染性，所以也称为非传染性病害或生理性病害。这类病害常常是由于营养元素缺乏、水分供应失调、气候因素及有毒物质对大气、土壤和水体等的污染引起的。

2. 侵染性病害

侵染性病害是由园艺植物受到病原物的侵袭而引起的，具有传染性，所以又称为传染性病害，也称为寄生性病害。引起侵染性病害的病原物主要有真菌、细菌、病毒，此外还有线虫、寄生性螨类等。

四、植物病害的侵染过程

病原物与植物接触之后，引起病害发生的全部过程，叫做侵染程序，简称病程。病程一般可分为接触期、侵入期、潜育期及发病期4个时期。实际上，病程是个连续的侵染过程。

1. 接触期

接触期是指从病原物与植物接触，到病原物开始萌动为止的这一时期。病害的发生首先要求病原物接触寄主，还必须接触在病原物能够入侵的部位。这个适宜侵入的部位叫做感病点。

2. 侵入期

侵入期是指病原物从开始萌发侵入寄主，到初步建立寄生关系的这一时期。病原物入侵植物的途径有3种：伤口侵入、自然孔口侵入、直接侵入。不同病原物的入侵途径不同，例如病毒只能通过新鲜的微细伤口入侵；细菌可通过伤口和自然孔口入侵；真菌则3种途径都可入侵。

3. 潜育期

潜育期是指从病原物与寄主初步建立寄生关系到寄主表现病状这一时期。这一阶段是植物和病原物相互斗争最尖锐的阶段，是寄生关系进一步建立与病原物持续繁殖的时期，也是发病与否的决定性时期。

4. 发病期

发病期是指从寄主开始表现症状而发病到症状停止发展为止这一时期。这一阶段由于寄主受到病原物的干扰和破坏，在生理上、组织上发生一系列的病理变化，继而表现在形态上，病部呈现典型的症状。

五、植物病害的侵染循环

从前一个生长季节开始发病，到下一个生长季节再度发病的过程，叫做侵染循环。它包括病原物的越冬和越夏、病原物的传播、初侵染和再侵染3个环节，切断其中任何一个环节，都能达到防治病害的目的。侵染循环是研究植物病害发生发展规律的基础，也是研究病害防治的中心问题。病害防治的提出就是以侵染循环的特点为依据的（图1-1）。

如果只有初侵染，在防治上应强调消灭越冬（或越夏）的病原物。对于有再侵染的病害，除了消灭越冬（或越夏）的病原物外，还要根据再侵染的次数相应地增加防治次数，这样才能达到防治的目的。

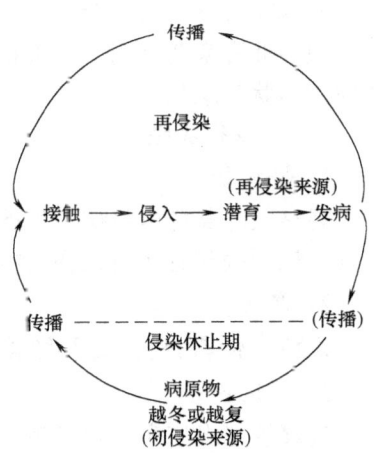

图1-1　侵染循环模式图

任务实施

一、材料及工具的准备

1. 材料

月季黑斑病、菊花褐斑病、菊花枯萎病、君子兰细菌性软腐病、葡萄霜霉病、苗木立枯病、草坪禾本科杂草黑穗病、贴梗海棠锈病、林木煤污病、二月兰霜霉病、柑橘青霉病、仙客来花叶病、苹果花叶病、月季白粉病、大叶黄杨白粉病、兰花炭疽病、杜鹃叶肿病、碧桃缩叶病、观赏植物毛毡病、果树根腐病、泡桐丛枝病等当地主要园艺植物不同病害症状类型的标本。

2. 用具

放大镜、显微镜、镊子、挑针、搪瓷盘等。

二、任务实施步骤

（一）病状观察

1. 斑点

观察葡萄霜霉病、月季黑斑病、菊花褐斑病等标本，识别病斑的大小、颜色等。

2. 腐烂

观察君子兰细菌性软腐病等标本，识别各腐烂病有何特征，是干腐还是湿腐。

3. 枯萎

观察菊花枯萎病植株枯萎的特点，看其是否保持绿色。观察茎秆维管束颜色和健康植株有何区别。

4. 立枯和猝倒

观察苗木立枯病等标本，看茎基病部的病斑颜色，以及有无腐烂和有无缢缩。

5. 肿瘤、畸形、簇生、丛枝

观察杜鹃叶肿病、碧桃缩叶病、观赏植物毛毡病、果树根腐病、泡桐丛枝病等标本，分辨其与健株有何不同，以及哪些是瘤肿、丛枝、畸形叶片。

6. 褪色、黄化、花叶

观察仙客来花叶病、苹果花叶病等标本，识别叶片绿色是否浓淡不均，有无斑驳，以及斑驳的形状与颜色。

（二）病征类型

1. 粉状物

观察大叶黄杨白粉病、月季白粉病、草坪禾本科杂草黑穗病、白锈病、贴梗海棠锈病等标本，识别病部有无粉状物及粉状物颜色。

2. 霉状物

识别林木煤污病、二月兰霜霉病、葡萄霜霉病、柑橘青霉病等标本，识别病部霉层的颜色。

3. 点状物

观察兰花炭疽病、腐烂病、白粉病等标本，分辨病部黑色小点、小颗粒。

4. 菌核与菌索

观察矢车菊、桂竹香菌核病标本，识别菌核的大小、颜色、形状等。

5. 溢脓

观察白菜软腐病等标本，识别有无脓状黏液或黄褐色胶粒？

任务考核

任务考核单

序号	考核内容	考核标准	分值	得分
1	病健植物对比观察	对比健康植物说出得病植物的不正常现象	25	
2	病状观察	说出常见的病状类型有哪些	25	
3	病症观察	说出常见的病症有哪些	25	
4	问题思考与回答	在整个任务完成过程中积极参与，独立思考	25	

思考问题

1. 什么是园艺植物病害？病害的类型有哪些？
2. 园艺植物病害的侵染过程是怎样的？

知识链接

病原物的特性

一、病原物的寄生性

所有病原物都是异养生物，它们必须从寄主植物体中获取营养物质才能生存。病原物依赖于寄主植物获得营养物质而生存的能力，称为寄生性。被获取养分的植物，叫做该病原物的寄主。不同病原物的寄生性有很大的差异，可以把病原物分为3种类型。

1. 专性寄生物

专性寄生物又叫严格寄生物、纯寄生物。这类病原物只能在活的寄主体上生活，寄主植物的细胞和组织死亡后，病原物也停止生长和发育，病原物的生活严格依赖于寄主。它们对营养的要求比较复杂，一般不能在人工培养基上生长。例如病毒、霜霉菌、白粉菌、锈菌等。

2. 非专性寄生物

非专性寄生物既能在寄主活组织上寄生，又能在死亡的病组织和人工培养基上生长。依据寄生能力的强弱，其又分为两种情况：兼性寄生物、兼性腐生物。

3. 专性腐生物

专性腐生物以各种无生命的有机质作为营养来源。这类病原物一般不能引起植物病害，但可造成木材腐朽。

二、病原物的致病性

病原物的致病性是指病原物引起病害的能力。它主要反映在病原物对寄主的破坏性上。一般，寄生性很强的病原物，仅具有较弱的致病力，它可以在寄主体内大量繁殖；寄生性弱的病原物，往往致病力很强，常引起植物组织器官的急剧崩溃和死亡，而且是先毒害寄主细胞，然后在死亡的组织里生长蔓延。

三、植物的抗病性

（一）植物对病原侵染的反应

植物对病原侵染的反应一般有4种类型：抗病、耐病、感病、免疫。

（二）植物抗病性的机制

植物抗病性的机制主要有抗接触、抗侵入、抗扩展。

（三）植物抗病性的分类

1. 垂直抗病性和水平抗病性
2. 个体抗病性和群体抗病性
3. 阶段抗病性和生理年龄抗病性

四、植物病害的流行因素

植物病害在一定地区、一定时间内，普遍发生且产生严重危害的现象称为病害的流行。病害流行的条件：有大量易于感病的寄主，有大量致病力强的病原物，有适合病害大量发生的环境条件。这3个条件缺一不可，而且必须同时存在。

任务2　非侵染性病害的观察与识别

任务描述

园艺植物正常的生长发育，要求一定的外界环境条件。各种园艺植物只有在适宜的环境条件下生长，才能发挥它的优良性状。当园艺植物遇到恶劣的气候条件、不良的土壤条件或有害物质时，植物的代谢作用受到干扰，生理机能受到破坏，因此在外部形态上必然表现出症状来。那么非侵染性病害都有哪些特点？其发生发展规律是怎样的？又如何诊断呢？

园艺植物的非侵染性病害主要是由环境中不适合的化学或物理因素直接或间接引起的。化学因素主要包括营养元素的不足或过量、比例的失调，空气、水和土壤的各种污染，化学农药的药害等；物理因素主要包括气温、土温的过高、过低或骤然改变，土壤与空气中的水分过多或过少，光照强度或光周期的不正常变化等。识别非侵染性病害的关键是抓住症状的田间分布类型、生长期间环境因子的不正常变化、无侵染性、可恢复等特点。因此在诊断时，要全面考察各种因素，细致分析，才能得出正确结论，为防治提供可靠依据。

任务咨询

一、非侵染性病害的认知

1. 非侵染性病害的概念

非侵染性病害是由不适宜的环境因素持续作用引起的，不具有传染性，所以也称为非传染性病害或生理性病害。这类病害常常是由于营养元素缺乏、水分供应失调、气候因素及有毒物质对大气、土壤和水体等的污染引起的。

2. 非侵染性病害的特点

1）病株在绿地的分布具有规律性，一般较均匀，往往是大面积成片发生，不先出现中心发病植株，没有从点到面扩展的过程。

2）症状具有特异性，除了高温、日灼和药害等个别病原能引起局部病变外，病株常表现全株性发病，如缺素症、水害等，株间不互相传染，病株只表现病状而无病征，症状类型有变色、枯死、落花落果、畸形和生长不良等。

3）病害的发生与环境条件、栽培管理措施有关，因此，要通过科学合理的园艺栽培技术措施，改善环境条件，促使植物健壮生长。

二、营养失调

营养失调包括营养缺乏、各种营养间的比例失调或营养过量，这些因素可以诱使植物表现出各种病状。造成植物营养元素缺乏的原因有多种，一是土壤中缺乏营养元素；二是土壤中营养元素的比例不当，元素间的颉颃作用影响植物吸收；三是土壤的物理性质不适，如温度过低、水分过少、pH过高或过低等都影响植物对营养元素的吸收。在大量施用化肥、农药的地块，在连作频繁的保护地栽培等情况下，土壤中大量元素与微量元素的不平衡日益突出，在这种土壤环境中生长的植株往往会表现出营养失调症状。土壤中某些营养元素含量过高对植物生长发育也是不利的，甚至造成严重伤害。

植物所必需的营养元素有氮、磷、钾、钙、镁和微量元素铁、硼、锰、锌、铜等十几种。这些元素缺乏时，园艺植物就会出现缺素症；某种元素过多时，园艺植物的正常生长发育也会受到影响。

三、土壤水分失调

水是植物生长发育不可缺少的条件，植物正常的生理活动，都需要在体内水分饱和状态下进行。水是原生质的组成成分，占鲜重的80%~90%，是植物生长发育不可缺少的条件。因此，土壤中水分不足或过多及供应失调，都会对植物产生不良影响。

1. 旱害的症状

在土壤干旱缺水的条件下，植物出现萎蔫。

2. 涝害的症状

土壤水分过多，往往发生水涝现象，植物根系受到损害后，便引起地上部分叶片发黄，花色变浅，花的香味减轻及落叶、落花，茎干生长受阻，严重时植株死亡。

四、温度不适宜

植物必须在适宜的温度范围内才能正常生长发育。温度过高或过低，超过了植物的适应能力，其代谢过程受到阻碍，组织受到伤害，严重时还会引起死亡。

高温常使花木的茎、叶、果受到灼伤。低温也会使植物受到伤害，能引起苗木冻拔害。霜冻是常见的冻害。

五、光照不适宜

不同的园艺植物对光照时间长短和强度大小的反应不同，应根据植物的习性加以养护。例如月季、梅花、菊花和金橘等喜光植物，宜种植在向阳避风处；龟背竹、杜鹃和茶花等耐阴植物，忌阳光直射，应给予良好的遮阴条件；中国兰花、广东万年青和海芋等为耐阴作物。

六、通风不良

无论是露地栽培还是温室栽培，植物栽培密度或花盆摆放密度都应合理。适宜的密度有利于通风、透气、透光，改善环境条件，提高植物生长势，并造成不利于病菌生长的条件。

减少病害发生。

七、土壤酸碱度不适宜

许多园艺植物对土壤酸碱度要求严格，若酸碱度不适宜则表现出各种缺素症，并诱发一些侵染性病害的发生。例如我国南方多为酸性土壤，易缺磷、缺锌；北方多为石灰性土壤，容易发生缺镁性黄化病。因为微碱性环境利于病原菌生长发育，在偏碱的沙壤土，樱花、月季、菊花根癌病容易发生；在中性或碱性土壤，一品红根茎腐烂病、香豌豆根腐病发病率较高。土壤酸碱度较低时，易于香石竹镰孢菌枯萎病的发生。

任务实施

一、材料及工具的准备

1. 材料

栀子缺氮、缺钙、缺铁、缺锰的标本；菊花缺氮、缺锰、缺钾、缺钙的标本和图片；月季缺氮、缺磷、缺钙、缺钾的标本和图片；香石竹缺磷、缺钾的标本和图片；秋海棠缺钾的标本；苹果树、桃树缺锌的图片；金鱼草缺镁的标本；一品红缺硫的标本；八仙花缺硫的标本；小灌木和草坪草在土壤干旱缺水时的标本和图片；常见的木本和草本植物在土壤水分过多时的标本和图片；柑橘日烧病的标本和图片；露地栽培的花木受霜冻后的标本和图片；针叶树受冻害后的标本和图片；药害和有毒物质伤害的植物图片等。

2. 用具

手持放大镜、修枝剪、镊子等。

二、任务实施步骤

（一）缺素症观察

1. 缺氮症状观察

观察栀子缺氮时的症状，可见其叶片普遍黄化，植株生长发育受抑制。菊花缺氮时可见其叶片变小，呈灰绿色，下部老叶脱落，茎木质化，节间短，生长受抑制。月季缺氮时则叶片黄化，但不脱落，植株矮小，叶芽发育不良，花小，色浅等。

2. 缺磷症状观察

观察香石竹缺磷时的症状，可见其基部叶片变成棕色而死亡，茎纤细柔弱，节间短，花较小。月季缺磷时则老叶凋落，但不发黄，茎瘦弱，芽发育缓慢，根系较小，影响花的质量。

3. 缺钾症状观察

观察秋海棠缺钾时的症状，可见其叶缘焦枯乃至脱落。菊花缺钾时可见其叶片小，呈灰绿色，叶缘呈现典型的棕色，并逐渐向内扩展，产生一些斑点，终至脱落。香石竹缺钾时则植株基部叶片变棕色而死亡，茎秆瘦弱，易罹病。月季缺钾时则叶片边缘呈棕色，有时呈紫色，茎瘦弱，花色变浅。

4. 缺钙症状观察

观察栀子缺钙时的症状，可见其叶片黄化，顶芽及幼叶的尖端死亡，植株上部叶片的边缘及尖端产生明显的坏死区，叶面皱缩，根部受伤，植株的生长严重受抑制，数十日内就可死亡。月季缺钙时可见其根系和植株顶部死亡，提早落叶。菊花缺钙时则顶芽及顶部的一部分叶片死亡，有些叶片缺绿，根短粗，呈棕褐色，常腐烂，通常在2~3周内大部分根系死亡。

5. 缺铁症状观察

观察栀子缺铁时的症状，可见其幼叶先黄化，然后向下扩展到植株基部叶片，严重时全叶白色，由叶尖发展到叶缘，逐渐枯死，植株生长受抑制。菊花、山茶花、海棠花等多种花木均产生相似症状。

6. 缺锰症状观察

观察菊花缺锰时的症状，可见其叶尖先表现症状，叶脉间变成枯黄色，叶缘及叶尖向下卷曲，以致叶片几乎萎缩起来，花呈紫色。栀子缺锰时则植株上部叶片的叶脉黄化，但叶肉仍保持绿色，致使叶脉呈清晰的网状，随后产生小型的棕色坏死斑点，以致叶片皱缩、畸形而脱落。

7. 缺锌症状观察

观察苹果树、桃树缺锌时的症状，可见其新枝节间缩短，叶片小，簇生，结果量小，根系发育不良，此称为小叶病。

8. 缺镁症状观察

观察金鱼草缺镁时的症状，可见其基部叶片黄化，随后叶片上出现白色斑点，叶缘与叶尖向下弯曲，叶柄及叶片皱缩、干焦、垂挂在茎上不脱落，花色变白。

9. 缺硫症状观察

观察一品红缺硫时的症状，可见其叶先呈浅暗绿色，后黄化，在叶片的基部产生枯死组织，这种枯死组织沿主脉向外扩展。八仙花缺硫则幼叶呈浅绿色，植株生长严重受抑制。

（二）土壤水分失调症状观察

1. 旱害症状观察

观察小灌木和草坪草在土壤干旱缺水时的症状，可见其生长发育受到抑制，组织纤维化加强。较严重的干旱将引起植株矮小，叶片变小，叶尖、叶缘或叶脉间组织枯黄。这种现象常由基部叶片逐渐发展到顶梢，引起早期落叶、落花、落果、花芽分化减少。

2. 涝害症状观察

观察常见的木本和草本植物在土壤水分过多时的症状。受水长期浸泡的植物首先根部窒息，引起根部腐烂，叶片发黄，花色变浅，严重时植株死亡。

（三）温度不适症状观察

1. 高温日灼症状观察

观察柑橘日烧病的标本和图片，可见树皮发生溃疡和皮焦，叶片和果实上产生白斑、灼环等。

2. 霜冻和低温冷害的症状观察

观察露地栽培的花木受霜冻后的症状，可见其自叶尖或叶缘产生水渍状斑，有时叶脉间的组织也产生不规则形的斑块，严重时全叶坏死，解冻后叶片变软下垂。

观察针叶树受冻害的症状,可见其叶端枯死并呈红褐色,树木干部受到冻害,常因外围收缩大于内部而引起树干纵裂。

(四) 有毒物质对植物的伤害观察

1. 有害气体及烟尘对植物伤害的症状观察

观察被过量的二氧化硫、二氧化氮、三氧化硫、氯化氢和氟化物等有害气体及各种烟尘危害的花木所表现的症状,可见花木遭受伤害后,叶缘、叶尖枯死,叶脉间组织变褐,严重时叶片脱落,甚至植物死亡。

2. 农药、化肥、植物生长调节剂使用不当对植物的伤害症状

观察因农药、化肥、植物生长调节剂浓度过高或使用条件不适宜而对植物所造成的伤害后的花木,可见花木发生不同程度的药害或灼伤,叶片常产生斑点或枯焦脱落,特别是花卉柔嫩多汁部分最易受害。

任务考核

任务考核单

序 号	考核内容	考核标准	分 值	得 分
1	缺素症观察	能准确说出常见元素缺失时的症状	20	
2	旱、涝害的症状观察	能说出旱、涝害的主要症状	20	
3	日灼和晒伤观察	说明其主要症状	20	
4	霜冻和冷害的观察	说明其主要症状	20	
5	问题思考与回答	在整个任务完成过程中积极参与,独立思考	20	

思考问题

1. 园艺植物生长发育过程中常缺少哪些元素?缺少后有什么症状表现?
2. 旱、涝害各有什么特征?

知识链接

环境条件对园艺植物的影响

自然界中存在着大量的有毒气体、尘埃、农药等污染物,对植物产生不良影响,严重时便引起植物死亡。大气污染物种类很多,主要有硫化物、氟化物、氮氧化合物、臭氧、粉尘及带有各种金属元素的气体。

一、大气污染对园艺植物的危害

大气污染的危害是由多种因素决定的。首先决定于有害气体的浓度及作用的持续时间,同时也取决于污染物的种类、受害植物的种类和不同发育时期、外界环境条件等。大气污染物除直接对植物生长有不良影响外,同时还降低植物的抗病力。

(一) 大气污染危害的症状

植物受大气污染有急性危害、慢性危害及不可见危害3种。

（二）主要大气污染物及危害

1. 氰化物

氰化物危害的典型症状，是受害植物叶片顶端和叶缘处出现灼烧现象。这种伤害所产生的颜色因植物种类而异。在叶的受害组织与健康组织之间有一条明显的红棕色带。由于尚未成熟的叶片容易受氟化物危害，而常常使植物枝梢顶端枯死。

2. 氟化物

园艺植物对氟化物很敏感，受污染后首先是叶尖产生灼烧现象，然后逐渐向下延伸。黄花品种更为敏感，很小剂量的氟化物即对花产生危害。

3. 氮化物

氮化物轻微污染即可使植物叶缘和叶脉间出现坏死，叶片皱缩，随后叶面布满斑纹。金鱼草、欧洲夹竹桃、叶子花、木槿、球根秋海棠、蔷薇、翠菊等观赏花木对氮化物都很敏感。

4. 硫化物

硫化物是我国大气污染物中较为主要的污染物。植物对二氧化硫很敏感，当受到二氧化硫危害时，叶脉间出现不规则形失绿的坏死斑，但有时也呈红棕色或深褐色。

5. 臭氧

臭氧对植物的危害普遍表现为植株褪绿。美洲五针松对臭氧很敏感。对臭氧有抗性的有百日草、一品红、草莓和黑胡桃等。

6. 氯化物

氯化物如氯化氢对植物细胞杀伤力很强，能很快破坏叶绿素，使叶片产生褪色斑，严重时全叶漂白、枯卷，甚至脱落。伤斑多分布于叶脉间，但受害组织与正常组织间无明显界限。

二、土壤污染对园艺植物的危害

土壤中残留的农药、石油、有机酸、酚、氰化物及重金属（汞、铬、镉、铝、铜）等对植物也会产生严重的危害。

使用和喷洒杀虫剂、杀菌剂或除草剂，浓度过高，可直接对植物叶、花、果产生药害，形成各种枯斑或使全叶受害。

当然，种类繁多的园艺植物对不同的污染源耐受的程度是不同的，有的具有较强的抗性，有的则容易受毒害。因此，可选择抗性较强的花卉和树木进行绿化，用于改善环境。

任务3　侵染性病害的观察与识别

任务描述

观赏植物在正常的生长发育过程中易受多种病原物危害，发生反常的病理变化，如叶片产生黑斑、白粉或霉层等，影响观赏价值，甚至造成植株死亡。引起病害的病原物有真菌、细菌、病毒、线虫、类菌原体、寄生性种子植物等。

真菌种类繁多，可以侵染园艺植物的真菌就有8 000多种。真菌借风、雨、昆虫、土壤及人的活动等传播。真菌性病害一般具有明显的特征，如粉状物、霉状物、锈状物、颗粒状物、丝状物、核状物等。细菌性病害是影响我国园艺生产的主要病害。全世界细菌性植物病害大约有 500 多种，细菌性病害常造成严重损失。为了提高植物的产量和品质，植物细菌病害的控制显得尤为重要。病毒病是危害花卉植物的一类特殊病害，由于其在症状特点、发生规律及防治措施等方面与一般病害差异较大，所以病毒病可称得上是植物病害中的顽症。

所以，本任务将重点学习真菌、细菌和病毒所引起的病害，通过学习和生产实践，从中摸索和掌握发病的规律，采取一整套综合预防措施加以控制。而其他的病原如线虫、寄生性种子植物所致病害对园艺植物的影响不大，本任务只作简单介绍。

任务咨询

一、真菌认知

真菌属于真菌界、真菌门。真菌有真正的细胞结构，没有根、茎、叶的分化，不含叶绿素，不能进行光合作用，也没有维管束组织，有细胞壁和真正的细胞核，异养生活。真菌的形态复杂，大多数真菌为多细胞微生物，少数为单细胞微生物，有营养体和繁殖体的分化。

（一）真菌的营养体

真菌典型的营养体为纤细多支的丝状体。低等真菌的菌丝无隔膜，称为无隔菌丝。高等真菌的菌丝有隔膜，称为有隔菌丝（见图1-2）。

有些真菌的菌丝在一定条件下发生变态，交织成各种形状的特殊结构，如吸器（见图1-3）、假根、菌核、菌索、菌膜和子座等。它们对于真菌的繁殖、传播，以及增强对环境的抵抗力有很大作用。

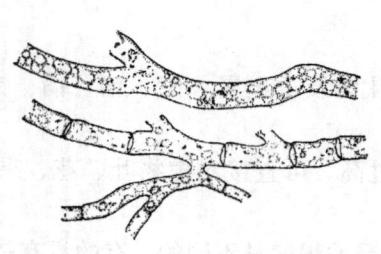

图1-2　真菌的营养菌丝

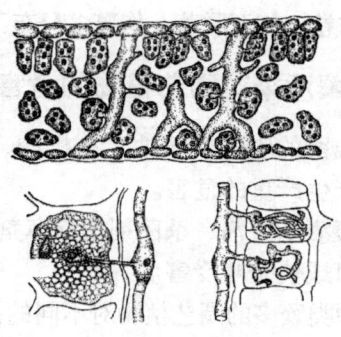

图1-3　真菌的三种吸器类型

（二）真菌的繁殖体

菌丝体发育到成熟阶段，一部分分化成繁殖器官，另一部分仍然保持营养状态。真菌通常产生孢子繁殖后代。真菌的繁殖方式分为无性繁殖和有性繁殖两种。

1. 无性繁殖

无性繁殖是指不经过性器官的结合而产生孢子，这种孢子称为无性孢子，主要有 6 种（见图1-4）。

2. 有性繁殖

有性繁殖是指通过性细胞或性器官的结合而进行的繁殖，所产生的孢子称为有性孢子。常见的有性孢子有 5 种（见图1-5）。

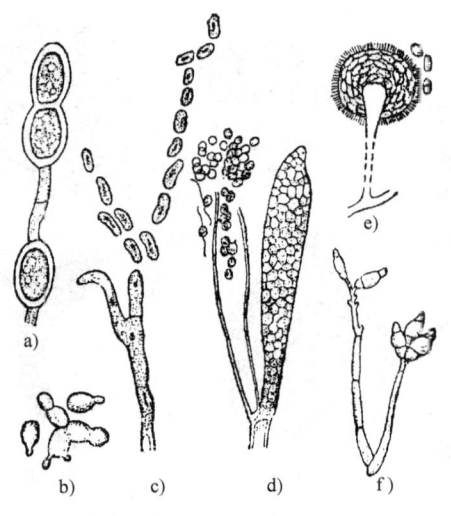

图 1-4 真菌的无性孢子类型
a) 厚膜孢子 b) 芽孢子 c) 粉孢子
d) 游动孢子 e) 孢囊孢子 f) 分生孢子

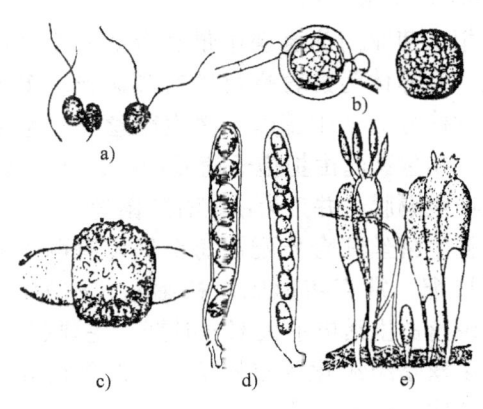

图 1-5 真菌的有性孢子类型
a) 接合子 b) 卵孢子 c) 接合孢子
d) 子囊孢子 e) 担孢子

（三）真菌的主要类群

真菌主要是按界、门、纲、目、科、属、种的阶梯进行分类的。种是分类的基本单位。真菌门分为 5 个亚门。

1. 鞭毛菌亚门

鞭毛菌亚门的营养体是单细胞或无隔膜的菌丝体。无性繁殖是通过在孢子囊内产生游动孢子进行的。低等鞭毛菌的有性繁殖产生接合子，较高等类型产生卵孢子。鞭毛菌亚门主要根据游动孢子鞭毛的类型、数目和位置进行分类。

鞭毛菌亚门多数生于水中，少数为两栖和陆生，潮湿环境有利于其兹长发育。一些鞭毛菌成为园艺植物病害的病原菌。

2. 接合菌亚门

接合菌亚门有发达的菌丝体，菌丝多为无隔多核。无性繁殖是通过在孢子囊内产生孢囊孢子进行的，有性繁殖产生接合孢子。接合菌亚门多为陆生的腐生菌，广泛分布于土壤、粪肥及其他无生命的有机物上，少数为弱寄生菌，侵染高等植物的果实、块根、块茎，能引起储藏器官的腐烂。

3. 子囊菌亚门

子囊菌亚门为真菌中形态复杂、种类较多的一个亚门。除酵母菌外，营养体均为有隔菌丝，而且可产生菌核、子座等组织。无性繁殖发达，可产生多种类型的分生孢子。有性繁殖产生子囊和子囊孢子。有些子囊是裸生的。大多数子囊菌在产生子囊的同时，下面的菌丝将子囊包围起来，形成一个包被，对子囊起保护作用，这种子囊统称为子囊果。有的子囊果无孔口，叫闭囊壳，一般产生在寄主表面，成熟后裂开散出孢子，由气流传播；有的子囊果呈瓶状，顶端有开口，叫子囊壳，常单个或多个聚生在子座中，其孢子由孔口涌出，借风、雨、昆虫传播；有的子囊果呈盘状，子囊排列在盘状结构的上层，叫子囊盘，其子囊孢子多数通过气流传播。很多子囊菌在秋季开始性结合形成子囊果，在春季才形成子囊孢子（见图1-6）。

4. 担子菌亚门

担子菌亚门为真菌中最高等的一个类群，全部陆生。营养体为发育良好的有隔菌丝。多数担子菌的菌丝体分为初生菌丝、次生菌丝和三生菌丝3种类型。初生菌丝由担孢子萌发产生，初期无隔多核，不久产生隔膜，并且为单核有隔菌丝。

初生菌丝联合质配使每个细胞有两个核，但不进行核配，常直接形成双核菌丝，称为次生菌丝。次生菌丝占生活史中大部分时期，主要起营养功能。三生菌丝是组织化的双核菌丝，常集结成特殊形状的子实体，称为担子果。

5. 半知菌亚门

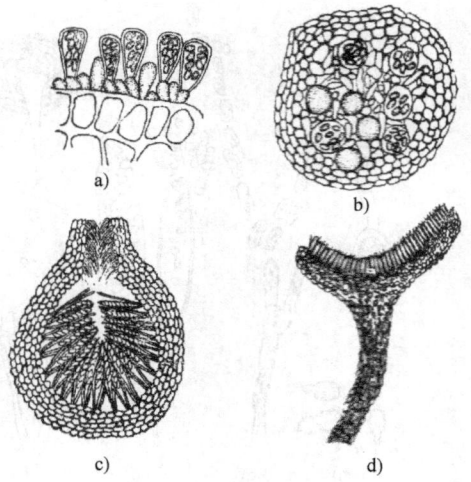

图1-6 子囊果类型
a) 裸露的子囊果 b) 闭囊壳
c) 子囊壳 d) 子囊盘

真菌分类主要是以有性时期形态特征为依据的。但在自然界中，有很多真菌在个体发育中只发现无性时期，它们不产生有性孢子，或还未发现它们的有性孢子。这类真菌称为半知菌，并暂时将它们放在半知菌亚门。已经发现的有性时期，大多数属于子囊菌，极少数属于担子菌，个别属于接合菌。所以，半知菌与子囊菌有着密切的关系。

半知菌菌丝体发达，有隔膜，有的能形成厚膜孢子、菌核和子座等子实体，无性繁殖时产生分生孢子。

植物病原真菌，约有半数是半知菌。它们危害植物的叶、花、果、茎干和根部，引起局部坏死和腐烂、畸形及萎蔫等症状。

二、细菌认知

细菌属原核生物界，细菌门。细菌为单细胞微生物，有细胞壁，无真正的细胞核。

（一）病原细菌的一般性状

1. 细菌的形态结构

细菌属于原核生物界，是单细胞的微小生物。其基本形状可分为球状、杆状和螺旋状3种。植物病原细菌全部都是杆状，两端略圆或尖细，一般宽 $0.5 \sim 0.8\ \mu m$，长 $1 \sim 3\ \mu m$。

大多数植物病原细菌都能游动，其体外生有丝状的鞭毛。鞭毛数通常为3~7根，多数着生在菌体的一端或两端，称为极毛；少数着生在菌体四周，称为周毛（见图1-7）。细菌有无鞭毛和鞭毛的数目及着生位置是细菌分类的重要依据之一。

2. 细菌的繁殖

细菌的繁殖方式一般是裂殖，即细菌生长到一定限度时，细胞壁自菌体中部向内凹入，胞内物质

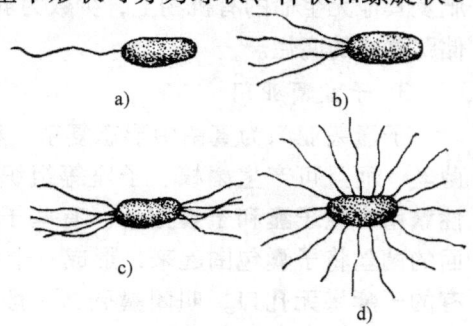

图1-7 植物病原细菌的形态
a) 单极生（一） b) 单极生（二）
c) 两极生 d) 周生

重新分配为两部分,最后菌体从中间断裂,把原来的母细胞分裂成两个形式相似的子细胞。细菌的繁殖速度很快,一般 1 h 分裂一次,在适宜的条件下有的只要 20 min 就能分裂一次。

3. 细菌的生理特性

植物病原细菌都是非专性寄生菌,都能在培养基上生长繁殖。在固体培养基上可形成各种不同形状和颜色的菌落,通常以白色和黄色的圆形菌落较为居多,也有褐色和形状不规则的菌落。菌落的颜色和细菌产生的色素有关。

革兰氏染色反应是细菌的重要属性。细菌用结晶紫染色后,再用碘液处理,然后用酒精或丙酮冲洗,洗后不褪色的是阳性反应,洗后褪色的是阴性反应。革兰氏染色能反映出细菌本质的差异,进行阳性反应的细菌的细胞壁较厚,为单层结构;进行阴性反应的细菌的细胞壁较薄,为双层结构。

(二)细菌的主要类群

细菌主要依据鞭毛的有无、数目及着生位置、革兰氏染色反应、培养性状、生化特性、致病性及寄生性等特点进行分类。植物病原细菌分为 5 个属,不同属的特征及所致病害特点见表 1-1。

表 1-1　细菌不同属的特征及所致病害特点

名　称	鞭　毛	菌落特征	致病特点	代表病害
棒状杆菌属（Corynebacterium）	无	圆形,光滑,隆起,多为灰白色	萎蔫、维管束变褐	菊花、大丽花青枯病
假单胞杆菌属（Pseudomonas）	极生,3~7 根	圆形,隆起,灰白色,有荧光反应	叶斑、腐烂和萎蔫	丁香疫病
黄单胞杆菌属（Xanthomonas）	极生,1 根	隆起,黄白色	叶斑、叶枯	桃细菌性穿孔病
欧氏杆菌属（Erwinia）	周生,多根鞭毛	圆形,隆起,灰白色	腐烂、萎蔫、叶斑	花卉与树木的软腐病
野杆菌属（Agrobacterium）	极生或周生,1~4 根鞭毛	圆形,隆起,灰白色	肿瘤、畸形	花卉与树木的根癌病

三、病毒认知

高等植物中,目前发现的病毒病已超过 700 种。几乎每一种园艺植物都有一至数种病毒病。

(一)病毒的主要性状

病毒是一类极小的非细胞结构的专性寄生物,例如烟草花叶病毒的大小为 15 nm × 280 nm,是最小杆状细菌宽度的 1/20。用电子显微镜放大数万倍至十多万倍观察到的病毒粒子的形态为杆状、球状、纤维状 3 种(见图 1-8)。

病毒粒子由核酸和蛋白质组成。植物病毒的核酸绝大多数为 RNA。病毒具有增殖、传

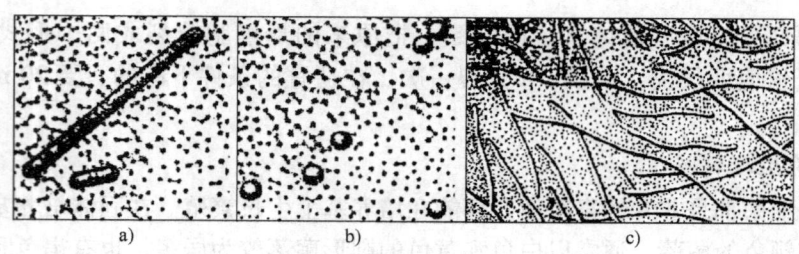

图1-8 植物病毒形态
a) 杆状病毒 b) 球状病毒 c) 纤维状病毒

染和遗传等特性。植物病毒能通过细菌不能通过的过滤微孔，故称为过滤性病毒（见图1-9）。

病毒在增殖的同时，也破坏了寄主正常的生理程序，从而使植物表现症状。

病毒只能在活的寄主体内寄生危害，不能在人工培养基上培养。但它们的寄主范围却相当广泛，可包括不同科、属的植物。病毒对外界条件的影响有一定的稳定性。不同病毒对外界环境影响的稳定性不同。这种特性可作为鉴定病毒的依据之一。主要指标有：

1. 体外保毒期

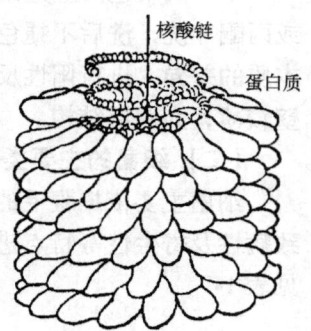

图1-9 烟草花叶病毒

体外保毒期是指带毒植物汁液在20～22℃室温条件下保持传染性的期限最长。例如香石竹坏死斑病毒体外保毒期为2～4天，烟草花叶病毒体外保毒期在30天以上。

2. 稀释终点

稀释终点是指带毒植物汁液加水稀释到一定程度时，便失去传毒能力，这个最大的加水倍数叫做稀释终点。例如菊花D病毒的稀释终点为10^4，烟草花叶病毒的稀释终点为10^6。

3. 失毒温度

失毒温度是指带毒植物汁液加热10 min，能使所含病毒失去致病力的最低温度。例如烟草花叶病毒的失毒温度为93℃。

上述各种稳定性指标，可作为鉴别病毒种类的重要依据。

（二）病毒的传播与侵染

病毒生活在寄主细胞内，无主动侵染的能力，多借外界动力和通过微伤口入侵，病毒的传播与侵染是同时完成的。传播途径主要有以下几方面：

1. 昆虫传播

传播园艺植物的介体主要是昆虫，其次是线虫、螨类、真菌，还有菟丝子。昆虫介体中主要有蚜虫、叶蝉、飞虱、粉蚧、蓟马等。植物病毒对介体的专化性很强，通常由一种介体传染的病毒，另一种介体就不能传染。

2. 嫁接和无性繁殖材料传播

通过接穗和砧木可传播病毒。例如蔷薇条纹病毒及牡丹曲叶病毒通过接穗和砧木使植物带毒，经嫁接传播。菟丝子通过它在病株上寄生后，又缠绕到其他植株上，并将病毒传到其他植株体内，使之感病。

由于病毒是系统侵染，被感染的植株各部位均含有病毒，用感染病毒的鳞茎、球茎、根

系、插条繁殖，产生的新植株也可感染病毒。同时，病毒也可随着无性材料的栽培和贸易活动传到各地。

3. 病株及健株机械摩擦传播

通过病株与健株枝叶接触及相互摩擦，或人为地接触摩擦而产生轻微伤口，带有病毒的汁液从伤口流出而传给健株，所以也称为汁液传播。接触过病株的手、工具也能将病毒传染给健株。

4. 种子和花粉传播

有些病毒可进入种子和花粉。据统计，迄今由种子传播的病毒已有100多种，有些带毒率很高，这些病毒可随种子的调运传播到外地。能以种子传播的以花叶病毒、环斑病毒为多。仙客来能通过种子传播病毒，其带毒率高达82%左右。以花粉传播的植物病毒有桃环斑病毒、悬钩子丛矮病毒等，但花粉在自然界中的传毒作用不太重要。

四、线虫

线虫是一种低等动物，属于线形动物门线虫纲。在自然界分布很广，种类多，少数寄生在园艺植物上。目前，危害严重的有菊花、仙客来、牡丹、月季等草本、木本花卉的根结线虫病；菊花、珠兰的叶枯线虫病，水仙茎线虫病，以及检疫病害的松树线虫病。线虫除直接引起植物病害外，还传播其他病害，成为其他病原物的传播媒介（见图1-10）。

1. 形态特征

线虫体长0.5～1.0 mm，宽0.03～0.05 mm。大部分线虫两性异体，同形；少数雌雄异形。雌虫成熟后膨大成梨形或近球形，但在幼虫阶段仍呈线性。线虫体壁通常无色透明或为乳白色（见图1-11）。

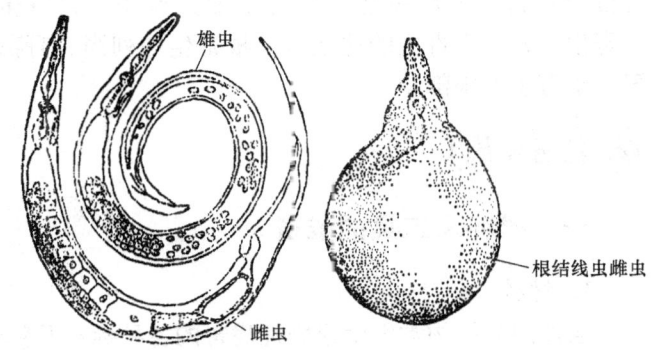

图1-10 植物病原线虫的形态

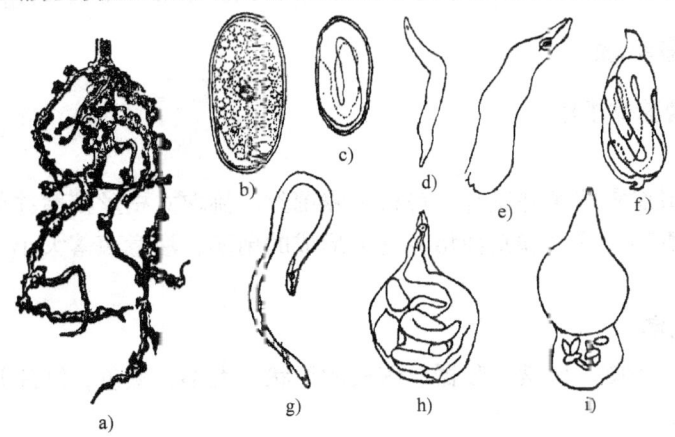

图1-11 根结线虫

a）幼苗根部被害状 b）卵 c）卵内孕育的幼虫 d）性分化前的幼虫 e）成熟的雌虫
f）在幼虫包皮内成熟的雌虫 g）雄虫 h）含有卵的雌虫 i）产卵的雌虫

2. 园艺植物线虫的生活史

线虫的生活史分为卵、幼虫和成虫3个阶段。成熟的成虫交配后，雄虫即死亡，雌虫在土壤或植物组织内产卵。卵呈椭圆形，孵化后即成幼虫。

五、寄生性种子植物

在自然界中，有少数种子植物由于缺乏叶绿素或某种器官发生退化，不能自己制造营养，而成为异养生物，必须依靠其他植物维持生活，这类植物称为寄生性种子植物。寄生性种子植物都是双子叶植物，全世界有2 500种以上，分属于12个科。根据这类植物的寄生特点，可区分为不同类型。按寄生性分为全寄生和半寄生。全寄生如菟丝子（见图1-12）、列当，无叶绿素，完全依靠寄主提供养分；半寄生如桑寄生、槲寄生，有叶绿素，可以制造营养，只是靠寄主提供水分和无机盐。按寄生部位分为茎寄生和根寄生。茎寄生如菟丝子、桑寄生、槲寄生，寄生于寄主的地上部；根寄生如列当、野菰，寄生于寄主的根部。

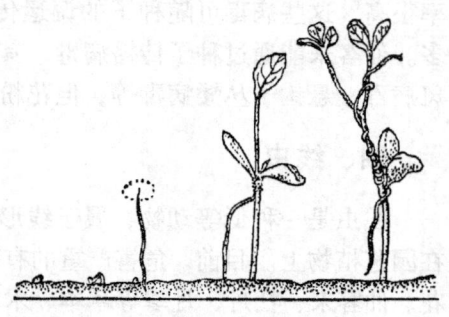

图1-12 菟丝子的幼子萌发和侵害方式

🌸 任务实施

一、材料及工具的准备

1. 材料

当地园艺植物常发生侵染性病害的各种标本及新鲜的实物。

2. 用具

挑针、刀片、木板、酒精灯、火柴、载玻片、盖玻片、纱布、香柏油、二甲苯、显微镜、擦镜纸、吸水纸、结晶紫液、碘液、95%酒精、碱性品红、香柏油等。

二、任务实施步骤

（一）真菌的营养体观察

1. 菌丝观察

挑取晚疫病菌或腐霉病菌并制片，镜检无隔菌丝。挑取立枯丝核菌并制片，镜检有隔菌丝。观察各种病原真菌在平面和斜面培养基上形成的菌落，注意菌落大小、形状、厚薄、质地、颜色等特点。

2. 菌丝变态观察

肉眼观察菌核、子座、菌索、吸器、假根的形状、大小、颜色；制片并镜检，注意与普通营养菌丝的区别。

（二）真菌的繁殖体——孢子观察

1. 无性孢子观察

观察游动孢子、孢囊孢子、分生孢子、厚膜孢子的大小、特征。

项目1 园艺植物病害识别技术

2. 有性孢子观察

观察卵孢子、接合孢子、子囊孢子、担孢子的形态和特征。

（三）植物病原细菌革兰氏染色和形态观察

1. 涂片

在一片载玻片两端各滴一滴无菌蒸馏水备用。分别从鸢尾细菌性软腐病或白菜软腐病、马铃薯环腐病的病部挑取适量细菌，分别放入载玻片两端水滴中，用挑针搅匀涂薄。

2. 固定

将涂片在酒精灯火焰上方通过数次，使菌膜干燥固定。

3. 染色

在固定的菌膜上分别加1滴结晶紫液，染色1 min，用水轻轻冲去多余的结晶紫液，加碘液冲去残水，再加1滴碘液染色1 min，用水冲洗碘液，用吸水纸吸去多余水分，再滴加95%酒精脱色25~30 s，用水冲洗酒精，然后用吸水纸吸干后再用碱性品红复染0.5~1 min，用水冲洗复染剂，吸干。

4. 油镜镜检

细菌形态微小，必须用油镜观察。将制片依次先用低倍、高倍镜找到观察部位，然后在细菌涂面上滴少许香柏油，再慢慢地把油镜转下使其浸入油滴中，并由一侧注视，使油镜轻触玻片，观察时用细准焦螺旋慢慢将油镜上提到观察物清晰为止。镜检完毕后，用擦镜纸沾少许二甲苯轻拭镜头，除净镜头上的香柏油。

（四）植物病原线虫观察

1. 小麦线虫观察

若用小麦线虫病粒观察线虫形态，应提前将小麦病粒用清水浸泡至发软，观察时切开麦粒，挑取内容物制片并镜检。

2. 根结线虫观察

若用根结线虫病观察线虫形态，应取根外黄白色小颗粒物或剥开根结，挑取其中的线虫制片并镜检。

（五）寄生性种子植物观察

仔细比较菟丝子、列当、桑寄生、槲寄生或所给的寄生性种子植物标本，观察哪些仍具绿色叶片，哪些叶片已完全退化，它们如何从寄主吸取营养。

任务考核

任务考核单

序 号	考核内容	考核标准	分 值	得 分
1	真菌营养体观察	能分辨无隔菌丝和有隔菌丝	20	
2	孢子观察	能识别不同孢子类型	20	
3	细菌革兰氏染色	正确进行细菌革兰氏染色的操作	20	
4	线虫观察	指明线虫的形态特征	20	
5	寄生性种子植物观察	说出寄生性种子植物的特点	20	

思考问题

1. 真菌无性繁殖和有性繁殖各产生哪些类型的孢子？
2. 真菌的种类及特点有哪些？
3. 细菌性病害的特点有哪些？
4. 病毒性病害的特点有哪些？
5. 线虫危害的特点有哪些？
6. 寄生性种子植物的特点有哪些？

知识链接

其他侵染性病原

一、类病毒

类病毒是1960年以后发现的比病毒结构还简单、体更微小的一类新病原物。从结构上看，类病毒无蛋白质外壳，只有低分子量的核糖核酸。种子带毒率很高，通过无性繁殖材料、汁液接触、蚜虫或其他昆虫进行传播。

类病毒病害症状主要表现植株矮化、叶片黄化、簇顶、畸形、坏死、裂皮、斑驳、皱缩。但寄主感染类病毒多为隐症带毒，许多带有类病毒的植物并不表现症状。从侵染到发病的潜育期很长，有的侵染植物后几个月，甚至第二代才可表现症状。常见的有酒花矮化病、菊花矮缩病、菊花褪绿斑驳病、鳄梨日斑病。

二、类菌质体

类菌质体属于原核生物，为细菌门软球菌纲生物，是介于病毒和细菌之间的单细胞生物。类菌质体无细胞壁，表面只有一个3层的单位膜。类菌质体主要是以二均分裂、芽殖方式进行繁殖。它主要存在于韧皮部组织中和昆虫体内，通过嫁接、菟丝子、叶蝉、飞虱、木虱进行传播。常见的有绣球花绿变病、牡丹丛枝病、仙人掌丛枝病、丁香与紫罗兰绿变病、天竺葵丛枝病等。

类菌质体对抗生素如四环素、金霉素和土霉素比较敏感，可以用这些抗生素进行治疗，疗效一般为1年左右。类菌质体对青霉素抗性则很强。

三、类立克次氏体

类立克次氏体属于原核生物，为细菌门裂殖菌纲生物，是介于病毒和细菌之间的单细胞生物。其细胞壁较厚，形态多变，通常为杆状、球状、纤维等。类立克次氏体以二均分裂式繁殖，是专性寄生物。它不能在人工培养基上生长，能在昆虫体内繁殖，甚至可由虫卵将病原传给下一代。但在自然情况下，主要靠嫁接及叶蝉、木虱等昆虫介体传播，汁液不能传播。类立克次氏体病害症状主要表现为叶片黄化、叶灼、稍枯、枯萎和萎缩等。

类立克次氏体存在于植物的韧皮部和木质部内。韧皮部的类立克次氏体为革兰氏阴性菌，对四环素和青霉素都敏感。造成的病害有柑橘黄龙病、柑橘青果病等。木质部的类立克次氏体分为革兰氏阴性和阳性两类。革兰氏阴性的细胞壁不均匀，对四环素敏感，但对青霉

项目1 园艺植物病害识别技术

素不敏感，引起的病害有杏叶灼病、葡萄皮尔斯病、苜蓿萎缩病等。革兰氏阳性的细胞壁平滑，对四环素和青霉素都不敏感，引起的病害有甘蔗根癌病。对木质部的类立克次氏体可用四环素进行治疗。

任务4 园艺植物病害诊断技术

任务描述

园艺植物病害的种类非常多，而各种不同病害的发生规律和防治方法又不尽相同。只有正确诊断病害，才能及时有效地开展防治工作。每一种园艺植物病害的症状都具有一定的、相对稳定的特征，我们能否根据这些固有的症状对园艺植物病害进行正确诊断呢？

园艺植物病害诊断是为了查明发病的原因，确定病原的种类，再根据病原特性和发展规律，对症下药，及时有效地防治病害。正确诊断和鉴定园艺植物病害，是防治病害的基础。我们可以根据得病植物的特征、环境条件，经过调查分析，对植物病害作出准确诊断。植物病害种类繁多，防治方法各异，只有对病害作出肯定的、正确的诊断，才能确定出切实可行的防治措施。

任务咨询

一、园艺植物病害的诊断步骤

园艺植物病害的诊断，应根据发病植物的症状和病害的田间分布等进行全面检查和仔细分析，对病害进行确诊，一般可按下列步骤进行：

1. 田间观察

田间观察即进行现场观察。观察病害在田间的分布规律，了解病株的分布状况、树种组成、发生面积，发病期间的气候条件、土壤性质、地形地势及栽培管理措施，以及往年的病害发生情况。如果为苗圃，还应询问前1年的苗木栽植种类及轮作情况，作为病害诊断的参考。

2. 园艺植物病害症状识别

症状对园艺植物病害的诊断有重要意义。掌握各种病害的典型症状是迅速诊断病害的基础。症状是诊断病害的重要依据。症状一般可用肉眼或放大镜加以识别，方法简便易行。利用症状观察可以诊断多种病害，特别是各种常见病和症状特征十分显著的病害，如锈病、白粉病、霜霉病和寄生性种子植物病害等，通过症状观察就可以诊断。症状诊断具有实用价值和实践意义。

在诊断时，依据症状的特点，先区别是伤害还是病害，再区别是非侵染性病害还是侵染性病害。非侵染性病害没有病征，常成片发生。侵染性病害大多有明显的病征，通常零散分布。

3. 病原物的室内鉴定

经过现场观察和症状观察，初步诊断为真菌病害的，可挑取、刮取或切取表生或埋藏在组织中的菌丝、孢子梗、孢子或子实体进行镜检。根据病原真菌的营养体、繁殖体的特征

23

等，来决定该菌在分类上的地位。如果病征不明显，可放在保湿器中保湿 1~2 天后再进行镜检。细菌病害的病组织边缘常有细菌呈云雾状溢出。病原线虫和螨类均可在显微镜下看清其形态。植原体、病毒等在光学显微镜下看不见，需在电子显微镜下才能观察清楚其形态，并且一般需经汁液接种、嫁接、昆虫传毒等试验确定。某些病毒病可以通过检查受病细胞内含体来鉴定。生理性病害虽然检查不到任何病原物，但可以通过镜检看到细胞形态和内部结构的变化。

4. 人工诱发试验

如果显微镜检查诊断遇到腐生菌类和次生菌类的干扰，所观察的菌类还不能确定是否是真正的病原菌时，必须进一步使用人工诱发试验的手段。人工诱发是指在症状观察和显微镜检查时，可能在发病部位发现一些微生物，若不能断定是病原菌或是腐生菌，最好从发病组织中把病菌分离出来，人工接种到同种植物的健康植株上，以诱发病害发生。如果被接种的健康植株产生同样症状，并能再一次分离出相同的病菌，就能确定该菌为这种病害的病原菌。其步骤如下：

1) 当发现植物病组织上经常出现的微生物时，应将它分离出来，并使其在人工培养基上生长。

2) 将培养物进一步纯化，得到纯菌种。

3) 将纯菌种接种到健康的寄主植物上，并给予适宜的发病条件，使其发病，观察它是否与原症状相同。

4) 从接种发病的组织上再分离出这种微生物。

但人工诱发试验并不一定能够完全实行，因为有些病原物到现在还没找到人工培养的方法。接种试验也常常由于没有掌握接种方法或不了解病害发生的必要条件而不能成功。目前，对病毒和植原体还没有人工培养方法，一般用嫁接方法来证明它们的传染性。

二、非侵染性病害的诊断要点

（一）非侵染病害的特点

1) 病株在绿地的分布具有规律性，一般较均匀，往往是大面积成片发生，不先出现中心株，没有从点到面扩展的过程。

2) 症状具有特异性，除了高温、日灼和药害等个别病原能引起局部病变外，病株常表现全株性发病，如缺素症、水害等，株间不互相传染，病株只表现病状，无病征，症状类型有变色、枯死、落花落果、畸形和生长不良等。

3) 病害的发生与环境条件、栽培管理措施有关，因此，要通过科学合理的园艺栽培技术措施，改善环境条件，促使植物健壮生长。

（二）诊断方法

非侵染性病害一般通过观察绿地或圃地的环境条件、栽培管理等因素即可诊断。用放大镜仔细检查病部表面或表面消毒的病组织，再经保温、保湿，检查有无病征，必要时可分析园艺植物所含的营养元素及土壤酸碱度、有毒物质等，还可以进行营养诊断和治疗试验，以明确病原。

1. 症状观察

对病株上发病部位的形态大小、颜色、气味、质地有无病征等外部症状，用肉眼和放大镜观察。非侵染性病害只有病状而无病征，必要时可切取病组织，表面消毒后置于保温（25～28℃）条件下诱发。若经24～48 h仍无病征，可初步确定该病不是真菌或细菌引起的病害，而属于非侵染性病害或病毒病害。

2. 显微镜检

将新鲜或剥离表皮的病组织切片加以染色处理，显微镜下检查有无病原物及病毒所致的组织病变（包括内含体），即可提出非侵染性病害的可能性。

3. 环境分析

非侵染性病害由不适宜环境引起，因此应注意病害发生与地势、土质、肥料及与当年气象条件的关系，栽培管理措施、排灌、喷药是否适当，城市工厂"三废"是否引起植物中毒等。对以上内容都作分析研究，才能在复杂的环境因素中找出主要的致病因素。

4. 病原鉴定

确定非侵染性病害后，应进一步对非侵染性病害的病原进行鉴定。

（三）注意事项

非侵染性病害的病株在群体间发生比较集中，发病面积大且均匀，没有由点到面的扩展过程，发病时间比较一致，发病部位大致相同。例如日灼病都发生在果、枝干的向阳面，除日灼、药害是局部病害外，通常植株表现在全株性发病，如缺素病、旱害、涝害等。

三、侵染性病害的诊断要点

（一）真菌病害的诊断要点

症状识别是鉴定真菌病害的有效方法。园艺植物真菌所致的病害几乎包括了所有的病害症状类型。除具有明显的病状外，其主要标志是在被害部或迟或早都会出现病征，例如各种色泽的霉状物、粉状物、点状物、菌核、菌索及伞状物等。一般根据这些子实体的形态特征，可以直接鉴定出病菌的种类。若病部尚未长出真菌的繁殖体，可用湿纱布或保湿器保湿24 h，病征就会出现，再作进一步检查和鉴定。必要时需作人工接种试验。

（二）细菌病害的诊断要点

1. 肉眼检查

园艺植物细菌性病害的病状有枯萎、穿孔、溃疡和癌肿等。其共同的特点是病状多表现为急性坏死型；病斑初期呈水渍状，边缘常有褪绿的黄晕圈。病征方面，气候潮湿时，从病部的气孔、水孔、皮孔及伤口或枝条、根的切口处溢出黏稠状菌脓，干后呈胶粒状或胶膜状。

2. 镜检

镜检病组织切口处有无喷菌现象是确诊细菌病害最常用的方法。但少数肿瘤病害的组织中很少有喷菌现象出现。对于新病害或疑难病害，必须进行分离培养接种才能确定。

（三）病毒类病害的诊断要点

1. 病毒类病害的特点

1）田间病株大多是分散、零星发生，无规律性，病株周围往往发现完全健康的植株。

2）有些病毒是接触传染的，在田间分布较集中。

3）有些病毒靠媒介昆虫传播，病株在田间的分布比较集中。若初侵染来源是野生寄主上的虫媒，则田边、沟边的植株发病比较严重，田中间的较轻。

4）病毒病的发生往往与传毒虫媒活动有关。田间害虫发生越严重，病毒病也越严重。

5）病毒病往往随气候变化有隐症现象，但不能恢复正常状态。

2. 注意事项

花卉植物病毒几乎都属于系统性侵染病害，即当寄主植物感染病毒后或早或迟都会产生全株性病变和症状。病害的症状特点，对病害的诊断无疑有很大的参考价值。此外，在描述外部症状的同时还得注意环境条件、发病规律、传毒方式、寄主范围等特点，使对病害的诊断有个比较正确的结论。

3. 病毒病野外观察与分析

野外观察对病害的诊断具有重要的意义。病毒类病害在症状上容易与非侵染性病害，特别是缺素症、空气污染所引起的病害相混淆。病毒类病害的植株在野外一般是分散分布的，发病株附近可以见到完全健康的植株；若初侵染来源是野生寄主上的昆虫，边缘植株发病就较重，中间植株发病较轻。植株得病后往往不能恢复，而非侵染性病害多数为成片发病，这种病害通过增加营养和改善环境条件可以得到恢复。植物病毒类病害的另一个特点是只有明显病状而无病征，这在诊断上有助于区别病毒与其他病原生物所引起的病害。病毒病较少有腐烂、萎蔫的症状，大多数病毒病症状为花叶、黄化、畸形。

根据以上特点观察比较，必要时可采用汁液摩擦接种、嫁接传染或昆虫传毒等接种试验，有的还可以用不带毒的菟丝子作为桥梁传染，少数病毒病可以病株种子传染，以证实其传染等试验，从而确定病毒的种类。随着科学的发展，电子显微镜已成为一种综合的分析仪器，在植物病毒的诊断和鉴定中发挥着重要作用。

（四）植原体病害的特点

1. 症状初步诊断

由植原体引起的园艺植物病害主要是丛枝和黄化病状，应注意与病毒病的区别。

2. 利用接种植物进行诊断

植原体病害可以由叶蝉等媒介昆虫、嫁接或菟丝子方法接种本种植物及长春花等指示植物，根据其所表现的不同症状进行病害诊断。

3. 电子显微镜观察

条件允许时，可进一步通过电子显微镜观察，确认植原体在植物韧皮部是否存在。

（五）线虫病害的特点

线虫多引起园艺植物地下部分发病，受害植物大部分表现出缓慢的衰退症状，很少有急性发病的，因此在发病初期不易发现。通常表现的症状是病部产生根结、肿瘤、茎叶扭曲、畸形、叶尖干枯、须根丛生及生长衰弱，形似营养缺乏症状。

任务实施

一、材料及工具的准备

1. 材料

当地常见病害标本及新鲜植物。

2. 用具

双目解剖镜、放大镜、镊子、培养皿、解剖针、载玻片。

二、任务实施步骤

（一）非侵染性病害的诊断技术

1）田间观察，了解是否是环境条件、栽培管理等因素引起的症状。

2）用放大镜仔细检查病部表面有无病征。非侵染病害没有病征。

3）最后分析植物所含营养元素及土壤酸碱度、有毒物质等的影响，必要时可进行营养诊断和治疗试验、温湿度等环境影响试验，以明确病原。

（二）侵染性病害的诊断技术

1. 真菌性病害诊断

1）观察其发病部位的症状，看发病部位有没有各种霉状物、粉状物、锈状物、絮状物、小粒点状物等。

2）取各种病征在显微镜下镜检，鉴定病原物。

2. 细菌性病害诊断

1）看发病部位叶片上是否有叶斑、多角形病斑；根、茎、枝梢上有没有须根丛生、枯萎、软腐、肿瘤等。

2）看发病部位有没有透明的白色或浅黄色、红色的脓状液和胶质体黏附在病部，这是细菌病害的基本特征，仅凭此点便可诊断是细菌病害。

3）看症状是否为急性坏死型的，有没有"中心病株"和"中心片块"。

3. 病毒性病害诊断

1）病毒病只有病状没有病征。观察发病部位，要是没有真菌性病害一类的霉、粉、霜、锈、粒、点病征，也无细菌性病害一类的溢脓和胶状液，则有可能是病毒病。

2）观察病状，看症状是否为全株性病变。病状要是有黄化、白化、花叶、皱叶、卷叶、小叶、斑驳、畸形、全株矮化、叶片多厚、变小、枝叶丛生、萎蔫等现象，可初步诊断为病毒病。

4. 线虫性病害诊断

1）多数线虫性病害不具病征、只有病状，观察病株是否有根腐和全株枯萎两大病状，如果有可进行下一步诊断。

2）先看须根上是否有念珠状虫瘿，如果有可切开根部看，如果有乳白色至褐色梨形雌线虫，则可诊断为线虫病。

5. 植原体病害诊断

观察病株是否有萎缩、丛枝、枯萎、叶片黄化、扭曲、花变绿等症状，如果有则可用下面方法进一步诊断。

（1）用电子显微镜观察 对病株组织或带毒媒介昆虫的唾腺组织制成的超薄切片进行检查，看有无类菌质体和类立克次氏体的存在。

（2）治疗试验 对受病组织施用四环素和青霉素。对青霉素抵抗能力强，而用四环素后病状消失或减轻的，病原为类菌质体。施用四环素和青霉素之后症状都消失或减轻的，为类立克次氏体。

任务考核

任务考核单

序号	考核内容	考核标准	分值	得分
1	非侵染病害诊断	能根据症状正确诊断非侵染性病害	20	
2	真菌病害诊断技术	能根据症状正确诊断真菌病害	15	
3	细菌病害诊断技术	能根据症状正确诊断细菌病害	15	
4	病毒类病害诊断技术	能根据症状正确诊断病毒类病害	10	
5	线虫病害诊断技术	能根据症状正确诊断线虫病害	10	
6	植原体病害诊断技术	能根据症状正确诊断植原体病害	10	
7	问题思考与回答	在整个任务完成过程中积极参与，独立思考	20	

思考问题

1. 园艺植物病害诊断的方法有哪些？
2. 真菌性病害的特点与诊断要点是什么？
3. 细菌性病害的特点与诊断要点是什么？
4. 病毒类病害的特点与诊断要点是什么？

知识链接

园艺植物病害诊断的注意事项

一、诊断园艺植物病害时应注意的问题

植物病害的症状是复杂的，每种植物病害虽然都有固定的、典型的特征性症状，但也有易变性。因此，在诊断园艺植物病害时，要慎重注意如下几个问题：

1）不同的病原可导致相似的症状。例如桃、樱花等园艺植物的霉菌性穿孔病与细菌性穿孔病不易区分；萎蔫性病害可由真菌、细菌、线虫等病原引起。

2）相同的病原在同一寄主植物不同的发病部位，表现不同的症状。例如苹果轮纹病危害枝干时，形成大量质地坚硬的瘤状物，造成"粗皮病"；危害果实时，则使果面上产生同心轮纹状的褐色病斑。

3）相同的病原在不同的寄主植物上，表现的症状也不相同。例如十字花科病毒病在白菜上表现为花叶，萝卜叶上表现为畸形。

4）环境条件可影响病害的症状，腐烂病类型在气候潮湿时表现湿腐症状，气候干燥时表现干腐症状。

二、田间诊断及其重要性

田间诊断是指在田间病害发生现场对植物病害进行实地考察和分析诊断。在考察中应详

细调查并记载病害发生的普遍性和严重性、病害发生的快慢、在田间的分布、发生时期寄主品种及其生育期、受害部位、症状（病状和病征），以及发病田的地势、土壤，昆虫活动和环境条件等。根据病害在田间的分布和发展特点、病株发病情况及近期内的天气变化，以及施肥、喷药、灌排水等农事操作情况等，综合分析，对病害作初步推断。

病害的现场观察和调查对于初步确定病害的类别、进一步缩小范围很有帮助。现场的观察要细致、周到，由整株到根、茎、叶、花、果等各个器官，注意颜色、形状和气味的异常；由病株到周围植株，再到全田、邻田，注意病害在田间分布的特点；注意地形、地貌、邻近作物或建筑物的影响。病害的调查要注意区分不同的症状，尽可能排除其他病害的干扰。

三、实验室诊断的重要性

实验室诊断是田间诊断的补充或验证。当一种病害经过田间诊断后，由于该病害较复杂或不常见、或属于新的病害等原因，尚不能确诊时，就需对其作进一步检测或试验，以查明病因。

1. 侵染性病害的实验室诊断

对疑为侵染性病害的，首先应取具有典型症状的标本作病原物显微镜检测和鉴定。

2. 非侵染性病害的实验室诊断

对疑为非侵染性病害的，可进行模拟试验、化学分析、治疗试验和指示植物鉴定等。

任务5　病害标本采集、制作与保存技术

任务描述

不同的病害，发生在植物的不同部位，有的是叶，有的是花，有的是果，有的是根，有的甚至是全株，发生部位不同时，在采集时一定要加以区分，要有针对性地采集不同部位，保持症状的全面性。发生部位不同，在保存时也要加以区分，有干制标本，有浸渍标本。本任务就是要针对不同的病害种类，学会采用不同的方法采集、制作和保存病害标本。完成本任务需要熟悉病害的采集用具和采集方法，了解病害标本采集时应注意的问题，需要掌握不同病害的制作和保存方法。

任务咨询

一、病害标本的采集

（一）采集用具

1. 标本夹

标本夹同植物标本采集夹一样，是用来采集、翻晒和压制病害标本的，由2块对称的木条栅状板和1条细绳构成。

2. 标本纸

标本纸一般采用麻纸、草纸或旧报纸，主要用来吸收标本水分。

另外,还需要手锯、采集箱、修枝剪、手持放大镜、镊子、记载本和标签等。

(二) 采集方法与要求

1) 掌握适当的采集时期,症状要具有典型性,真菌病害应采用有子实体的。新病害要有不同阶段的症状表现。采集时要将病部连同部分健康组织一起采下,以利于病害的诊断。

2) 有转主寄生的病害要采集两种寄主上的症状。

3) 每一种标本,只能有1种病害,不能有多种病害并存,以便正确鉴定和使用。

4) 在采集标本时,应同时进行野外记录,包括寄主名称、环境条件、发病情况及采集地点、日期、采集人等。

(三) 采集注意事项

为保证标本的完整性,有利于标本的制作及鉴定,采集时应注意以下几点:

1) 对病菌孢子容易飞散脱落的标本,用塑料袋或光滑清洁的纸将病部包好,放入采集箱内。

2) 柔软的肉质类标本、腐烂的果实标本必须用纸袋分装或用纸包好后,放入采集箱内,一定不要挤压。

3) 体型较小或易碎的标本,如种子、干枯的病叶等,采集后放入广口瓶或纸袋内。

4) 适于干制的标本,应边采边压于标本夹中,尤其是容易干燥蜷缩的标本,更应注意立即压制,否则叶片失水卷缩,无保存价值。

5) 对于不太熟悉的寄主植物,应将花、叶及果实等一并采回,进行鉴定。

6) 各种标本的采集应具有一定的份数 (5份以上),以便于鉴定、保存和交换。

二、病害标本的制作

一般的植物病害标本主要有干制和浸渍两种制作方法。干制法简单、经济,应用最广;浸渍法可保存标本的原形和原色,特别是果实病害的标本,用浸渍法制作效果较好。此外,用切片法制作玻片标本,用以保存并建立原物档案。

(一) 干制标本的制作

茎、叶、果等水分不多、较小的标本,可分层夹于标本夹内的吸水纸中压制。标本纸每层约3~4张,用于吸收标本中的水分。然后将标本夹捆紧放于室内通风干燥处。标本应尽快干燥,干燥越快保持原色效果越好。在压制过程中,必须勤换纸、勤翻动,防止标本发霉变色,特别是在高温高湿天气。通常在制作的前几天,要每天换纸1~2次,此时由于标本变软,应注意整理使其美观又便于观察,以后每2~3天换一次纸,直到全干为止。较大枝干和坚果的病害标本及高等担子菌的子实体,可直接晒干、烤干或风干。肉质多水的病害标本,应迅速晒干、烤干或放在30~45℃的烘箱内烘干。另外,对于某些容易变褐的叶片标本,可平放在阳光照射的热砂之中,使其迅速干燥,达到保持原色的目的。

(二) 浸渍标本的制作

一些不适于干制的病害标本,如伞菌子实体、幼苗和嫩枝叶等,为保存原有色泽、形状、症状等,可放在装有浸渍液的标本瓶内。常用的浸渍液及其使用方法介绍如下:

1. 普通防腐浸渍液

普通的防腐浸渍液只防腐不保色。配方：甲醛 50 mL，95% 乙醇 300 mL，水 2 000 mL。此浸渍液也可简化成 5% 甲醛溶液或 70% 乙醇溶液。

2. 绿色标本浸渍液

醋酸铜-甲醛溶液浸渍法：将醋酸铜渐渐加入 50% 的醋酸（乙酸）中配成饱和溶液（大约 1 000 mL 50% 的醋酸加 15 g 醋酸铜），此为原液，使用时加水稀释 3~4 倍。

3. 黄色和橘红色标本浸渍液

黄色和橘红色标本浸渍液用于保存梨、柿、杏、黄苹果和柑橘等果实标本，多采用亚硫酸作为浸渍液。亚硫酸有漂白作用，使用时浓度一定要注意。一般市场上的亚硫酸（5%~6% 的二氧化硫水溶液），在使用时应配成 4%~10% 的稀释溶液。

4. 标本瓶的封口

存放标本的浸渍液，多用具有挥发性或易于氧化的药品制成，必须严密封闭，才能长久保持浸渍液的效用。

三、病害标本的保存

（一）干制标本的保存

干燥后的标本经选择制作后，连同采集记录一并放入标本盒中或牛皮纸袋中，贴上鉴定标签，然后分类存放于标本橱中。

1. 纸制标本盒

盒底纸制，盒面嵌有玻璃。可将经过压制的标本用线或胶固定在盒内底部。盒外贴上标签。

2. 牛皮纸袋

先把标本缝固在油光纸夹中，然后将其置于牛皮纸袋中，并在袋外贴上标签。

3. 标本橱

标本橱用来保存标本盒、牛皮纸袋和玻片标本盒。一般按寄主种类归类排列，也可按病原分类系统排列存放。

（二）浸渍标本的保存

将制好的浸渍标本瓶、缸等，贴好标签，直接放入专用标本橱内即可。

各类标本的保存要有专人负责，干制标本和浸渍标本必须分橱存放，定期检查，若发现问题应及时处理。标本室的环境应阴凉干燥，定期通风。标本室的玻璃要加深色防光窗帘，若发现标本室有标本害虫应立即采取熏蒸措施。

任务实施

一、材料及工具的准备

1. 材料

有关植物病害症状挂图、影视教材、教学课件。

2. 用具

病害标本夹、采集箱、塑料袋、纸袋、小玻管、标本纸、绳、刀、剪、锯、锄、记载本、标签、铅笔、棉花、光学显微镜、放大镜、镊子、挑针、搪瓷盘、玻盖、重磅道林纸等。

二、任务实施步骤

（一）病害标本的采集

1. 采集准备

在病害标本采集前，应明确采集目的，准备好相应的采集用具。

2. 标本采集

植物病害标本主要是有病的根、茎、叶、果实或全株，好的病害标本必须具有寄主各受害部位在不同时期的典型症状。

3. 作好记录

记载内容有寄主名称、采集日期与地点、采集者姓名、生态条件和土壤条件。

（二）植物病害标本的制作

从田间采回的新鲜标本必须经过制作，才能应用和保存。对于典型病害症状最好是先摄影，以记录自然、真实的状况，然后按标本的性质和使用的目的制成各种类型的标本。

1. 干制标本的制作

干制标本的制作分标本压制和标本干燥两步。

2. 浸渍标本的制作

多汁的病害标本，如幼苗和嫩叶等，为了保存其原有的色泽、形状、症状特点，必须用浸渍法保存。

（三）植物病害标本的保存

制成的标本，经过整理和登记，然后按一定的系统排列和保藏。

1. 玻面纸盒保存

制作时纸盒中先铺一层棉花，棉花上放标本和标签，注明寄主植物和寄生菌的名称，然后加玻盖。棉花中可加少许樟脑粉或其他药剂驱虫。

2. 干制标本纸上保存

根据标本的大小用重磅道林纸折成纸套，标本藏在纸套中，纸套中写明鉴定记录，或将鉴定记录的标签贴在纸套上。

3. 封套内包存

盛标本的纸套不是放在标本纸上，而是放在厚牛皮纸制成的封套中。采集记载放在纸套中，而鉴定记载则贴在封套上。标本经过整理和鉴定后，在纸套、封套或纸盒上贴鉴定标签（见图1-13）。

```
      单位（标本室）名称
菌  名：
寄主名：
产  地：
采集者：
采集日期：      年  月  日
鉴定者：
标本室编号：
```

图1-13 鉴定标签

任务考核

任务考核单

序号	考核内容	考核标准	分值	得分
1	采集工具的准备	根据不同病害正确选择采集工具	15	
2	标本采集操作记录	能独立采集标本并作好记录	20	
3	干制标本制作	正确整形，防止霉变	20	
4	浸渍标本制作	正确配制浸渍液，封口要严	20	
5	病害标本的正确保存	正确标注、防腐、保存	15	
6	问题思考与回答	在整个任务完成过程中积极参与，独立思考	10	

思考问题

1. 如何制作一套完整的干制病害标本？
2. 如何制作一套精美的果实病害浸渍标本？

知识链接

采集病害标本应注意的问题

一、症状典型

要采集发病部位的典型症状，并尽可能采集到不同时期、不同部位的症状，如梨黑星病标本应有分别带霉层和疮痂斑的叶片、畸形的幼果、龟裂的成熟果等，以及各种变异范围内的症状。

二、病征完全

采集病害标本时，对于真菌和细菌性病害一定要采集有病征的标本，真菌病害则病部有子实体的为好，以便作进一步鉴定；对子实体不很显著的发病叶片，可带回保湿，待其子实体长出后再进行鉴定和标本制作。

三、避免混杂

采集时对容易混淆污染的标本（如黑粉病和锈病）要分别用纸夹（包）好，以免鉴定时发生差错。

四、采集记载

所有病害标本都应有记载，没有记载的标本会使鉴定和制作工作的难度加大。标本记载内容应包括：寄主名称、标本编号、采集地点、生态环境（坡地、平地、沙土、壤土等）、采集日期（年、月和日）、采集人姓名、病害危害情况（轻、重）等。标本应挂有标签，同一份标本在记录簿和标签上的编号必须相符，以便查对。标本必须有寄主名称，这是鉴定病害的前提，如果寄主不明，鉴定时困难就很大。

学习小结

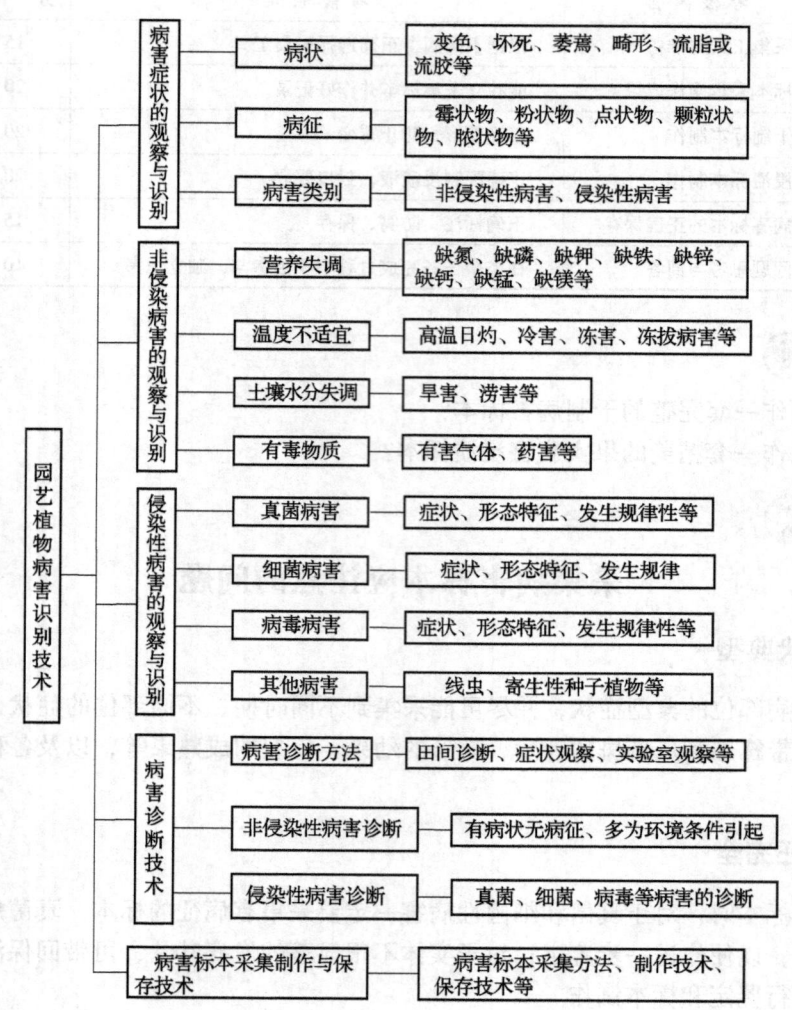

达标检测

一、填空题

1. 生物性病原是指以园艺植物为寄生对象的一些有害生物，主要有_____、_____、_____植原体、类病毒、寄生性种子植物、线虫、寄生藻类、螨类等。

2. 凡是由生物因子引起的植物病害都能相互传染，有侵染过程，称为_____或_____，也称为寄生性病害。

3. 凡是由非生物因子引起的植物病害都没有传染性，没有侵染过程，称为_____或_____，也称为生理性病害。

4. 真菌的菌丝可分为_____与_____两类。

5. 真菌菌丝体的变态类型有_____、_____、_____、_____、_____等。

6. 真菌的繁殖方式分为_____和_____，分别产生_____、_____。
7. 真菌门分为5个亚门，分别为_____、_____、_____、_____和_____。

二、问答题

1. 园艺植物病害的症状类型及特点是什么？
2. 如何区分侵染性病害和非侵染性病害？
3. 园艺植物细菌病害的特点是什么？
4. 简述园艺植物侵染性病害的诊断方法。
5. 比较各种病原物的侵入途径与方式。

园艺植物昆虫识别技术

【项目说明】

昆虫对园艺植物的影响很大，危害轻时会影响园艺植物的经济价值和美感，危害重时会对园艺植物造成毁灭性的打击。而昆虫的种类繁多，形态千差万别，那么如何识别昆虫的种类，有效利用益虫和控制害虫呢？这就是本项目要完成和学习的内容。

本项目共分5个任务来完成：昆虫外部形态观察与识别；昆虫内部器官观察与识别；昆虫生物学特性观察与识别；园艺昆虫主要类群观察与识别；昆虫标本采集、制作与保存技术。

【学习内容】

掌握昆虫的外部形态特征和内部生理构造；触角、口器、足和翅的构造和类型；目、科分类知识。熟悉昆虫的繁殖、发育及变态类型。了解昆虫体壁、消化系统、呼吸系统、神经系统与防治害虫的关系。

【教学目标】

通过对昆虫形态、生物学特性、内部器官等相关内容的学习，为学习后续课程打下基础，为提高园艺植物养护技能奠定基础。

【技能目标】

能准确识别昆虫的口器、足和翅，可对常见昆虫进行准确分类。

任务1　昆虫外部形态观察与识别

任务描述

昆虫种类繁多，外部形态复杂多样。本任务就是要从昆虫变化多端的结构中，找出它们共同的基本结构作为识别昆虫种类的依据。完成本任务需要熟悉昆虫纲的特征，掌握昆虫的体躯分段情况，掌握昆虫头、胸、腹及附肢的构造与特点，识别园艺植物常发生虫害的昆虫主要种类。

项目2　园艺植物昆虫识别技术

> **任务咨询**

一、昆虫的分类地位

地球上，已知生活着200多万种形形色色的生物，这些生物可划分为6大类群：病毒界、原核生物界、原生生物界、植物界、真菌界、动物界。昆虫属于动物界节肢动物门的一个纲，即昆虫纲。

二、昆虫纲的特征

1）体躯的若干体节分别集合成头部、胸部、腹部3个体段。

2）头部具有眼、口器及1对触角，因而是昆虫感觉和取食的中心。

3）胸部由3个体节组成，生有3对足，大多数昆虫在成虫期一般还生有2对翅，因而是运动的中心。

4）腹部通常由9~11个体节组成，内含大部分内脏和生殖系统，腹末多数具有转化成外生殖器的附肢，因而是昆虫新陈代谢和生殖的中心。

5）昆虫在一生的生长发育过程中，通常需经过一系列显著的内部及外部体态上的变化（即变态），才能转变为性成熟的成虫。

三、昆虫的头部

昆虫的头部是体躯最前面的一个体段，一般呈圆形或椭圆形。在头壳的形成过程中，由于体壁内陷，表面形成一些沟和缝，因此将头壳分成许多小区，每个小区都有一定的位置和名称，分别为：额、唇基、头顶、颊、后头。头部的附器有触角、复眼、单眼和口器。头部是昆虫的感觉和取食中心。

1. 昆虫的头式

昆虫头部的形式称为头式。根据口器在头部的着生位置和方向，昆虫的头式可分为下口式、前口式、后口式3种类型。

2. 触角

触角由许多环节组成。基部第1节为柄节，第2节为梗节，梗节以后的各小节统称为鞭节。鞭节的形状和分节的多少，随昆虫种类的不同而不同。因此，触角是昆虫分类的重要依据。

3. 眼

眼是昆虫的视觉器官，在取食、群集和定向活动等方面起着重要作用。昆虫的眼有单眼和复眼之分。单眼的有无、数目和位置常被用作昆虫分类的特征。复眼的大小、形状、小眼面的数量也是昆虫分类的重要依据。

4. 口器

口器是昆虫的取食器官。各种昆虫因食性和取食方式的不同，口器常常在构造上发生一些变化，从而形成了不同的口器类型。例如，取食固体食物的为咀嚼式，取食液体食物的为吸收式，兼食固体和液体食物的为嚼吸式。此外，还有蛾、蝶类成虫所特有虹吸式口器，蓟马的锉吸式口器，牛虻的刮吸式口器，以及家蝇的舐吸式口器。

四、昆虫的胸部

胸部是昆虫的第2体段,以膜质颈与头部相连。胸部着生有3对足和2对翅。胸部由3个体节组成,每一胸节下方各着生1对胸足。多数昆虫在中、后胸上方各着生1对翅。足和翅都是昆虫的行动器官,所以胸部是昆虫的运动中心。

(一) 胸部的基本构造

昆虫胸部的每一胸节都是由4块骨板构成的,即1个背板、1个腹板和2个侧板。骨板按其所在胸骨片部位而各有名称,如前胸背板、中胸背板、后胸背板等。

(二) 昆虫的足

1. 足的构造 (成虫)

昆虫的胸足是胸部的附肢,着生在各节的侧腹面,基部与体壁相连,形成一个膜质的窝,称为基节窝。成虫的胸足一般由6节组成,自基部向端部依次分为基节、转节、腿节、胫节、跗节和前跗节。

2. 胸足的类型

由于生活环境和活动方式的不同,昆虫足的形态和功能发生了相应的变化,演变成了不同的类型。有步行足、跳跃足、开掘足、捕捉足、游泳足、抱握足、携粉足、攀援足等。

(二) 昆虫的翅

翅是昆虫的飞行器官,昆虫是无脊椎动物中唯一能飞的动物。翅的产生,使昆虫在觅食、求偶、避敌和扩大地理分布方面获得了强大的生存竞争力,从而使昆虫成为了动物界中最繁盛的一个类群。

1. 翅的构造

昆虫的翅常呈三角形,分为三缘、三角、四区、三褶。翅的三缘指前缘、外缘、内缘,三角指肩角、顶角、臀角,四区指腋区、臀前区、臀区、轭区,三褶指基褶、臀褶、轭褶。

2. 翅脉和脉序

翅脉在翅面上的分布形式称为脉序。翅脉有纵脉与横脉之分。纵脉是指由翅基部伸到外缘的翅脉,横脉是指横列在纵脉之间的短脉。翅是昆虫分目的主要依据,根据昆虫翅的类型,很容易对常见昆虫进行大类的划分,这在识别昆虫时是十分有用的特征。

五、昆虫的腹部

腹部是昆虫的第3体段,紧连于胸部之后,一般没有分节的附肢,里面包藏有各种内脏器官,端部着生有雌、雄外生殖器和尾须。内脏器官在昆虫的新陈代谢中发挥着重要的作用,雌、雄外生殖器主要承担了与生殖有关的交尾与产卵等活动,尾须在交尾及产卵过程中对外界环境进行感觉,所以说腹部是昆虫新陈代谢和生殖的中心。

(一) 腹部的构造

昆虫成虫的腹部一般呈长筒形或椭圆形,但在各类昆虫中常有较大的变化,一般由9~11节组成,第1~8节两侧常具有1对气门。腹部的构造比胸部简单,各节之间以节间膜相连,并相互套叠。腹部只有背板和腹板,而没有侧板,侧板被侧膜所取代。

（二）腹部的附器

成虫腹部的附肢有外生殖器和尾须。

1. 外生殖器

雌虫的外生殖器称为产卵器，雄虫的外生殖器称为交配器。

各类昆虫的交配器构造复杂，种间差异也十分明显，但在同一类群或虫种内个体间比较稳定，因而可作为鉴别虫种的重要特征。

2. 尾须

尾须是由第 11 腹节附肢演化而成的 1 对须状外突物，存在于部分无翅亚纲和有翅亚纲中的蜉蝣目、蜻蜓目、直翅类及革翅目等较低等的昆虫中。

六、昆虫的体壁

体壁是包在整个昆虫体躯（包括附肢）最外层的组织，它具有皮肤和骨骼两种功能，又称为骨骼。

1. 体壁的功能

体壁构成昆虫的躯壳，着生肌肉，保护内脏，防止水分蒸发及微生物和其他有害物质的入侵，起保护性屏障作用。同时，体壁还是营养物质的储存库，色彩和斑纹的载体。此外，体壁可特化成各种感觉器官和腺体等，参与昆虫的生理活动。

2. 体壁的构造

体壁由里向外可分为底膜、皮细胞层和表皮层。

3. 昆虫体壁的外长物

昆虫体壁的外长物分为细胞性外长物和非细胞性外长物。

4. 皮细胞腺

昆虫体壁的皮细胞，一般都有一定的分泌作用。有些昆虫的某些部位的皮细胞特化为某种腺体，按照腺体的分泌物和功能可分为涎腺、丝腺、蜡腺、胶腺、毒腺和臭腺、蜕皮腺等。

任务实施

一、材料及工具的准备

1. 材料

蝗虫（雌、雄）、步甲、螽斯、蝉、白蚁、叩甲、绿豆象（雄）、蓑蛾（雄）、蝶类、瓢虫、金龟甲、蜜蜂、蚊（雄）、蝇类、蓟马、螳螂、蝼蛄、龙虱（雄）、蜻类、家蚕幼虫。

2. 用具

手持放大镜、体视显微镜、泡沫塑料板、镊子、解剖针、蜡盘。

二、任务实施步骤

（一）昆虫体躯基本构造的观察与识别

取 1 只蝗虫放入蜡盘，首先观察蝗虫的体躯是否左右对称，是否被外骨骼包围。然后观察体躯是否分为头、胸、腹3个体段，以及胸、腹各由多少体节组成，头胸是如何连接的。用左手拿住蝗虫，右手用镊子轻轻拉动一下腹末，观察节与节之间的节间膜。最后观察触角、复眼、单眼、口器、胸足、翅、听器、尾须，以及雌、雄外生殖器等的着生位置、形态和数目。以东亚飞蝗为例观察昆虫基本构造，必要时可借助手持放大镜或体视显微镜进行观察（见图2-1）。

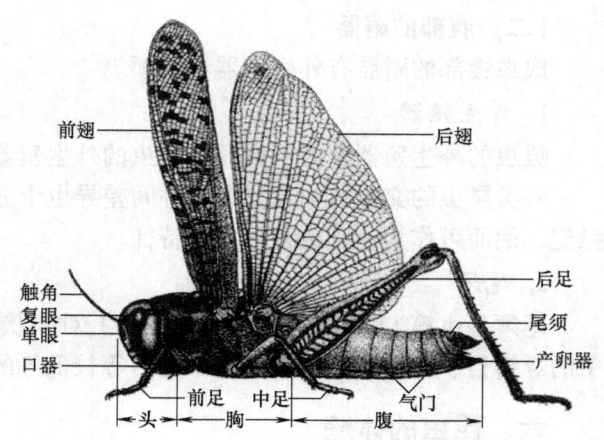

图2-1　以东亚飞蝗示昆虫基本构造

（二）昆虫头式的观察与识别

以螽斯、步甲、蝉为例，观察它们口器的着生方向，判断它们属于何种头式（见图2-2）。

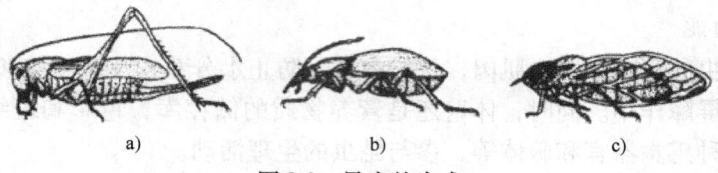

图2-2　昆虫的头式
a）下口式（螽斯）　b）前口式（步甲）　c）后口式（蝉）

（三）口器的观察与识别

1. 咀嚼式口器的观察与识别

将上面观察的蝗虫头部取下，观察咀嚼式口器，认清上唇、上颚、下颚、下唇、舌（图2-3）。

2. 刺吸式口器的观察与识别

以蝉为材料仔细观察，在头的下方具有一根3节的管状下唇；将头取下，左手执蝉的头部，使其正面向上，下唇向右，右手轻轻下按下唇，透过光线可见紧贴在下唇基部的一块三角形小骨片即为上唇；将下唇自基部轻轻拉掉，在体视显微镜下观察可见由上、下颚组成的口针，两侧的为一对上颚口针，中间的一根为由两下颚嵌合而成的下颚口针，用解剖针轻轻挑动口针基部，可将其分开（见图2-4）。

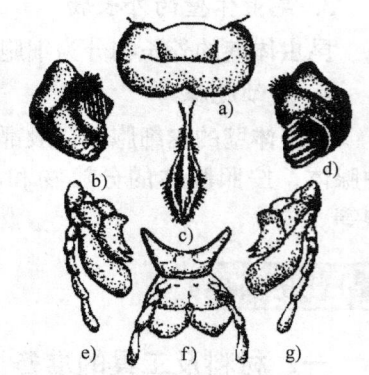

图2-3　蝗虫的咀嚼式口器
a）上唇　b）左上颚　c）舌　d）右上颚
e）左下颚　f）下唇　g）右下颚

3. 虹吸式口器的观察与识别

以蛾类、蝶类为材料，观察头部下方有一条细长卷曲似发条状的虹吸管（见图2-5）。

4. 锉吸式口器的观察与识别

在体视显微镜下观察蓟马示范玻片标本，可见其倒锥状的头部内有口针，右上颚口针退化，左上颚口针突出在口器外，以此锉破植物。

5. 舐吸式口器的观察识别

在体视显微镜下观察蝇类口器示范玻片标本，可见其由基喙、中喙、唇瓣3部分组成。

项目2 园艺植物昆虫识别技术

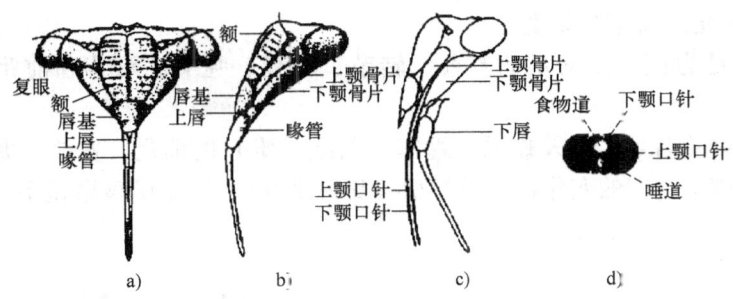

图 2-4 蝉的刺吸式口器
a) 头部正面观 b) 头部侧面观 c) 口器各部分分解 d) 口针横切面

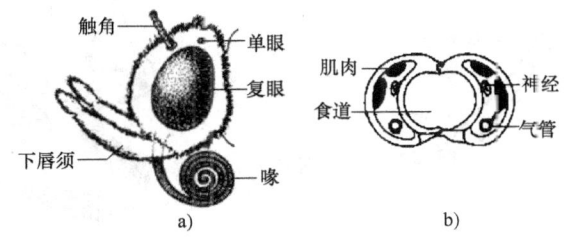

图 2-5 蛾类、蝶类的虹吸式口器
a) 头部侧面观 b) 喙的横切面

（四）昆虫触角的观察与识别

用手持放大镜或体视显微镜观察蜜蜂触角的基本构造，区别出柄节、梗节和鞭节，特别注意鞭节又是由许多亚节组成（见图2-6）。

以蝗虫、蝉、白蚁、叩甲、绿豆象（雄）、蓑蛾（雄）、蝶类、瓢虫、金龟甲、蜜蜂、蚊（雄）、蝇类为材料，观察它们的触角各属何种类型（见图2-7）。

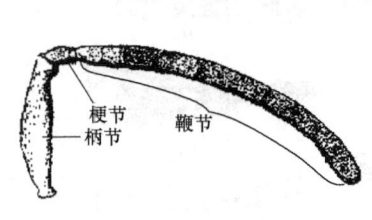

图 2-6 蜜蜂触角的基本构造

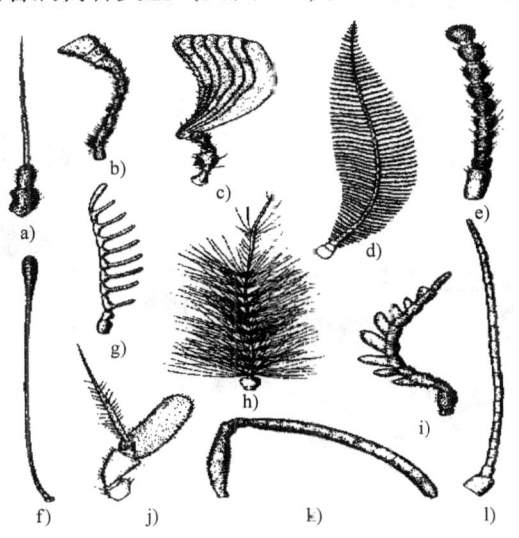

图 2-7 昆虫触角的基本类型
a) 刚毛状 b) 锤状 c) 鳃片状 d) 羽毛状 e) 念珠状 f) 棒状
g) 栉齿状 h) 环毛状 i) 锯齿状 j) 具芒状 k) 膝状 l) 线状

(五)昆虫胸足的观察与识别

以蝗虫的中足为例,观察足的基节、转节、腿节、胫节、跗节和前跗节的构造(见图2-8)。

对比观察蝗虫的后足,以及蝼蛄、螳螂、龙虱(雄)的前足,蜜蜂、龙虱(雄)的后足,步甲的足,辨别它们的变化特点及类型(见图2-9)。在体视显微镜下观察家蚕幼虫的腹足及趾钩。

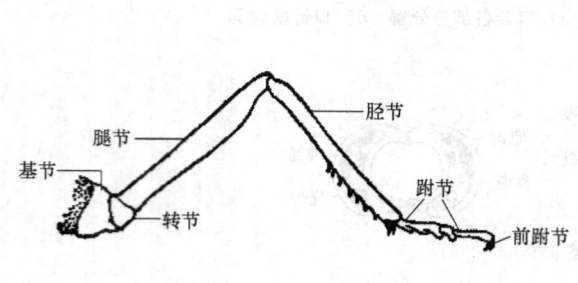

图2-8 蝗虫中足的基本构造

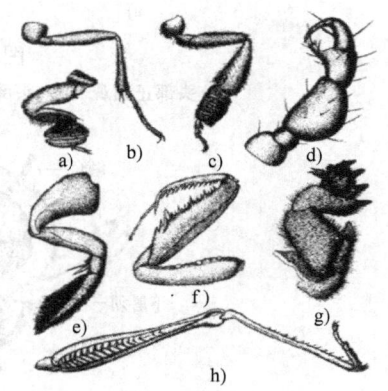

图2-9 昆虫胸足的类型
a)抱握足 b)步行足 c)携粉足 d)攀援足
e)游泳足 f)捕捉足 g)开掘足 h)跳跃足

(六)昆虫翅的观察与识别

取1只蝗虫,将后翅展开,观察翅脉及三缘、三角、三褶和四区(见图2-10)。

对比观察蝗虫、金龟甲、蜡类的前翅,以及蝉、蝶类、蜜蜂、蓟马的前翅与后翅,蝇类的后翅,辨别它们属哪一类型(见图2-11),比较不同昆虫翅的类型在质地、形状上的变异特征。

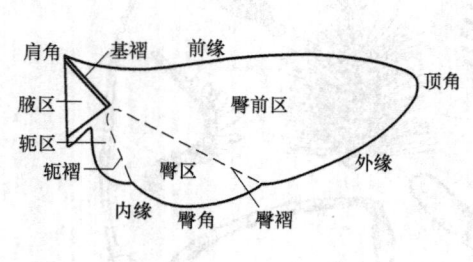

图2-10 昆虫翅的基本构造

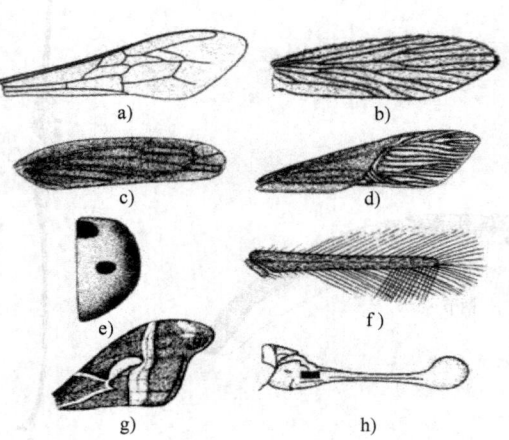

图2-11 昆虫翅的类型
a)膜翅 b)毛翅 c)覆翅 d)半翅 e)鞘翅
f)缨翅 g)鳞翅 h)棒翅

（七）昆虫外生殖器基本构造的观察

以雌性蝗虫为材料观察雌外生殖器即产卵器的背瓣、内瓣和腹瓣，以及导卵器、产卵孔等；以雄性蝗虫为材料观察雄外生殖器即交配器的阳茎、阳茎基，以雄蛾为材料观察抱握器的构造。

任务考核

任务考核单

序 号	考核内容	考核标准	分 值	得 分
1	体躯的基本构造观察	正确划分体段并能说明特点与各部名称	20	
2	口器与头式的观察	指明口器的各部名称与类型；正确区别头式	15	
3	触角的观察	指明各部名称，并且能区分不同类型的触角	15	
4	胸足的观察	指明胸足的各部名称，并能区分胸足的类型	10	
5	翅的观察	指明翅的三缘、三角、三褶和四区，并能区分其类型	10	
6	外生殖器的观察	观察外生殖器的特点	10	
7	问题思考与回答	在整个任务完成过程中积极参与，独立思考	20	

思考问题

1. 昆虫的外部形态特点有哪些？
2. 昆虫的头式有几种？
3. 昆虫的口器类型有几种？
4. 昆虫足的类型有几种？

知识链接

如何利用昆虫的特点进行昆虫的识别与防治

一、利用触角识别昆虫

不同种类昆虫的触角形状不一样，不但可以根据触角的类型识别昆虫，而且还可以根据触角来区别同种昆虫的雌、雄，下面是一些常见昆虫的触角类型。

刚毛状，例如蜻蜓、蝉、叶蝉的触角；线状（丝状），例如天牛、蟊斯的触角；念珠状，例如白蚁的触角；棒状（球杆状），例如蝶类和蝶角蛉的触角；锤状，例如瓢虫等一些甲虫的触角；锯齿状，例如大多数叩甲的触角；栉齿状（梳状），例如部分叩甲的触角；羽毛状（双栉状），例如许多雄蛾的触角；膝状（肘状），例如蜜蜂、蚂蚁及部分象甲的触角；环毛状，例如雄蚊和摇蚊的触角；具芒状，例如蝇类的触角；鳃片状，例如金龟甲的触角。

二、利用口器的危害特点进行药剂防治

具有咀嚼式口器的害虫危害植物的共同特点是造成植物各种形式的机械损伤，例如，取食叶片造成缺刻、孔洞。防治咀嚼式口器的害虫，通常使用胃毒剂和触杀剂。

具有刺吸式口器的害虫危害的共同特点是吸取植物的汁液，还传播植物病毒病。防治时

通常使用内吸性杀虫剂、触杀剂或熏蒸剂，而使用胃毒剂是没有效果的。

三、利用胸足来识别昆虫

步行足是步行甲、蚂蚁、蜻蜓等的足；跳跃足是蝗虫、蟋蟀等的后足；开掘足是蝼蛄的前足；捕捉足是螳螂、猎蝽的前足；游泳足是龙虱、仰蝽等昆虫的后足；抱握足是雄性龙虱的前足；携粉足是蜜蜂的后足；攀援足是虱类的足。

四、利用翅来识别昆虫

膜翅，例如蜂类、蜻蜓的翅，以及甲虫、蜻蜓等的后翅；覆翅，例如蝗虫等直翅类昆虫的前翅；鞘翅，例如甲虫类的前翅；半鞘翅，例如蜻蜓的前翅；鳞翅，例如蛾蝶类的前后翅；毛翅，例如毛翅目昆虫的翅；缨翅，例如蓟马的翅；棒翅（平衡棒），例如双翅目昆虫和介壳虫雄虫的后翅。

五、昆虫体壁与药剂防治的关系

昆虫的体壁，特别是表皮层的结构和性能与药剂防治有着密切的关系。在防治害虫时使用的接触性杀虫剂，必须能够穿透体壁，这样才能发挥作用。低龄幼虫，体壁较薄，农药容易穿透，易于触杀；高龄幼虫，体壁硬化，抗药性增强，防治困难。所以，使用接触性杀虫剂防治害虫时要"治早治小"。

任务 2　昆虫内部器官观察与识别

任务描述

通过上一个任务的观察，我们已经了解了昆虫的外部形态特征，可是昆虫的内部结构究竟是什么样的呢？昆虫都有哪些内部器官呢？和人类的是否有相同的地方呢？要想了解这些，需要我们对昆虫进行细致的解剖来观察与识别昆虫的内部构造。

昆虫的生命活动和行为与内部器官的生理功能关系十分密切，如果能通过对昆虫的解剖进一步了解昆虫的消化、呼吸、生殖、神经等内部器官的特性，掌握其生理功能与害虫防治的关系，就能为我们科学制订害虫的防治方案打下坚实基础。

任务咨询

一、昆虫体腔的结构

体壁包围着整个体躯，里面形成一个相通的体腔，所有的内部器官都位于这个体腔内。由于背血管是开口的，血液循环是开放式的，体腔中存在着血液，各器官都直接浸没在血液中，这不同于脊椎动物的体腔，所以这样的体腔称为血腔（所有的节肢动物都具有血腔）。

二、昆虫消化器官的结构

昆虫的消化器官是一条从口腔到肛门的纵贯腔中央的管道，包括前肠、中肠、后肠 3

部分。

咀嚼式口器昆虫的前肠，由口腔、咽喉、食道、嗉囊和前胃等部分组成，具有磨碎和储存食物的功能。中肠又称为胃，是昆虫消化和吸收食物的主要部分。后肠由结肠、回肠和小肠组成，主要的功能是回收水分、无机盐并排泄废物。咀嚼式口器昆虫，取食固体食物，中肠结构比较简单，常呈均匀、粗壮的管状。

吸收式口器的昆虫取食动植物的汁液，中肠演化成细长的管道，某些种类的昆虫，如蚜虫、介壳虫等，中肠变得特别细长，特化成滤室结构，这也是大多数同翅目昆虫消化道的特殊结构，通常由中肠的后端与后肠的前端相连。消化道具有滤室的昆虫，如蚜类、蚧类和粉虱等，其排泄物黏滞、含糖，成为寄生真菌的营养基质，导致植物煤污病的发生。

三、昆虫呼吸器官的结构

昆虫的呼吸器官是由一系列相对固定排列方式的气管组成的。气管是富有弹性的管子，分布在体内各组织的细胞间和细胞内，在体壁的开口为"气门"。气门可以开闭，以调节气体的出入，同时具有调控体内水分的功能。

昆虫的气门一般都是疏水性的，水分不会侵入气门，但油类物质却极易进入。乳油剂的杀虫作用，除了直接穿透体壁外，大量的是由气门进入虫体的。因此，乳油剂是应用广泛且杀虫效果好的杀虫型。此外，如肥皂水、面糊水等，可以机械地将气门堵塞，使昆虫窒息而死。

四、昆虫神经器官的结构

昆虫神经器官的基本单位是神经元。神经元包括神经细胞体和神经纤维两大部分。由神经细胞伸出的主枝称为"轴状突"，轴状突上的分枝称为"侧支"，轴状突和侧枝端部的分枝称为"端丛"，由神经细胞体直接伸出的神经纤维称为"树状突"。无数的神经元的集合构成"神经节"。

昆虫机体的一切行为和机能的信号传递，完全靠神经系统的传递介质：乙酰胆碱和乙酰胆碱酯酶，一旦介质的活性受到抑制或降低，昆虫有机体的生命活动就会受到威胁或者死亡。很多高效杀虫剂都是神经毒剂。

五、昆虫生殖器官的结构

1. 生殖器官的构造

大多数的昆虫个体雌雄分化。雌性昆虫的内生殖器官主要由卵巢、输卵管、受精囊、附腺和阴道组成；雄性昆虫的内生殖器官由睾丸、输精管、储精囊、射精管、阴茎组成。

2. 昆虫的交配和受精

激发两性昆虫性行为的因素有昆虫性信息素、雄虫群舞和鸣叫、雌虫特殊的色彩和气味等。昆虫的两性交配和受精是两个不同的概念，交配和受精过程也不是同时完成的。交配是指雌雄两性的交合；受精则指精、卵有机会结合成受精卵的过程。昆虫受精通常发生于交配以后，产卵以前。当雄虫的精子射入雌虫阴道或交尾囊，经机械作用或化学刺激而储于受精囊内，到排卵时受精囊内精子溢出，与卵结合成受精卵排出体外。

45

六、循环系统

循环系统的主要器官为背血管（主要搏动器，推动血液循环）。昆虫的循环系统属于开放式，血液循环于体腔内，浸浴着所有的组织与器官。昆虫循环系统的主要功能是运送营养物质和激素到相应的组织与器官或作用部位，并将代谢产物输送到其他组织或排泄器官，维持正常代谢活动，对外物侵入产生免疫反应等。

七、排泄系统

排泄系统主要包括马氏管、脂肪体。马氏管一般着生在消化道的中、后肠分界处，脂肪体包围在内脏器官的周围。昆虫排泄器官的主要功能是排弃代谢废物，维持体内盐类和水分的平衡，保持体内环境的稳定。

任务实施

一、材料及工具的准备

1. 材料

蝗虫、蚱蝉、蜚蠊天蛾的浸泡标本、家蚕幼虫的活体标本、家蚕幼虫体躯横切面玻片。

2. 用具

体视显微镜、镊子、解剖针、蜡盘、剪刀、大头针。

二、任务实施步骤

（一）解剖并观察昆虫内部器官的相对位置

取 1 只蝗虫，剪掉足、翅，用剪刀从腹部末端开始，沿气门上线剪至头顶，剪下背壁。注意在解剖时，剪刀尖略向上，以免损伤内脏。然后观察各种器官的位置和形状。

（二）观察家蚕体躯横切面

观察家蚕幼虫体躯横切面玻片：消化道位于中央；背血管是位于消化道背面、背隔膜上方、背血窦中央的 1 条直管；腹神经索位于消化道腹面、腹隔膜的下方、腹血窦的中央；呼吸系统以气门开口于体壁两侧，气管分布于体内各器官和组织上。

（三）解剖并观察昆虫呼吸系统形状及位置

取 1 只家蚕幼虫，用剪刀沿中线剪开，用解剖针将两侧体壁固定于蜡盘中，加清水浸没虫体，进行观察。体腔内有许多褐色的树枝状分支的细管，即为呼吸系统的气管，注意观察这些气管与气门的联系。

（四）解剖并观察昆虫消化系统

1. 咀嚼式口器昆虫的消化系统观察

取 1 只蝗虫，剪去翅和足，从虫体两侧由尾部到头部剪开，揭去背板，掰开头部，将消化道取出，置于蜡盘中，用水浸没，在体视显微镜下观察：蝗虫的消化道较粗大，从前至后依次为前肠（口、咽喉、食道、嗉囊、前胃）、中肠（胃盲囊）、后肠（回肠、结肠、直肠、肛门）。观察各部分的外形构造。

项目2　园艺植物昆虫识别技术

2. 刺吸式口器昆虫的消化系统观察

取1只蚱蝉,将背壁去掉,置于蜡盘中,在体视显微镜下进行观察:将消化道周围的腺体和脂肪体等移除,观察其消化道在体腔的位置;解剖并观察滤室,注意滤室是如何形成的;解剖并观察消化道的各个组成部分,注意其形状及构造特点;注意马氏管是自滤室通过的,共有几条,着生在何位置。

(五) 循环系统观察

取活螯螨沿体躯两侧剪开,用镊子将其置于盛有生理盐水的蜡盘中,掀去背壁,使背壁的腹面向上,在体视显微镜下观察,可见在头、胸部内是较短的1段动脉直管,心脏包括许多连续的心室,每个心室略膨大,心室腹面的两侧附有三角形排列的翼肌,并可见到背血管下的1层背隔。

(六) 神经系统观察

取1只蝗虫,剪去足和翅,并用剪刀在复眼四周剪1圈,将头壳剪出多个裂口,再用镊子将复眼外壁和头壳撕去,最后把头部固定在蜡盘内并加水浸没,在体视显微镜下小心地撕去肌肉,以便观察脑的组成。用剪刀从蝗虫的腹部末端沿背中线剪至前胸前缘,再由剪口处把体壁分开,固定于蜡盘内,用镊子除去生殖器官,加入清水置于体视显微镜下观察:首先可见到食道上面包围着围咽神经,将食道剪断并掀上去或轻轻地拉掉食道和其他部分的消化道,用剪刀将幕骨桥的中间部分剪去,则可见1个白色的咽下神经节,上有3对神经分别通向上颚、下颚及下唇。

(七) 内分泌腺体观察

将家蚕幼虫自背中线剪开,用剪刀平剪头部,然后用解剖针斜插固定于蜡盘内,在体视显微镜下仔细地移除消化道两侧的丝腺和脂肪体、肌肉等,再用水冲洗干净,然后观察。

1. 前胸腺的观察

找到家蚕幼虫前胸气门的位置,可见到由前胸气门向体内伸出的气管丛,用镊子小心除去气管丛,在前胸气门的气管丛基部,靠近体壁处,即可看到透明、膜状的前胸腺。

2. 心侧体和咽侧体的观察

用剪刀从家蚕幼虫头顶剪开,沿蜕裂线主干剪至口器上方,将头部和胸部打开,固定于蜡盘中,用水浸没,体视显微镜下用镊子剔除头部肌肉,当露出脑后,在脑后方消化道两侧仔细寻找,可见到2对近似球状的腺体,前方1对为心侧体,后方1对为咽侧体。

(八) 生殖系统观察

1. 雌蝗生殖系统观察

取1只雌蝗虫,剪去翅和足,用剪刀自背中线剪开,用解剖针将两侧体壁固定于蜡盘中,加水后在体视显微镜下解剖并观察。在体视显微镜下首先看见的是位于体腔中央的消化道,其背侧面有1对卵巢和1对弯向消化道腹面的侧输卵管。

2. 雄蝗虫生殖系统观察

用解剖雌蝗虫的方法解剖1只雄蝗虫,在体视显微镜下观察:精集与雌蝗虫卵巢形状和位置的异同;仔细寻找输精管,观察时,需将腹末的外生殖器剪破并掰开,才能见到短小、白色的射精管;在射精管和输精管的连接处有1对与许多附腺盘结在一起的储精囊。

任务考核

任务考核单

序号	考核内容	考核标准	分值	得分
1	内部器官的位置观察	准确指出各内部器官的位置和名称	20	
2	体躯横切面	解剖并准确指明各部分名称	15	
3	呼吸系统形状及位置	指明各部分名称	15	
4	消化系统观察	指明各部分名称和相对位置	10	
5	循环系统观察	指明各部分名称和相对位置	10	
6	生殖系统观察	指明各部分名称，并能正确区分雌、雄昆虫	10	
7	问题思考与回答	在整个任务完成过程中积极参与，独立思考	20	

思考问题

1. 昆虫呼吸系统的结构特点有哪些？
2. 昆虫消化系统的结构特点有哪些？
3. 昆虫循环系统的结构特点有哪些？

知识链接

昆虫内部器官与防治的关系

一、昆虫的消化、吸收与防治的关系

蝗虫、金龟甲等，中肠液偏酸性，用具碱性的砷酸钙农药，远比具酸性的砷酸铝农药的毒性作用大。多数蛾、蝶类幼虫中肠液偏碱，敌百虫农药在碱液中可生成毒性更强的敌敌畏。苏云金杆菌等微生物农药在虫体内产生的伴孢晶体，在碱性消化液中能形成毒蛋白，通过肠壁细胞进入体腔，导致昆虫发生败血病而死亡。

二、昆虫呼吸系统与防治的关系

大部分昆虫，气体交换的强度与体内二氧化碳积累的多少有关。如果二氧化碳在体内积累量增多，可刺激呼吸作用增强，促使气门开闭频次增加。因此，在仓库熏蒸害虫时，空气中加入少量二氧化碳使昆虫呼吸作用增强，便于有毒气体大量进入而提高熏蒸效果。由于昆虫气门的疏水性和亲油性，油剂可以堵塞气门，使其窒息死亡。

三、神经器官与防治的关系

昆虫神经元与神经元上的端丛的联系处有"突触"，突触间并未直接相连，其冲动的传导是通过乙酰胆碱来完成的。当一个冲动传导完成后，乙酰胆碱很快被神经细胞表面的乙酰胆碱酯酶水解为胆碱和乙酸，同时产生新的乙酰胆碱，使冲动传导连续进行。如果胆碱酯酶的活性受到某些有机磷类或氨基甲酸酯类神经性杀虫剂的抑制，就会引起乙酰胆碱在突触间聚集，害虫就会因无休止的神经冲动而死亡。

项目2 园艺植物昆虫识别技术

任务3 昆虫生物学特性观察与识别

任务描述

昆虫生物学研究昆虫的个体发育史，包括昆虫从生殖、胚胎发育、胚后发育，直至成虫各时期的生命特征。同时，昆虫生物学还要讨论昆虫在一年中的发生过程，即它们的年生活史和发生世代等。

昆虫具有惊人的繁殖能力，昆虫到底是如何繁殖的呢？有些种类昆虫的幼虫期与成虫期个体在生活环境及食性上差别很大，而有些又很相似，昆虫一生之中在外部形态和习性上究竟经历了怎么样的变化？

昆虫的一生包括繁殖、发育、变态、习性及从卵开始到成虫死亡的世代和生活年史等方面的内容。通过对昆虫生命特性的了解，我们可以找出它们生命活动中的薄弱环节，对于园艺植物有害的昆虫，我们可以改变环境条件予以控制；对于益虫则可以找出人工保护、繁殖和利用的途径。这就是本任务要完成和学习的内容。

任务咨询

一、昆虫的繁殖方式

绝大多数昆虫雌雄异体，雌雄同体者为数甚少。雌雄异体的昆虫，主要是两性生殖。此外，还有若干特殊的生殖方式，如孤雌生殖、幼体生殖和多胚生殖等。

（一）两性生殖

昆虫的绝大多数种类进行两性生殖和卵生。这种生殖方式的特点是，昆虫必须经过雌雄两性交配，卵受精后产出体外发育成新个体。

（二）孤雌生殖

孤雌生殖也称为单性生殖。这种生殖方式的特点是，卵不经过受精也能发育成正常的新个体。一般又可以分为以下3种类型：

1. **偶发性孤雌生殖**

偶发性孤雌生殖是指某些昆虫在正常情况下进行两性生殖，但雌成虫偶尔产出的未受精卵也能发育成新个体的现象。常见的如飞蝗、家蚕、一些毒蛾和枯叶蛾等，它们都能进行偶发性的孤雌生殖。

2. **经常性孤雌生殖**

经常性孤雌生殖也称为永久性孤雌生殖。其特点是，雌成虫产下的卵有受精卵和未受精卵两种，前者发育成雌虫，后者发育成雄虫。常见的如膜翅目的蜜蜂和小蜂总科的一些种类。

3. **周期性孤雌生殖**

周期性孤雌生殖也称为循环性孤雌生殖。这种生殖方式的特点是，昆虫通常在进行1次或多次孤雌生殖后，再进行1次两性生殖。这种以两性生殖与孤雌生殖随季节变化交替进行的方式繁殖后代的现象，又称为异态交替或世代交替。

（三）多胚生殖

多胚生殖是指一个卵细胞可产生两个或多个胚胎，每个胚胎又能发育成正常新个体的生殖方式。这种现象多见于膜翅目的一些寄生蜂类。

（四）胎生

多数昆虫为卵生，但一些昆虫的胚胎发育是在母体内完成的，由母体所产出来的不是卵而是幼体，这种生殖方式称为胎生。

（五）幼体生殖

少数昆虫在幼虫期就能进行生殖，称为幼体生殖。

多数昆虫完全或基本上以某种生殖方式繁殖，但有的昆虫兼有两种以上生殖方式如蜜蜂、蚜虫等。

二、昆虫的发育与变态

（一）昆虫的发育

昆虫的个体发育是指由卵发育到成虫的全过程。这个过程包括胚前发育期、胚胎发育期和胚后发育期3个连续的阶段。

（二）昆虫的变态

昆虫自卵中孵出后，在胚后发育过程中，要经过一系列外部形态和内部组织器官等方面的变化才能转变为成虫，这种现象称为变态。昆虫在进化过程中，随着成虫与幼虫体态的分化、翅的获得，以及幼虫期对生活环境的特殊适应和其他生物学特性的分化，形成了各种不同的变态类型。与园艺植物关系密切的昆虫的变态类型主要为不完全变态、完全变态。

1. 不完全变态（见图2-12）

不完全变态是有翅亚纲外生翅类（除蜉蝣目外）的各目昆虫具有的变态类型。其特点是个体发育（胚后发育）过程中经过卵期、幼虫（若虫）期和成虫期3个虫期。幼虫期的翅在体外发育。这类昆虫的幼虫期和成虫期在外部形态和生活习性上大体相似，不同之处是翅未发育完全、生殖器官尚未成熟。

2. 完全变态（见图2-13）

完全变态是有翅亚纲内生翅类各目昆虫所具有的变态类型，如鞘翅目、鳞翅目、膜翅目、双翅目等。其特点是个体发育经过卵期、幼虫期、蛹和成虫期4个发育阶段。例如蛾、蝶类和甲虫类昆虫，均属于完全变态。

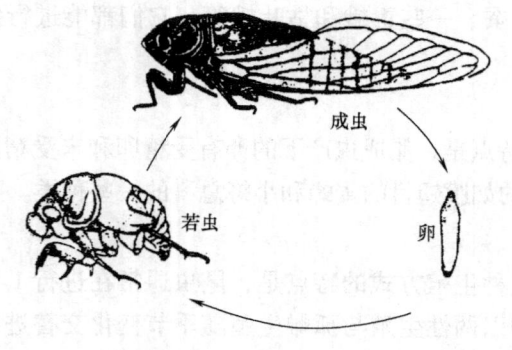

图2-12 不完全变态（蚱蝉）

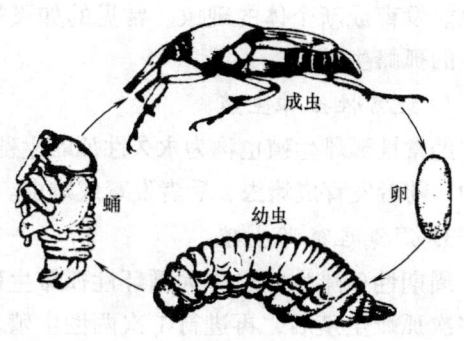

图2-13 完全变态

三、昆虫个体发育各阶段的特点

（一）卵期

卵自产下到孵化出幼虫（若虫）之前的这段时间（天数），叫卵期，也叫卵历期。了解害虫卵的类型（见图2-14）、产卵方式及产卵场所，对识别、调查及虫情估计等方面都有十分重要的意义。例如摘除卵块、剪除天幕毛虫的产卵枝条，都是有效控制害虫的措施。

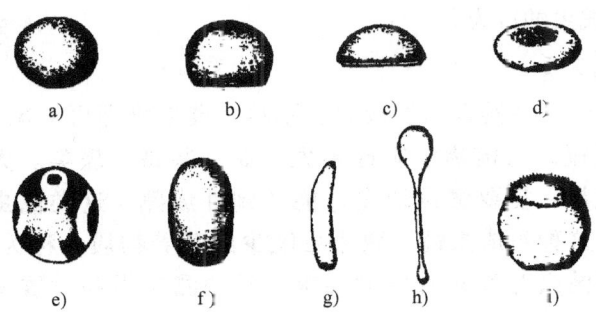

图 2-14　昆虫卵的类型
a）圆形　b）馒头形　c）半圆形　d）扁圆形　e）近圆形
f）椭圆形　g）长卵圆形　h）具柄形　i）桶形

（二）幼虫（若虫）期

昆虫自卵孵化为幼虫到变为蛹（或成虫）之前的整个发育阶段，称为幼虫期。幼虫期的长短与昆虫种类和环境有关。

幼虫孵出后不久即开始取食，有的种类幼虫先食卵壳。幼虫取食生长到一定阶段，必须脱去旧表皮才能继续生长，这种现象称为蜕皮。相邻两次蜕皮之间所经历的时间称为龄期。

昆虫蜕皮的次数和龄期的长短因种类和环境条件而异，在2、3龄前，活动范围小，取食很少，抗药能力很差；生长后期，食量骤增，常暴食成灾，而且抗药力增强。所以，防治幼虫应在低龄阶段。

全变态昆虫的幼虫，其构造、形态、体色、生活方式与成虫截然不同，共同点是体外无翅。幼虫按足的多少可分为3种类型：多足型、寡足型、无足型（见图1-15）。

（三）蛹期

蛹是全变态类昆虫在胚后发育过程中，由幼虫转变为成虫时，必须经过的一个特有的静止虫态。蛹的生命活动虽然是相对静止的，但其内部却进行着将幼虫器官改造为成虫器官的剧烈变化。

按其附器的暴露和活动情况，蛹可分为3种

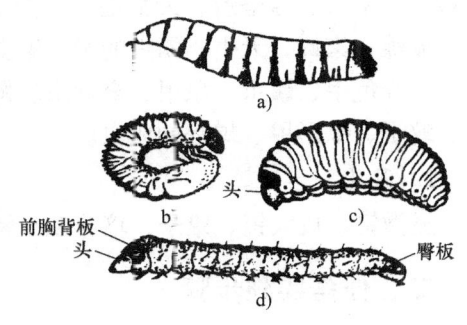

图 2-15　幼虫的类型
a）无足型（毛笋泉蝇）　b）无足型（油茶象甲）
c）寡足型（大黑金龟甲）　d）多足型（木蠹蛾）

类型：离蛹、被蛹、围蛹（见图2-16）。

（四）成虫期

成虫从羽化开始直至死亡所经历的时间，称为成虫期。成虫期是昆虫个体发育的最后阶段，其主要任务是交配、产卵、繁衍后代。因此，昆虫的成虫期实质上是生殖时期。

1. 羽化

羽化是指不完全变态昆虫末龄若虫蜕皮变成成虫或完全变态昆虫的蛹破壳变为成虫的行为。

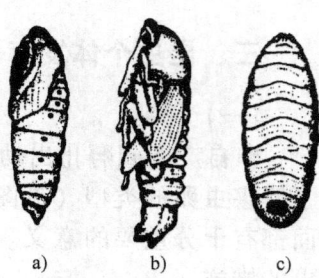

图2-16 蛹的类型
a）被蛹 b）离蛹 c）围蛹

2. 性成熟和补充营养

某些昆虫在羽化后，性器官已经成熟，不再需要取食即可交尾、产卵。这类成虫口器往往退化，寿命很短，对植物危害性不大，如一些蛾、蝶类。大多数昆虫羽化为成虫时，性器官还未成熟，需要继续取食才能达到性成熟，这类昆虫的成虫阶段有的对植物仍能造成危害。这种对成虫性成熟不可缺少的营养物质，称为补充营养，如蝗虫、蜡类、叶蝉等。了解昆虫对补充营养的要求，对预测预报和设置诱集器等都是重要的依据。

3. 性二型和多型现象

多数昆虫，其成虫的雌、雄个体，在体形上比较相似，仅外生殖器等第一性征不同。但也有少数昆虫，其雌、雄个体除第一性征不同外，在体形、色泽及生活行为等第二性征方面也存在着差异，称为性二型，如小地老虎等蛾类。也有的昆虫在同一时期、同性别中，存在着两种或两种以上的个体类型，称为多型现象，如飞虱等。

任务实施

一、材料及工具的准备

1. 材料

蝗虫、螟虫（或家蚕）的生活史标本；飞蝗、螳螂、大青叶蝉、梨星毛虫、草蛉、菜白蝶、玉米螟、球坚蚧、天幕毛虫、菜粉蝶、蜡象、天蛾、红铃虫、草蛉等的卵块；地老虎、蝴蝶、家蝇、天牛、瓢虫的蛹；家蚕、刺蛾、小茧蜂的茧；叶蜂、小地老虎、芫菁、步行甲、金龟甲、瓢虫、象甲、金针虫、蝇类等幼虫的标本和活体；蚂蚁、白蚁、蜜蜂、介壳虫、蚊子、锹形甲、蝉等的成虫。

2. 用具

显微镜、放大镜、镊子、培养皿、解剖针、载玻片。

二、任务实施步骤

（一）昆虫变态类型观察

取蝗虫、螟虫的生活史标本，先观察蝗虫的若虫和成虫在外部形态上、生活习性上有什么不同之处，再观察螟虫的幼虫和成虫在外部形态上、生活习性上有什么不同之处。

（二）卵的观察

取飞蝗、螳螂、大青叶蝉、梨星毛虫、草蛉、菜白蝶、玉米螟、球坚蚧、天幕毛虫、菜粉蝶、蜡象、天蛾、红铃虫、草蛉等昆虫的卵块，在放大镜下观察卵的形状、颜色、大小，卵粒的排列情况及有无保护物等。

（三）幼虫（若虫）的观察

取叶蜂、小地老虎、芫菁、步行甲、金龟甲、瓢虫、象甲、金针虫、蝇类等昆虫幼虫的标本和活体。

1）在显微镜下观察寄生蜂幼虫的示范玻片标本，可见其胸足和其他附肢都只是一些简单的突起，腹部不分节或分节不完全，口器发育不全，很像一个发育不完全的胚胎。这样的幼虫为原足型幼虫。

2）观察蛾类幼虫，可见其体壁柔软，没有特化的胸部和腹部，头部有侧单眼、触角和咀嚼式口器，胸部有3对胸足，腹部分节明显并具2~10对腹足。再观察叶蜂幼虫，可见其有6~10对腹足，没有趾钩。若有腹足减少的情况，则从第8腹节起向前减少。这类幼虫为多足型。

3）观察金龟甲的幼虫（蛴螬），可见其具有发达的胸足，没有腹足，体肥胖且柔软，弯曲呈"C"形，行动迟缓，此类幼虫为蛴螬式。观察瓢虫的幼虫，可见其体较短，略呈纺锤形，前口式，胸足发达，善于爬行，有发达的感觉器官，此类幼虫为蛃式。

4）观察家蝇幼虫，可见其特点是本躯上无任何附肢、头部退化，完全缩入胸内，仅见口钩外露。

（四）蛹的观察

1）观察金龟甲的蛹，看其附肢和翅是否紧贴在蛹体上，能否活动，看其腹节能否自由活动。此类蛹称为离蛹。

2）观察蝶类、蛾类的蛹，看其附肢和翅是否紧贴在蛹体上，能否活动，腹部多数体节是否因为化蛹时分泌黏液而硬化后在外面形成1层硬膜，并且也不能活动。此类蛹称为被蛹。

3）观察蝇类的蛹，看其第3、4龄幼虫的蜕是否硬化成蛹壳，内有离蛹。此类蛹称为围蛹。

（五）成虫的对比观察

1. 性二型现象观察

对比观察介壳虫、蚊子、锹形甲、蝉等昆虫的雌、雄个体，看它们除了第一性征不同外，在第二性征上还有什么不同？

2. 性多型现象观察

对比观察蜜蜂、蚂蚁、白蚁，看它们在外部形态、翅膀的有无和长短上各有什么不同？

通过观察可知蜜蜂中有的雌性个体中有蜂王和失去生殖能力而担负采蜜、筑巢等职责的工蜂。蚂蚁的类型更多，主要有有翅和无翅的蚁后，有翅和无翅的雄蚁，还有工蚁、兵蚁等。在同一群体的白蚁中，常可见到6种主要类型：3种雌性生殖型：长翅型、辅助生殖的短翅型和无翅型；专门负责交配的雄蚁；两种无生殖能力的类型：工蚁和兵蚁。

任务考核

任务考核单

序号	考核内容	考核标准	分值	得分
1	变态类型观察	能说出完全变态成虫与幼虫的区别	20	
2	卵的类型观察	能区别出常见昆虫的卵的形状	20	
3	幼虫类型观察	能准确识别常见昆虫幼虫的类型	20	
4	蛹的类型观察	能准确识别常见昆虫蛹的类型	20	
5	成虫性二型现象观察	能区别出有性二型现象昆虫的雌、雄	20	

思考问题

1. 常见昆虫的生殖方式有哪些？为什么蚜虫能在很短时间内聚集大量个体？
2. 昆虫在生长发育过程中为什么要蜕皮？怎么样根据蜕皮次数来知道昆虫的虫龄？
3. 昆虫在成虫期主要干什么？怎么样利用昆虫的补充营养进行防治？
4. 如何利用昆虫的习性进行防治？

知识链接

昆虫的习性特征

一、昆虫的世代、年生活史和停育

1. 昆虫的世代与年生活史

昆虫自卵或幼虫离开母体到成虫性成熟能产生后代为止的个体发育周期，称为一个世代。年生活史是指昆虫从当年虫态开始活动到第二年越冬结束为止的发育过程。其内容包括一年中发生的世代数、越冬或越夏虫态及其场所、各世代的发生期及与寄主植物配合的情况、各虫态（期）的历期及食性等。

2. 昆虫的停育

昆虫在不良环境条件下（如高温、低温、一定的日照等），暂时停止活动，呈静止或昏迷状态，以安全度过不良环境时期，这种停育现象是物种得以保存的一种重要适应性。这一现象如呈季节性的周期发生，即所谓的越冬或冬眠、冬蛰和越夏或夏眠、夏蛰。从生理上看，昆虫的停育又可区分为休眠和滞育两种状态。

了解昆虫越冬或越夏属于休眠类型还是滞育类型，对分析昆虫的化性、种群数量动态，以及对害虫的测报、益虫的繁殖等都有重要的实践意义。

二、昆虫的习性

昆虫的习性包括昆虫的活动和行为，是昆虫调节自身、适应环境的结果。若掌握了昆虫的这些习性，就可以正确地进行虫情调查，预测预报，寻找害虫的薄弱环节，采取各种有效措施消灭害虫。

1. 食性

根据昆虫所取食的食物性质可将其食性分为植食性、肉食性、腐食性和杂食性4类。了解昆虫的食性，可以正确运用轮作与间套作、调整作物布局、中耕除草等园艺技术措施防治害虫，同时对害虫天敌的选择与利用也有实际价值。

2. 假死性

金龟甲、黏虫的幼虫，受到突然的接触或震动时，身体蜷曲，从植株上坠落地面，一动不动，片刻又爬行或飞起，这种特性称为假死性。该害虫可用骤然振落的方法，加以捕杀或进行调查。

3. 趋性

对外界刺激或趋或避的反应称为趋性，有正趋性和负趋性两类。按刺激源的性质，趋性有趋光性、趋温性、趋化性等。

4. 群集性

同种昆虫的大量个体高密度地聚集在一起生活的习性，称为群集性。许多昆虫具有群集习性，但各种昆虫群集的方式有所不同，可分为临时性群集和永久性群集两种类型。

5. 迁飞性

迁飞或称迁移，是指一种昆虫成群地从一个发生地长距离转移到另一个发生地的现象，是昆虫的种群在进化过程中长期适应环境的遗传特性，是一种种群行为。

三、昆虫的隐蔽保护

昆虫为了躲避敌害、保护自己而将自己隐藏起来的现象称为隐蔽保护，包括拟态、保护色和伪装。

任务4　园艺昆虫主要类群观察与识别

任务描述

自然界中昆虫种类很多，已定名的有100多万种，还有许多种类尚待人们去认识。园艺植物品种繁多，类型复杂，形态各异，因而昆虫种类极为丰富。如此众多的种类，必须有科学的分类系统，才能对它们进行正确的识别、分类和利用。我们能否根据昆虫的形态特征、口器构造、触角形状、翅的有无及质地、足的类型及变态和生活习性等来区分常见的昆虫呢？

昆虫分类是研究昆虫科学的基础，是认识昆虫的一种基本方法。根据昆虫的形态特征、生理学、生态学、生物学等特征，通过分析、比较、归纳、综合的方法，将自然界种类繁多的昆虫分门别类，尽可能客观地反映出昆虫历史演化过程，类群间的亲缘关系及种间形态、习性等方面的差异。昆虫分类可以帮助我们增加识别昆虫的能力，便于进一步研究昆虫，保护和利用益虫及控制害虫。

任务咨询

一、昆虫分类与命名

（一）昆虫的分类

昆虫的分类系统由界、门、纲、目、科、属、种7个基本阶梯所组成。种是分类的基本单位。为了更好地反映物种间的亲缘关系，在种以上的分类等级间加设亚纲、亚目、总科、亚科、亚属、亚种等。现以东亚飞蝗为例说明昆虫分类阶梯顺序：

  界 动物界 Animalia
   门 节肢动物门 Arthropoda
    纲 昆虫纲 Insect
     亚纲 有翅亚纲 Pterygota
      目 直翅目 Orthoptera
       亚目 蝗亚目 Locustodea
        总科 蝗总科 Locustoidea
         科 蝗科 Locustidae
          属 飞蝗属 Locusta
           种 飞蝗 *Locusta migratoria* L.
            亚种 东亚飞蝗 *Locusta migratoria manilensis* Meyen

（二）昆虫命名法

1．双名法

一种昆虫的种名（种的学名）由两个拉丁词构成，第 1 个词为属名，第 2 个为种名，即"双名"。例如菜粉蝶（*Pieris rapae* L.）。分类学著作中，学名后面还常常加上定名人的姓。但定名人的姓氏不包括在双名内。

2．三名法

1 个亚种的学名由 3 个词组成，即属名 + 种名 + 亚种名，即在种名之后再加上 1 个亚种名，就构成了"三名"。例如东亚飞蝗（*Locusta migratoria manilensis* Meyen）。

种级学名印刷时常用斜体，以便识别。属名的第 1 个字母必须大写，其余字母小写，种名和亚种名全部小写。定名人用正体，第 1 个字母大写，其余字母小写。有时，定名人前后加括号，表示种的属级组合发生了变动。种名在同一篇文章中再次出现时，属名可以缩写。

二、园艺昆虫主要类群认知

昆虫分类的依据主要有形态学特征、生物学和生态学特征、地理学特征、生理学和生物化学特征、细胞学特征、分子生物学特征。根据目前的分类科学水平，主要采用的是形态学特征。分亚纲和目所应用的主要特征是翅的有无、形状、对数、质地，口器的类型，触角、足、腹部附肢的有无及形态。根据国内多数学者的意见，昆虫分为 33 目，现将与园艺植物关系密切的主要目、科特征概述如下：

（一）直翅目

直翅目昆虫体中至大型，触角多为丝状，口器为咀嚼式，头式为下口式。前翅覆翅革质，后翅膜质透明。多数种类后足腿节发达，为跳跃足，有些种类前足为开掘足。雌虫产卵器发达，形式多样，腹部具听器。成虫、若虫多为植食性，不完全变态。重要的科有蝗科、蟋蟀科、蝼蛄科、螽斯科（见图 2-17）。

图 2-17 直翅目常见科代表
a）蝗科 b）蝼蛄科 c）蟋蟀科 d）螽斯科

(二) 半翅目

半翅目昆虫通称为"蝽"。体小至中型，略扁平。口器为刺吸式，自头的前端伸出，不用时贴在头胸的腹面。触角多为丝状，3~5节。前翅半翅，基部为角质或革质，端部为膜质；后翅膜翅，静止时前翅平覆体背。前胸背板发达，中胸有三角形小盾片。很多种类的半翅目昆虫有臭腺，多开口于腹面后足基节旁，属于不完全变态。半翅目昆虫多为植食性，少数为肉食性昆虫，如猎蝽、小花蝽等。与植物关系密切的有蝽科、长蝽科、盲蝽科、缘蝽科、猎蝽科、花蝽科等（见图2-18）。

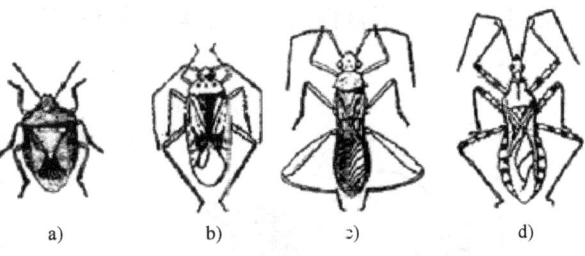

图2-18 半翅目常见科代表
a) 蝽科 b) 盲蝽科 c) 缘蝽科 d) 猎蝽科

(三) 同翅目

同翅目昆虫体小至大型。口器为刺吸式，自头的后方伸出。触角为刚毛状或丝状。前翅质地均匀，膜质或革质，静止时呈屋脊状覆于体背，后翅为膜质。少数种类如雌蚧无翅。同翅目昆虫多为两性生殖，有的进行孤雌生殖，不完全变态，植食性。有些种类在刺吸植物汁液的同时能传播植物病毒，如叶蝉。与园艺植物关系密切的有叶蝉科、粉虱科、飞虱科、蚜科等（见图2-19）。

(四) 缨翅目

缨翅目昆虫通称蓟马，体微小型，细长，仅1~2 mm，小者0.5 mm，锉吸式口器。前、后翅均为膜质，狭长，无脉或最多两条纵脉，翅缘着生长而整齐的缨毛。足短小，末端膨大呈泡状。不完全变态。缨翅目昆虫多数为植食性，少数捕食蚜虫、螨类等。与园艺植物关系密切的有蓟马科和管蓟马科（见图2-20）。

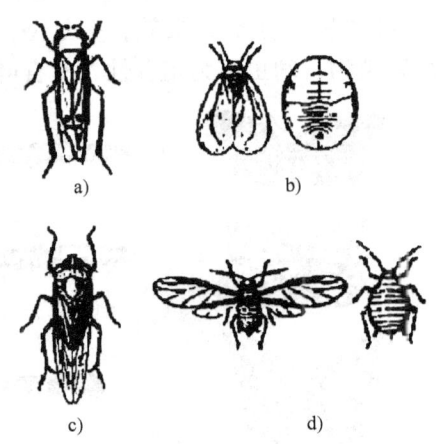

图2-19 同翅目常见科代表
a) 叶蝉科 b) 粉虱科 c) 飞虱科 d) 蚜科

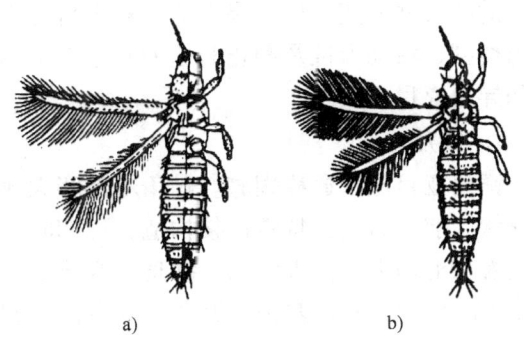

图2-20 缨翅目常见科代表
a) 蓟马科（烟蓟马） b) 管蓟马科（稻管蓟马）

(五) 鞘翅目

鞘翅目昆虫通称甲虫，是昆虫纲中最大的目。体小至大型，体壁坚硬。成虫前翅为鞘翅，静止时平覆体背，后翅为膜质且折叠于鞘翅下，少数种类后翅退化。前胸背板发达且有小盾片，口器为咀嚼式。触角形状多变，有丝状、锯齿状、锤状、膝状或鳃叶状等。复眼发达，一般无单眼。多数成虫有趋光性和假死性，全变态，幼虫属于寡足型或无足型，蛹为离蛹。本目包括很多园艺植物的害虫和益虫，如肉食性的虎甲科、步甲科等（见图2-21），多食性的金龟甲科、叩头甲科、天牛科、叶甲科、瓢甲科、象甲科等（见图2-22）。

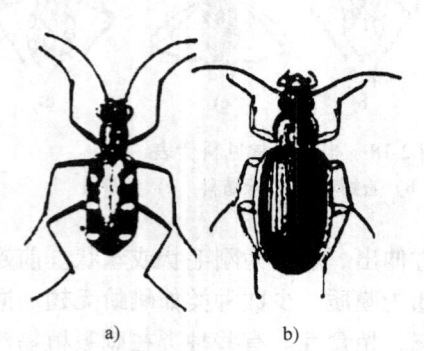

图2-21 肉食亚目常见科代表
a）虎甲科（中华虎甲）
b）步甲科（皱鞘步甲）

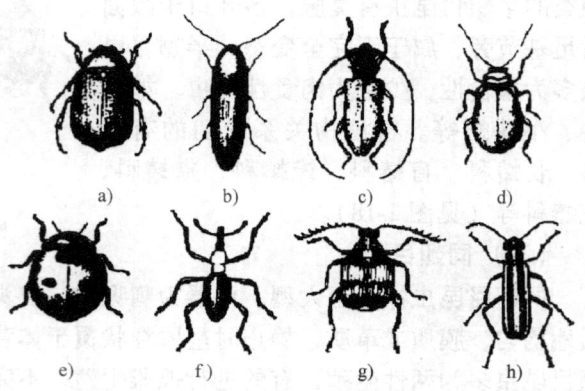

图2-22 多食亚目常见科代表
a）金龟甲科 b）叩头甲科 c）天牛科 d）叶甲科
e）瓢甲科 f）象甲科 g）豆象科 h）芫菁科

（六）鳞翅目

鳞翅目昆虫通称蛾、蝶类。体小至大型，大小常以翅展表示。成虫体、翅密生鳞片，并由其组成各种颜色和斑纹。前翅大，后翅小，少数种类雌虫无翅。触角为丝状、栉齿状、羽毛状、棍棒状等。复眼大且发达，有2个单眼或无单眼。成虫口器为虹吸式，不用时呈发条状卷曲在头下方。完全变态。幼虫体呈圆柱形，柔软，多足型，咀嚼式口器。蛹为被蛹，腹末有刺突。本目成虫一般不危害植物，幼虫多为植食性，有食叶、卷叶、潜叶及钻蛀茎、根、果实等。鳞翅目昆虫按其触角类型、活动习性及静止时翅的状态分为锤角亚目和异角亚目。

1. 锤角亚目

锤角亚目昆虫通称蝴蝶。触角端部膨大成棒状或锤状。前、后翅无特殊连接构造，飞翔时后翅肩区贴着在前翅下。白天活动，静息时双翅竖立在背面或不时扇动，翅色鲜艳。卵散产（见图2-23）。

2. 异角亚目

异角亚目昆虫通称蛾类。触角形状各异，但不成棒状或锤状。飞翔时前、后翅用翅缰连接。昼伏夜出，有趋光性，静息时翅平放在身上或斜放在身上呈屋脊状。卵散产或块产，蛹外常有茧（见图2-24）。

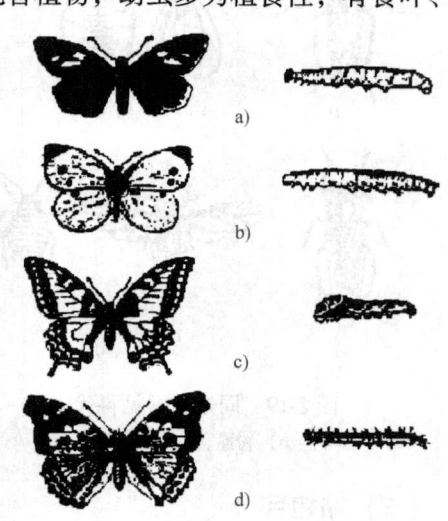

图2-23 锤角亚目常见科代表
a）弄蝶科 b）粉蝶科 c）凤蝶科 d）蛱蝶科

（七）膜翅目

膜翅目昆虫包括蜂和蚁。除一部分为植食性昆虫外，大部分是捕食性和寄生性昆虫，很多是有益的种类。体小至大型，口器为咀嚼式或咀吸式，复眼发达，触角为膝状、丝状或锤状等。前、后翅均为膜质且不被鳞片。雌虫产卵器发达，有的变成螫刺，完全变态。幼虫类型不一。离蛹，有的有茧。依据成虫胸部与腹部连接处是否缢缩成腰状，分为广腰亚目与细腰亚目。与园艺植物关系密切的有叶蜂、茎蜂、姬蜂、茧蜂、小蜂、胡蜂等科。

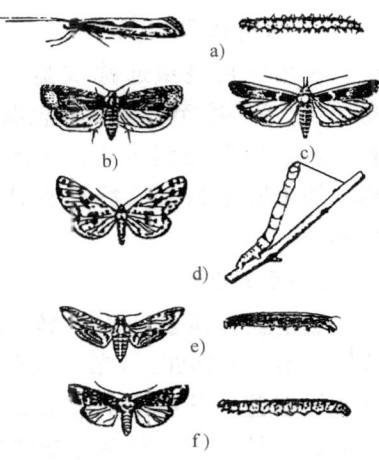

图 2-24　异角亚目常见科的代表
a) 菜蛾科　b) 小卷蛾科　c) 螟蛾科
d) 尺蛾科　e) 天蛾科　f) 夜蛾科

1. 广腰亚目

腹部很宽且连接在胸部，足的转节均为 2 节，翅脉较多，后翅至少有 3 个翅室。产卵器呈锯状或管状，常不外露。口器为咀嚼式，幼虫属多足型，全为植食性（见图 2-25）。

2. 细腰亚目

胸、腹部连接处收缩成细腰状或延长为柄状，口器为咀嚼式或嚼吸式，产卵器外露于腹部末端，多数为寄生性或捕食性益虫（见图 2-26）。

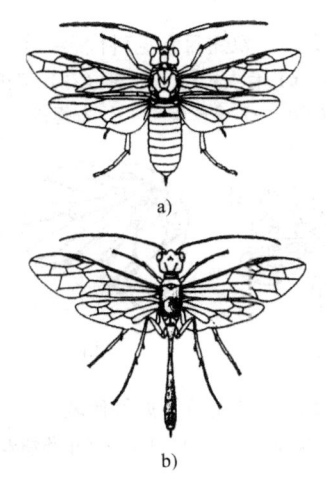

图 2-25　广腰亚目常见科的代表
a) 叶蜂科　b) 茎蜂科

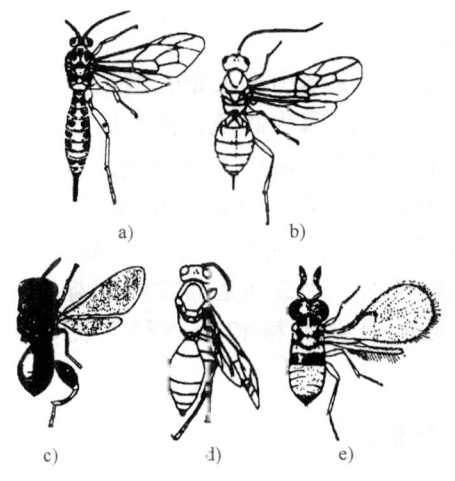

图 2-26　细腰亚目常见科代表
a) 姬蜂科　b) 茧蜂科　c) 小蜂科
d) 胡蜂科　e) 赤眼蜂科

（八）双翅目

双翅目昆虫包括蚊、蝇、虻等多种昆虫。体小至中型。前翅 1 对，前翅为膜质，脉纹简单，后翅特化为平衡棒。口器为刺吸式或舐吸式，复眼发达，触角有芒状、念珠状、丝状，完全变态。幼虫为蛆式，无足。多数围蛹，少数为被蛹。与园艺植物关系密切的有瘿蚊科、食虫虻科、食蚜蝇科、种（花）蝇科、潜蝇科、寄蝇科（见图 2-27）。

1. 长角亚目

长角亚目昆虫通称蚊类。成虫触角很长，6～40节，线状或念珠状，无触角芒，口器为刺吸式，身体纤细脆弱。幼虫除瘿蚊外，都有明显骨化的头部。

2. 短角亚目

短角亚目昆虫通称虻类。成虫触角短，不长于胸部，3节，具分节或不分节的端芒。下颚须1节或2节，不下垂。翅具中室，肘室在翅缘前收缩或封闭。幼虫为半头型，上腭可上下活动；蛹多为离蛹，成虫羽化时，由蛹背面直裂。

3. 芒角亚目

芒角亚目昆虫通称蝇类。触角短，通常3节，第3节膨大背面具触角芒。成虫口器为舐吸式，幼虫为刮吸式。幼虫为蛆式，无头。

（九）脉翅目

脉翅目昆虫体小至大型，触角为线状或念珠状。翅为膜质，前、后翅大小和形状相似，翅脉多呈网状，边缘有两个分叉。成虫口器为咀嚼式，幼虫为双刺吸式。完全变态，离蛹。本目昆虫成虫、幼虫都是捕食性的益虫，常见的有草蛉科和粉蛉科（见图2-28）。

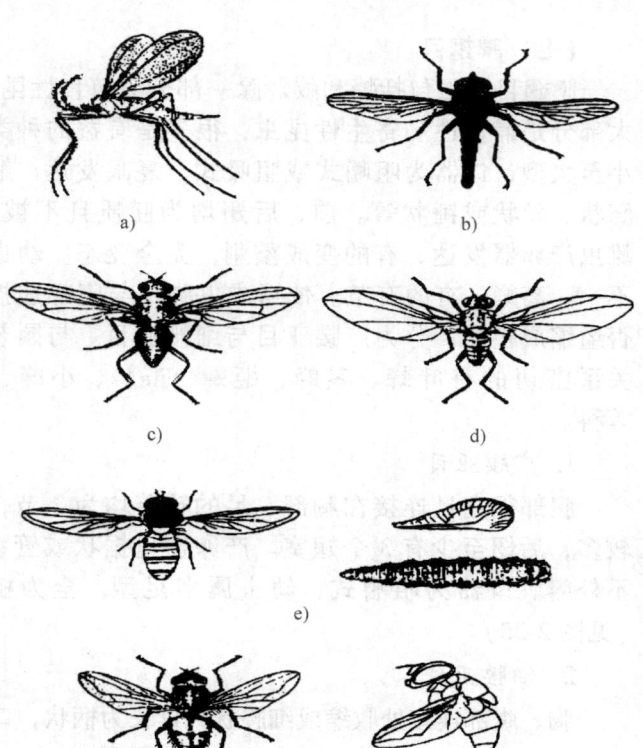

图 2-27　双翅目常见科代表

a）瘿蚊科　b）食虫虻科　c）种（花）蝇科
d）潜蝇科　e）食蚜蝇科　f）寄蝇科

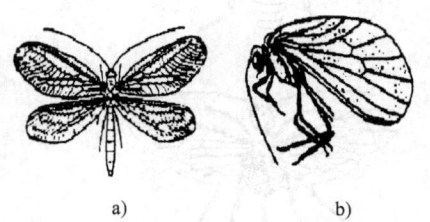

图 2-28　脉翅目常见科代表

a）草蛉科（丽草蛉）　b）粉蛉科（中华粉蛉）

任务实施

一、材料及工具的准备

1. 材料

蝗虫、蝼蛄、螽斯、蟋蟀；缘蝽、猎蝽、花蝽、网蝽；叶蝉、蜡蝉、沫蝉、飞虱、木虱、粉虱、蚜虫；蓟马；白蚁；草蛉；天牛、鳃金龟、芫菁、瓢虫、虎甲、步甲；黄刺蛾、草地螟蛾、杨树枯叶蛾、杨二尾舟蛾、黄凤蝶、菜粉蝶；蜜蜂、蚂蚁；蚊子、苍蝇、牛虻等昆虫的标本。

2. 用具

双目解剖镜、放大镜、镊子、培养皿、解剖针、载玻片。

二、任务实施步骤

（一）观察昆虫标本，参阅教材，说出它们分别是哪个目的代表昆虫。

（二）观察并比较与园艺生产有关九个目的昆虫在口器、触角、翅、足等方面的异同。

（三）观察各目的分类特征

1. 直翅目昆虫特征观察

观察蝗虫、蝼蛄、螽斯、蟋蟀标本，注意它们的触角类型、口器类型、前翅与后翅类型、足的类型、产卵器的形状、听器的有无及位置、尾须的长短等。

2. 半翅目昆虫特征观察

取缘蝽、猎蝽、花蝽标本，观察它们的头式、喙的分节、触角类型、复眼及单眼的位置和形状；前翅革质部分分区和膜质翅脉特征；臭腺孔的有无、位置及形状等。

3. 同翅目昆虫特征观察

取叶蝉、蜡蝉、沫蝉、飞虱、木虱、粉虱、蚜虫标本，观察它们的头式、喙分节及伸出位置、触角类型、前胸背板的形状及大小、中胸盾片的形状、翅的质地、产卵器等。

4. 缨翅目昆虫特征观察

取蓟马标本，观察其口器类型，前、后翅形状，有无缘毛附节及腹节数目等。

5. 脉翅目昆虫特征观察

取草蛉标本，观察其头式、口器、翅类型，比较两对翅的形状、大小和脉相。

6. 鞘翅目昆虫特征观察

取天牛、鳃金龟、芫菁、瓢虫、虎甲、步甲标本，观察它们前翅的质地，口器、触角类型，有无前胸背板背侧缝，第1腹板有无被后足基节窝分隔，跗节数的变化等。

7. 鳞翅目昆虫特征观察

取蛾、蝶类标本，观察它们口器、触角类型，翅的质地及被覆物，翅面上的斑纹与线条，翅脉的变化，翅的连锁方式。

8. 膜翅目分类特征观察

取蜜蜂、蚂蚁标本，观察它们翅的质地，前、后翅的连锁方式，口器类型，胸、腹节，产卵器是否外露，后翅的基室数目。

9. 双翅目分类特征观察

取蚊子、苍蝇、牛虻标本，观察它们复眼的大小，触角、口器的类型，平衡棒的形状。

任务考核

任务考核单

序 号	考核内容	考核标准	分 值	得 分
1	直翅目的特征观察	能准确识别直翅目昆虫并说出主要科的特征	10	
2	半翅目的特征观察	能准确识别半翅目昆虫并说出主要科的特征	10	
3	鳞翅目的特征观察	能准确识别鳞翅目昆虫并说出主要科的特征	10	
4	鞘翅目的特征观察	能准确识别鞘翅目昆虫并说出主要科的特征	20	

(续)

序　号	考核内容	考核标准	分　值	得　分
5	脉翅目的特征观察	能准确识别脉翅目昆虫并说出主要科的特征	10	
6	双翅目的特征观察	能准确识别双翅目昆虫并说出主要科的特征	10	
7	膜翅目的特征观察	能准确识别膜翅目昆虫并说出主要科的特征	10	
8	缨翅目的特征观察	能准确识别缨翅目昆虫并说出主要科的特征	10	
9	同翅目的特征观察	能准确识别同翅目昆虫并说出主要科的特征	10	

思考问题

1. 昆虫是根据哪些特征进行分类的？
2. 与园艺植物关系密切的昆虫种类有哪些？
3. 哪些常见昆虫是肉食性的？哪些又是植食性的？

知识链接

环境条件对昆虫的影响

一、气候因素对昆虫的影响

气候因素主要包括温度、湿度和降雨、光照、气流（风）、气压等。这些因素在自然界中常相互影响并共同作用于昆虫。气候因素可直接影响昆虫的生长、发育、繁殖、存活、分布、行为和种群数量动态等，也能通过对昆虫的寄主（食物）、天敌等的作用而间接影响昆虫。

二、土壤环境对昆虫的影响

土壤与昆虫的关系十分密切，它既能通过生长的植物对昆虫产生间接的影响，又是一些昆虫生活的场所。土壤内环境与地上环境虽然密切相关，但也有其特殊性，是一种特殊的生态环境。土壤的温度、湿度（含水量）、机械组成、化学性质、生物组成，以及人类的农事活动等综合地对昆虫产生作用。

三、生物因素对昆虫的影响

生物因素是指环境中的所有生物，由于其生命活动，而对某种生物（某种昆虫）所产生的直接和间接影响，以及该种生物（昆虫）个体间的相互影响。其中食物和天敌是生物因素中的两个最为重要的因素。

任务5　昆虫标本采集、制作与保存技术

任务描述

昆虫是动物界中种类最多、数量最大、分布最广的一个动物类群，与人类关系密切。而

采集、制作及保存昆虫标本是从事昆虫研究的基本技术。由于自然界中各种昆虫的生活方式和生活环境各异，其活动能力和行为千差万别，有的昆虫形态也常模拟环境，因而必须有丰富的生物学和有关的采集知识，才能采得完好的所需标本。采集和制作大量标本后，还必须有科学的保管方法，使标本经久不坏。

昆虫标本是进行调查研究、鉴定昆虫的依据，需要经常采集、制作标本并妥善保存，为防治工作作准备。本任务将通过采集和制作昆虫标本，学习昆虫的采集方法和标本制作技术；学会自己动手制作一些常用的采集和制作标本的工具；为教学和指导昆虫课外小组活动逐步积累昆虫标本，使学生认识一些常见的昆虫。

任务咨询

一、昆虫标本的采集

（一）常用的采集用具和采集方法

1. 捕虫网

捕虫网由网框、网袋和网柄3部分组成（见图2-29），用于采集善于飞翔和跳跃的昆虫，如蛾、蝶、蜂和蟋蟀等。

2. 毒瓶

毒瓶专门用来毒杀成虫。一般用封盖严密的磨口广口瓶等做成（见图2-30）。最下层放氰化钾（KCN）或氰化钠（NaCN）（或用二氧乙醚、氯仿等代替），压实，上铺1层木屑，压实，每层厚5~10 mm，最上面再加1层较薄的煅石膏粉，上铺1张吸水滤纸，压平实后，用毛笔蘸水均匀地涂布，使之固定。

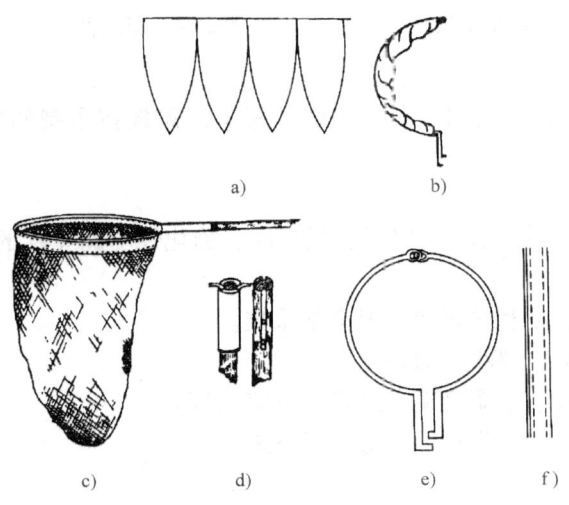

图2-29　捕虫网的构造
a）网袋剪裁形状　b）卷折的网袋　c）网袋
d）网柄　e）网框　f）网袋布边

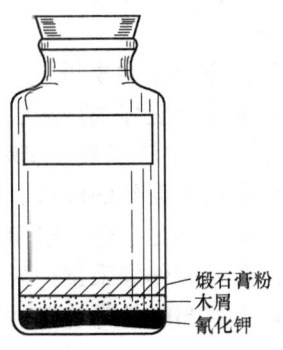

图2-30　毒瓶

毒瓶要注意清洁、防潮，瓶内吸水纸应经常更换，并且塞紧瓶塞，避免对人的毒害，同时也可延长毒瓶使用时间。毒瓶要妥善保存，破裂后就立即掘坑深埋。

3. 三角纸包

三角纸包用于临时保存蛾、蝶类等昆虫的成虫，用坚韧的白色光面纸裁成3∶2的长方形纸片（见图2-31）。

4. 吸虫管

吸虫管用于采集蚜虫、红蜘蛛和蓟马等微小的昆虫（见图2-32）。

5. 活虫采集盒

活虫采集盒用于采装活虫。铁皮盒上装有透气金属纱和活动的盖孔（见图2-33）。

6. 指形管

昆虫采集时一般使用的是平底指形管，用来保存幼虫或小成虫。此外，还需要配备采集袋、诱虫灯、放大镜、修枝剪、镊子和记录本等用具（见图2-34）。

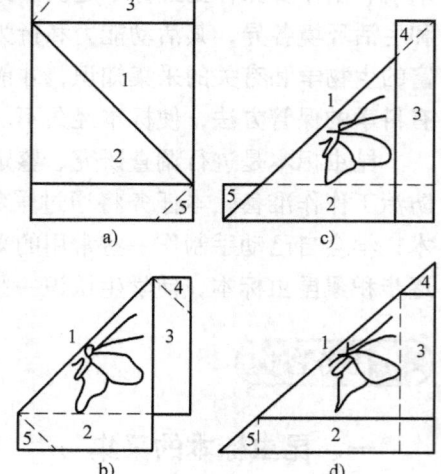

图2-31 三角纸包
a）叠前效果图 b）叠中效果图（一）
c）叠中效果图（二） d）叠后效果图

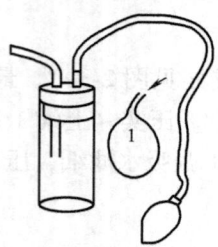

图2-32 吸虫管

图2-33 活虫采集盒

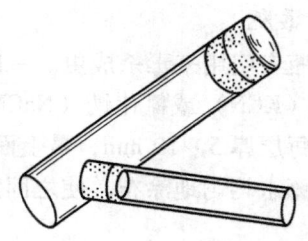

图2-34 指形管

7. 采集箱（盒）

防压的标本和需要及时插针的标本，以及用三角纸包装的标本，需放在木制的采集箱（盒）内。

（二）采集注意事项

1）采集时应仔细搜索、认真观察，对具有"拟态"、假死性、趋化性、趋光性的昆虫，可用振落、诱集法采集昆虫标本。

2）采集时遇到的成虫、卵、幼虫、蛹和被害状，要全部采集。

3）昆虫的足、翅、触角极易被损坏，要小心保护。

4）要及时作好采集记录，包括编号、采集日期、地点、采集人等。

5）要将当时的环境条件、寄主和昆虫的生活习性等记录下来。

二、昆虫标本的制作

（一）干制标本的制作

1. 制作用具

（1）昆虫针 昆虫针为不锈钢针，型号分00、0、1、2、3、4、5，共7种。号越大越粗（见图2-35）。

（2）还软器　还软器是对已干燥的标本进行软化的玻璃器皿（见图2-36），一般用干燥器改装而成。使用时在干燥器底部铺一层湿沙，加少量苯酚以防止标本霉变。在瓷隔板上放置要还软的标本，加盖密封，一般用凡士林作为密封剂。几天后，干燥的标本即可还软。此时可取出整姿、展翅。切勿将标本直接放在湿砂上，以免标本被苯酚腐蚀。

（3）三级台　制作标本时，将昆虫针插入三级台的孔内，使昆虫、标签在针上的位置整齐划一（见图2-37）。

（4）展翅板　展翅板用软木、泡沫塑料等制成，用来展开蛾、蝶等昆虫成虫的翅（见图2-38）。

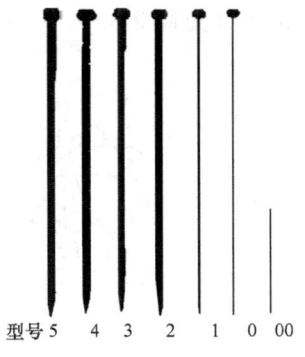

图2-35　昆虫针

图2-36　还软器

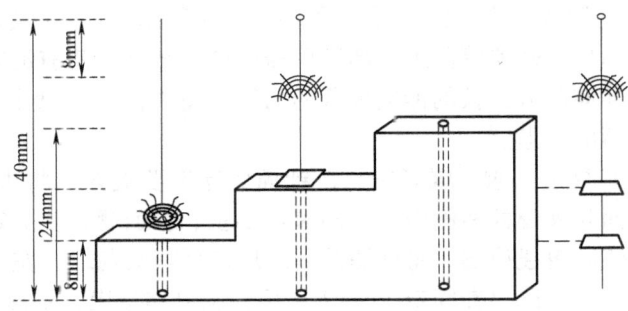

图2-37　三级台

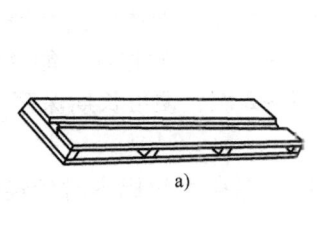

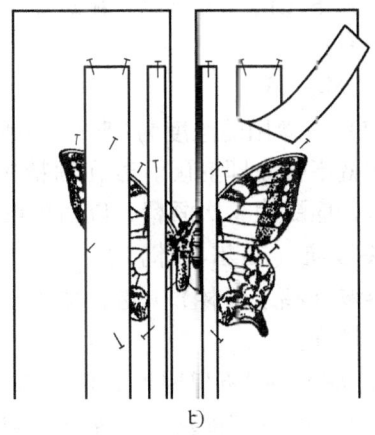

图2-38　展翅板
a）未放标本　b）已放标本

（5）三角台纸　将厚纸，剪成一边长为3 mm、此边上的高为12 mm的小三角，或长12 mm、宽4 mm的长方形纸片，用来粘放小型昆虫。

2. 制作方法

（1）针插标本　除幼虫、蛹和小型个体外，都可制成针插标本，装盒保存。插针时，依标本的大小选用适当的昆虫针。其中3号针应用较多。昆虫针在虫体上的插针位置是有规定的（见图2-39），一方面为了插得牢固，另一方面为了不破坏虫体的原本特征。

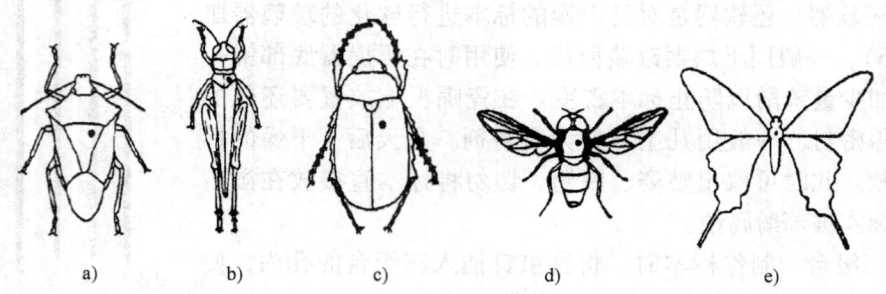

图 2-39 各种昆虫的插针部位
a) 半翅目 b) 直翅目 c) 鞘翅目 d) 双翅目 e) 鳞翅目

（2）调整高度 插针后，用三级台调整虫体在针上的高度，其上部的留针长度是 8 mm。甲虫、蝗虫、蜻象等昆虫，插针后需要进行整姿，使前足向前，中足向两侧，后足向后；触角短的伸向前方，长的伸向体背的两侧，使之保持自然姿态。以上都整好后用昆虫针固定，待干燥后即定形。

（3）展翅 蛾、蝶等昆虫，针插后还需要展翅。将虫体插针后放在展翅板的槽内，虫体的背面与展翅板两侧面平，同时拉动左、右前翅，使前翅的后缘同在一条直线上，用昆虫针固定住。再拨后翅，将前翅的后缘压住后翅的前缘，左、右对称，充分展平。然后用塑料薄膜压住，用昆虫针固定。5~7 天后，昆虫即干燥、定形，可以取下。

（二）浸渍标本的制作

除蛾、蝶之外的体软或微小的成虫和螨类，以及昆虫的卵、幼虫和蛹，均可以用保存液浸泡在指形管、标本瓶内，可以保存昆虫原有的体形和色泽。

常用浸渍液有：

1. 酒精（乙醇）液

酒精（乙醇）液常用的浓度为 75%。小型或软体昆虫先用低浓度酒精浸泡，再用 75% 酒精保存，虫体就不会立即变硬。若在酒精中加入 0.5%~1% 的甘油，能使体壁保持柔软状态。半个月后，应更换 1 次酒精，以后再酌情更换 1~2 次，便可长期保存。

2. 40% 甲醛溶液（福尔马林）

40% 甲醛溶液（福尔马林）1 份，加水 17~19 份，保存大量标本时较经济，并且保存昆虫的卵，效果较好。

3. 醋酸（乙酸）、40% 甲醛液、酒精混合液

将冰醋酸 1 份、40% 甲醛溶液（福尔马林）6 份、95% 酒精 15 份、蒸馏水 30 份混合，此种保存液保存的昆虫标本不收缩、不变黑、无沉淀。

4. 乳酸酒精液

将 90% 酒精 1 份、70% 乳酸 2 份混合，适用于保存蚜虫。有翅蚜可先用 90% 的酒精浸润，渗入杀死，在 1 星期内再加入定量的乳酸。保存液加入量以容器高的 2/3 为宜。昆虫放入量以标本不露出液面为限。加盖封口，可长期保存。

（三）生活史标本的制作

通过生活史标本，能够认识害虫的各个虫态，了解它的危害情况（见图2-40）。制作

时，先要通过收集或饲养得到昆虫的各个虫态（卵、各龄幼虫、蛹、雌性成虫和雄性成虫）、植物被害状、天敌等。成虫需要整姿或展翅，干后备用。各龄幼虫和蛹需保存在封口的指形管中。最后将以上各标本分别装入盒中，贴上标签既可。

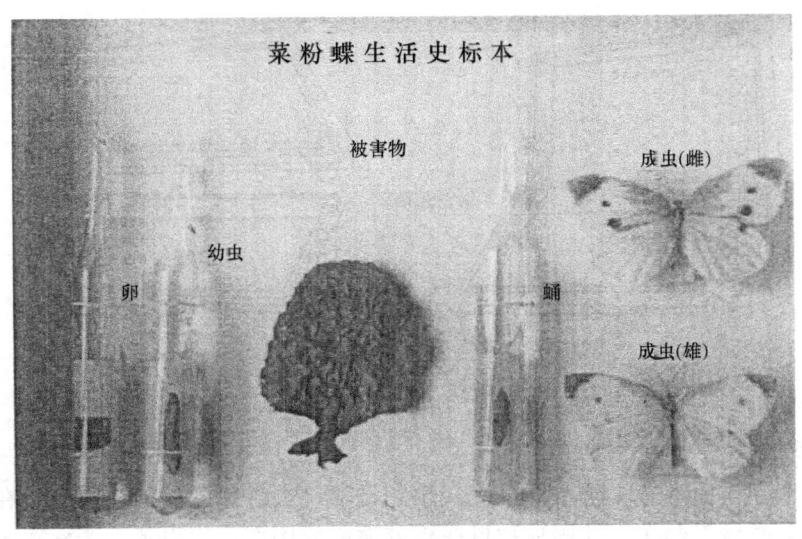

图 2-40　菜粉蝶生活史标本

（四）玻片标本的制作

微小昆虫的螨类，需制作玻片标本，在显微镜下观察其特征。为了对昆虫身体的某些细微部分进行鉴定，蛾、蝶、甲虫等的外生殖器也常制作成玻片标本。一般采用阿拉伯胶封片法。胶液的配方：阿拉伯胶 12 g，冰醋酸 5 mL，水合氯醛 20 g，50%葡萄糖水溶液 5 mL，蒸馏水 30 mL。

三、标本标签

暂时保存的、未经制作和未经鉴定的标本，应配有临时采集标签。标签上写明采集的时间、地点、寄主和采集人。经过有关专家正式鉴定的标本，应在该标本之下附种名鉴定标签，插在昆虫针的下部。如属玻片标本，则将种名鉴定标签贴在玻片的另一端。

四、昆虫标本的保存

（一）临时保存

未制作标本的昆虫，可暂时保存。

1. 三角纸保存

标本要保持干燥，避免冲击和挤压。可放在三角纸包中存放于箱内，注意防虫、防鼠、防霉。

2. 浸渍液保存

装有浸渍液的标本瓶、水试管、器皿等封盖要严密，如发现液体颜色有改变要换新液。

（二）长期保存

已制成的标本，可长期保存。保存工具要求规格整齐统一。

1. 标本盒

针插标本，必须插在有盖的标本盒内（见图2-41）。标本在标本盒中可按分类系统或寄主植物排列整齐。盒子的四角用大头针固定樟脑球纸包或对二氯苯，以防止标本害虫蛀食。

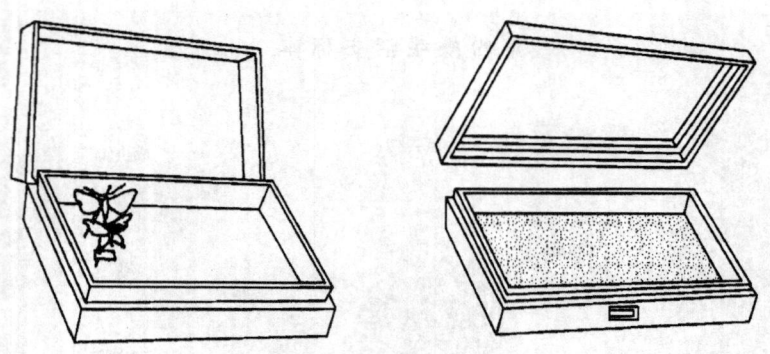

图2-41　昆虫标本盒

2. 标本柜

标本柜用来存放标本盒，防止标本受灰尘、日晒、虫蛀和菌类的侵害。放在标本柜的标本，每年都要全面检查两次，并用敌敌畏在柜内喷洒或用熏蒸剂熏蒸。若标本发霉，应在柜中添加吸湿剂，并用二甲苯杀死真菌。

浸渍标本最好按分类系统放置，长期保存的浸渍标本，应在浸渍液表面加1层液状石蜡，防止浸渍液挥发。

3. 玻片标本盒

玻片标本盒专供保存微小昆虫、翅脉、外生殖器等玻片标本，每个玻片应有标签，玻片盒外应有总标签。

任务实施

一、材料及工具的准备

1. 材料

当地各种常见昆虫。

2. 用具

捕虫网、吸虫管、采集代、指形管或小玻瓶、采集盒、毒瓶、镊子、小刀、昆虫针（0号、1号、2号、3号、4号）、三级台、粘虫胶、胶水、标本瓶（100 mL、200 mL、500 mL或1 000 mL等）、标本盒、放大镜、展翅板、整姿板、挑针等。40%甲醛溶液、95%酒精等。

二、任务实施步骤

（一）昆虫的采集技术

采集昆虫可根据各种昆虫的习性选用网捕法、搜索法、诱集法、击落法（振落法）等。

1. 网捕法

能飞善跳的昆虫种类可以进行网捕。

2. 振落法

许多昆虫有假死性,可通过摇动或敲打植物、树枝把它们振落下来,再捕捉。有些无假死性的昆虫,经振动虽不落地,但由于飞动暴露了目标,可进行网捕。

3. 诱集法

利用昆虫的某种特殊趋性或生活习性来诱集昆虫,例如灯光诱集法、食物诱集法、潜所诱杀法、性诱法等。

4. 搜索法

认真观察地面、草丛中、植物体上、树上等部位,采用搜索法采集。

(二) 昆虫标本的制作技术

1. 昆虫干制标本的制作

(1) 虫体针插　按昆虫体大小选用适当的昆虫针,夜蛾类一般用 3 号针;天蛾类等大型蛾类用 4 号针;叶蝉、盲蝽、小蛾类用 1 号针或 2 号针。微小昆虫,用 10 mm 的无头细微针。

(2) 整姿　蜻、甲虫、蝗虫等昆虫针插以后,尽量保持活虫姿态。需将触角和足进行整姿,使前足向前,后足向后,中足向两侧。

(3) 展翅　蝶、蛾类昆虫需要展翅。按昆虫的大小选取昆虫针、按针插部位要求插入虫体,将虫体腹部向下插入展翅板的槽内,使展翅板的两边靠紧身体,用昆虫针将翅拨开并平铺在展翅板上。

2. 小型昆虫针插标本的制作

可用粘虫胶或合成胶水把小型昆虫粘在三角纸上,再做成针插标本。

(1) 装标签　每一个昆虫标本,必须附有标签。按照一定的针插部位将昆虫针插后,使用三级台整理针插昆虫和标签的位置。针帽至虫体背为 8 mm,标签至针尖为 16 mm (寄主、时间)、8 mm (昆虫的名称)。

(2) 修补　在制作过程中,如有损坏,可以用粘虫胶或乳白胶进行修补。

3. 昆虫浸渍标本的制作

凡身体柔软或细小昆虫的成虫、卵、幼虫、蛹等,可以用防腐性的浸渍液浸泡保存在玻璃瓶内。浸泡前应先使幼虫饥饿,排出粪便,然后浸泡在配制好的浸渍液中。

(三) 昆虫标本的保存技术

昆虫标本的保存主要是为了防止昆虫标本被虫蛀食,防止因阳光曝晒而褪色,防灰尘、防鼠咬、防霉烂。制成的昆虫标本要放在阴凉干燥处,玻片标本、针插标本等必须放在有防虫药品的标本盒里,分类收藏在标本柜里。

任务考核

任务考核单

序　号	考核内容	考核标准	分　值	得　分
1	采集工具的准备	根据不同昆虫正确选择采集工具	10	
2	标本采集及记录	能独立采集标本并做好记录	15	
3	针插标本	根据不同昆虫正确选针,插针部位要正确	15	

(续)

序　号	考核内容	考核标准	分　值	得　分
4	标本整姿与展翅	正确整姿，根据不同昆虫正确展翅	15	
5	标本浸渍液的配制	根据不同昆虫正确配制浸渍液	15	
6	浸渍标本的保存	正确保存昆虫浸渍标本	10	
7	生活史标本的制作	独立制作生活史标本并做好标签	10	
8	问题思考与回答	在整个任务完成过程中积极参与，独立思考	10	

思考问题

1. 如何才能制作一套完整的生活史标本？请举例说明。
2. 如何制作一套精美的凤蝶成虫标本？
3. 要保证木蠹蛾幼虫固有的颜色，其标本该如何制作？
4. 采集昆虫时应注意什么？

知识链接

昆虫标本采集注意事项

一、昆虫的采集时间和地点

掌握各地区昆虫的大量发生期并适时采集。例如天幕毛虫的幼虫，应在每年的4～6月进行采集；而蛹在6月份就应大量采集并及时处理后保存；若要得到成虫，可将蛹采集后置于养虫笼内，待成虫羽化后及时毒杀并制成标本。由于天幕毛虫一年一代，每年7、8月卵块陆续出现后便不再孵化，随时采集即可。

二、采集昆虫标本时应注意的问题

一件好的昆虫标本个体应完好无损，在鉴定昆虫种类时才能做到准确无误，因此在采集时应耐心细致，特别对于小型昆虫和易损坏的蝶、蛾类昆虫。

三、昆虫标本的寄递

采集的昆虫标本，常需请人鉴定或互相交换，在不能亲自送达的情况下，就需通过邮局寄递。

1. 新鲜标本的寄递

刚采集的标本，可包在三角纸袋中，经初步干燥后，分层放于木盒中，用脱脂棉隔开，再放些樟脑精，装箱邮寄。浸制标本一般不宜邮寄，如确需邮寄，应做好防碎、防漏措施。

2. 制作好的干燥标本的寄递

在寄递干燥标本时，可以连同插针标本盒一同邮寄，但要注意防止插针脱落或由于振动造成翅、足损坏。可将针深插在泡沫塑料中，两侧将翅垫住，再用纸条压住，然后装箱邮寄。

3. 活虫寄递

为了避免有害昆虫的传播，一般是不允许寄运活虫的，尤其是国内外检疫对象，更不准寄运。有特殊需要而寄运活虫时，应经检疫机构批准并征得邮局同意方可寄运。

学 习 小 结

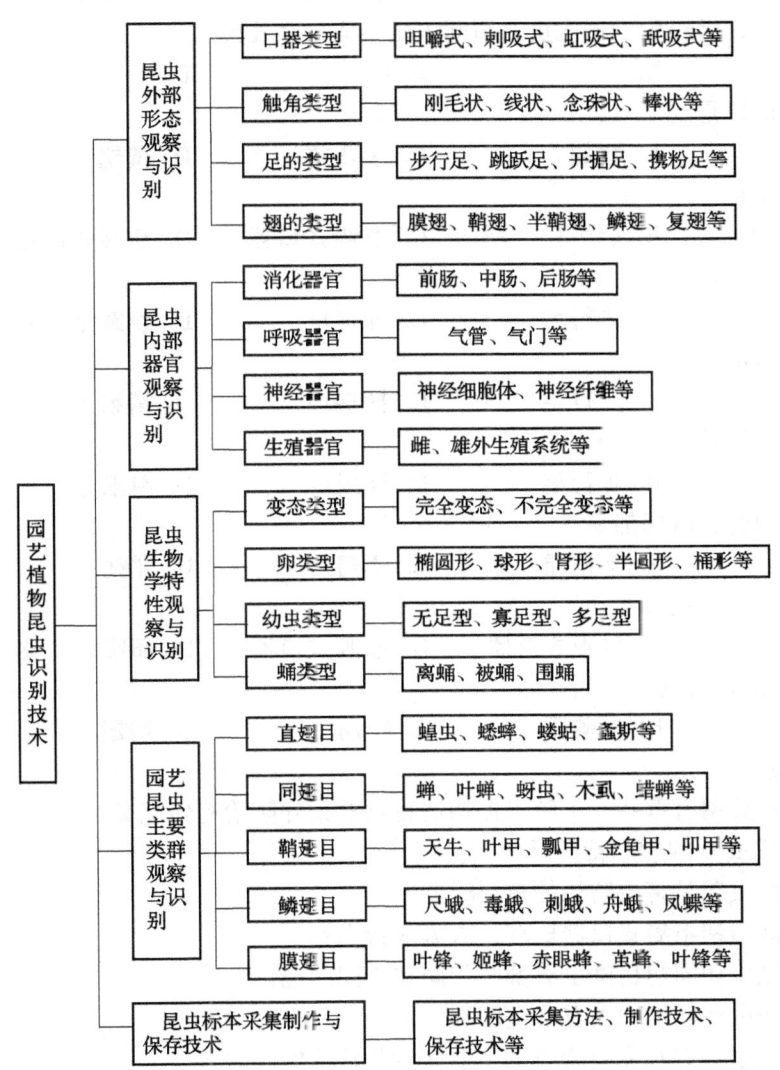

达 标 检 测

一、填空题

1. 昆虫的头部由于口器着生位置不同，头部的形式也发生相应变化，可分为 3 种头式：_____、_____、_____。
2. 蝴蝶触角为_____状，口器是_____，足是_____，翅是_____，属于_____变态。
3. 昆虫的生殖方式可分为_____、_____、_____、_____、_____。
4. 按照刺激源的性质，趋性可分为 3 类_____、_____、_____。
5. 外界环境对昆虫的影响主要包括 3 个方面_____、_____、_____。

二、单项选择题

1. 蝗虫的后足是（　　）。
   A. 跳跃足　　　　B. 开掘足　　　　C. 游泳足　　　　D. 步行足
2. 有一昆虫，已经脱了三次皮，请问该昆虫应处在几龄（　　）。
   A. 2　　　　　　B. 3　　　　　　C. 4　　　　　　D. 5
3. 蝗虫的前翅是（　　）。
   A. 膜翅　　　　　B. 鞘翅　　　　　C. 半鞘翅　　　　D. 覆翅
4. 蝉的口器是（　　）。
   A. 咀嚼式口器　　B. 刺吸式口器　　C. 虹吸式口器　　D. 舐吸式口器
5. 螳螂的前足是（　　）。
   A. 开掘足　　　　B. 步行足　　　　C. 捕捉足　　　　D. 跳跃足
6. 蜜蜂的后足是（　　）。
   A. 开掘足　　　　B. 步行足　　　　C. 捕捉足　　　　D. 携粉足
7. 蝼蛄的前足是（　　）。
   A. 开掘足　　　　B. 步行足　　　　C. 捕捉足　　　　D. 跳跃足
8. 蝶和蛾的前、后翅都是（　　）。
   A. 膜翅　　　　　B. 半鞘翅　　　　C. 鳞翅　　　　　D. 鞘翅
9. 蝶和蛾的口器是（　　）。
   A. 刺吸式口器　　B. 虹吸式口器　　C. 嚼吸式口器　　D. 舐吸式口器
10. 甲虫的前翅为（　　）。
    A. 膜翅　　　　　B. 半鞘翅　　　　C. 鞘翅　　　　　D. 鳞翅

三、简答题

1. 昆虫口器类型有哪些？了解口器构造特点对指导防治有何意义？
2. 昆虫（成虫）的形态特征是什么？
3. 为什么幼虫期是害虫防治的重要时期？
4. 刺吸式口器和咀嚼式口器比较，有哪些特点？
5. 半翅目昆虫和同翅目昆虫有哪些相同和不同的地方？
6. 鳞翅目幼虫和叶蜂幼虫有哪些区别？
7. 昆虫的不全变态和完全变态的主要区别是什么？
8. 昆虫翅的分区及各部分的名称是什么样的？

模块 2
园艺植物病虫害综合防治技术

项目 3　园艺植物病虫害调查与测报技术

项目 4　园艺植物病虫害综合治理技术

园艺植物病虫害调查与测报技术

【项目说明】

园艺植物在栽培与养护过程中会受到各种病虫害的侵扰,可是常发生病虫害的园艺植物都有哪些种类呢?它们的发生规律又是怎么样的呢?这就是本项目要完成和学习的内容。

园艺植物病虫害的发生严重影响了园艺植物的观赏性和美感,也严重影响了其功能的发挥,为了做好园艺植物病虫害的防治工作,我们必须进行有目的的实际调查并了解病虫害的情况,熟悉其消长规律,并加以统计分析,确切地掌握可靠的数据,做到全面掌握敌情,这样才能开展预测预报工作,制订出正确的防治措施,保证防治效果。

防治病虫害与同敌人作战一样,必须掌握敌情,做到胸中有数,才能抓住有利时机,做到主动、及时、准确、经济、有效。本项目共分4个任务来完成:园艺植物病害调查技术;园艺植物害虫调查技术;园艺植物病害预测预报技术;园艺植物害虫预测预报技术。

【学习内容】

了解园艺植物病虫害的分布规律、病虫害预测预报的内容和种类,熟练使用调查工具,掌握病害、虫害的调查方法和预测预报方法。

【教学目标】

通过对园艺植物病虫害的调查,了解病虫害的种类、危害情况、分布区域及发生规律,学会对调查资料进行整理与分析;学会最常用的测报方法,能够独立对重要病虫害进行测报,为病虫害的防治打下坚实的基础。

【技能目标】

根据田间调查结果,运用所学的测报方法,对重要病虫害进行准确测报,并根据调查和测报的结果确定防治适期和防治对象。

任务1 园艺植物病害调查技术

任务描述

想要准确地测报和防治病害,就要进行准确的调查。所以,在调查时要根据园艺植物病害的田间分布特点、调查目的、生产实际情况来采取正确的取样方法，并认真记载，准确统计。完成本任务，需要熟知园艺植物病害田间分布类型、病害调查的内容、记载的方法及数据资料的整理和计算方法。

植物病害的调查是植物病理学研究及病害防治的重要基础工作。其调查研究的方法因病害的种类和调查目的的不同而异，可分为一般调查（普查）、专题调查和系统定期定点调查。调查应遵循以下原则：明确调查的目的、任务、对象及要求；拟订调查计划，确定调查方法；所获调查资料数据真实，并且反映客观规律；了解与调查相关的情况。

任务咨询

一、调查的时间和次数

病害的调查以田间调查为主，根据调查的目的，选定适当的调查时间。一般来说，了解病害基本情况，多在病害盛发期进行，这样比较容易正确反映病害发生情况和获得有关发病因素的对比资料。对于重点病害的专题研究和测报等，则应根据需要分期进行，必要时，还应进行定点观察，以便掌握全面的系统资料。

二、选择取样

由于人力和时间的限制，不可能对所有田块逐一调查，需要从中抽取一定的样本作为代表，由局部推知全局。取样的好坏，直接关系到调查结果的可靠性，必须注意其代表性，使其能正确反映实际情况。

三、病害调查的记载方法

病害调查记载是调查中一项重要的工作，无论哪种内容的调查都应有记载。记载是分析情况、摸清问题和总结经验的依据。记载要准确、简要、具体，一般都采取表格形式。表格的内容、项目可根据调查目的和调查对象设计，对预测预报等调查，最好按照统一规定，以便于积累资料和分析比较。

通常在进行群众性的预测调查时，常先进行病害发生情况的调查，根据病情，再来确定需要防治的田块和防治时期，即所谓"两查两定"。例如，若调查小麦条锈病的发生情况，通常是查病斑类型，定防治田块，查发病程度，定施药时期。

四、病害调查资料的计算和整理

（一）调查计算公式

常用反映病害发生和危害程度的统计计算方法，是求各栏调查数据的平均数和百分数，计算公式如下：

1. 发病率

发病率主要反映病害的危害普遍程度。根据不同的调查对象，采取不同的取样单位（见式3-1）。有病株率、病果率、病叶率等。

$$发病率 = \frac{发病单位数}{调查单位数} \times 100\% \qquad (3\text{-}1)$$

2. 病情指数和严重率

在植株局部被害情况下，各受害单位的受害程度是有差异的。因此，被害率就不能准确地反映出被害的程度，对于这一类病情的统计，可按照被害的严重程度分级，再求出病情指数或严重率（见式3-2、式3-3）。

$$\text{病情指数} = \frac{(\text{各级叶数} \times \text{各级严重等级})\text{的总和}}{\text{调查总叶数} \times \text{最严重的等级}} \times 100\% \tag{3-2}$$

$$\text{严重率} = \frac{\text{各级严重率} \times \text{各级叶数}}{\text{调查病叶数}} \times 100\% \tag{3-3}$$

从病情指数和严重率的数值可以看出，它比发病率更能代表受害的程度。也可以用分级记载的方法，计算其严重率，用以更准确地反映受害程度。

3. 损失情况估计

除少数病害造成的损失很接近以外，一般病害的病情指数和被害率都不能完全说明损失程度。损失主要表现在产量或经济收益的减少。因此，病害造成的损失通常用生产水平相同的受害田和未受害田的产量或经济总产值的对比来计算，也可用防治区与不防治对照区的产量或经济总产值的对比来计算（见式3-4）。

$$\text{损失率} = \frac{\text{未受害田平均产量或产值} - \text{受害田平均产量或产值}}{\text{未受害田平均产量或产值}} \times 100\% \tag{3-4}$$

此外，也可根据历年资料中具体病害危害程度与产量的关系，通过实地调查获得的虫口发病率等数据来估计损失。

（二）调查资料的整理

为了使调查材料便于以后整理和分析，调查工作必须坚持按计划进行，调查记录要尽量精确、清楚，特殊情况要加以注明。调查记载的资料，要妥善保存、注意积累，最好建立病虫档案，以便总结病虫发生规律，指导测报和防治。

调查时，可从现场采集标本，按病情轻重排列，划分等级，也可参考已有的分级标准，酌情划分使用。有关病害的分级标准见表3-1、表3-2。

表3-1 枝、叶、果病害分级标准

级　别	代　表　值	分　级　标　准
1	0	健康
2	1	调查总样本中25%以下的枝、叶、果感病
3	2	调查总样本中25%～50%的枝、叶、果感病
4	3	调查总样本中50%～75%的枝、叶、果感病
5	4	调查总样本中75%以上的枝、叶、果感病

表3-2 干部病害分级标准

级　别	代　表　值	分　级　标　准
1	0	健康
2	1	病斑的横向长度占树干周长的20%以下
3	2	病斑的横向长度占树干周长的20%～60%
4	3	病斑的横向长度占树干周长的60%以上
5	4	全部感病或死亡

项目3 园艺植物病虫害调查与测报技术

任务实施

一、材料及工具的准备

1. 材料

苗圃、发病严重的草坪或林地。

2. 用具

手持放大镜、米尺、长圈尺、记录笔、纸等。

二、任务实施步骤

（一）选点取样

选择病害较多、发病盛期的某一地块。根据调查目的对该地块采用适合的方法取样（取样部位可以是整株、叶片、穗秆等），进行一般性调查，记录该地区植物病害种类、病害分布情况和发病程度等。由于任务有一定难度，工作量较大，将学生分为几个小组，每小组对一种病害进行调查，然后小组间进行综合得出该地区某些植物的发病总体情况，具体内容可根据当时、当地情况而定。

（二）病害调查

1. 苗木病害调查

在苗床上设置大小为 $1\ m^2$ 的样方，样方数量以不少于被害面积的 3% 为宜。在样方上对苗木进行全部统计或对角线取样统计，分别记录健康、感病、枯死苗木的数量。同时记录圃地的各项因子，如创建年份、位置、土壤、杂草种类及卫生状况等，并计算发病率（见表 3-3）。

表 3-3 苗木病害调查表

调查日期	调查地点	样方号	树种	病害名称	苗木状况和数量				发病率	死亡率	备注
					健康	感病	枯死	合计			

2. 枝干病害调查

在发生枝干病害的绿地中，选取不少于 100 株的树木做样本。调查时，除统计发病率外，还要计算病情指数（见表 3-4）。

表 3-4 枝干病害调查表

调查日期	调查地点	样方号	树种	病害名称	总株数	感病株数	发病率	病害分级					病情指数	备注
								1	2	3	4	5		

3. 叶部病害调查

按照病害的分布情况和被害情况，在样方中选取 5%～10% 样株，每株调查 100～200 个叶片。被调查的叶片应从不同部位选取（见表 3-5）。

表 3-5　叶部病害调查表

调查日期	调查地点	样方号	树种	样树号	病害名称	总叶数	病叶数	发病率	病害分级					病情指数	备注
									1	2	3	4	5		

（三）调查资料的统计与整理

1. 调查资料的计算

调查获得的一系列数据必须经过整理计算，才能大体说明病害的数量和造成的危害水平。计算通常采用算术平均数计算法和平均数的加权计算法。

2. 调查资料的整理

1) 鉴定病害名称和病原种类。

2) 汇总统计调查资料，进一步分析病害大发生和流行的原因。

3. 写出调查报告

调查报告内容一般包括以下几个方面：

（1）调查地区的概况　此部分内容包括自然地理环境、社会经济情况、绿地情况、园艺绿化生产和管理情况及园艺植物病害情况等。

（2）调查成果的综述　此部分内容包括主要花木的主要病害种类、危害程度和分布范围，主要病害的发生特点，主要病害分布区域的综述，主要病害发生原因及分布规律及园艺植物检疫对象和疫区等。

（3）病害综合治理的措施和建议

（4）附录　此部分内容包括调查地区园艺植物病害调查名录，主要病害发生面积汇总表，园艺植物检疫对象所在疫区面积汇总表、主要病害分布图。

4. 调查原始资料的整理

调查原始资料的整理主要包括资料的装订、归档，以及标本的整理、制作和保存。

任务考核

任务考核单

序　号	考核内容	考核标准	分　值	得　分
1	编制调查表并记载	表格要适用，记载要准确	25	
2	调查资料的整理计算	根据目的计算发病率或病情指数	25	
3	调查报告	撰写完备，文笔通顺	25	
4	问题思考与回答	在整个任务完成过程中积极参与，独立思考	25	

思考问题

1. 能够正确辨别调查对象的分布类型。
2. 如何做到正确取样？
3. 如何正确选取取样单位？
4. 如何才能独立编制调查表，展开调查并认真记载。

项目3 园艺植物病虫害调查与测报技术

5. 如何对调查资料进行整理和计算。
6. 如何根据目的与调查内容撰写调查报告。

知识链接

农作物病虫害的调查

农作物病虫害的调查可分为一般调查和重点调查两种。

一、一般调查

当缺乏某地作物病虫害发生情况的资料时，应先作一般调查。调查的内容宽泛，有代表性，但不要求精确。为了节省人力与物力，一般性调查在作物病虫害发生的盛期调查1~2次，对其分布和发生程度进行初步了解。

在作一般性调查时，要对各种作物病虫害的发生盛期有一定的了解，如地下害虫、猝倒病等应在植物的苗期进行调查，若错过了农时便很难调查到。所以，应选择在作物的几个重要生育期如苗期、花期、结实期等进行集中调查，并同时调查多种作物病虫害的发生情况。调查内容见表3-6。

表3-6 作物病虫害发生调查表

调查人：　　　　　　　　　　调查地点：　　　　　　　　　　　　年　月　日

病虫害名称	作物和生育期	发 生 地 块									
		1	2	3	4	5	6	7	8	9	10

二、重点调查

在对一个地区的作物病虫害发生情况进行大致了解之后，对某些发生较为普遍或严重的病虫害可作进一步的调查。这次调查较前一次的次数要多，内容要详细和深入，如分布、发病率、损失程度、环境影响、防治方法、防治效果等。对发病（被害）率、损失程度的计算要求比较准确（见表3-7）。

表3-7 作物病虫害调查表

调查人：　　　　　　　　　　　　　　　　　　　　　　　　　　　年　月　日

调查地点：
病（虫）害名称：　　　　　　发病（被害）率：
田间分布情况：
寄主植物名称：　　　　　　　品种：　　　　　　　　种子来源：
土壤性质：　　　　　　　　　肥沃程度：　　　　　　含水量：
栽培特点：　　　　　　　　　施肥情况：　　　　　　灌、排水情况：
病虫发生前温度和降雨：　　　病虫害盛发期温度和降雨：
防治方法：　　　　　　　　　防治效果：
群众经验：
其他病虫害：

任务2　园艺植物害虫调查技术

任务描述

要想防治害虫，首先要对害虫的种类、发生情况和危害程度等进行实践调查，这是一项不可忽略的工作。通过实践调查，可以及时准确地掌握害虫的发生动态，同时还能积累资料，为制订防治规划和进行长期预测提供依据。也只有通过多方面的实践调查，才能对某些主要害虫做到认识其特点、了解其发生规律或习性，进而运用有效的方法防于未患，治于始发。

在进行害虫调查时，首先要明确调查任务、对象和目的要求，然后根据害虫的特点和调查内容，确定适当的调查项目、方法并编制记载表格，写出调查计划，做好调查前的准备工作。调查要有实事求是的态度，防止主观片面，要做到"一切结论产生于调查情况的末尾，而不是它的先头"。虚心向群众请教，如实地反映情况。总之，要有认真的态度，用科学的方法进行调查，对调查得来的材料进行正确的统计分析，使它能准确地反映客观实际。

任务咨询

一、园艺植物害虫调查类型

（一）普查与专题调查

按调查范围和面积分，园艺植物害虫调查可分为普查与专题调查。

1. 普查

普查就是在大面积地区进行的害虫的全面调查。

2. 专题调查

专题调查是对某一地区某种害虫进行的深入细致的专门调查，是在普查的基础上进行的。

（二）踏查和样地调查

按调查方式的不同，园艺植物害虫调查又可分为踏查和样地调查。

1. 踏查

踏查又称为概括调查或路线调查，是指在较大范围内（地区、省、市、苗圃、花圃等）进行的调查，目的在于了解害虫的种类、数量、分布、危害程度、危害面积、蔓延趋势和导致虫害发生的一般原因。花圃、绿化区面积都较小，植物种类多，害虫种类多，踏查路线可为 10～30 m 或更大，视具体面积、地形等而定。

2. 样地调查

样地调查又称为标准地调查或详细调查。它是在踏查的基础上，对主要的、危害较重的害虫种类，设立样地进行调查，目的在于调查、精确统计害虫数量、危害程度，并对虫害的发生环境因素作深入的分析研究。

二、调查内容

1. 发生和危害情况调查

普查了解一个地区在一定时间内害虫种类、发生时间、发生数量和危害程度等。对常发性或暴发性的虫害作专题调查时，还要调查其始发期、盛发期及盛末期的数量消长规律。若要调查研究某种虫害，还要详细调查该害虫的生活习性、发生特点、侵染循环、发生代数、寄主范围等。

2. 害虫、天敌发生规律的调查

专题调查某种害虫或天敌的寄主范围、发生世代、主要习性及不同农业生态条件下数量变化的情况，为制订防治措施和保护利用天敌提供依据。

3. 越冬情况调查

专题调查害虫越冬场所、越冬基数、越冬虫态、越冬方式等，为制订防治计划和开展预测预报提供依据。

4. 防治效果调查

防治效果调查包括防治前与防治后虫害发生程度的对比调查，防治区与不防治区的发生程度对比调查，以及不同防治措施、时间、次数的发生程度对比调查，为选择有效防治措施提供依据。

三、害虫在田间的分布类型与抽样方法

根据调查的目的、任务、内容和对象的不同，需采用不同的调查方法，所以要了解一下害虫的分布规律及抽样方法。

（一）害虫的田间分布类型

1. 随机分布型

害虫种群内个体间具有相对的独立性，不相互吸引或排斥，种群中的个体占据空间任何一点的概率相等，任何个体的存在都不影响其他个体的分布。通常，害虫在田间分布是稀疏的，每个个体之间的距离不等，但比较均匀。

2. 核心分布型

害虫在田间不均匀地呈多个小集团核心分布。核心内为密集的，而核心间是随机的。

3. 嵌纹分布型

嵌纹分布型是极不均匀的分布，害虫在田间呈不规则的疏密相间状态，调查取样的个体在各取样单位中出现的机会不相等。

（二）常用的抽样方法

由于害虫在田间分布的类型不同，故应采用适合的反映分布型特点的抽样方法。一般按以下方法抽样：

1. 五点式抽样

五点式抽样适合于密集的或成行的植物及随机分布型的害虫调查。

2. 对角线式抽样

对角线式抽样适合于密集的或成行的植物及随机分布型的害虫调查。它又分为单对角线和双对角线两种。

3. 棋盘式抽样

棋盘式抽样适合于密集或成行的植物及随机分布型和核心分布型的害虫调查，一般选在面积不大的地块和试验地中进行抽样。

4. 平行线式抽样

平行线式抽样是指在田间，每若干行取一行调查，一般较短地块可用此法，适于成行植物及核心分布型与嵌纹分布型的害虫调查。

5. "Z"字形抽样

"Z"字形抽样适于嵌纹分布型的害虫调查。

（三）抽样单位

抽样单位为抽样时样本的计量单位。有以下几种：

1. 长度单位

长度单位常用于密植植物上害虫密度或受害程度的调查，常以米为单位。

2. 面积单位

面积单位常用于调查地面或地下害虫，撒播、密生、矮小植物上的害虫或害虫密度较低情况下的虫量，一般以平方米为单位。

3. 体积单位

体积单位常用于调查地下害虫或蛀干害虫，常以立方米为单位。

4. 时间单位

时间单位用于调查活动性较大的昆虫，在一定面积范围内观察单位时间内经过、起飞或捕获的虫数。

5. 以植株或部分器官为单位

以植株或部分器官为单位适用于株行距清楚，害虫栖息部位较固定或害虫体小而活泼的情况。对矮小植物，以每株或每百株或折算成单位面积虫量表示。

6. 网捕单位

一般是用口径为 30 cm 的捕虫网，网柄长 1 m，以网在田间摆动一次为 1 网单位。常以百网为一次统计数，适用于小型且活动性较强的昆虫。

四、园艺植物害虫调查资料的计算和整理

（一）调查计算公式

1. 被害率

被害率主要反映害虫危害的普遍程度。根据不同的调查对象，采取不同的取样单位（见式3-5）。

$$被害率 = \frac{发病（有虫）单位数}{调查单位数} \times 100\% \tag{3-5}$$

2. 虫口密度

虫口密度表示在一个单位内的虫口数量，通常折算为每亩[⊖]虫数（见式3-6）。

$$虫口密度 = \frac{调查总虫数}{调查总单位数} \times 每亩单位数 \times 100\% \tag{3-6}$$

虫口密度也可用百株虫数表示（见式3-7）。

⊖ 1 亩 = 666.6 m²。

$$虫口密度 = \frac{调查总虫数}{调查总株数} \times 100\% \tag{3-7}$$

（二）调查资料的整理

调查取得大量资料以后，要注意去粗取精、综合分析，从中总结经验，进一步指导实践。为了使调查材料便于以后整理和分析，调查工作必须坚持按计划进行，调查记录要尽量精确、清楚，特殊情况要加以注明。调查记载的资料，要妥善保存、注意积累，最好建立害虫档案，以便总结害虫发生规律，指导测报和防治。

任务实施

一、材料及工具的准备

1. 材料

园艺苗圃、发生害虫较严重的林地或草坪。

2. 用具

手持放大镜、米尺、长圈尺、记录笔、纸等。

二、任务实施步骤

1. 准备工作

调查之前要准备好被调查地区的历史资料、自然地理概括、经济状况；拟订调查计划，确定调查方法，设计调查用表，准备好调查所用仪器、工具；做好调查人员的技术培训工作等。

2. 踏查

调查人员沿园路、人行道或自选路线，采用目测法边走边查，并尽可能涵盖调查地区的不同植物地块及有代表性的不同状况的地段。每条路线之间的距离一般在100~300 m之间。踏查时应注意路线两侧30 m范围内各项因子的变化。根据踏查所得资料，绘制主要害虫分布草图并填写踏查记录表（见表3-8）。

表3-8 园艺植物害虫踏查记录表

调查日期										
调查地点										
绿地概况										
调查总面积										
受害面积										
卫生状况										
树种	被害面积	害虫种类	危害部位	危害程度	分布状态	寄主情况	天敌种类	数量及寄生率	备注	

说明：

1) 绿地概况包括花木组成、平均高度、平均直径、地形和地势等。

2) 分布状态分为单株分布（单株发生虫害）、簇状分布（被害株3~10株成团）、团块状分布（被害株面积大小呈块状分布）、片状分布（被害面积达 50~100 m²）、大片分布（被害面积超过 100 m²）等。

3）危害程度常分为轻微、中等、严重三级，分别用"+""++""+++"符号表示（见表 3-9）。

表 3-9 危害程度划分标准表

标准\程度\部位	轻微（+）	中等（++）	严重（+++）
叶部	树叶被害 30% 以下（包含 30%）	树叶被害 31%~60%	树叶被害 60% 以上
树干、枝梢	树干、枝梢被害株率在 20% 以下（包含 20%）	树干、枝梢被害株率为 21%~50%	树干、枝梢被害株率在 50% 以上
蛀干及主梢、根部	被害株率在 10% 以下（包含 10%）	被害株率为 11%~20%	树干、枝梢被害株率在 20% 以上
种实	种实被害率在 10% 以下（包含 10%）	种实被害率为 11%~20%	种实被害率在 20% 以上

3. 地下害虫调查

在苗圃或绿化地播种、绿化以前，进行地下害虫调查。抽样方式多采用对角线式或棋盘式。样坑大小为 0.5 m×0.5 m 或 1 m×1 m。按 0~5 cm、5~10 cm、15~30 cm、30~45 cm、45~60 cm 段等不同层次分别进行调查记载（见表 3-10）。

表 3-10 苗圃、绿地地下害虫调查表

调查日期	调查地点	土壤植被情况	样坑号	样坑深度	害虫名称	虫期	害虫数量	调查株数	被害株数	受害率	备注

4. 蛀干害虫调查

在发生蛀干害虫的绿地中，选有 50 株以上树的样地，分别调查健康木、衰弱木、濒死木和枯立木各占的百分率。如有必要可从被害木中选 3~5 株伐倒，量其树高、胸径，从杆基至树梢剥一条 10cm 宽的树皮，分别记载各部位出现的虫害种类。

虫口密度的统计，则在树干南北方向及上、中、下部和害虫居住部位的中央截取 20 cm×50 cm 的样方，查明害虫种类、数量、虫态，并统计每平方米和单株虫口密度（见表 3-11、表 3-12）。

表 3-11 蛀干害虫调查表

调查日期	调查地点	样地号	总株数	健康木		卫生状况	虫害木						害虫名称	备注
							衰弱木		濒死木		枯立木			
				株数	百分率（%）		株数	百分率（%）	株数	百分率（%）	株数	百分率（%）		

表 3-12　蛀干害虫危害程度调查表

样树号	样树情况			害虫名称	虫口密度（1 000 cm²）				其他
	树高	胸径	树龄		成虫	幼虫	蛹	虫道	

5. 枝梢害虫调查

可选有 50 株以上样的样方，按株统计主梢受害而侧梢健壮株数、主梢健壮而侧梢受害株数和主、侧枝都受害株数，从被害株中选出 5～10 株，查清虫种、虫口数、虫态和危害情况。对于虫体小、数量多、定居在嫩枝上的害虫如蚜、蚧等，可在标准木的上、中、下部各选取样枝，截取 10 cm 长的样枝段，查清虫口密度，最后求出平均每 10 cm 长的样枝段的虫口密度（见表 3-13、表 3-14）。

表 3-13　枝梢害虫调查表（一）

调查日期	调查地点	样地号	调查株数	被害株数	被害率	样株调查			名称及种类	备注
						主梢健壮而侧梢受害株数	主、侧梢受害株数	主梢受害而侧梢健壮株数		

表 3-14　枝梢害虫调查表（二）

调查时间	调查地点	样地号	样株调查								备注
			样树号	树高	胸或根径	树龄	总梢数	被害梢数	被害率	虫名	虫口密度	

6. 食叶害虫调查

选有食叶害虫危害的绿地为样地，调查主要害虫种类、虫期、数量和危害情况等，样方面积可随机酌定。在样地内可逐株调查或采用对角线法，选样树 10～20 株进行调查。若样株矮小（一般不超过 2 m），可全株统计害虫数量；若树木高大，不便于统计，可分别于树冠上、中、下部及不同方位取样枝进行调查。落叶和表土层中的越冬幼虫和蛹、茧的虫口密度调查，可在样树下树冠较发达的一面的树冠投影范围内，设置 0.5 m×2 m 的样方，0.5 m 一边靠树干，统计 20 cm 土深内主要害虫虫口密度（见表 3-15）。

表 3-15　食叶害虫调查表

调查日期	调查地点	样地号	绿地概况	害虫名称及主要虫态	样株号	害虫数量						危害情况	备注
						健康	死亡	被寄生	其他	总计	虫口密度		

任务考核

任务考核单

序号	考核内容	考核标准	分值	得分
1	踏查	能根据当地实际情况制定踏查计划并实施	20	
2	地下害虫调查	能根据当地实际情况制订调查计划并实施地下害虫调查	15	
3	蛀干害虫调查	能根据当地实际情况制订调查计划并实施蛀干害虫调查	15	
4	枝梢害虫调查	能根据当地实际情况制订调查计划并实施枝梢害虫调查	15	
5	食叶害虫调查	能根据当地实际情况制订调查计划并实施食叶害虫调查	15	
6	问题思考与回答	在整个任务完成过程中积极参与,独立思考	20	

思考问题

1. 害虫分布类型的确定有什么窍门?
2. 如何根据害虫种类和作物种类来确定取样单位?
3. 调查地下害虫时如何选点取样?
4. 怎么样才能对枝干害虫进行调查?调查时应注意什么?

知识链接

害虫调查统计注意事项

一、园艺植物害虫调查统计的原则

1)具有明确的调查目的。要根据生产的实际需要确定调查目的。有了明确的目的之后,再决定调查内容,根据不同内容确定调查时间、地点,拟订调查项目和调查方法,设计合理的记载统计表格。

2)充分了解当地的生产实际情况。

3)采取正确的取样方法。

4)认真记载,准确统计。

二、害虫分布类型形成的相关因素

害虫形成不同空间格局的原因是多方面的,包括害虫的增殖(生殖)方式、活动习性和传播方式,以及发生的阶段等,同时也和环境的均一性有关。了解害虫本身的生物学特性,有助于初步判断它们的分布格局。如果害虫来自田外,传入数量较小,初始的分布情况都可能属于普瓦松分布。当害虫经过一至几代增殖,每代传播范围较小或扩展速度较小,围绕初次发生的地点就可以形成一些发生中心,将会呈奈曼分布。其后,特别是在害虫大量增殖以后,又可能逐步过渡为二项式分布。当大量的小麦条锈病夏孢子传入或蝗虫大量迁入时,也可能直接呈现二项式分布。

项目3　园艺植物病虫害调查与测报技术

任务3　园艺植物病害预测预报技术

任务描述

园艺植物预测预报是病害防治时判断病害发生情况、制订防治计划和指导防治的重要依据。病害预测预报工作的好坏，直接关系到病害防治的效果。实践证明，搞好病害预测预报，就可以做到防在关键上、治在要害处，会起到举一反三的作用。那么，病害预测预报该如何进行呢？

不同的病害会有不同的规律，病原的传播途径各有不同，病害在发病过程中会受到不同因素的影响，所以预测预报的方法也会各有不同，一定要根据当地的实际情况进行预测预报。本任务就是掌握预测预报的种类和内容，学会预测预报常用的方法。完成本任务需要熟悉不同病害的病原传播方式和环境对病害预测预报的影响。

任务咨询

一、病害的传播与预测预报

在病害预测预报过程中，要根据病原不同的传播方式选择不同的预测预报方法。病原物的传播有主动传播和被动传播两种。

（一）主动传播

主动传播是指病原物依靠自身的活动传播，例如线虫的蠕动、真菌孢子的弹射、细菌的游动等，其传播的范围很小。

（二）被动传播

被动传播的传播距离相对较远，范围比较广，是传播的主要方式，在病害的蔓延扩展中起重要作用。其中有自然因素和人为因素，自然因素中以风、雨水、昆虫和其他动物传播的作用最大；人为因素中以种苗和种子的调运、农事操作和农业机械的传播最为重要。

1. 气流传播

气流传播是病原物最常见的一种传播方式。气流传播的距离一般比较远，很多外来菌源都是靠气流传播的，如白粉菌类、锈菌类。

2. 雨水传播

植物病原细菌和真菌中的黑盘孢目和球壳孢目的分生孢子多半都是由雨水传播的。在暴风雨的条件下，由于风的介入，往往能加大雨水传播的距离。

3. 生物介体

昆虫，特别是蚜虫、飞虱和叶蝉是病毒最重要的传播介体。植原体存在于植物韧皮部的筛管中，它的传播介体都是在筛管部位取食的昆虫。

4. 土壤传播和肥料传播

土壤是植物病原物的重要的越冬和越夏场所，很多危害植物根部的兼性寄生物能在土中存活较长时间。在土壤中存活的病原物还可以通过自身的生长和移动接触健康植物，从而产生侵染，根部的外寄生线虫可以在土壤中靠自身的运动到达寄主植物的根部。

5. 人为因素

人们在引种、施肥和农事操作中，经常造成植物病害的传播。人为传播不像自然传播那样有一定的规律性，它是经常发生的，不受季节和地理因素的限制。

二、环境条件对病害预测预报的影响

环境条件中的温、湿、光和风都对病原物的生长和侵入及在植物体内的扩展具有重要的影响。其中湿度、温度影响最大。许多真菌孢子的萌发率要在有水的情况下才能达到最大值。因此，对于绝大多数气流传播的病原物，湿度越高对侵入越有利。但在土壤中情况正好相反，因为土壤湿度过高，会影响大多数病原物的呼吸，同时还会导致对病原物有颉颃作用的腐生菌大量繁殖。

三、病害预测预报的分类

常见植物病害预测预报按预测内容和预报量的不同可分为流行程度预测、发生期预测和损失预测等。流行程度预测是最常见的预测种类，预测结果可用具体的发病数量（发病率、严重度、病情指数等）作定量的表达，也可用流行级别作定性的表达。流行级别多分为大流行、中度流行（中度偏低、中等、中度偏重）、轻度流行和不流行。病害发生期预测是估计病害可能发生的时期。损失预测主要根据病害流行程度预测减产量。

按照预测的时限可分为长期预测、中期预测和短期预测。

四、病害主要预测方法

病害预测的方法因不同病害的流行规律而不同。病害预测的主要依据是：病原物的生物学特性，病害侵染过程和侵染循环的特点，病害发生前寄主的感病状态，病原物的数量，病害发生与环境条件的关系，当地的气象历史资料和当年的气象预报材料等。对这些情况掌握得准确，病害预测就可靠。目前，病害主要是根据病原物的数量和存在状况、寄主植物的感病性和发育状况，以及病害发生和流行所需的环境条件三个方面的调查和系统观察进行预测。病害预测的方法可分为两种，即数理统计预测法和试验生态生物学预测法。

（一）数理统计预测法

数理统计预测法指在多年试验、调查等实测数据的基础上，采用数理统计学回归分析的方法，找出影响病害流行的各主要因素，即寄主植物的感病性、病原物的数量和致病力、环境条件（特别是气温、湿度、土壤状况等）、管理措施等因素与病害流行程度之间的数量关系。在回归方程中，上述某个因素（或多个因素）为自变量，建立回归预测式后，输入自变量（调查数据）就可预测出病害发生情况。

（二）试验生态生物学预测法

这种预测法是运用生态学、生物学和物理学的方法，通过预测圃观察、绿地调查、孢子捕捉法和人工培养等手段，来预测病害的发生期、发生量及危害程度的一种预测方法。此法较烦琐，但准确性较高，仍是目前病害预测的常用方法。

1. 预测圃观察

在某病害流行地区，栽植一定数量的感病植物或固定一块圃地，经常观察病害的发生发展情况，这就是预测圃观察。根据预测圃植物发病情况，可推测病害发生期，便于及时组织防治。

2. 绿地调查

在绿地内选有代表性的地段进行定点、定株和定期调查，了解病害的发生情况，分析病害发生的条件。这样可对病害未来发生情况作出准确的估计。

3. 孢子捕捉法

季节性比较强并靠气流传播的病害，如锈病、白粉病可用孢子捕捉法预测病害发生情况。做法是在病害发生前，用一定大小的玻片，涂上一层凡士林，放在容易捕捉孢子的地方，迎风放或平放于一定高度，定期取回做镜检计数，进行统计分析，就能推测病害发生时期和发生程度。

4. 人工培养

在病害发生前，将容易感病或可疑的有病部分进行保湿培养，逐日观察并记载发病情况，统计已显症状的发病组织所占的百分数，就可以预测在自然情况下病害可能发生的情况。针对不同的病害，其测报方法也有所不同，有些在病残体、种苗、土壤、粪肥等处越冬的病原物，常常需要进行组织加强培养，所以要针对不同的病原物，准备不同的培养基。

任务实施

一、材料及工具的准备

1. 材料

数理统计模型、病害发生严重的典型园艺绿地、参考文献等。

2. 用具

计算机、手持放大镜、孢子捕捉器、培养基制作材料、培养箱等。

二、任务实施步骤

（一）准备工作

同时准备计算机、手持放大镜、记录本、笔等材料。

（二）孢子捕捉器的安装

不同的捕捉器安装方法不同，可以根据说明书具体安装。

（三）病害预测预报实施

1. 根据菌量测报

菌量的测定可以通过以下几种方法进行：

1）对于细菌性病害，可以通过测定噬菌体激增的数量来预测细菌数量。

2）对于种子表面带菌的病害，可以检查种子表面带有的菌量，用以预测次年田间发病率。

3）用孢子捕捉器捕捉空中孢子预测菌量。

预测预报：根据计算的菌量，按不同病害的预测预报标准，确定发生时期和防治田块。

2. 根据气象条件预测

多循环病害的流行受气象条件影响很大,而初侵染菌源不是限制因子,对当年发病的影响较小,通常根据气象条件预测。

3. 根据菌量和气象条件进行预测

综合菌量和气象因子的流行学效应,可作为预测的依据。有时还把寄主植物在流行前期的发病数量作为菌量因子,用以预测后期的流行程度。

4. 根据菌量、气象条件、栽培条件和寄主植物生育状况预测

有些病害的预测除应考虑菌量和气象因子外,还要考虑栽培条件、寄主植物的生育期和生育状况。

5. 根据培养预测法预测

在病害没有发生前,将作物容易感病或疑为有病的部分放在适于发病的条件下进行培养观察,以提前掌握病害发生的始期。由于病菌的生长、发育和繁殖都要求较高的湿度,所以,通常是用保湿的方法进行培养。

6. 根据病圃观察法预测

在大田外,单独开辟出一块地,针对本地区危害严重的某些病害,种植一些感病品种和当地普遍栽培的品种作物,经常观察病害的发生情况。预测圃里的感病品种容易发病,由此可以较早地掌握病害发生的时期和条件,有利于及时指导大田普查。

任务考核

任务考核单

序 号	考核内容	考核标准	分 值	得 分
1	测报工具的准备	根据不同病害正确选择测报工具	20	
2	孢子捕捉器的安装	能独立安装孢子捕捉器	20	
3	菌量的测定	能够根据不同病害选择不同方法测定菌量	20	
4	病害的预测预报	能够根据实际情况选用不同的方法预测预报病害	20	
5	问题思考与回答	在整个任务完成过程中积极参与,独立思考	20	

思考问题

1. 孢子捕捉器的原理是什么?
2. 在预测预报时应该注意哪些问题?

知识链接

新测报技术和手段的应用

一、可视预测预报技术

从 20 世纪 50 年代开展病虫害预测预报工作以来,直到 21 世纪初,病虫预报一直沿用"病虫情报"的方式进行发布,在当时的历史和农业生产条件下发挥了重要的作用。但是随

着科学技术的飞速发展，以及农业生产形式的不断变化，尤其进入21世纪信息时代后，继续沿用"病虫情报"的形式发布病虫害预报，很显然不适应当今社会的需要，发送"病虫情报"到区（县）、乡（镇）农技部门，再传到农民这种形式，导致发送速度慢，传播范围窄，病虫害发生情况和防治技术不能直接、及时地被最终使用者（广大农民）所接收和使用；单一文字形式的"病虫情报"不能表现病虫危害的症状、病虫形态等，导致部分农民不能及时对症下药，其结果为乱用药，防治成本增加，环境污染严重，农产品农药残留超标，直接危害广大人民的身体健康。为此，必须对农作物病虫害预报手段进行改革，提高病虫害预报水平，更好地为广大农民服务。所以，随着电子技术的发展，可视病虫害预测预报应势而生，作物病虫害可视预报就是把农作物病虫害发生情况和防治关键技术制作成电视节目，应用电视这一最广泛的传播媒体向广大农民进行发送，使广大农民能及时、准确、直观地接收到农作物病虫害发生和防治的信息，指导农民进行大面积的病虫害防治工作。

二、数理统计预测

病虫害的发生期、发生量和危害程度的变动与周围的物理环境条件（温度、雨量、土壤等）和生物环境（天敌、食物等）的变动密切相关。对病虫害、天敌昆虫发生的一定数量特征与一定环境特征之间的相互关系，可用数理统计法进行定性或定量分析，据此发出数理统计预报。常用的方法有函数分析法、相似相关法等。

三、异地预测法

一些远距离迁飞性害虫和大区流行性病害，其种源或菌源可随气流迁往异地。例如黏虫、褐稻虱、稻纵卷叶螟等害虫是逐代呈季节性往返迁移，其迁移的方向和降落区域的变动又受随季风进退的气流和作物生长物候的季节变换制约。因此，可根据发生区的残留虫量和发育进度，结合不同层次的天气形势及迁入区的作物长势和分布，来预测害虫迁入的时间、数量、主要降落区域和可能的发生程度。对于植物病害，也可根据发生区的菌源量、气流方向及作物抗病品种的布局和长势，来预先估计可能的发生区域、发生时间和流行程度，并可应用综合分析、预测模型和电算模拟等手段进行。

任务4　园艺植物害虫预测预报技术

任务描述

园艺植物害虫预测预报是同害虫作斗争时判断害虫发生情况、制订防治计划和指导防治的重要依据。预测预报工作的好坏，直接关系到害虫防治的效果，对保证园艺植物健康成长具有重大作用。实践证明，搞好害虫预测预报工作，就可以做到防在关键上、治在要害处，达到投资少、用工少、收效大的作用。那么，我们要如何做好害虫预测预报工作呢？

不同的昆虫危害特点不同，发生时期也千差万别，在防治中，一定要根据当地的实际情况进行预测预报。本任务就是要掌握园艺植物害虫预测预报的种类和内容，学会预测预报常用的方法。

一、预测预报的意义

园艺植物虫害的发生发展具有一定规律性，认识和掌握其规律，就能够根据现在的变动情况推测未来的发展趋势，及时有效地防治虫害。害虫预测预报是实现"预防为主，综合治理"方针、正确组织指导防治工作的基础。

二、预测的内容

1. 发生时期的预测

防治害虫，消灭危害，关键在于掌握好防治的有利时机。害虫发生时期因地方不同而不同，即使是同种害虫、同一地区也常随每年气候条件而有所不同。所以对当地主要害虫进行预测，掌握其始发期、盛发期和终止期，对抓住有利防治时机并及时指导防治具有重要意义。

2. 发生数量的预测

害虫发生的数量是决定是否需要进行防治和判断危害程度、损失大小的依据。在掌握了发生数量之后，还要参考气候、栽培品种、天敌等因素，综合分析，注意数量变化的动态，及时采取措施，做到适时防治。

3. 分布预测

预测害虫可能的分布区域或发生的面积，对迁飞性害虫还要预测其蔓延扩散的方向和范围。

4. 危害程度预测

危害程度预测内容包括在发生期预测和发生量预测的基础上结合的品种布局和生长发育特性，尤其是感病、感虫品种的种植比重和易受害虫危害的生育期与害虫盛发期的吻合程度，同时结合气象资料的分析，预测其发生的轻重及危害程度。

虫害的发生轻重程度可分为小发生、中等偏轻发生、中等发生、中等偏重发生、大发生5级。

三、预报的种类

预报分为定期预报、警报和通报。

（一）定期预报

定期预报一般分为短期、中期和长期3类。

1. 短期预报

短期预报是指预测近期内害虫发生的动态，如某种害虫的发生时间、数量及危害情况等，一般在病虫发生的前几天或十几天内进行。

2. 中期预报

中期预报一般是根据近期内害虫发生的情况，结合气象预报、栽培条件、品种特性等综合分析，预测下一段时间的发生数量、危害程度和扩散动向等。预测的时间和范围依害虫种类而定。对于重点害虫，在全面发生期，都应进行中期预测，一般在发生前一两个月进行。

3. 长期预报

长期预报一般属于年度或季节性的预测。通常是在头一年末或当年年初，根据历年虫害情况积累的资料，参照当年害虫发生有关的各项因素，如植物品种、环境条件、存在数量及其他有关地区前一时期害虫发生的情况等，来估计害虫发生的可能性及严重程度，供制订年度防治计划参考。长期预测由于时间长、地区广，进行起来较复杂，需有较长时间的参考资料和积累较丰富的经验，同时对于害虫发生的规律要有较深刻的了解，一般在害虫发生前半年以上进行。

短期预报具有较强的现实意义，中、长期预报具有较强的指导意义。

（二）警报

警报属于紧急性质的预报，即当所预测的虫情已达到防治指标时，要立即发出警报，及时组织并开展防治工作。

（三）通报

通报是指一个市或地区害虫发生和发展及防治动态，主要针对某些重要害虫在进行预测分析之后，编写出害虫情报，印成书面材料，通报出去。其目的是让有关单位能事先了解到害虫发生情况和发生趋势，有更多的时间作好预防准备，为编订或修订防治计划，安排防治措施的参考依据。

四、园艺植物害虫预测方法

（一）发生时期预测

发生时期预测主要是预测某种害虫某一虫态出现的始、盛、末期，以便确定防治的最佳时期。一个虫态在某一地区出现数量达虫态总数14%的时期，称为始盛期；出现数量达虫态总数的50%的时期，称为高峰期；出现数量达虫态总数的86%的时期，称为盛末期。

这种方法常用于预测一些防治时间性强，而且受外界环境影响较大的害虫，如钻蛀性、卷叶性害虫及龄期越大越难防治的害虫。这种预测在生产上使用最广。害虫的发生期随每年气候的变化而变化，所以每年都要进行发生期预测。常用的方法有以下几种：

1. 物候预测法

物候是指自然界各种生物现象出现的季节规律性。人们在与自然的长期斗争中发现，害虫某个虫态的出现时期往往与其他生物的某个发育阶段同时出现，物候法就是利用这种关系，以植物的发育阶段为指标物，对害虫某一虫态或发育阶段的出现期进行预测。"桃花一片红，发蛾到高峰"就是老百姓根据地下害虫小地老虎与桃花开放的关系来预测其发生期的。

2. 发育进度预测法

发育进度是指某种害虫的某一虫态个体数量在时间上的分布。人们通过对害虫发育进度观察的结果，参考当地气象预报的日、旬平均温度，加上相应的虫态历期，推算以后虫态发育期即为发育进度预测。发育进度预测法可分为历期预测法和期距预测法。

（1）历期预测法　历期预测法是指通过对前一虫态发育进度（如化蛹率、羽化率、孵化率等）的调查，当调查虫口数达到始盛期、高峰期、盛末期的数量标准时，分别加上当

时气温下该虫态的发育历期,即可推得出后一虫态的相应发生期的方法。

(2) 期距预测法　害虫由前一个虫态发育到后一个虫态或由前一世代发育到下一世代,都要经过一定的时间,这一时期所需的天数称为期距。通过调查研究掌握害虫发生时期再加上期距天数,推断出后一阶段害虫的发生时期,称为期距预测法。测定期距常用的方法有以下3种:

1) 调查法。在调查对象田块内选择有代表性的样方,对刚一出现的某害虫的某一虫态进行定点取样,逐日或每隔2~3天调查一次,统计该虫态个体出现的数量及百分比。通过长期调查掌握各虫态的发育进度后,便可得到当地各虫态的历期。

2) 诱测法。利用害虫的趋性及其他习性,分别采用各种方法(灯诱、性诱、食饵、饵木等)进行诱测,逐日检查诱捕器中虫口数量,就可了解本地区害虫发生的始、盛、末期。有了这些基本数据,就可推测以后各年各虫态或危害可能出现的日期。

3) 饲养法。对一些难以观察的害虫或虫态从野外采集一定数量的卵、幼虫或蛹,进行人工饲养,观察其发育进度,求得该虫各虫态的发育历期。人工饲养时,应尽可能使室内环境接近自然环境,以减少误差。

3. 计算机预测法

应用电子计算机技术和装置,将经研究得出的有害和有益生物发育模型、种群数量波动模型、作物生长模型、防治的经济阈值和防治决策等存入计算机中心,通过各终端系统输入各有关预报因子的监测值后,即可迅速预报有关害虫发生、危害和防治等的预测结果。

(二) 发生数量预测

发生数量预测法又称为猖獗预测或大发生预测,主要预测害虫未来数量的消长变化情况,对指导与防治数量变化较大的害虫极为重要。常用的方法有以下3种:

1. 有效虫口基数预测法

有效虫口基数预测法是目前采用较多的一种方法。害虫的发生数量往往与其前一世代的虫口基数有着密切关系,基数大,下一世代发生量可能就多;反之,则少。其方法是:对上一世代的虫态,特别是对其越冬虫态,选有代表性的,以面积、体积、长度、部位、株等为单位,调查一定的数量,统计虫口基数,然后再根据该虫繁殖能力、性比及死亡情况,来推测下一代发生数量。

2. 气候图预测法

气候图预测法就是利用害虫与环境条件中温度和湿度的相关性,预测某种害虫的发生趋势。应用该法预测害虫的发生数量,必须是以湿度和温度为其数量变动的主导因素的害虫。另外,应用此方法还必须积累相当多的历史资料(至少要有5年以上的资料),将这些资料进行比较,找出害虫大发生最适宜的温度和湿度范围,然后以此作为预测某害虫大发生的依据。

3. 形态指标预测法

环境条件对昆虫的影响是通过昆虫本身内因起作用的,昆虫对外界条件的适应也会从形态上表现出来。例如虫态的变化、脂肪体含量与结构、雌雄性比等都会影响到下一代。

(三) 分布预测

发生区测报包括害虫发生地点、范围及发生面积的测报。对于具有扩散迁移习性的害虫,还包括其迁移方向、距离、降落地点的测报。

1. 扩散迁移的预测

一些远距离迁飞性害虫是呈季节性往返迁移的,其迁移的方向和降落区域的变动,又受随季风进退的气流和植物生长物候的季节变换制约。因此,可根据发生区的残留虫量和发育进度,结合不同层次的天气形势及迁入区的作物长势和分布,来预测害虫迁入的时间、数量、主要降落区域和可能的发生程度。

在扩散迁移的测报中,既要考虑害虫本身的习性,又要分析环境因素的干扰。对近距离飞翔的昆虫,可采取标志释放后人工捕捉,或灯光诱获、性信息素诱获等方法,其他的还有昆虫雷达监测等。

2. 发生地点与范围的预测

在进行此项预测预报时要考虑以下因素:一是当地害虫繁殖力强,一旦环境条件适宜,就可能暴发成灾;二是害虫发生范围与周围虫口密度密切相关,因此发生地点、范围和面积的预测必须与虫情调查及发生量预测结合起来;三是要注意发生周期及其他规律的变化。

(四) 危害程度预测

虫害危害程度预测是预测园艺植物受害虫危害后,给园艺植物生长和发育所带来的损失程度。它是确定是否需要进行害虫防治的依据或指导防治的指标。

五、害虫预报

将害虫预测结果按期向上一级填表汇报。省、市、县园艺有关部门,在接到基层测报组报送的预报资料后,应迅速研究,以便决定是否发布全省、市或县性的短期或长期预报(见表3-16)。

表3-16 园艺植物虫情预报表

发报种类	预报虫种	害虫发育阶段	害虫分布地点	虫口密度				寄生率	性比	繁殖能力	羽化率	孵化率	预报当旬的气象因子							对于虫情发展的分析	备注
				每平方米		每株							温度/℃			相对湿度	阴晴天	风速	最多风向		
				最大	平均	最大	平均						最高	最低	平均						

发布预报单位:

预报主持人:

发至地点:

年　月　日

📋 任务实施

一、材料及工具的准备

1. 材料

计算机、数理统计模型、前5年当地害虫预测预报资料等。

2. 用具

捕虫网、吸虫管、毒瓶、采集箱、采集盒、诱虫灯、标本盒、标本瓶、计数器、记录本、记录笔、计算器、放大镜、显微镜等。

二、任务实施步骤

（一）准备工作

分别准备田间调查法和诱测法的工具。根据实习的要求，准备好相应的捕虫网、吸虫管、毒瓶、标本瓶、采集箱、采集盒、诱虫灯等调查工具，同时要准备好计数器、放大镜、记录本、记录笔等工具。

（二）实地测报

1. 田间调查

在调查对象田块内选择有代表性的样方，对刚出现的某害虫的某一虫态进行定点取样，逐日或每隔 2~3 天调查一次，统计该虫态个体出现的数量及百分比。从而确定该害虫发生的始盛期、高峰期和盛末期。

2. 诱测法

利用害虫的趋性及其他习性分别采用各种方法（灯诱、性诱、食饵、饵木等）进行诱测，逐日检查诱捕器中虫口数量，就可了解本地区害虫发生的始、盛、末期。有了这些基本数据，就可推测以后各年各虫态或危害可能出现的日期。

3. 期距和历期的确定

通过调查法和诱测法得到的数据确定历期。

（三）害虫预测

1）发生时期预测：采用物候预测法和发育进度预测法两种方法。
2）发生数量预测：主要采用有效虫口基数预测法。
3）分布预测：主要采用调查法预测。
4）危害程度预测：主要按危害程度预测公式计算。

（四）害虫预报

在进行实际预测之后，为了及时反映虫情，指导群众不失时机地开展防治，应根据测报结果加以综合分析，编写出害虫情报，通过广播、黑板报、印刷品和电话、电子邮件、电视等途径通报出去，指导用户及时开展防治。

任务考核

任务考核单

序 号	考核内容	考核标准	分 值	得 分
1	测报工具的准备	根据不同昆虫正确选择采集工具	10	
2	害虫发生期的确定	能独立田间调查或诱测确定高峰期	15	
3	期距和历期的确定	能够根据实际情况确定昆虫的期距和历期	15	
4	发生时期的预测	能够采用不同预测法预测害虫的发生时期	20	
5	发生数量的预测	能够根据有效虫口基数预测法预测害虫发生数量	20	
6	害虫预报	能够根据预测结果编写虫情预报并发布出去	10	
7	问题思考与回答	在整个任务完成过程中积极参与，独立思考	10	

项目3 园艺植物病虫害调查与测报技术

思考问题

1. 实地测报的方法有哪些？
2. 预测预报时要准备哪些工具？

知识链接

预测预报的注意事项

一、历期预测法和期距预测法的区别

期距的长短，常因营养条件、气候条件等影响而发生一定的变化。利用期距法预测害虫的发生，应根据各地历年观察的有关期距的平均数和置信区间进行。换句话说，期距是一个经验值。而历期是结合当地的气象条件因素计算得来的，其更准确。所以历期应用更广泛，但需要对当地气象条件做好监测。期距作为一个经验值，其应用起来更简便，但有一定的地域限制，不能生搬硬套，如辽宁的期距值就不能用于河南的害虫预测。

二、预测预报中应注意的问题

1. 合理确定调查样本

要根据该地区不同的地形特点、海拔高度、植物生育期、害虫发生程度，选择有代表性的区域进行调查取样，每个区域的每种类型田不得少于3块，做到精心调查，减少误差。同时通过每个区域的目测，使测报人员对该地区害虫发生情况有一个初步了解，便于在计算调查数据的加权平均值时，做到心中有数。

2. 注意搜集相关信息

如气象条件，低温是否影响昆虫越冬；还有生活中的一些现象，如灯下某害虫是否突然增多等。同时注意与周边地区的信息交流。

3. 要具备实事求是，不怕吃苦的工作态度

要实际深入田间调查，及时了解田间发生的实际情况，看看实况和测报结果的差距，及时总结经验，为加强以后测报的准确性打好基础。

三、害虫情报的编写

在进行实际观测之后，应根据测报结果加以综合分析，编写出害虫情报，通过广播、黑板报、印刷品和电话、电子邮件等通报出去。

编写害虫情报的一般做法是：每次重点报1~2种主要害虫，先简单介绍它们的危害性和发生特点，然后报道近来害虫的发生情况，并与过去（历年资料）对比，说明发生早晚和轻重，再结合气象、作物和天敌等条件进行分析，作出发生期或发生程度及发生趋势的估计，最后提出有关防治时期和防治方法的建议。

学习小结

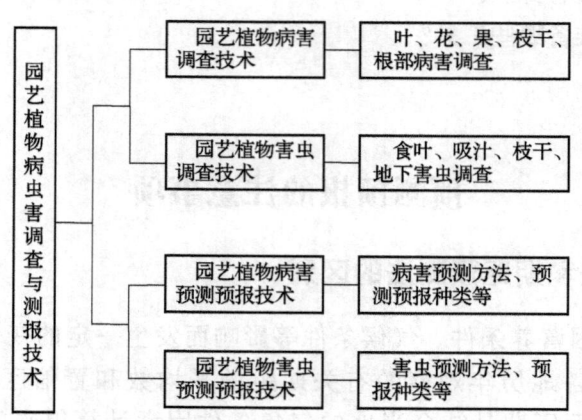

达标检测

一、填空题

1. 按照内容，害虫预测预报分为_____、_____、_____、_____。
2. 害虫预测预报的种类分为_____、_____和_____。
3. 定期预报按时间长短分为_____、_____和_____。

二、简答题

1. 调查报告一般包括哪些内容？
2. 病害的预测方法有哪几种？
3. 害虫预测预报时应该注意哪些问题？

园艺植物病虫害综合治理技术

【项目说明】

  危害园艺植物的病、虫种类特别多,危害轻时会影响园艺植物的观赏性和美感,危害重时会对园艺植物造成毁灭性的打击。我们能否利用一些有效而又少污染环境的方法来防治病虫的危害呢?经过园艺植保人的多年努力,总结出了五大病虫害综合防治方法:植物检疫防治法、园艺技术防治法、物理机械防治法、生物防治法、化学防治法。其中应用最多的则是利用农药防治病虫害的化学防治法。所以,本项目除了学习五大防治法外,还要重点学习农药的一些知识。

  本项目共分3个任务来完成:园艺病虫害综合防治方案的制订;农药的性状观察与质量鉴别技术;常用农药的配制与使用技术。

【学习内容】

  了解园艺植物病虫害的综合防治指施,熟练掌握园艺植物常发生病害、虫害的特征和防治方法。

【教学目标】

  通过对园艺植物病虫害防治的学习,了解常发生病虫害的种类、识别特征、危害特点及主要防治措施。

【技能目标】

  能利用所学知识制订园艺植物病虫害的综合防治方案。

任务1　园艺病虫害综合防治方案的制订

任务描述

  园艺植物病虫害的防治方法很多,各种方法都有其优点和局限性,单靠其中某一种措施往往不能达到防治的目的,有时还会引起一些其他的不良反应。那么,现在主要的五大防治方法是怎么防治病虫的呢?它们又有什么样的特点呢?我们又如何取长补短、综合应用这些防治方法控制病虫害的危害呢?

园艺植物病虫害防治

园艺植物病虫害综合防治是一个病虫控制的系统工程,即从生态学观点出发,在整个园艺植物生产、栽植及养护管理过程中,都要有计划地应用与改善栽植养护技术,调节生态环境,预防病虫害的发生,降低病虫害发生程度,不使其形成超出危害标准的要求。园艺植物病虫害综合防治就是要使自然防治和人为防治手段有机地结合起来,有意识地加强自然防治能力,主要利用植物检疫防治、园艺技术防治、物理机械防治、生物防治、化学防治等方法来控制病、虫的危害,并将它们有机地结合在一起而制订的一个综合防治方案。

任务咨询

一、植物检疫技术

植物检疫也叫法规防治,是指一个国家或地方政府颁布法令,设立专门机构,禁止或限制危险性病、虫、杂草等人为地传入或传出,或者传入后为限制其继续扩展所采取的一系列措施。植物检疫是防治病虫害的基本措施之一,也是实施"综合治理"措施的有力保证。

(一)植物检疫的作用

1)植物检疫能阻止危险性有害生物随人类的活动在地区间或国际间传播蔓延。随着社会经济的发展,植物引种和农产品贸易活动增加,危险性的有害生物也会随之扩散蔓延,造成巨大的经济损失,甚至酿成灾难。

2)植物检疫不仅能阻止农产品携带危险性有害生物出、入境,保证其安全性,还可指导农产品的安全生产及与国际植检组织的合作与谈判,使本国农产品出口道路畅通,以维护国家在农产品贸易中的利益。

3)另外,随着我国加入WTO,国际经济贸易活动的不断深入,植物检疫工作更显其重要作用。

(二)植物检疫的对象和分类

1. 确定植物检疫对象的原则

确定植物检疫对象的原则:一是国内或当地尚未发现或局部已发生而正在消灭的有害生物;二是一旦传入对作物危害性大,经济损失严重,目前尚无高效、简易防治方法的有害生物;三是繁殖力强、适应性广、难以根除的有害生物;四是可人为随种子、苗木、农产品及包装物等运输,作远程距离传播的有害生物。

2. 植物检疫的分类

植物检疫分为对内检疫和对外检疫。对内检疫的主要任务是防止和消灭通过地区间的物资交换、调运种子、苗木及其他农产品贸易等而使危险性有害生物扩散蔓延,故又称为国内检疫。对外检疫是国家在港口、机场、车站和邮局等国际交通要道,设立植物检疫机构,对进出口和过境应实施检疫的植物及其产品实施检疫和处理,防止危险性有害生物的传入和输出。

(三)植物检疫的方法

1. 检疫检验

检疫检验是指由有关植物检疫机构根据报验的受验材料进行的抽样检验。除产地植物检疫采用产地检验(田间调查)外,其余各项植物检疫主要进行关卡抽样室内检验。

2. 检疫处理

检疫处理首先必须符合检疫法规的规定及检疫处理的各项管理办法、规定和标准。其

次，所采取的处理措施是必不可少的，还应将处理所造成的损失降到最低水平。

在产地或隔离场圃发现有检疫对象，应由官方划定疫区和保护区，实施隔离和根除扑灭等控制措施。关卡检验发现检疫对象时，常采用退回或销毁货物、除害处理和异地转运等检疫处理措施。

调运植物检疫的检疫证书应由省植保（植检）站及其授权检疫机构签发。口岸植物检疫由口岸植物检疫机关根据检疫结果评定和签发"检疫放行通知单"或"检疫处理通知单"。

二、园艺技术防治

园艺技术防治措施就是通过改进栽培技术，使环境条件不利于病虫害的发生，而有利于园艺植物的生长发育，直接或间接地消灭或抑制病虫害的发生与危害。这种方法不需要额外的投资，而且还有预防作用，可长期控制病虫害，因而是最基本的防治方法。但这种方法也有一定的局限性，病虫害大发生时必须依靠其他防治措施。

1. 选用抗性品种

培育抗病虫品种是预防病虫害的重要一环，不同花木品种对于病虫害的受害程度并不一致。目前，已培育出菊花、香石竹、金鱼草等抗锈病的新品种，以及抗紫菀萎蔫病的翠菊品种等。

2. 苗圃地的选择及处理

一般应选择土质疏松、排水和透气性好、腐殖质多的地段作为苗圃地。在栽植前进行深耕改土，耕翻后经过曝晒、土壤消毒，可杀灭部分病虫。

3. 培育健苗

园艺上许多病虫害是依靠种子、苗木及其他无性繁殖材料来传播的，因而通过一定的措施，培育无病虫的健壮种苗，可有效地控制该类病虫害的发生。

4. 栽培措施

栽培措施主要有合理轮作、间作，以及配置得当、科学间作。

5. 管理措施

管理措施主要有加强肥水管理、改善环境条件、合理修剪、中耕除草、翻土培土等方法。

6. 球茎等器官的收获及收后管理

许多花卉以球茎、鳞茎等器官越冬，为了保障这些器官的健康储存，在收获前避免大量浇水，以防含水过多造成储藏腐烂；要在晴天收获，挖掘过程中要尽量避免伤口；挖出后要仔细检查，剔除有伤口、病虫及腐烂的器官，并在阳光下曝晒数日后方可收藏。储窖要事先清扫消毒，通气晾晒。储藏期间要控制好温、湿度，窖温一般在5℃左右，相对湿度宜在70%以下。有条件时，最好将球茎等单个装入尼龙网袋，悬挂于窖顶储藏。

三、物理机械防治

利用各种简单的机械和各种物理因素来防治病虫害的方法称为物理机械防治。这种方法既包括古老、简单的人工捕杀，也包括近代物理新技术的应用。

1. 捕杀法

利用人工或各种简单的机械捕捉或直接消灭害虫的方法称为捕杀法。人工捕杀适合于具

有假死性、群集性或其他目标明显易于捕捉的害虫。例如多数金龟甲、象甲的成虫具有假死性，可在清晨或傍晚将其振落杀死。

2. 阻隔法

人为设置各种障碍，以切断病虫害的侵害途径，这种方法称为阻隔法，也叫障碍物法。

阻隔法主要有涂毒环、涂胶环，挖障碍沟，设障碍物，土壤覆盖薄膜或盖草，纱网阻隔等。

此外，在目的植物周围种植高秆且害虫喜食的植物，可以阻隔外来迁飞性害虫的危害；土表覆盖银灰色薄膜，可使有翅蚜远远躲避，从而保护园艺植物免受蚜虫的危害，并减少蚜虫传毒的机会。

3. 诱杀法

利用害虫的趋性，人为设置器械或诱物来诱杀害虫的方法称为诱杀法。利用此法还可以预测害虫的发生动态。诱杀法主要有灯光诱杀、食物诱杀、潜所诱杀、色板诱杀等方法。

4. 温、湿度的应用

任何生物包括植物病原物、害虫都对温度有一定的忍耐性，超过限度生物就会死亡。害虫和病菌对高温的忍受力都较差，因此，通过提高温度来杀死病原菌或害虫的方法称为温度处理法，简称热处理。在园艺植物病虫害防治中，热处理有干热和湿热两种。

5. 放射处理

近几年来，随着物理学的发展，生物物理也有了相应的发展。因此，应用新的物理学成就来防治病虫，也就具有了愈加广阔的前景。原子能、超声波、紫外线、激光、高频电流等，正普遍应用于生物物理范畴，其中很多成果正在病虫害防治中得到应用。

四、生物防治

（一）生物防治的概念

利用生物控制有害生物种群数量的方法，称为生物防治。广义的生物防治，包括控制有害生物的生物体及其产物。

（二）植物害虫的生物防治方法

害虫的生物防治主要包括有益动物治虫和微生物治虫。

1. 有益动物治虫

目前，在生产实践中用于防治害虫的有益动物包括线虫、昆虫、蜘蛛、螨类及脊椎动物。

2. 微生物治虫

自然界中有许多的微生物能使害虫致病。昆虫的致病微生物中多数对人、畜无毒无害，不污染环境，形成一定的制剂后，可像化学农药一样喷撒，所以常被称为微生物农药。已经在生产上应用的昆虫病原微生物包括细菌、真菌、病毒。

（三）植物病害的生物防治

植物病害的生物防治是通过直接或间接的一种至多种生物因素，以削弱或减少病原物的接种体数量与活动，或者促进植物生长发育，从而达到减轻病害并提高产量和质量的目的。其主要措施有抗生菌的利用、重寄生物的利用、抑制性土壤的利用、根际微生物的利用。

（四）杂草的生物防治

杂草的生物防治主要有以虫治草、以菌治草、以植物治草等。

（五）生物防治的优点与局限性

生物防治的优点是对人、畜、植物安全，害虫不产生抗性，天敌来源广，并且有长期抑制作用。但是，生物防治也存在着一定的局限性，防治时往往局限于某一虫期，作用慢、成本高，人工培养及使用技术要求比较严格。它不能完全代替其他的防治方法，必须与其他的防治方法相结合，综合地应用于有害生物的治理中。

五、化学防治

1. 化学防治的概念及其重要性

化学防治是指用化学手段控制有害生物数量的一种方法。化学防治的重要性主要体现在以下几个方面：第一，运用合理的化学防治法，对农业增产效果显著；第二，在当今世界各国都在提倡的有害生物综合治理系统中，还缺乏很多有效、可靠的非化学控制法；第三，化学防治有其他防治措施所无法代替的优点。

2. 化学防治的局限性

化学防治在有害生物综合防治中占有重要地位，但化学防治还有其局限性。

1）引起病菌、害虫、杂草等产生抗药性。

2）杀害有益生物，破坏生态平衡。

3）农药对生态环境有污染性并对人体健康有影响。

任务实施

一、材料及工具的准备

1. 材料

当地常用农药、白糖、醋、酒等。

2. 用具

常用药械、调查用表、计算器等。

二、任务实施步骤

（一）园艺植物病虫害综合防治措施

1）调查当地某一检疫性病虫害的危害情况，并分析其侵入途径。

2）结合园艺植物修剪，调查修剪前后植株上某种越冬昆虫的数量。

3）设黑光灯或高压电网诱虫，调查所诱的昆虫的种类、数量、食性等。

4）自制黄板诱集蚜虫或糖醋液诱地老虎，统计所诱蚜虫、地老虎数量，说明在什么情况下设黄板、糖醋液效果好。

5）认识常见捕食性、寄生性天敌昆虫。调查相隔一定距离的两个绿化区内捕食性、寄生性天敌昆虫的种类、数量及害虫种类、数量，说明天敌昆虫在控制害虫方面的作用。

6）用白僵菌菌粉（或苏云金杆菌乳油）、敌百虫（或其他有机杀虫剂）防治食叶害虫，

比较防治效果，说明两者防治害虫的优缺点。

（二）防治计划

由于各地区的具体情况不同，防治计划的内容和形式也不一致，可按年度计划、季节计划和阶段计划等方式安排到生产计划中去，计划的基本内容应包括以下几点：

1. 确定防治对象，选择防治方法

根据病虫害调查和预测预报资料，以及历年来病虫发生情况和防治经验，确定有哪些主要的病虫害，在何时发生最多，何时最易防治，用什么办法防治，多长时间可以完成。摸清情况后，确定防治指标，采取最经济有效的措施进行防治。

2. 建立机构，组织力量

对病虫害防治工作，特别是大型的灭虫、治病活动应建立机构。说明需用劳力数量和来源，便于组织力量。

3. 准备药剂、药械及其他物资

事先应确定药剂种类和药械型号。准确估计数量，并与供销部门订立供应合同，以免临时无法采购，影响防治工作。储备或新购买的药剂，都应进行效果鉴定，以防失效，对已有的药械应进行检查和维修。

4. 技术培训

采取短期培训与蹲点指导相结合的办法，向参加防治的人员介绍防治技术，开展学习与宣传活动。

5. 作出预算，拟订经费计划（见表 4-1）。

表 4-1 病虫防治经费计划表

防治时间	防治对象	防治地点	防治面积	防治方法	用药量			金额		用工量		工资		其他费用			经费总计	备注
					药剂名称	每亩用量	总用量	单价	合计	每亩用工量	总用工量	平均工资	合计	药械购置	药械维修	运输		

单位：　　　　　　　　　　　　　　　　　　　　　　　　　　　　年　　月　　日

任务考核

任务考核单

序号	考核内容	考核标准	分值	得分
1	植物检疫技术的应用	能说明检疫技术的方法与作用	15	
2	园艺技术的应用	能说明防治病虫的主要园艺技术措施	15	
3	物理机械技术的应用	能说明防治病虫的主要物理技术措施	15	
4	生物防治技术的应用	能说明防治病虫的主要生物技术措施	15	
5	化学防治技术的应用	能说明化学防治的优缺点	15	
6	综合防治方案的制订	能制订合理有效的综合防治方案	25	

项目4 园艺植物病虫害综合治理技术

思考问题

1. 园艺植物病虫害的综合治理，有哪些重要环节？
2. 化学农药防治园艺植物病虫害的优缺点是什么？
3. 植物检疫的任务有哪些？
4. 利用天敌昆虫的主要途径有哪些？
5. 物理机械防治病虫害的方法有哪些？

知识链接

病虫害综合防治

一、综合防治的概念

联合国粮农组织（FAO）有害生物综合治理专家小组对综合治理定义如下：害虫综合治理是一种防治方案，它能控制害虫的发生，避免相互矛盾，尽量发挥有机的调和作用，保持经济允许水平之下的防治体系。

二、综合治理的原则

在实行综合治理的过程中，主要遵从以下几个原则：生态学的原则；安全的原则；保护环境，恢复和促进生态平衡，有利于自然控制的原则；经济效益的原则。

三、制订综合治理方案的注意事项

有害生物综合治理是可持续农业的重要组成部分，因此，植物保护工作者要实事求是地分析我国的植物保护状况，因地制宜地制订出我国园艺病、虫、草等有害生物的防治方案。

1. 病虫综合防治方案的基本要求

在设计方案时，选择措施要符合"安全、有效、经济、简便"的原则。

2. 综合防治方案的主要类型

1) 以一种主要病虫害为对象进行综合防治。
2) 以一种园艺植物所发生的主要病虫害为对象进行综合治理。
3) 以整个地块为对象制订综合治理措施。

任务2 农药的性状观察与质量鉴别技术

任务描述

农药是指用于防治农林及其产品受害虫、害螨、病菌、杂草、线虫及害兽等的危害和调节昆虫、植物生长的药剂、增效剂等。在学习过程中要掌握农药的种类、加工剂型和常用农药的使用方法。在生产实践中要安全合理使用农药，贯彻"预防为主，综合防治"的植保方针，积极开发与研制高效、低毒、低残留的农药新品种，特别是生物农药的研制与推广。总之，应运用现代技术最大限度地减少农药对环境的污染，为人类造福。

随着农药工业的发展,农药品种逐年增多,在农药储运及使用过程中,有时难免造成混杂、错乱。因此,怎样简单、快速识别农药是一个需要解决的实际问题。识别农药,可以从色泽、气味、溶解性等物理性状,或者从农药的颜色反应、沉淀反应及火焰反应等化学方法进行区别。

任务咨询

一、农药的分类

农药的种类和品种繁多,国内生产的品种达几百种,剂型更多。为了做好农药商品的技术服务、经营管理及做到使用上的方便,应对农药加以科学分类。农药商品分类的方法很多,常根据防治对象、作用方式及化学组成等分类。

根据防治对象不同,农药大致可分为杀虫剂、杀菌剂、杀螨剂、杀线虫剂、除草剂、杀鼠剂等。

1. 杀虫剂

杀虫剂是用来防治农、林、卫生及储粮害虫的农药,按作用方式不同可分为胃毒剂、触杀剂、熏蒸剂、内吸剂。此外还有忌避剂,如驱蚊油、樟脑;拒食剂,如拒食胺;黏捕剂,如松脂合剂;绝育剂,如噻替派、六磷胺等;引诱剂,如糖醋液;昆虫生长调节剂,如灭幼脲三号。

按原料来源不同,可分为无机杀虫剂、有机杀虫剂和生物源杀虫剂。根据化学组成不同,可分为有机磷杀虫剂、有机氮杀虫剂和拟除虫菊酯类杀虫剂等。

2. 杀菌剂

杀菌剂是用以预防或治疗植物真菌或细菌病害的药剂。按作用原理可分为保护剂、治疗剂。按化学成分可分为无机铜制剂、无机硫制剂、有机硫制剂、有机磷杀菌剂、农用抗生素等。此外,杀菌剂又可分为内吸性杀菌剂和非内吸性杀菌剂两大类。内吸性杀菌剂多具有治疗及保护作用,而非内吸性杀菌剂多具有保护作用。

3. 杀螨剂

杀螨剂是用来防治植食性螨类的药剂,如克螨特等。按作用方式多归为触杀剂,但也有内吸作用。

4. 杀线虫剂

杀线虫剂是用来防治植物线虫病害的药剂,如克线磷等。

5. 除草剂

除草剂是防除杂草和有害生物的药剂,可分为灭生性除草剂、选择性除草剂。

6. 杀鼠剂

杀鼠剂是指毒杀鼠类的药剂,主要是胃毒作用,分为无机杀鼠剂、有机合成杀鼠剂。

二、农药的助剂与剂型

有机合成农药的生产分两个阶段,第一阶段为工厂合成的原药生产。合成的固体药剂叫原粉,液体药剂叫原油。第二阶段为加工剂型的生产。把原药加入辅助剂和填充剂分别制成粉剂和乳油等。

（一）农药的助剂

凡与农药原药混合后，能改善制剂理化性质，增加药效和扩大使用范围的物质都称为农药辅助剂。种类有溶剂、填料、湿润剂、乳化剂、黏着剂。

（二）农药的剂型

常说的农药剂型就是农药制剂的类型。化学农药主要剂型有粉剂、可湿性粉剂、乳油、颗粒剂、烟雾剂、水剂、片剂等。

1. 粉剂

粉剂由原药和惰性稀释物（如高岭土、滑石粉）按一定比例混合粉碎而成。粉剂的优点是加工成本低，使用方便，不需要水。缺点是易因风吹雨淋而脱落，药效一般不如液体制剂强，易污染环境和对周围敏感作物产生药害。

2. 可湿性粉剂

可湿性粉剂由原药和少量表面活性剂（湿润剂、分散剂、悬浮稳定剂等）及载体（硅藻土、陶土）等一起经粉碎混合而成，主要供喷雾用，也可供灌根、泼浇使用。

3. 乳油

乳油是农药原药按有效成分比例溶解在有机溶剂（如苯、二甲苯等）中，再加入一定量的乳化剂配制成透明均相的液体。乳油主要供喷雾使用，也可用于涂茎（内吸药剂）、拌种、浸种和泼浇等。

4. 颗粒剂

颗粒剂是由农药原药、载体和其辅助剂制成的粒状固体制剂，可供根施、穴施、与种子混播、土壤处理或撒入心叶用。

5. 烟雾剂

烟雾剂由原药加入燃料、氧化剂、消燃剂、引芯制成。点燃后燃烧均匀，成烟率高，无明火，原药受热气化，再遇冷凝结成微粒飘浮于空间。烟雾剂多用于温室大棚、林地及仓库病虫害的防治。

6. 水剂

水剂是用水溶性固体农药制成的粉末状物，可兑水使用。水剂成本低，但不宜久存，不易附着于植物表面。

7. 片剂

片剂是原药加入填料制成的片状物。

8. 其他剂型

随着农药加工技术的不断进步，各种新的剂型被陆续开发利用，如微乳剂、固体乳油、悬浮乳剂、可流动粉剂、漂浮颗粒剂、微胶囊剂、泡腾片剂等。

三、农药的使用方法

农药的品种繁多，加工剂型也多种多样，同时防治对象的危害部位、危害方式、环境条件也各不相同。因此，农药的使用方法也多种多样。目前，使用较广泛的有下列方法：

（一）喷粉法

喷粉法是将药粉用喷粉器械或其他工具均匀地喷布于防治对象及其寄主上的施药方法。适宜作喷粉的剂型为低浓度的粉剂。喷粉法有工效高、不需要水、对工具要求简单等优点。但药剂易随风飘移而污染环境，也易被雨水冲刷，持效期短。

（二）喷雾法

根据喷液量的多少及喷雾器械特点可分为3种类型：

1. 常规喷雾法

常规喷雾法采用背负式手摇喷雾器，手动加压，喷出药液的雾滴在 $100 \sim 200\ \mu m$ 之间。此方法的技术要求以喷洒周到均匀，使叶面充分湿润而不流失为宜。常规喷雾法较喷粉法具有附着力强、持效期长、效果好等优点，但工效低，用水量多，对暴发性病虫常不能及时控制。

2. 低容量喷雾法（弥雾法）

低容量喷雾法是通过器械产生的高速气流，将药液吹散成约 $50 \sim 100\ \mu m$ 的细小雾滴并弥散到被保护的植物上。其优点是喷洒速度快、省工、效果好、适用于少水或丘陵地区。

3. 超低容量喷雾法

超低容量喷雾法是通过高能的雾化装置，使药液雾化成直径为 $5 \sim 75\ \mu m$ 的细小雾滴，经飘散而沉降在目标物上。因它比低容量喷雾法用液量还少，约 $5\ L/hm^2$，所以不能使用经水稀释的农药的常规剂型，而要用专为超低容量喷雾配制的油剂直接喷洒。其优点是省工、省药、喷药速度快、劳动强度低。但需专用药械，并且操作技术要求严格。此方法不宜在有风条件下使用。

（三）种苗处理法

种苗处理法包括拌种、浸种和种苗处理3种。用一定量的药粉或药液与种子充分拌匀的方法称为拌种法。前者为干拌，后者为湿拌。因湿拌后需堆闷一段时间，故又称为闷种。种苗处理法主要用来防治地下害虫及苗期害虫，以及由种子传播的病害。

（四）毒谷、毒饵法

毒谷、毒饵法是指将害虫、老鼠喜食的饵料与胃毒剂按一定比例配成毒饵，散布在害虫发生、栖居地或害鼠通道，诱集害虫或害鼠取食而中毒死亡的方法。

（五）土壤处理法

土壤处理法是将农药制剂均匀撒于地面，再翻于土壤耕作层内，用于防治病虫、杂草及线虫的施药方法称土壤处理法。

（六）熏蒸法

用熏蒸剂或易挥发的药剂来熏杀仓库或温室内的害虫、病菌、螨类及鼠类等即为熏蒸法。此法对隐蔽的病虫具有高效、快速杀灭的特点。

（七）涂抹法

利用具内吸作用的农药配成高浓度母液，将其涂抹在植物茎秆上，用来防治病虫的方法称为涂抹法。

（八）撒颗粒法

将颗粒剂撒于害虫栖息危害的场所来消灭害虫的施药方法称为撒颗粒法。此法具有不需要药械、工效高、用药少、效果好、持效长、利于保护天敌及环境等优点。

（九）注射法

用注射机或兽用注射器将内吸性药剂注入树干内部，使其在树体内传导运输而杀死害虫的方法称为注射法。例如，将药剂稀释2~3倍，可用于防治天牛、木蠹蛾等。

任务实施

一、材料及工具的准备

1. 材料

当地常用杀虫剂、杀菌剂。

2. 用具

天平、牛角匙、试管、量筒、烧杯、玻璃棒等。

二、任务实施步骤

（一）农药理化性状的简易辨别方法

1. 常见农药物理性状的辨别

辨别粉剂、可湿性粉剂、乳油、颗粒剂、水剂、烟雾剂、悬浮剂等剂型在颜色、形态等物理外观上的差异。

2. 粉剂、可湿性粉剂质量的简易鉴别

取少量药粉轻轻撒在水面上，长期浮在水面的为粉剂；在1 min内粉粒吸湿下沉，搅动时可产生大量泡沫的为可湿性粉剂。另取少量可湿性粉剂倒入盛有200 mL水的量筒内，轻轻搅动后放置30 min，观察药液的悬浮情况。沉淀越少，药粉质量越高。若有3/4的粉剂颗粒沉淀，表示可湿性粉剂的质量较差。在上述药液中加入0.2~0.5 g合成洗衣粉，充分搅拌，比较并观察药液的悬浮性是否改善。

3. 乳油质量简易测定

将2~3滴乳油滴入盛有清水的试管中，轻轻振荡，观察油水融合是否良好，稀释液中有无油层漂浮或沉淀。稀释后油水融合良好，呈半透明或乳白色稳定的乳状液，表明乳油的乳化性能好；若出现少许油层，表明乳化性尚好；出现大量油层、乳油被破坏，则不能使用。

（二）观察和认识农药标签和说明书

1. 农药名称

农药名称包含的内容有：农药有效成分及含量、名称、剂型等。农药名称通常有两种，一种是中（英）文通用名称，中文通用名称按照国家标准《农药中文通用名称》（GB 4839—2009）规定的名称命名，英文通用名称引用国际标准组织（ISO）推荐的名称；另一种为商品名，需经国家批准才可以使用。不同生产厂家生产的有效成分相同的农药，即通用名称相同的农药，其商品名可以不同。

2. 农药三证

农药三证指的是农药登记证号、生产许可证号和产品标准证号,国家批准生产的农药必须三证齐全,缺一不可。

3. 净重或净容量

4. 使用说明

按照国家批准的作物和防治对象简述使用时期、用药量或稀释倍数、使用方法、限用浓度等。

5. 注意事项

注意事项包括中毒症状和急救治疗措施;安全间隔期,即最后一次施药距收获时的天数;储藏运输的特殊要求;对天敌和环境的影响等。

6. 质量保证期

不同厂家的农药质量保证期标明方法有所差异。一是注明生产日期和质量保证期;二是注明产品批号和有效日期;三是注明产品批号和失效日期。一般农药的质量保证期是2~3年,应在质量保证期内使用,这样才能保证作物的安全和防治效果。

7. 农药毒性与标志

农药的毒性不同,其标志也有所差别。毒性的标志和文字描述皆用红字,十分醒目。使用时注意鉴别。

8. 农药种类标志色带

农药标签下部有一条与底边平行的色带,用以表明农药的类别。其中红色表示杀虫剂(昆虫生长调节剂、杀螨剂、杀软体动物剂);黑色表示杀菌剂(杀线虫剂);绿色表示除草剂;蓝色表示杀鼠剂;深黄色表示植物生长调节剂。

任务考核

任务考核单

序 号	考核内容	考核标准	分 值	得 分
1	农药的性状	能正确说明每一种农药的剂型、有效成分	20	
2	农药种类与防治对象	能说出农药的归类与防治对象	20	
3	使用浓度与方法	说明农药的浓度、配制方法	20	
4	乳油的质量鉴别	能正确鉴别乳油的质量	20	
5	粉剂和可湿性粉剂鉴别	能正确鉴别粉剂和可湿性粉剂的质量	20	

思考问题

1. 常用的农药加工剂型有哪些?各有何特点?
2. 农药为什么要混合使用?混合时应注意哪些问题?
3. 如何才能延缓或克服病菌或害虫抗药性的形成?
4. 如何才能做到安全地使用农药?

知识链接

农药的安全合理使用

一、农药的合理使用

农药的合理使用就是要求贯彻"经济、安全、有效"的原则,从综合治理的角度出发,运用生态学的观点来使用农药。在生产中应注意:正确选药、适时用药、适量用药、交互用药、混合用药。

二、农药的安全使用

在使用农药防治园艺植物病虫害的同时,要做到对人、畜、天敌、植物及其他有益生物的安全,要选择合适的药剂和准确的使用浓度。安全保管农药的方法有以下几点:

1)农药应专库储存,专人负责。每种药剂贴上明显的标签,按药剂性能分门别类存放,注明品名、规格、数量、出厂年限、入库时间,并建立账本。

2)健全领发制度。领用药剂的品种、数量,需经主管人员批准,药库应凭证发放。领药人员要根据批准内容及药剂质量进行核验。

3)药品领出后,应专人保管,严防丢失。当天剩余药品需全部退还入库,严禁库外存放。

4)药品应放在阴凉、通风、干燥处,与水源、食物严格隔离。油剂、乳剂、水剂要注意防凉。

5)药品的包装材料(瓶、袋、箱)用完后一律回收,集中处理,不得随意乱丢、乱放或派作它用。

任务3 常用农药的配制与使用技术

任务描述

当今农药事业发展迅速,品种增加、类型增多,而滥用高毒、高残留农药的现象经常发生,严重危害人民群众的生命健康。在园艺绿化场所,人为活动频繁,应尽量选择高效、低毒、低残留、无异味的药剂。那么,怎样科学合理地配制和使用农药才能将农药的使用范围拓宽,减少用药量,提高防治效果,降低对环境的污染呢?

为了安全合理地配制和使用农药,可以根据农药剂型和防治对象来确定安全有效的施药方法。不同的防治对象应考虑用合适的方法有效地防治,而施药方法又取决于农药剂型,所以要达到安全有效地防治病、虫、草、鼠害的目的,必须对防治对象、施药方法、农药剂型进行综合考虑。目前,农药剂型种类很多而且发展很快,如何选择适宜的施药方法以达到最好的防治效果是很重要的。

任务咨询

一、常用杀虫、杀螨剂认知

(一)有机磷类杀虫剂

有机磷类杀虫剂是发展速度最快、品种最多、使用最广泛的一类药剂。

有机磷杀虫剂的特点有：

1）杀虫谱较宽。目前，常用的有机磷杀虫剂品种可以防治多种农林害虫，有些可用于防治卫生害虫及家畜、禽体外寄生虫。

2）杀虫方式多样化，可满足多方面需要。大多数品种具有触杀和胃毒作用，有些品种具有内吸作用或渗透作用，个别品种具有熏蒸作用，可采取多种方式施药，防治地上、地下、钻蛀、刺吸式等不同类型的农林害虫。其杀虫机理是抑制害虫体内的胆碱酯酶的活性，破坏神经系统的正常传导，引起一系列神经系统中毒症状，直到死亡。

3）毒性较高，使用时应注意安全。大多数品种对人、畜毒性偏高，有些品种属于剧毒，如甲拌磷、甲胺磷、内吸磷等。使用时应注意安全，并保证农产品收获前有一定的安全间隔时间，避免农药残留中毒。

4）在环境中易降解。一般品种易于在动、植物体内降解成无毒物质，在自然条件中，如在日晒、风雨的作用下易水解、氧化。因此，储存时应避光、防潮。

5）易解毒。有机磷杀虫剂虽然毒性偏高，易造成人、畜中毒，但已有高效解毒药，如阿托品、解磷定等被广泛应用。

6）抗性产生较慢，对作物较安全。有机磷杀虫剂虽然使用时间很长了，药效也比当初有所降低，但相对来说，害虫对其抗药性发展较缓慢，目前仍在大量使用。同时，它对作物一般较安全，不易产生药害，当然某些农作物对个别品种较敏感，如敌百虫对高粱的药害、混有敌敌畏的氧化乐果在高浓度时对玉米、桃树有一定的药害。

7）绝大多数有机磷杀虫剂在碱性条件下易分解，因此，不能与碱性物质混用。

当前，大量使用的主要有下列品种：

1. 毒死蜱（又称乐斯本）

剂型：40.7%乳油、40%乳油。作用特点：对害虫具有触杀、胃毒和熏蒸作用，在叶片上的残留期不长，但在土壤中的残留期较长。防治对象：毒死蜱属于广谱性杀虫剂，能防治果树上的同翅目、半翅目、缨翅目、鞘翅目等多种害虫及螨类。注意事项：为保护蜜蜂，不要在果树开花期使用，不能与碱性农药混用。

2. 辛硫磷

剂型：50%乳油、45%乳油、5%颗粒剂。作用特点：杀虫谱广，击倒力强，以触杀和胃毒作用为主，无内吸作用。防治对象：对鳞翅目幼虫很有效。注意事项：在田间因对光不稳定，很快分解，所以残留期短，残留危险小，但该药施入土中，残留期很长，适于防治地下害虫。

3. 马拉硫磷（又称马拉松）

剂型：45%乳油、50%乳油、70%优质乳油。作用特点：马拉硫磷是广谱性杀虫剂，对害虫有触杀、胃毒作用，也有轻微熏蒸作用。防治对象：对刺吸式口器和咀嚼式口器害虫有效，残效期较短。注意事项：气温低时杀虫毒力降低，不宜在低温时使用。

4. 敌百虫

剂型：90%晶体、80%可溶性粉剂、50%可溶性粉剂、50%乳油。作用特点：敌百虫对害虫有很强的胃毒作用，并有触杀作用，能渗透到植物体内，但无内吸作用。防治对象：敌百虫是广谱性杀虫剂，对鳞翅目、双翅目、鞘翅目害虫效果好。

5. 敌敌畏

剂型：80%乳油、50%油剂、20%塑料块缓释剂。作用特点：敌敌畏是一种具熏蒸、胃毒和触杀作用的速效、广谱性杀虫剂，持效期短。防治对象：对咀嚼式口器和刺吸式口器的害虫有良好防效，对同翅目、鳞翅目、鞘翅目的害虫也有良好防效。

（二）氨基甲酸酯类杀虫剂

氨基甲酸酯类杀虫剂是一类含氮元素并具杀虫作用的化合物。由于原料易得，合成简便，选择性强，毒性较低，无残留毒性，现已成为一个重要类型。

1. 西维因（又称甲萘威）

剂型：25%可湿性粉剂、50%可湿性粉剂、40%浓悬浮剂。作用特点：西维因是广谱性杀虫剂，具胃毒、触杀作用。若将其与乐果、敌敌畏等农药混用，有明显增效作用。防治对象：对当前不易防治的咀嚼式口器害虫如棉铃虫等防效好，对内吸磷等杀虫剂产生抗性的害虫也有良好防效。注意事项：西维因对蜜蜂敏感。

2. 异丙威（又称叶蝉散）

剂型：2%粉剂、4%粉剂、10%可湿性粉剂、20%乳油、20%胶悬剂。作用特点：速效触杀性杀虫剂，见效快，持效短，仅3~5天。防治对象：具选择性，特别对叶蝉、飞虱类害虫有特效。对蓟马也有效，对天敌安全。与异丙威性质相近似的还有速灭威、巴沙、混灭威等。

3. 呋喃丹（又称克百威）

剂型：3%颗粒剂。作用特点：呋喃丹属高效、高毒、广谱性杀虫和杀线虫剂。具触杀及胃毒作用，在植物中有强烈的内吸及输导作用。在土壤中半衰期达30~60天。防治对象：目前，此药已广泛用于盆栽花卉及地栽林木的枝梢害虫的防治。注意事项：因其对人、畜、鱼类有剧毒，严禁在果、蔬地使用，更不许用水浸泡后喷雾。在播种时沟施、穴施。

4. 抗蚜威（又称辟蚜雾）

剂型：50%可湿性粉剂、50%水分散颗粒剂等。作用特点：抗蚜威属对蚜虫有特效的选择性杀虫剂，以触杀、内吸作用为主，20℃以上有一定熏蒸作用。防治对象：本品杀虫迅速，能防治对有机磷杀虫剂有抗性的蚜虫，持效期短，对天敌安全，有利于与生防协调。

5. 丁硫克百威（又称好年冬）

剂型：5%颗粒剂、15%乳油。作用特点：本品为呋喃丹的低毒化衍生物。具有触杀、胃毒及内吸作用，持效期长。防治对象：本品可防治多种害虫，对人、畜中毒。

（三）拟除虫菊酯类杀虫剂

此类杀虫剂是模拟天然除虫菊素合成的产物。具有杀虫谱极广，击倒力极强，杀虫速度极快，持效期较长，对人、畜低毒，几乎无残留等特点。本品以触杀为主并兼具胃毒作用。但对蜜蜂、蚕毒性大，产生抗药性快，应合理轮用和混用。

1. 三氟氯氰菊酯

剂型：2.5%乳油。作用特点：具有触杀、胃毒作用，也有驱避作用，但无内吸作用。防治对象：有杀虫、杀螨活性，作用迅速，持效期较长。

2. 高效氯氟氰菊酯

作用特点：本品以触杀、胃毒为主。杀虫谱广，活性较高，药效迅速，喷洒后耐雨水冲刷，但长期使用易对其产生抗性。防治对象：对刺吸式口器的害虫及害螨有一定防效，但对螨的使用剂量要比常规用量增加1～2倍。

3. 高效氯氰菊酯（又称高效灭百威）

作用特点：本品是氯氰菊酯顺、反异构体的混合物，其顺、反比大约是4:6，对害虫具有触杀、胃毒作用，无内吸作用，杀虫谱广，作用迅速。

4. 氰戊菊酯（又称杀灭菊酯、速灭杀丁）

剂型：20%乳油。作用特点：以触杀和胃毒作用为主，无内吸、熏蒸作用，杀虫谱广，对天敌杀伤力强，对螨类无效。防治对象：对鳞翅目幼虫效果很好，对同翅目和半翅目害虫也有较好效果。可防治果树上的多种害虫。

5. 溴氰菊酯（又称敌杀死）

剂型：2.5%乳油。作用特点：以触杀、胃毒作用为主，无内吸、熏蒸作用，对害虫有一定驱避拒食作用。杀虫谱广，作用迅速。对螨类无效。防治对象：适用于防治果树上多种害虫，尤其对鳞翅目幼虫及半翅目害虫效果好。杀虫谱及防治对象与氯氰菊酯相似。

三氟氯氰菊酯、氰戊菊酯、溴氰菊酯杀螨效果差，杀虫有负温度效应。而联苯菊酯则兼有杀叶螨特性。胺菊酯、甲醚菊酯等则主要用于家庭卫生害虫的防治。

（四）沙蚕毒素类杀虫剂

沙蚕毒素类杀虫剂是一种含氮元素的有机合成杀虫剂，在虫体内可形成有毒物质（沙蚕毒素），阻断乙酰胆碱的传导刺激作用以达到杀虫效果。

1. 杀螟丹（又称巴丹）

剂型：50%可溶性粉剂。作用特点：杀螟丹属广谱性触杀、胃毒杀虫剂，兼有内吸和杀卵作用。对人、畜毒性中等，对蚕毒性大，对十字花科蔬菜幼苗敏感。

2. 杀虫双

剂型：25%水剂、3%颗粒剂、5%颗粒剂、5%包衣大粒剂。作用特点：本品属高效、中毒、广谱性杀虫剂。具强触杀、胃毒、熏蒸、内吸和杀卵作用。注意事项：本品因对家蚕毒性很大，严禁污染桑园。

（五）苯甲酰脲类杀虫剂（几丁质合成酶抑制剂）

本品属于抗蜕皮激素类杀虫剂，被处理的昆虫由于蜕皮或化蛹障碍而死亡。本品中的有些种类则干扰害虫DNA合成而使其绝育。

1. 除虫脲（又称灭幼脲一号）

剂型：25%可湿性粉剂和20%浓悬浮剂。作用特点：本品以胃毒作用为主，抑制昆虫表皮几丁质合成，阻碍新表皮形成，致幼虫死于蜕皮障碍，卵内幼虫死于卵壳内，但对不再蜕皮的成虫无效。防治对象：本品对鳞翅目幼虫有特效（但对棉铃虫无效），对双翅目、鞘翅目害虫也有效。对人、畜毒性低，对天敌安全，无残毒污染。注意事项：因本品对家蚕有剧毒，蚕区应慎用。

2. 定虫隆（又称抑太保）

剂型：5%乳油。本品与除虫脲相近似，但对棉铃虫、红铃虫也有防效，而施药适期应在低龄幼虫期，杀卵应在产卵高峰至卵盛孵期为宜。

3. 氟铃脲（又称盖虫散）

剂型：5%乳油（氟铃脲、农梦特）、20%悬浮剂（杀铃脲）。作用特点：本品是几丁质合成抑制剂，具有很高的杀虫和杀卵活性，而且速效，尤其防治棉铃虫。防治对象：用于棉花、马铃薯及果树防治多种鞘翅目、双翅目、同翅目害虫。

（六）其他杀虫剂

1. 吡虫啉

吡虫啉在我国的商品名称很多，如海正吡虫啉、一遍净、蚜虱净、大功臣、康复多、必林等。剂型：5%可湿性粉剂、10%可湿性粉剂、20%可湿性粉剂、25%可湿性粉剂、12.5%必林可溶剂，20%康福多浓可溶剂。作用特点：本品属于低毒杀虫剂。原药对兔眼睛有轻微刺激性，无致畸、致癌、致突变作用。对蚯蚓等有益动物和天敌无害，对环境较安全。

2. 啶虫脒（又称莫比朗）

剂型：3%乳油。作用特点：本品是一种吡啶类化合物，属于新型杀虫剂。具有触杀、胃毒和渗透作用，速效性好，残效期长。防治对象：防治柑橘绣线菊蚜、棉蚜、橘蚜、橘二叉蚜、桃蚜等蚜虫。注意事项：不能与波尔多液、石硫合剂等碱性药剂混用。对蚕有毒，不能污染桑叶。

3. 阿维菌素（又称齐螨素、爱比菌素、爱福丁）

理化性质：在常温条件下稳定，25℃时pH在5~9之间的溶液中不水解。光解迅速。毒性：属高毒杀虫、杀螨剂。对皮肤无刺激，对眼睛有轻度刺激，对鱼类、水生生物和蜜蜂高毒，对鸟类低毒。剂型：1.8%乳油、0.9%乳油。作用特点：有触杀、胃毒作用，渗透力强。它是一种大环内酯双糖类化合物。

（七）生物源杀虫剂

1. 苏云金杆菌

本药剂是一种细菌性杀虫剂，杀虫的有效成分是细菌及其产生的毒素。原药为黄褐色固体，属于低毒杀虫剂，可用于防治直翅目、双翅目、膜翅目，特别是鳞翅目的多种害虫。剂型：可湿性粉剂（100亿活芽/g）。Bt乳剂（100亿活孢子/mL）可用于喷粉、喷雾、灌心等，也可用于飞机防治。本品可与敌百虫、菊酯类等农药混合使用，效果好且速度快，但不能与杀菌剂混用。

2. 白僵菌

本药剂是一种真菌性杀虫剂，不污染环境，害虫不易产生抗性，可用于防治鳞翅目、同翅目、膜翅目、直翅目等害虫。对人、畜及环境安全，对蚕感染力强。剂型：粉剂（每克菌粉含有孢子50亿~70亿个）。

3. 核多角体病毒

本药剂是一种病毒杀虫剂，具有胃毒作用。对人、畜、鸟、益虫、鱼及环境安全，对植物安全，害虫不易产生抗药性。本品不耐高湿，易被紫外线照射失活，作用较慢。本品适于防治鳞翅目害虫。剂型：粉剂、可湿性粉剂。

4. 鱼藤酮（又称鱼藤精）

鱼藤酮从鱼藤根中萃取，纯品为白色结晶，熔点163 ℃。不溶于水，溶于苯、丙酮、氯仿、乙醚等有机溶剂，遇碱会分解，在高温、强光下易分解。本品属于中等毒性杀虫剂。原药大鼠急性经口 LD_{50} 为 124.4 mg/kg，急性经皮 LD_{50} > 2 050 mg/kg。剂型：2.5%乳油、5%乳油、7.5%乳油。本品对害虫具有胃毒和触杀作用，其机理是抑制谷氨酸脱氢酶的活性，影响害虫呼吸，使其死亡。本品可防治柑橘、荔枝、板栗等果树尺蠖、毒蛾、卷叶蛾、刺蛾及蚜虫。

（八）杀螨剂

1. 浏阳霉素

剂型：10%乳油。作用特点：本品为抗生素类杀螨剂。对多种叶螨有良好的触杀作用，对螨卵有一定的抑制作用。对人、畜低毒，对植物及多种天敌安全。防治对象：对鳞翅目、鞘翅目、同翅目、斑潜蝇及螨类有高防效。

2. 尼索朗

剂型：5%乳油、5%可湿性粉剂。作用特点：本品具强杀卵、幼螨、若螨作用。药效迟缓，一般施药后7天才显高效。残效达50天左右。本品属于低毒杀螨剂。

3. 扫螨净

剂型：20%可湿性粉剂、15%乳油。作用特点：本品具触杀和胃毒作用，可杀各个发育阶段的螨，残效长达30天以上，对人、畜中毒。防治对象：本品除杀螨外，对飞虱、叶蝉、蚜虫、蓟马等害虫防效好。

4. 三唑锡

剂型：25%可湿性粉剂。作用特点：本品是一种触杀性强的杀螨剂，对人、畜中毒。防治对象：本品可杀灭若螨、成螨及夏卵，对冬卵无效。

5. 溴螨酯（又称螨代治）

剂型：50%乳油。作用特点：本品具有较强的触杀作用，无内吸作用，对天敌安全，对人、畜低毒。防治对象：本品对成螨、若螨和卵均有一定的杀伤作用。杀螨谱广，持效期长。

6. 双甲脒（又称螨克）

剂型：20%乳油。作用特点：本品具有触杀、拒食及忌避作用，也有一定的胃毒、熏蒸和内吸作用。对人、畜中毒，对鸟类、天敌安全。防治对象：本品对叶螨科各个发育阶段的虫态都有效，但对越冬卵效果较差。

二、常用杀菌、杀线虫剂认知

杀菌剂是指对植物病原生物具有抑制或毒杀作用的化学物质。其作用方式主要是化学保护、化学治疗和化学免疫。根据杀菌剂的作用可分为杀菌、抑菌和阻止3种作用类型。

（一）非内吸性杀菌剂

1. 波尔多液

波尔多液是由硫酸铜和生石灰、水按一定比例配成的天蓝色胶悬液，呈碱性，有效成分

项目4 园艺植物病虫害综合治理技术

为碱式硫酸铜。一般应现配现用,其配比因作物对象而异,生产上多用等量式,即硫酸铜、生石灰、水按1:1:100的比例配制。此药是一种良好的保护剂,防治谱广,但对白粉病和锈病效果差。

2. 石硫合剂

石硫合剂是由石灰、硫黄、水按1:1.5:13的比例熬煮而成的。过滤后母液呈透明琥珀色,具较浓臭蛋气味,呈碱性。本品具杀虫、杀螨、杀菌作用。其使用浓度因作物种类、防治对象及气候条件而异。

3. 白涂剂

白涂剂可以减轻观赏树木因冻害和日灼而发生的损伤,并能遮盖伤口,避免病菌侵入,减少天牛的产卵机会等。白涂剂的配方很多,可根据用途加以改变,最主要的是石灰质量要好,加水消化要彻底。如果把消化不完全的硬粒石灰刷到树干上,就会烧伤树皮,特别是光皮、薄皮树木更应注意。

4. 氢氧化铜(又称丰护安)

氢氧化铜为一种广谱性保护剂,通过释放出铜离子均匀覆盖在植物体表面,防止真菌孢子侵入而起保护作用。本品可防治霜霉病、叶斑病等多种病害。对人、畜低毒。常见剂型有77%可湿性粉剂、61.4%干悬浮剂。

5. 敌克松

敌克松为保护性杀菌剂,也具一定的内吸渗透作用,是较好的种子和土壤处理杀菌剂,也可喷雾使用,残效期长,使用时应现配现用。常见剂型有75%可湿性粉剂、95%可湿性粉剂。

6. 代森锰锌

代森锰锌为一种广谱性保护剂,对于霜霉病、疫病、炭疽病及各种叶斑病有效,对人、畜低毒。常见剂型有25%悬浮剂、70%可湿性粉剂、70%胶干粉。

7. 福美双

福美双为保护性杀菌剂,主要用于防治土传病害,对霜霉病、疫病、炭疽病等有较好的防治效果,对人、畜低毒。常见剂型有50%可湿性粉剂、75%可湿性粉剂、80%可湿性粉剂。

8. 百菌清(又称达科宁)

百菌清为一种广谱性保护剂,对于霜霉病、疫病、炭疽病、灰霉病、锈病、白粉病及各种叶斑病有较好的防治效果,对人、畜低毒。常见剂型有50%可湿性粉剂、75%可湿性粉剂、10%油剂、5%颗粒剂、25%颗粒剂、2.5%烟剂、10%烟剂、30%烟剂。

(二)内吸性杀菌剂

1. 甲霜灵(又称瑞毒霉)

甲霜灵具内吸和触杀作用,在植物体内能双向传导,耐雨水冲刷,残效期为10~14天,是一种高效、安全、低毒的杀菌剂。本品对霜霉病、疫霉病、腐霉病有特效,对其他真菌和细菌病害无效。常见剂型有25%可湿性粉剂、40%乳剂、35%粉剂、5%颗粒剂。本品可与代森锰锌混合使用,提高防效。

2. 三唑酮（又称粉锈宁）

三唑酮为一种高效内吸杀菌剂。对人、畜有毒，对白粉病、锈病有特效，具有广谱、用量低、残效期长的特点，并且能被植物各部位吸收传导，具有预防和治疗作用。常见剂型有15%可湿性粉剂、25%可湿性粉剂、20%乳油。

3. 丙环唑（又称敌力脱）

丙环唑为一种新型广谱内吸性杀菌剂，对白粉病、锈病、叶斑病、白绢病等有良好的防治效果，对霜霉病、疫霉病、腐霉病无效，对人、畜低毒。常见剂型有25%乳油、25%可湿性粉剂。

4. 氟硅唑（又称福星）

氟硅唑为一种广谱性内吸杀菌剂。对子囊菌、担子菌、半知菌有效，主要用于白粉病、锈病、叶斑病的防治，对人、畜低毒。常见剂型有10%乳油、40%乳油。

5. 苯醚甲环唑（又称世高）

苯醚甲环唑为一种广谱性内吸杀菌剂，具有治疗效果好、持效期长的特点，可用于防治叶斑病、炭疽病、早疫病、白粉病、锈病等，对人、畜低毒。常见剂型有10%水分散颗粒剂。

6. 霜霉威（又称普力克）

霜霉威为内吸性杀菌剂，对于腐霉病、霜霉病、疫病有特效，对人、畜低毒。常见剂型有72.2%水剂、66.5%水剂。

7. 三乙膦酸铝（又称疫霉灵）

三乙膦酸铝具有很强的内吸传导作用，在植物体内可以上、下双向传导，对新生的叶片有预防病害的作用，对已生病的植株，通过灌根和喷雾有治疗作用。常见剂型有305胶悬剂、40%可湿性粉剂、80%可湿性粉剂。

8. 甲基托布津

甲基托布津为一种广谱性内吸杀菌剂，对多种植物病害有预防和治疗作用，残效期为5~7天。常见剂型有50%可湿性粉剂、70%可湿性粉剂、40%胶悬剂。

（三）农用抗生素类

1. 抗霉菌素120（又称农用抗菌素120）

抗霉菌素120是一种嘧啶核苷类杀菌抗生素，属于低毒、广谱、无内吸性杀菌剂，有预防和治疗作用，具有无残留、不污染环境、对植物和天敌安全的特点。本品对多种植物病原菌有较好抑制作用，对植物有刺激生长作用。常见剂型有2%的抗霉菌素120水剂。

2. 武夷菌素

武夷菌素是一种链霉素类杀菌剂，属于低毒、高效、广谱和内吸性强的杀菌抗生素药剂，有预防和治疗作用。它对革兰氏菌、酵母菌有抑制作用，但对病原真菌的抑制活性更强。武夷菌素具有无残留、无污染、不怕雨淋、易被植物吸收，能抑制病原菌的生长和繁殖的特点。

3. 多抗霉素

多抗霉素具有低毒、无残留、广谱、内吸传导、对植物安全、不污染环境和对蜜蜂低毒等特点。其作用机制是干扰真菌细胞壁几丁质的生物合成，使局部膨大，溢出细胞内含物，从而使真菌不能正常发育而死亡。本品对细菌和酵母菌无效。

（四）杀线虫剂

1. 线虫必克

线虫必克是由厚孢轮枝菌研制而成的微生物杀线虫剂，属于低毒性药剂，对皮肤和眼睛无刺激作用，对植物安全。厚孢轮枝菌在适宜的环境条件下产生分生孢子，分生孢子萌发产生的菌丝寄生于线虫的雌虫和卵中，使其致病死亡。

2. 棉隆（又名必速杀）

棉隆属于低毒、广谱性的熏蒸性杀线虫、杀菌剂，对人、畜无毒，对眼睛有轻微刺激作用，对鱼、虾中毒，对蜜蜂无毒。本品易在土壤中扩散，能与肥料混用，不会在植物体内残留，不但能全面持久地防治多种地下线虫，还能兼治土壤的真菌、地下害虫。

3. 威百亩

威百亩属于低毒杀线虫剂，对眼睛有刺激作用，对鱼高毒，对蜜蜂无毒。本品对线虫具有熏杀作用，在土壤中降解为异氰酸甲酯，对线虫、病原菌和杂草具有强大的杀灭作用。

任务实施

一、材料及工具的准备

1. 材料

硫酸铜（$CuSO_4 \cdot 5H_2O$）、生石灰、水、硫黄粉、盐、兽油。

2. 用具

酒精灯、牛角匙、试管、天平、量筒、烧杯、玻璃棒、试管架、盛水容器、研钵、石蕊试纸、台秤、玻璃棒、铁锅（或 1 000 mL 烧杯）、波美比重剂等。

二、任务实施步骤

（一）波尔多液的配制

1. 配制方法

分别用以下方法配制 1% 等量式波尔多液（1∶1∶100）。

方法 1：两液同时注入法：按 1∶1∶100 的比例准备好所配波尔多液需用的硫酸铜、生石灰、水的用量。用总水量的 1/2 水溶解硫酸铜，用另 1/2 水消解生石灰，然后同时将两液注入第 3 个容器中，边倒边搅拌即成。

方法 2：稀硫酸铜液注入浓石灰乳法：用总水量的 4/5 水溶解硫酸铜，用另外 1/5 水消解生石灰，然后将硫酸铜液倒入生石灰乳中，边倒边搅拌即成。

方法 3：生石灰乳注入硫酸铜液法：原料准备同方法 2，但将石灰乳注入硫酸铜液中，边倒边搅即成。

方法4：用风化已久的石灰代替生石灰，配制方法同方法2。

注意：若用块状生石灰加水消解时，一定要将少量水慢慢加入，使生石灰逐渐消解化开。

2. 质量鉴别方法

（1）物态观察　观察并比较不同方法配制的波尔多液的质地和颜色，质量优良的波尔多液应为天蓝色胶态乳状液。

（2）酸碱测试　用pH试纸测定其酸碱性，以碱性为好，即试纸显蓝色。

（3）置换反应　用磨亮的小刀或铁钉插入波尔多液片刻，观察刀面有无镀铜现象，以不产生镀铜现象为好。

（4）沉淀测试　将制成的波尔多液分别同时装入100 mL量筒中静置30 min，比较其沉淀情况，沉淀越慢越好，过快者不可采用。将结果填入表4-2中。

表4-2　波尔多液质量测试项目表

方法 \ 项目	悬浮率			物态现象	酸碱测定	置换反应
	30 min	60 min	90 min			
1						
2						
3						
4						

配置中切忌用浓的硫酸铜液与浓石灰液混合后再稀释，这样稀释的波尔多液质量差、易沉淀。配置后的波尔多液应装入木桶或塑料桶为宜。波尔多液不能储存，要随配随用，否则效果差，并且易产生药害。

（二）石硫合剂的熬制

1. 原料配比

原料配比大致有以下几种：硫黄粉2份、生石灰1份、水8份；硫黄粉2份、生石灰1份、水10份；硫黄粉1份、生石灰1份、水10份。熬出的原液浓度分别为28～30 °Bé、26～28 °Bé、18～21 °Bé。目前，多采用2∶1∶10的重量配比。

2. 熬制方法

称取硫黄粉100 g，生石灰50 g，水500 g。先将硫黄粉研细，然后用少量热水搅成糊状，再用少量热水将生石灰化开，倒入锅中，加上剩余的水，煮沸后慢慢倒入硫黄糊，加大火力，至沸腾时再继续熬煮45～60 min，直至溶液被熬成暗红褐色（老酱油色）时停火，静置冷却后过滤即成原液。

（三）白涂剂的配制

方法1：取生石灰5 kg、石硫合剂0.5 kg、盐0.5 kg、兽油0.1 kg、水20 kg。先将生石灰和盐分别用水化开，然后将两液混合并充分搅拌，再加入兽油和石硫合剂原液搅拌即可。

方法2：取生石灰5 kg、盐2.5 kg、硫黄粉1.5 kg、兽油0.2 kg、大豆粉0.1 kg、水36 kg。制作方法同方法1。

项目 4 园艺植物病虫害综合治理技术

任务考核

任务考核单

序 号	考核内容	考核标准	分 值	得 分
1	波尔多液的配制	能熟练配制不同比例的波尔多液	20	
2	波尔多液的质量鉴别	能用不同方法鉴别并指出优良性状指标	20	
3	石硫合剂的配制	能熟练配制并准确测出波美度	20	
4	农药的使用技术要点	正确指出操作要点	20	
5	问题思考与回答	在整个任务完成过程中积极参与，独立思考	20	

思考问题

1. 如何避免植物药害的产生？
2. 如何合理使用农药？
3. 如何利用园艺技术措施来防治园艺植物病虫害？

知识链接

农药的浓度与稀释计算

一、药剂的浓度表示法

目前，我国在生产上常用的药剂浓度表示法有倍数法和百分比浓度。

1. 倍数法

倍数法是指药液（药粉）中稀释剂（水或填料）的用量为原药剂用量的多少倍，或者是药剂稀释多少倍的表示法。

2. 百分比浓度（%）

百分比浓度是指 100 份药剂中含有多少份药剂的有效成分。百分比浓度又分为重量百分浓度和容量百分浓度。

二、农药的稀释计算

1. 按有效成分的计算

通用公式（见式 4-1）。

$$原药浓度 \times 原药剂重量 = 稀释药剂浓度 \times 稀释药剂重量 \quad (4-1)$$

（1）求稀释剂重量　稀释剂重量的计算见式（4-2）。

$$稀释剂重量 = [原药剂重量 \times (原药剂浓度 - 稀释药剂浓度)] \div 稀释药剂浓度 \quad (4-2)$$

（2）求用药量　用药量的计算见式（4-3）。

$$原药剂重量 = (稀释药剂重量 \times 稀释药剂浓度) \div 原药剂浓度 \quad (4-3)$$

2. 根据稀释倍数的计算

此法不考虑药剂的有效成分含量。

1）计算 100 倍以下时，见式（4-4）。

$$\text{稀释药剂重量} = \text{原药剂重量} \times \text{稀释倍数} - \text{原药剂重量} \qquad (4\text{-}4)$$

2）计算 100 倍以上时，见式（4-5）。

$$\text{稀释药剂重量} = \text{原药剂重量} \times \text{稀释倍数} \qquad (4\text{-}5)$$

学 习 小 结

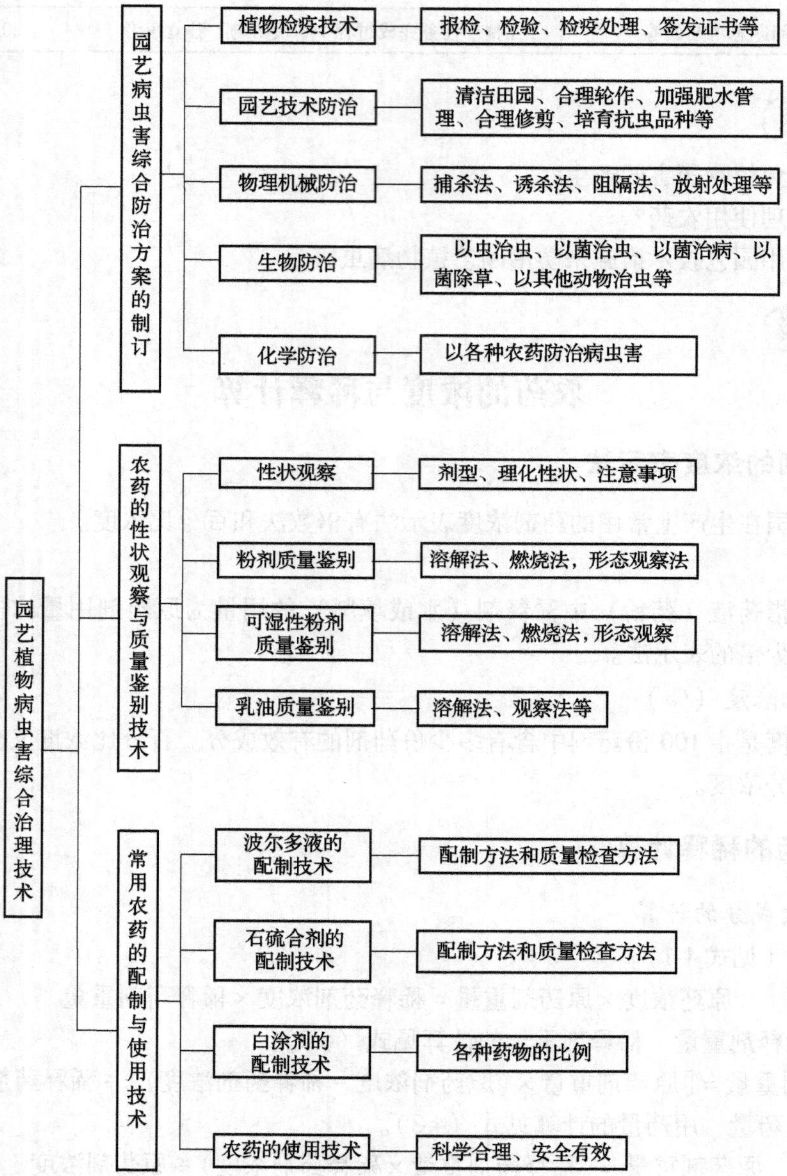

```
                               ┌─ 植物检疫技术 ── 报检、检验、检疫处理、签发证书等
                               │
                               ├─ 园艺技术防治 ── 清洁田园、合理轮作、加强肥水管
                               │                  理、合理修剪、培育抗虫品种等
         园艺病虫害综合防治     │
         方案的制订            ├─ 物理机械防治 ── 捕杀法、诱杀法、阻隔法、放射处理等
                               │
                               ├─ 生物防治 ──── 以虫治虫、以菌治虫、以菌治病、以
                               │                  菌除草、以其他动物治虫等
                               │
                               └─ 化学防治 ──── 以各种农药防治病虫害

                               ┌─ 性状观察 ──── 剂型、理化性状、注意事项
                               │
 园艺植物病虫害综合治理技术    │
         农药的性状观察         ├─ 粉剂质量鉴别 ── 溶解法、燃烧法，形态观察法
         与质量鉴别技术         │
                               ├─ 可湿性粉剂 ──── 溶解法、燃烧法，形态观察
                               │   质量鉴别
                               │
                               └─ 乳油质量鉴别 ── 溶解法、观察法等

                               ┌─ 波尔多液的 ──── 配制方法和质量检查方法
                               │   配制技术
                               │
         常用农药的配制         ├─ 石硫合剂的 ──── 配制方法和质量检查方法
         与使用技术             │   配制技术
                               │
                               ├─ 白涂剂的配制技术 ── 各种药物的比例
                               │
                               └─ 农药的使用技术 ── 科学合理、安全有效
```

项目4 园艺植物病虫害综合治理技术

达 标 检 测

一、名词解释
植物检疫、农药的致死中量、有害生物综合治理（IMP）

二、填空题
1. 植物检疫实施的主要内容有_____、_____、_____、_____。
2. 物理机械防治常见的措施有_____、_____、_____、_____等。
3. 生物防治的主要措施有_____、_____、_____、_____。
4. 根据杀虫剂对昆虫的毒性作用及其侵入害虫的途径不同，可分为_____、_____、_____、_____、_____。
5. 常见的农药剂型有_____、_____、_____、_____、_____、_____等。
6. 综合治理的原则有_____、_____、_____、_____。

三、简答题
1. 比较并写出生物防治与化学防治的优缺点。
2. 如何避免植物药害的产生？
3. 如何合理使用农药？
4. 手动喷雾器使用的注意事项有哪些？
5. 喷雾喷粉机在喷雾作业、安全防护方面应注意哪些问题？

四、问答题
1. 如何利用园艺技术措施来防治园艺植物病虫害？
2. 用40%氧化乐果乳油30 mL加水稀释成1 500倍液防治松干蚧，需要稀释液重量多少千克？

模块 3

蔬菜病虫害防治技术

项目 5   蔬菜病害防治技术

项目 6   蔬菜害虫防治技术

蔬菜病害防治技术

【项目说明】

近年来,随着蔬菜生产的快速发展、蔬菜连作的加重、复种指数的提高和管理的粗放化,生产环境条件也日趋恶化,对植株生长产生了不利影响,使蔬菜正常代谢受到破坏,轻者造成减产,重者全株死亡。目前,生态环境的破坏与农药污染与日俱增,不但严重威胁着子孙后代的健康,而且严重影响蔬菜的出口创汇。但是,不用农药,只能让病害为所欲为,无法控制。那么,在原来不用化肥与农药的基础上,能否有效防治蔬菜病虫害,让我们有高品质的蔬菜,却不受农药残留的威胁,是一个很有价值的探讨话题。

蔬菜病害种类繁多,发生规律复杂,危害猖獗,严重影响蔬菜的产量和质量,能够区别有名字的病害有几十种。所以,要有效防治蔬菜病害,首先要能够区分和认识不同的病害。

本项目分为以下6个任务来完成:十字花科蔬菜病害防治技术;葫芦科蔬菜病害防治技术;茄科蔬菜病害防治技术;豆科蔬菜病害防治技术;葱蒜类蔬菜病害防治技术;绿叶类蔬菜病害防治技术。

【学习内容】

掌握当地蔬菜常发生病害的类型、症状、发生规律、发病条件及防治方法。

【教学目标】

通过对蔬菜病害的症状观察,能正确诊断病害。了解蔬菜病害发生的环境条件和发生规律。掌握当地蔬菜病害的防治措施。

【技能目标】

根据蔬菜病害的典型症状,准确诊断蔬菜常发生病害,并能制订出合理有效的防治方案。

任务1 十字花科蔬菜病害防治技术

任务描述

十字花科蔬菜的商品外表对其单价有很大的影响,所以这类蔬菜的病害防治工作就显得十分重要,这对种植这类蔬菜的农户增收有着很大的现实意义。为了搞好十字花科蔬菜的病虫害防治工作，我们必须总结出十字花科蔬菜较常见且很重要的病害的综合防治措施。

十字花科蔬菜种类很多，主要包括白菜、油菜、甘蓝、花椰菜、芥菜、芜菁、萝卜、紫菜薹等。迄今已发现十字花科蔬菜病害40余种，主要有霜霉病、软腐病、病毒病、根肿病、细菌性黑腐病、黑斑病、炭疽病、细菌性黑斑病、白斑病、根朽病、菌核病等。本任务就是要了解病害的发生规律，然后根据其发生规律，及时把病害控制在萌芽状态，这样才能达到事半功倍的效果。

任务咨询

一、十字花科蔬菜霜霉病

（一）症状识别

霜霉病为十字花科蔬菜常发性病害，春、秋两季发生。苗床开始发病，下部叶片初生褪绿斑，逐渐变为浅黄色，中央略带黄褐色稍凹陷斑并受叶脉限制呈多角形，湿度大时叶背或面生稀疏白色霉状物，病斑连片后叶片呈黄褐色且干枯，病重时病斑成片，叶片枯萎。

（二）防治方法

1. 农业防治

无病株采种。苗床换土，培育无病苗。实行与非十字花科蔬菜2年以上轮作。高畦铺地膜通风，少滴水。

2. 药剂防治

苗期和发病期各喷1~2次药，用15 000 g水+72%克露30 g+58%甲霜灵20 g，或用15 000 g水+75%百菌清30 g+58%甲霜灵20 g，药液要喷到叶背面。

二、十字花科蔬菜软腐病

（一）症状识别

软腐病又称为腐烂病，严重时引起缺株和烂菜。白菜发病早，在莲座期开始，先外叶萎蔫，不久基心部及心叶腐烂而全株青枯，形成缺苗断垄。田间发病多从结球期开始，地面的菜帮基部出现浸润斑，不久柔嫩组织呈浅褐色并腐烂，病部及外叶部萎蔫。短缩茎和根髓腐烂，叶球即腐烂。此病还有叶球上部先发病，后往下和向内发展，最后全株腐烂的情况。

此病腐烂，产生灰黄色黏稠物，并有恶臭味，可与黑腐病区别。甘蓝一般结球后发病。萝卜发病一般在8~10月，苗期发病与白菜一样；成株期发病，最后萝卜中心部呈空洞，全叶黄化枯死，维管束不变黑。

（二）防治方法

1. 农业防治

选用抗病品种。推广高畦直播和雨后培土，利于灌水、排水、通风透光。及早防治黄条跳甲、菜青虫和地下害虫。

2. 药剂防治

可用抗霉菌素120按种子重量的1%~1.5%拌种，或用15 000 g水+72%农用硫酸链霉素5~8 mL，或用15 000 g水+新植霉素5 mL。连续防治2~3次，每隔10天一次。

三、十字花科蔬菜病毒病

（一）症状识别

病毒病俗称"抽疯"，此病在白菜上危害严重，在甘蓝、花椰菜、芥蓝上危害没白菜严重。此病还会引发霜霉病、软腐病，是结球菜的三大病害之一。整个生长期发病，莲座期表现更明显。病症有花叶皱缩和坏死斑两种。花叶皱缩：心叶出现明脉，后沿叶脉褪绿，形成花斑，叶片皱缩，心叶扭曲、畸形、病株矮缩、不结球或叶球小、松散。坏死斑：叶背主脉上出现褐色稍凹陷坏死条斑，叶脉间产生大量针头大黑点，开始 1～2 叶发病，逐渐发展到半株叶后病叶干枯，剖开叶球，内层也有黑点。有的两种症状在同一株上发生。萝卜病毒病与白菜的症状类似，夏、秋季为萝卜危害较严重时期。

（二）防治方法

1. 农业防治

选育抗病品种，一般青帮型抗病，白帮型感病。适时播种，一般新菜区早播，老菜区和干旱年晚播。实行高畦直播栽培，3 水齐苗，5 水定棵。播种时畦面铺银灰色地膜，避蚜防病，苗期防治蚜虫和黄条跳甲。

2. 药剂防治

苗期初期就喷药防蚜。用 15 000 g 水 + 20% 病毒 A 30 g，或用 15 000 g 水 + 菌克毒克 25 g，或用 15 000 g 水 + 1.5% 植病灵 20 g。

四、十字花科蔬菜根肿病

（一）症状识别

该病危害严重，十字花科均可受害，一般定植后一个月表现症状。开始地上部生长不良，白天菜株萎蔫，叶片逐渐变黄至紫红色，最后枯死。主根、须根、侧根上产生大小不同的根肿瘤。主根上部肿瘤大如鸡蛋，侧根肿瘤成指形，须根肿瘤小且成串。刚开始，肿瘤表面为乳白色、光滑，后变为褐色、粗糙、龟裂，最后腐烂发臭。后期，根瘤变为褐色易与根结线虫区分。

（二）防治方法

1. 农业防治

禁止从疫区调运十字花科种苗和蔬菜，实行十字花科蔬菜 4～5 年轮作。酸性土每亩施 100 kg 石灰，以调节 pH>7。采取高畦直播，加强排水，田间不得渍水，清理病株并深翻晒土，病穴撒石灰。

2. 药剂防治

每亩沟施 70% 五氯硝基苯 1.5 kg，或用 70% 五氯硝基苯 80 g 加 50 000 g 水配成药液，每定植穴浇 250～500 g 药液。若田间只发现少量的病株时，可用 15 000 g 水 + 50% 甲基托布津 30 g，或 50% 多菌灵 30 g 灌根，每株用药液 250 g。

五、十字花科蔬菜细菌性黑腐病

（一）症状识别

有时，细菌性黑腐病与软腐病并发，造成十字花科蔬菜烂帮、烂心。结球白菜一般在莲

座期后发病，老叶叶缘形成三角形黄褐色病斑，病菌沿叶脉发展，形成网状褐脉。病斑连接后形成大病斑，呈牛皮状并干枯。叶、帮被害，维管束变为浅褐色，向上发展，使菜叶向一边歪曲。细菌性黑腐病导管性病害，使维管束变黑、干腐，但不腐烂、不发臭。甘蓝、花椰菜、萝卜细菌性黑腐病，病菌从叶缘入侵，病斑呈V字形，其他与白菜一样，萝卜维管束呈放射状且变黑褐色，干缩且空洞。

（二）防治方法

1. 农业防治

选用抗病品种。从无病田或无病株采种。实行2～3年与非十字花科蔬菜轮作。高畦直播，及时浇水和排水。

2. 药剂防治

发病初期喷15 000 g水+47%加瑞农25 g，或用15 000 g水+72%农用硫酸链霉素5～8 mL，或用15 000 g水+新植霉素5 mL。连续防治2～3次，每隔10天一次。

六、十字花科蔬菜黑斑病

（一）症状识别

黑斑病是白菜、甘蓝的重要病害，主要在叶片和叶柄上发生，也危害茎和种荚。叶片产生5～10 mm圆形浅褐色病斑，有明显同心轮纹，老病斑易穿孔，严重时病斑连成大斑致叶干枯。从外叶到内叶发展，球叶有时也发病。流行发生时，全田白菜叶呈褐色且焦枯。茎、叶柄也产生暗褐色轮纹，花、梗和种荚上也有类似病斑。病斑潮湿时产生暗褐色霉状物。该病菌在甘蓝、花椰菜危害比较重，种株感病后肿胀、扭曲。

（二）防治方法

1. 农业防治

选用抗病品种，一般深绿色品种比浅绿色品种较抗病。实行2～3年与非十字花科蔬菜轮作。种子消毒，用50 ℃温水浸25 min，冷却晾干后播种，或用种子总重量0.3%的0.5%扑海因拌种。适时播种，配方施肥，适时浇水，增强抗病力。收获后，及时清除田间病残体。

2. 药剂防治

注意发病后及早喷药控制发展，结球中后期喷药无效。用15 000 g水+50%扑海因15 g+75%百菌清30 g，或用15 000 g水+50%扑海因15 g+70%大生20 g。

七、十字花科蔬菜炭疽病

（一）症状识别

此病对白菜类主要危害叶片、花梗和种荚。叶片产生圆形灰褐色斑，后期为灰白色，叶边为褐色，雨后易穿孔。叶背处危害叶脉，形成凹陷褐色条斑，叶柄、花梗、种荚也形成凹陷的褐色条斑。潮湿时，叶病斑上出现浅红色黏稠物质。萝卜主要在8～10月发生，叶片初生针头大青白病斑，后扩大成2～3 mm褐色病斑，大、小病斑融合成不规则较大病斑，后期穿孔。

（二）防治方法

1. 农业防治

高温高湿是该病的重要诱因，降水量和降水次数决定发病早晚和程度。与非十字花科蔬菜轮作2年。重病地适当晚播，避开高温多雨时段。选无病种子。作高畦，地平整，勤中耕，加强排水。苗期除病苗，收获后清病残体，并且深翻。

2. 药剂防治

15 000 g 水 + 75% 百菌清 20 g + 70% 大生 10 g，或 15 000 g 水 + 70% 甲基托布津 20 g + 70% 大生 10 g。

八、十字花科蔬菜细菌性黑斑（角）病

（一）症状识别

细菌性黑斑（角）病近年发展严重，夏、秋季遇暴风雨发病加重。此病主要危害叶和叶柄，叶片先出现水浸状斑点，扩大后受叶脉所限呈多角形褐色斑，病斑变薄油纸状，雨后破裂。开始外叶发病，干枯后逐渐发展球叶。此病不引起腐烂，也不侵害维管束，可与软腐病、黑腐病区别。

（二）防治方法

1. 农业防治

选用抗病品种。从无病田或无病株采种。实行2~3年与非十字花科蔬菜轮作。高畦直播，及时浇水和排水。

2. 药剂防治

发病初期用 15 000 g 水 + 47% 加瑞农 25 g，或用 15 000 g 水 + 72% 农用硫酸链霉素 5~8 mL，或用 15 000 g 水 + 新植霉素 5 mL。连续防治 2~3 次，每隔 10 天一次。

任务实施

一、材料及工具的准备

1. 材料

十字花科蔬菜病害的盒装标本、浸渍标本、病原菌的玻片标本、新鲜的病害实物、病害挂图、幻灯片等。

2. 用具

显微镜、镊子、无菌水、纱布、放大镜、挑针、刀片、载玻片、盖玻片等。

二、任务实施步骤

1. 十字花科蔬菜病害症状和病原菌形态观察

观察十字花科蔬菜软腐病等各种常见病害的分布特点、发病部位、症状表现和病原特征。

2. 十字花科蔬菜主要病害的预测

根据当地十字花科蔬菜常见病害的越冬菌量、气象条件、栽培措施和当地十字花科蔬菜主栽品种的生长发育状况，调查并整理资料后进行实际分析并预测两种主要十字花科蔬菜病害的发生趋势。

项目5 蔬菜病害防治技术

3. 十字花科蔬菜主要病害防治

1）调查了解当地十字花科蔬菜主要病害的发生与危害情况及其防治技术和成功经验。

2）根据十字花科蔬菜主要病害的发生规律，结合当地生产实际，提出3种十字花科蔬菜病害防治的建议和方法。

3）配制并使用3种常用杀菌剂防治当地十字花科蔬菜主要病害并调查防治效果。

任务考核

任务考核单

序 号	考核内容	考核标准	分 值	得 分
1	霜霉病症状观察	能根据症状识别和防治霜霉病	20	
2	软腐病症状观察	能根据症状识别和防治软腐病	20	
3	病毒病症状观察	能根据症状识别和防治病毒病	10	
4	根肿病症状观察	能根据症状识别和防治根肿病	10	
5	细菌性黑腐病症状观察	能根据症状识别和防治细菌性黑腐病	10	
6	黑斑病症状观察	能根据症状识别和防治黑斑病	10	
7	炭疽病症状观察	能根据症状识别和防治炭疽病	10	
8	细菌性黑斑（角）病症状观察	能根据症状识别和防治细菌性黑斑（角）病	10	

思考问题

1. 十字花科蔬菜病毒病防治时为什么要先防治蚜虫呢？
2. 十字花科蔬菜软腐病的防治方法和其他叶斑类病害防治方法一样吗？
3. 十字花科蔬菜霜霉病的综合防治措施有哪些？

知识链接

蔬菜生理性病害发生原因

引起蔬菜生理病害的因素多种多样，而且互相制约，关系十分复杂，大体可归纳为以下4类：

一、物理因素

1. 温度

温度过高可引起蔬菜某些器官或组织灼伤，如番茄、辣椒的日灼病。温度过低，如春季的倒春寒，使一些不耐寒的幼苗不发根，地上部停止生长。

2. 湿度

湿度，如土壤湿度过大，会使蔬菜根围缺氧而窒息，或产生二氧化碳及其他有毒物质，造成根部中毒或死亡。

3. 光照

光照不足会造成植株徒长，组织脆弱，抗性降低；光照过强，结合高温会易引起日灼病。

二、化学因素

1. 土壤酸碱度

蔬菜一般的适应范围为 pH 在 4~8 之间，pH<3 或 pH>8 都会造成蔬菜生长不良，不发苗，早衰。

2. 土壤化学元素缺乏

缺素症是蔬菜常见的生理病害，如缺氮易引起下部叶黄化，植株早衰；缺钙再加上水分供应失调易发生番茄脐腐病；缺钙可引起大白菜干烧心。

三、环境污染

工厂排出的"三废"，即废气、废渣、废水会造成空气污染、水源污染和土壤污染，均可使蔬菜受害。例如用含硼污水浇灌，将引起蔬菜硼中毒。

四、药害

在蔬菜栽培管理过程中，用于防治病、虫、草的各种农药或植物生长素，若使用不当，常会使作物受害，引起叶片变色、枯焦，植株凋萎，落花、落果，器官畸形等。

防治生理病害，要弄清发病原因，对症合理施行防治方法，从栽培管理上还要加强预防措施。

任务 2　葫芦科蔬菜病害防治技术

任务描述

人们在日常生活中总离不开蔬菜的食用，在蔬菜大家庭中葫芦科蔬菜占有着重要的份额。葫芦科蔬菜包括黄瓜、冬瓜、西瓜、南瓜、丝瓜、苦瓜、西葫芦、佛手瓜、节瓜等。葫芦科蔬菜营养丰富，美味可口，有的还具有药用价值。但是在生产过程中，病害也有可能大规模地发生，而且病害发生的情况比较复杂又不易辨别，造成生产栽培中极大的损失，直接影响到瓜农的经济效益。因此，必须对病害严格加以预防，将病害预防工作做在其发生之前。

葫芦科蔬菜苗期病害以猝倒病的发生与危害比较普遍，严重时成片枯死。中后期发生普遍和危害较重的有枯萎病、病毒病、疫病、炭疽病、白粉病、霜霉病等。针对葫芦科蔬菜病害危害程度和发生发展规律，必须采取"预防为主，综合防治"的措施。

任务咨询

一、葫芦科蔬菜枯萎病

（一）症状识别

此病以黄瓜、冬瓜、西瓜发病最重。该病的典型症状是萎蔫，发病初期病株叶片从下向上逐渐萎蔫，似缺水状，晴天中午更明显，早、晚可恢复，数日后整株叶片枯萎下垂，茎基

项目5 蔬菜病害防治技术

部常纵裂,有树脂状胶质物流出。潮湿时,病部常产生粉红色霉层。剖茎可见维管束为深褐色。

(二) 发病原因

枯萎病由真菌侵染引起。病菌随病残体在土壤和土杂肥中越冬,是一种土传病害。

(三) 防治方法

1) 实行轮作,与非瓜类作物轮作3年以上,最好是水旱轮作。

2) 选抗病品种,黄瓜较抗病的品种有长春密刺、中农5号、津杂4号等。

3) 嫁接防病,将感病的接穗嫁接到抗病的砧木上。例如将黄瓜苗嫁接在云南黑籽南瓜苗上。

4) 清洁田园,田间发现病株,及时拔除烧毁。收获后清除田间瓜蔓残体,集中烧毁。

5) 药剂防治,发病初期用50%多菌灵600倍液,或10%双效灵300倍液,或40%抗枯灵500倍液淋蔸。

二、葫芦科蔬菜病毒病

(一) 症状识别

葫芦科蔬菜病毒病依病毒种类不同,症状各有差异。黄瓜花叶病毒在黄瓜上引起系统花叶,在西葫芦和南瓜上引起黄化皱缩,在甜瓜上引起黄化,不侵染西瓜。西瓜花叶病毒侵染南瓜,叶片呈褪绿黄化、皱缩畸形症状;在西葫芦上产生黄化皱缩症状;在甜瓜上产生花叶皱缩症状。

(二) 发病原因

葫芦科蔬菜病毒是由多种病毒侵染引起的,主要有黄瓜花叶病毒 (CMV)、西瓜花叶病毒 (WMV)。病毒通过汁液和蚜虫传播。

(三) 防治方法

1) 选用抗病品种,黄瓜较抗病的品种有津研7号、万禄、北京刺瓜等;西葫芦有邯郸西葫芦、天津25号等。

2) 加强避蚜、治蚜工作,露地育苗可采用银膜避蚜;春季可采用早育苗、早栽、早收措施,避开蚜虫和高温发病季节。苗期与大田生长前期要及时用药治蚜。

3) 分苗、嫁接、打杈、绑蔓等农事操作时,要注意分别进行。先健株后病株,下田前用肥皂洗手。发现重病株要及时拔除。

4) 药剂防治,发病初期可用20%病毒A 500倍液或1.5%植病灵500倍液喷施。

三、葫芦科蔬菜疫病

(一) 症状识别

葫芦科蔬菜疫病以黄瓜、冬瓜受害最重。黄瓜多在茎基部和嫩茎节部发病,茎基部病斑呈水渍状,软腐缢缩,其上部萎蔫下垂,呈青枯状。节部发病,病部缢缩扭曲,上部茎叶枯萎。果实发病,病部呈水渍状,凹陷腐烂,很快扩散至全果,病果皱缩软腐,表面长有灰白色稀疏霉状物。冬瓜、甜瓜等被害症状同黄瓜类似。

(二) 发病原因

此病病原菌是一种真菌。病菌在土壤中越冬,借风雨、流水传播。

（三）防治方法

1）实行轮作，与非瓜类作物轮作 3~4 年，有条件的地方可实施水旱轮作。

2）选用抗病品种，黄瓜较抗病的品种有长春密刺、早春二号等。以云南黑籽南瓜作砧木，嫁接黄瓜可避免茎基部发生疫病。

3）加强栽培管理，选择地势高、干燥、排灌良好的地块，采用高畦地膜栽培，实施立架吊瓜或瓜底铺草防瓜果接触地面。

4）发现病株、病果及时清除处理。收获后彻底清除田间病残体，并且烧毁或深埋。

5）药剂防治，发现中心病毒株立即用药防治。可用 25% 甲霜灵可湿性粉剂 800 倍液，或 58% 甲霜灵·锰锌可湿性粉剂 500 倍液，或 40% 疫霜灵 300 倍液，或 64% 噁霜灵·锰锌（杀毒矾）、50% 病毒铜 500 倍液喷雾，发病初期结合淋蔸，效果更好。移栽时，可用 95% 敌克松，每亩用 350 g 拌细黄土 15 kg，防根基感染。

四、葫芦科蔬菜炭疽病

（一）症状识别

此病危害西瓜、甜瓜、黄瓜、冬瓜、瓠瓜、苦瓜等。西瓜叶片病斑近圆形，黑色，外围有紫黑色晕圈；果实病斑为紫褐色，凹陷龟裂，上生小黑点。甜瓜成熟果实病斑较大，明显凹陷、龟裂，上有橘红色黏状物。冬瓜叶片病斑呈圆形，周围有黄色晕圈；果实病斑呈圆形，黑褐色，凹陷，上长有黑色小点。

（二）发病原因

此病病原菌是一种真菌。病菌在土壤中或黏附在种子表面越冬，田间随雨水、昆虫及农事活动传播。

（三）防治方法

1）从无病果中采收种子，并进行种子消毒。种子消毒可用 50% 多菌灵或福美双拌种，用量为种子重量的 0.3%；或用 51 ℃温水浸种 20 min。

2）轮作，重病田与非瓜类作物轮作 3 年以上。

3）加强管理，推广高畦地膜栽培，畦面铺稻草或秸秆等。雨季注意清沟排水。温室与大棚栽培要控制湿度，注意通风。

4）初见病株时，注意摘除病叶、病果并深埋；收获后彻底清除病残体，随之深翻土壤。

5）药剂防治，发病初期施药防治。药剂有 50% 多菌灵或甲基托布津 800 倍液，75% 百菌清可湿性粉剂 600 倍液，80% 炭疽福美可湿性粉剂 800 倍液，25% 施保克乳油 3 000 倍液。

五、葫芦科蔬菜白粉病

（一）症状识别

白粉病主要危害葫芦科蔬菜的叶片，也可危害茎和叶柄。叶片正、反两面均可感病，但以正面为多。初期在叶面产生近圆形的白色粉斑，扩大后形成不规则形的大片粉斑。后期整叶布满白粉，叶片枯黄变脆，但不脱落。

（二）发病原因

此病由一种真菌侵染引起。病菌在南方温暖地区的寄主上越冬，春暖后随气流北移，侵

染瓜类蔬菜。生长季节，病菌在田间随气流传播。

（三）防治方法

1）选用抗病品种，如黄瓜的抗病品种有津杂四号、中农4号、京旭、唐山秋瓜等。

2）药剂防治，发病初期喷药防治。目前，可用的农药有15%三唑酮可湿性粉剂800倍液，50%多菌灵可湿性粉剂500倍液，45%微粒硫黄胶悬剂500倍液，75%百菌清可湿性粉剂600倍液。温室和大棚还可用10%多百粉尘剂每亩1 000 g喷施，或三唑酮烟剂每亩350 g熏烟。白粉病易产生抗药性，应注意轮换用药。黄瓜、甜瓜中的有些品种对含硫农药敏感，应注意控制使用浓度。

六、葫芦科蔬菜霜霉病

（一）症状识别

此病主要危害黄瓜、甜瓜。叶片病斑为浅黄色至黄褐色，呈多角形，病斑背面产生紫黑色的霉层。

（二）发病原因

此病由一种低等真菌侵染引起。病菌可能在南方周年种植的黄瓜上越冬，随气流传播。

（三）防治方法

1）选用抗病品种，黄瓜较抗病的品种有津杂1号、津研6号、西农58、宁阳刺瓜、广东全青等。

2）改进栽培措施，隔离育苗，育苗地远离温室、大棚黄瓜地。选择地势较高、排水良好的地栽种。结瓜前少浇水、勤中耕，结瓜期防止大水漫灌，雨后及时排水。

3）药剂防治，发病初期选用下列农药喷雾防治。常用农药有25%甲霜灵1 000倍液，58%甲霜灵·锰锌800倍液，70%乙铝·锰锌可湿性粉剂400倍液，64%噁霜灵·锰锌（杀毒矾）500倍液。

任务实施

一、材料及工具的准备

1. 材料

葫芦科蔬菜病害的盒装标本、浸渍标本、病原菌的玻片标本、新鲜的病害实物、病害挂图、幻灯片等。

2. 用具

显微镜、镊子、无菌水、纱布、放大镜、挑针、刀片、载玻片、盖玻片等。

二、任务实施步骤

1. 葫芦科蔬菜病害症状和病原菌形态观察

观察葫芦科蔬菜各种常见病害的分布特点、发病部位、症状表现和病原特征。

2. 葫芦科蔬菜主要病害的预测

根据当地葫芦科蔬菜常见病害的越冬菌量、气象条件、栽培措施和当地葫芦科蔬菜主栽品种的生长发育状况，调查并整理资料后进行实际分析，预测两种主要葫芦科蔬菜病害的发生趋势。

3. 葫芦科蔬菜主要病害防治

1）调查了解当地葫芦科蔬菜主要病害的发生与危害情况及其防治技术和成功经验。

2）根据葫芦科蔬菜主要病害的发生规律，结合当地生产实际，提出 3 种葫芦科蔬菜病害防治的建议和方法。

3）配制并使用 3 种常用杀菌剂防治当地葫芦科蔬菜主要病害并调查防治效果。

任务考核

任务考核单

序 号	考 核 内 容	考 核 标 准	分 值	得 分
1	葫芦科蔬菜枯萎病症状观察	能根据症状识别和防治葫芦科蔬菜枯萎病	20	
2	葫芦科蔬菜病毒病症状观察	能根据症状识别和防治葫芦科蔬菜病毒病	20	
3	葫芦科蔬菜疫病症状观察	能根据症状识别和防治葫芦科蔬菜疫病	20	
4	葫芦科蔬菜炭疽病症状观察	能根据症状识别和防治葫芦科蔬菜炭疽病	20	
5	葫芦科蔬菜白粉病症状观察	能根据症状识别和防治葫芦科蔬菜白粉病	10	
6	葫芦科蔬菜霜霉病症状观察	能根据症状识别和防治葫芦科蔬菜霜霉病	10	

思考问题

1. 瓜类叶斑病类如何进行综合防治？
2. 保护地瓜类栽培时如何利用高温闷棚防治病害？
3. 保护地栽培葫芦科蔬菜时如何进行综合防治？

知识链接

大棚瓜类低温冷害及防止方法

一、低温冷害的症状

1）叶片受害分为低温冷害和冻害。叶片受到轻微冻害时，子叶期表现为叶缘失绿，有镶白边的现象，温度恢复后不会影响以后真叶的生长。定植后受到冻害时，植株部分叶片的叶缘呈暗绿色，逐渐干枯。

2）根部受害后根系活力大大降低，根毛死亡，严重影响到根系的吸收功能，地上部分表现为萎蔫。轻者低温过后经过一段时间的恢复仍可发生新的根毛并进行正常生长，重者则逐渐凋萎死亡。

3）生长点受害有两种情况，一是定植后不久遇寒流，致使生长点直接被冻伤，天气转暖后仍不能恢复正常；二是在保温性能比较好，但在遭遇反复出现的低温连阴天气，棚内持续较低温度时，出现瓜生长点以下的节位被冻伤并水烂的情况，成为无头株。

4）花果受害，正常情况下花和果直接受到低温冷害的现象并不明显，通常是因为营养器官受到损伤后会对生殖器官产生不利影响，产生花少、果少或减产绝收的现象。

项目 5　蔬菜病害防治技术

二、防止低温冷害的措施

1）低温锻炼，提高植株的抗寒能力，定植成活后进行叶面追肥（每桶水加磷酸二氢钾 80 g + 尿素 50 g + 抗霉菌素 120 30 mL + 50% 葡萄糖 100 mL），或防病时每桶水用农用链霉素 1 袋。

2）温度管理，定植后缓苗前一般不通风，高温促缓苗，白天棚温超过 35 ℃ 时通风，缓苗后到结瓜前，瓜苗重新恢复生长期，适当降低棚温，超过 30℃ 时通风。通风量的大小依天气情况而定。低温寒潮来临时，及时盖好棚膜并把四周的边膜压好。

三、冻害的解救措施

根系受害：要提高土壤温度，降低土壤湿度，适当疏叶，摘除花果等。同时用 20 ~ 30 mg/L 的生根剂 + 2 000 倍敌克松 + 200 倍磷酸二氢钾 + 300 倍抗霉菌素 120 灌根，每株灌药量 150 ~ 200 mL。生长点受冻：低温寒潮过后，随着温度的缓慢上升，受冻不严重的叶片能逐渐恢复生理机能。对于低温造成的"花打顶"，气候好转后及时疏除顶部雌花，加强管理，促进植株生长，同时对生长点喷施 80 ~ 100 mg/L 的赤霉素（浓度不能高，以免影响雌花分化）。对于生长点受冻枯死的植株，应尽早拔除，另行补苗。

任务 3　茄科蔬菜病害防治技术

任务描述

茄科类蔬菜是夏、秋季上市的主要蔬菜品种。茄科类蔬菜在栽培和生长期会受到一些病菌的危害，严重时可造成烂种、烂芽，生长势被削弱，甚至会引起死亡。如不及时防治，将会造成严重死苗，影响产量和效益。所以，要了解病害的发生动态，及时加以防治指导，将病害的发生程度降到最低。

茄科类蔬菜病害主要有晚疫病、早疫病、青枯病、病毒病、灰霉病、绵疫病等，生产中为了减少病害的发生概率，我们要做到以预防为主，采取综合的防治措施来预防和抑制病害的发生和发展。在农业防治上要采取合理耕作轮作，做好田间的清理，做好精耕细作，选择抗病虫品种栽培，做好肥水管理和调节控制好蔬菜的生长环境。在化学防治上，采用高效低毒、残留期短的化学农药，在病害的高发期进行预防。

任务咨询

一、茄科蔬菜晚疫病

（一）症状识别

晚疫病属于真菌病害，幼苗、成株均可发病，可危害叶、茎、果，但以成株期的叶片和青果受害较重。叶片染病多从下部叶片开始，形成暗绿色水渍状且边缘不明显的病斑，扩大后呈褐色。湿度大时，叶背病健交界处出现白霉；干燥时，病部干枯，脆而易破。

137

（二）发病原因

低温、潮湿是该病发生的主要条件，温度在 18~22 ℃，相对湿度在 95%~100% 时易流行。20~23 ℃ 时菌丝生长最快，借气流、雨水传播。偏氮、底肥不足、连阴雨、光照不足、通风不良、浇水过多、密度过大都利于发病。此病是一种多次重复侵染的流行性病害。

（三）防治方法

1）农业防治时，选用抗病品种，注意通风，采用配方施肥，合理密植，及时整枝和清除中心病株、病叶。

2）药剂防治时，发现中心病株后及时施药效果好。用 50% 霜霉疫特净 800 倍液，或 25% 雷多米尔 800 倍液喷雾；也可用 50% 甲霜铜 600 倍液灌根。

二、茄科蔬菜早疫病

（一）症状识别

早疫病属于真菌病害，苗期、成株期均可发病。苗期发病，幼苗的茎基部生暗褐色病斑，稍陷，有轮纹。成株期发病一般从下部叶片向上部发展。初期叶片有水渍状暗绿色病斑，扩大后呈圆形或不规则轮纹斑，边缘具有浅绿色或黄色晕环，中部具同心轮纹。潮湿时，病部长出黑色霉层。此病主要症状是病部有（同心）轮纹。

（二）发病原因

病菌主要以菌丝体和分生孢子在病残体和种子上越冬，通过气流、灌溉水及农事操作从蔬菜气孔、伤口或表皮直接侵入并传播。病菌生长适温 26~28 ℃，高温高湿发病重。

（三）防治方法

1）农业防治时，合理轮作、密植，选用抗病品种。

2）药剂防治时，用恶霜灵·锰锌（杀毒矾）500 倍液，或扑海因，或早疫灵 1 000 倍液喷雾；或用 5% 百菌清粉尘剂以每亩 1 kg 喷粉，7~10 天一次，连续 3 次。

三、茄科蔬菜青枯病

（一）症状识别

青枯病属于细菌引起的维管束病害，病株中午萎蔫而傍晚恢复，2~3 天后枯死，但植株仍为青色，可见维管束变为黑褐色，髓部变为褐色且腐烂，用手挤压有白色细菌黏液溢出。

（二）发病原因

高温高湿利于发病。病菌在病残体或土壤中或马铃薯块上越冬，通过雨水或灌溉水从蔬菜根部或茎基部伤口侵入，在植物体内的维管束组织中扩展，造成导管堵塞或细胞中毒。病害发生的最适温度为 30~37 ℃，最适 pH 为 6.6，久雨或大雨后转晴发病重。

（三）防治方法

1）水旱轮作，十字花科蔬菜与禾本科作物轮作。

2）加强栽培管理，增施石灰调节酸碱度。

3）药剂防治时，可用农用链霉素或可杀得或绿乳铜灌根，每株 0.3 kg，10 天一次，共进行2~3次；或用枯斑黑腐净1 000倍液喷雾。

四、茄科蔬菜病毒病

(一) 症状识别

病毒病属于病毒性病害，有3种类型：花叶型，叶片上出现黄绿相间或深浅相间的斑驳，叶脉透明，叶片略有皱缩，多呈花脸状；蕨叶型，由上部叶片开始或部分变成条状，中下部叶片向上微卷，花瓣增大，形成花"巨"，植株出现不同程度矮化；条斑型，主要表现在果实和茎上。

(二) 发病原因

在高温、干旱、有蚜虫的情况下危害重。植株长势弱、重茬等，易引起该病的发生。此病可通过摩擦、打杈、绑架等作业时接蛹传播，也可通过蚜虫、机械传播。

(三) 防治方法

1) 农业防治时，选用抗病品种。加强栽培管理，合理轮作，收获后清除病残株，注意田间操作中手和工具的消毒。种子消毒，用清水浸种4 h后捞出放入10%的磷酸三钠液中浸20 min后洗净、催芽、播种。

2) 注意防治蚜虫，用10%吡虫啉或0.4%杀蚜素喷杀蚜虫，减少蚜虫传毒机会，或用病毒希克800倍液喷雾。

3) 生物制剂防治时，田间操作前先喷1%肥皂水加0.2%~0.4%的磷酸二氢钾防止接触传染，在定植后喷1次NS-83增抗剂100倍液，增强植株耐病性，还可提高产量。

五、茄科蔬菜灰霉病

(一) 症状识别

灰霉病属于真菌病害，花、果、叶、茎均可发病，青果受害重。残留的柱头或花瓣多先被侵染，后向果实或果柄扩展，致使果支呈灰白色，并生有厚厚的灰色霉层，呈水腐状。叶片发病从叶尖开始，沿叶脉间成"V"字形向内扩展，黄褐色，边有深浅相间的纹状线，病健交界分明。

(二) 发病原因

此病病原体以菌核在土壤或病残体上越冬和越夏。温度为20~30 ℃，相对湿度在90%以上，易发病，花期最易感病。此病病原体借气流、灌溉及农事操作从植物伤口、衰老器官侵入。

(三) 防治方法

1) 加强栽培管理，避免阴雨天浇水，发病后控制浇水和施肥，集中处理病果、病叶，注意农事操作卫生。

2) 药剂防治时，抓住移栽前、开花期、果实膨大期用药。移栽前用速克灵或扑海因1 500倍液喷淋幼苗；花期在配好的2-4D或防落素稀释液中加入0.1%的扑海因或0.2%~0.3%甲霜灵并蘸花或涂抹；结果期用20%惠多丰1 500倍液，或50%嘧霉胺（灰霉速净）600倍液，或40%施佳乐800倍液喷雾。

六、茄科蔬菜绵疫病

（一）症状识别

绵疫病属于真菌病害，苗期至成株期均可发病，主要危害果实，果实受害多以下部老果较多，初期出现水渍状斑点，后逐渐扩大，并且产生茂密的白色棉絮状菌丝，果实内部变黑且腐烂、易脱落。病果落地后，由于潮湿可使全果腐烂且遍生白霉，最后干缩成僵果。病叶有明显轮纹。

（二）发病原因

病菌在土壤中的病残体上越冬，借风、雨传播，发病适温为28～30 ℃，湿度在85%以上发病快。地势低洼、排水不良、种植过密、定植过迟、偏氮、重茬、长果形品种发病重。

（三）防治方法

1）农业防治时，增施磷、钾肥，提高抗性，在田外集中处理病果，与瓜类、豆类轮作。

2）药剂防治时，初期喷药保护。用25%甲霜灵800倍液或64%恶霜灵·锰锌（杀毒矾）400倍液或20%惠多丰1 000倍液，7～10天喷一次，连续2次。

任务实施

一、材料及工具的准备

1. 材料

茄科蔬菜病害的盒装标本、浸渍标本、病原菌的玻片标本、新鲜的病害实物、病害挂图、幻灯片等。

2. 用具

显微镜、镊子、无菌水、纱布、放大镜、挑针、刀片、载玻片、盖玻片等。

二、任务实施步骤

1. 茄科蔬菜病害症状和病原菌形态观察

观察茄科蔬菜各种常见病害的分布特点、发病部位、症状表现和病原特征。

2. 茄科蔬菜主要病害的预测

根据当地茄科蔬菜常见病害的越冬菌量、气象条件、栽培措施和当地茄科蔬菜主栽品种的生长发育状况，调查并整理资料后进行实际分析，预测两种主要茄科蔬菜病害的发生趋势。

3. 茄科蔬菜主要病害防治

1）调查了解当地茄科蔬菜主要病害的发生与危害情况及其防治技术和成功经验。

2）根据茄科蔬菜主要病害的发生规律，结合当地生产实际，提出3种茄科蔬菜病害防治的建议和方法。

3）配制并使用3种常用杀菌剂防治当地茄科蔬菜主要病害并调查防治效果。

项目5 蔬菜病害防治技术

📋 任务考核

任务考核单

序 号	考核内容	考核标准	分 值	得 分
1	茄科蔬菜晚疫病症状观察	能根据症状识别和防治晚疫病	20	
2	茄科蔬菜早疫病症状观察	能根据症状识别和防治早疫病	20	
3	茄科蔬菜青枯病症状观察	能根据症状识别和防治青枯病	20	
4	茄科蔬菜病毒病症状观察	能根据症状识别和防治病毒病	20	
5	茄科蔬菜灰霉病症状观察	能根据症状识别和防治灰霉病	10	
6	茄科蔬菜绵疫病症状观察	能根据症状识别和防治绵疫病	10	

🤔 思考问题

1. 怎么样根据症状区分茄科蔬菜早疫病和晚疫病？
2. 茄科蔬菜病毒病的综合防治措施包括哪些？
3. 保护地茄科蔬菜病害发生的特点和防治措施有哪些？

🔗 知识链接

茄科蔬菜缺钙要早防

茄科蔬菜脐腐病是因缺钙而产生的一系列生理性障碍，严重影响了蔬菜的商品价值及产量等。所以，此处将茄科蔬菜的缺钙症状（脐腐病）及发生原因分析一下，以便菜农在生产中得以借鉴。

一、症状特点

茄科蔬菜在生产中表现的缺钙症状即为通常所说的脐腐病。

二、发病原因

茄科蔬菜上这种脐腐病就是由于缺钙引起的，属于一种生理性病害。

1) 土壤中钙元素含量不足，导致蔬菜植株缺钙。

2) 土壤中有足够的钙肥，但是因为地温高、干旱，不利于根系对钙元素的吸收，从而造成了生理性缺钙。

3) 土壤中其他肥料施用过多，因此抑制了植株对钙元素的吸收。例如钾、镁、铵等肥料使用过多，对钙产生了颉颃作用，因而不利于根系对钙元素的吸收。

4) 土壤水分忽干忽湿，气温忽然升高，叶片蒸发量过大，夺走了果实中的钙，造成了缺钙现象，形成了脐腐病。

三、防治措施

1) 该病害以预防为主，要施足底肥（有机肥），注意氮、磷、钾的平衡施用。对酸性土壤应施用生石灰进行改良，这样能有效预防缺钙。

2) 培育壮苗，促进根系发育，以增强作物对钙的吸收。同时，果实膨大期时，要均匀

141

供水,防止土壤忽干忽湿,还要注意通风,以防高温。

3)坐果期应注意叶面补钙,尤其应向心叶和幼果上喷施 0.5% 的螯合态钙加丰收一号,每隔 5 天喷一次,连续喷多次,也能有效预防缺钙。

任务 4　豆科蔬菜病害防治技术

任务描述

豆科蔬菜包括菜豆、豌豆、荷兰豆、蚕豆等多种作物,在我国各地均有栽培。近年来,随着豆科蔬菜栽培面积的增加,病害也呈加重趋势,受害程度轻重不一,一般减产 30% 左右,严重影响豆科植物的品质、产量和商品价值。因此,必须严格加以预防,将病害预防工作做在发生之前,不要让病害的发生影响到菜农的经济效益。

豆科蔬菜病害种类多,露地发生最普遍的有角斑病、锈病、轮纹病和褐斑病等。此病害的防治主要通过加强田间管理,促使蔬菜生长健壮,增强抗病性,加强中耕除草,适当降低种植密度,增强通风透光性能,注意以轮作换茬的农业防治方法为主,发生严重时再加以农药防治。

任务咨询

一、豆科蔬菜角斑病

（一）症状识别

此病主要在花期后发病,危害叶片,产生多角形黄褐色斑,后变为紫褐色,叶背簇生灰紫色霉层,中间为黑色,后期密生灰紫色霉层。病斑不凹陷,可区别于炭疽病。发病严重时可使种子霉烂。

（二）传播途径

此病病原体以菌丝块或分生孢子在种子上越冬,成为翌年初侵染源。生长季节危害叶片,并产生分生孢子进行再侵染,扩大危害;秋季危害豆荚,并且潜伏在种子上越冬。

（三）防治方法

1)选无病株留种,并用 45% 温水浸种 10 min 以进行种子消毒。

2)发病重的地块收获后进行深耕,有条件的可进行轮作。

3)发病初期喷洒 77% 可杀得可湿性微粒粉剂 500 倍液,或杀毒矾可湿性粉剂 500 倍液,或 60% 乙膦铝湿性粉剂 500 倍液,每隔 7~10 天一次,治理 1~2 次。

二、豆科蔬菜锈病

（一）症状识别

各种豆科蔬菜锈病的症状都很相似。此病主要发生在叶片上,也危害叶柄、茎和豆荚。叶片上初生很小的黄白色斑点,稍凸起,后逐渐扩大,呈现黄褐色,表皮破裂,散出红褐色粉末。在叶的正面部位形成褪绿斑点。发病后期或寄主接近衰老时,叶片变形早落。有时在叶片的正面及荚上产生黄色小斑点,以后在这些斑点的四周（茎、荚上）或背面（叶片）

产生橙红色斑点。

(二) 发病条件

诱发豆科蔬菜锈病的主要因素是高温和高湿。寄主表皮上的水滴是锈病菌萌发和侵入的必要条件，故早与晚重露、多雾最易诱发本病。此外，种植地低洼和排水不良或种植过密、通风不良等发病也重。品种抗病性有差异，菜豆矮生种较抗病，蔓生种易感病。

(三) 防治方法

1) 消灭病残体，收获后清除田间病残体并集中烧毁。

2) 药剂防治时，发病初期及时喷药防治。用 50% 萎锈灵可湿性粉剂 1 000 倍液，或 65% 代森锌可湿性粉剂 500 倍液，或 70% 甲基托布津可湿性粉剂 1 000 倍液，或 50% 多菌灵可湿性粉剂 800~1 000 倍液等均有效。每隔 7 天喷药一次，共喷 3 次即可。

三、豆科蔬菜轮纹病

(一) 症状识别

菜豆轮纹病，又称为褐斑病，主要危害叶片。叶斑呈圆形至不规则形，直径为 4~10 mm，褐色，边缘色稍深，斑面轮纹明显或不明显，其上生针头状小黑点即分生孢子器。

(二) 传播途径

此病病原体以菌丝体和分生孢子器在病部或随病残体遗落土中越冬或越夏，以分生孢子借雨小溅射传播，进行初侵染和再侵染。

(三) 发病条件

此病在生长季节中流行。天气温暖高湿，或过度密植且株间湿度大，均利于本病发生。此外，偏施氮肥而植株长势过旺，或肥料不足而植株长势衰弱，引致寄主抗病力下降，发病重。

(四) 防治方法

1) 及时收集病残物烧毁。

2) 结合防治豆科植物其他叶斑病及早喷洒 75% 百菌清可湿性粉剂 1 000 倍液 +70% 甲基托布津可湿性粉剂 1 000 倍液，或 75% 百菌清可湿性粉剂 1 000 倍液 +70% 代森锰锌可湿性粉剂 1 000 倍液，每隔 10 天 1 次，连续 2~3 次，注意喷匀喷足。

四、豆科蔬菜褐斑病

下面以豇豆褐斑病为例来说明。

(一) 症状识别

发病初期，在叶的两面生紫褐色斑点，以后扩大为直径 1~2 cm 的近圆形深褐色斑，边缘不明显，病斑表面密生煤烟状霉（尤以叶背面显著）。病势严重时，叶片早期枯死脱落，仅残留顶端嫩叶。

(二) 传播途径

病菌以菌丝块在病残组织上越冬，第 2 年当环境条件适宜时在菌丝块上产生分生孢子，通过气流传播。豇豆在生长期间病斑又产生分生孢子，通过风、雨进行再侵染。

(三) 发病条件

南部温暖地区周年都种豇豆的，无明显越冬现象。高温及高湿有利于发病。连作地比轮作地发病重。春播豇豆一般较晚播豇豆病重。

（四）防治方法

1）销毁病残体，收获后将病残株集中烧毁。

2）合理施肥，增施钾肥，可提高植株抗病力。

3）药剂防治时，发病初期及时喷药防治，用波尔多液（0.5∶0.5∶100）；50%托布津可湿性粉剂1 000倍液，或50%多菌灵可湿性粉剂1 000倍液；65%代森锌可湿性粉剂500~600倍液，每隔10天左右喷药一次，连续喷2~3次。

任务实施

一、材料及工具的准备

1. 材料

豆科蔬菜病害的盒装标本、浸渍标本、病原菌的玻片标本、新鲜的病害实物、病害挂图、幻灯片等。

2. 用具

显微镜、镊子、无菌水、纱布、放大镜、挑针、刀片、载玻片、盖玻片等。

二、任务实施步骤

1. 豆科蔬菜病害症状和病原菌形态观察

观察豆科蔬菜各种常见病害的分布特点、发病部位、症状表现和病原特征。

2. 豆科蔬菜主要病害的预测

根据当地豆科蔬菜常见病害的越冬菌量、气象条件、栽培措施和当地豆科蔬菜主栽品种的生长发育状况，调查并整理资料后进行实际分析，预测两种主要豆科蔬菜病害的发生趋势。

3. 豆科蔬菜主要病害防治

1）调查了解当地豆科蔬菜主要病害的发生与危害情况及其防治技术和成功经验。

2）根据豆科蔬菜主要病害的发生规律，结合当地生产实际，提出3种豆科蔬菜病害防治的建议和方法。

3）配制并使用3种常用杀菌剂防治当地豆科蔬菜主要病害并调查防治效果。

任务考核

任务考核单

序号	考核内容	考核标准	分值	得分
1	豆科蔬菜角斑病症状观察	能根据症状识别和防治角斑病	25	
2	豆科蔬菜锈病症状观察	能根据症状识别和防治锈病	25	
3	豆科蔬菜轮纹病症状观察	能根据症状识别和防治轮纹病	25	
4	豆科蔬菜褐斑病症状观察	能根据症状识别和防治褐斑病	25	

思考问题

1. 豆科蔬菜露地栽培时如何防治气传性病害？
2. 保护地栽培豆科蔬菜时如何用物理方法防治真菌性病害的发生？
3. 豆科蔬菜病毒病防治时为什么要先防治蚜虫呢？

知识链接

蔬菜营养失调的症状

一、氮的生理性病害

1）缺氮时，蔬菜下部老叶片绿色减退，呈现黄色，从下向上发展。植株矮小，叶小而薄，生长缓慢。

2）氮过多时，植株易徒长，叶面积增大，叶色浓绿，叶片肥厚不垂，易倒伏，抗逆性（干旱、水涝、高温、低温及病虫害）降低，成熟晚，易发生"黑暴"，品质下降。

二、磷的生理病害

1）缺磷时，蔬菜下部老叶为暗绿色，无光泽，发展到出现一些小白色斑点后变为红褐色，连片叶片枯焦，从下向上发展。植株矮小瘦弱，根少，叶片狭长直立呈簇生状。过多施用磷肥，易造成蔬菜对铁、锌、锰的吸收减少。

2）磷过多时，植株矮小，节间过短，叶脉凸出，叶片肥厚密集，组织粗糙，质量较差。

三、钾的生理病害

1）缺钾时，症状一般在蔬菜生长中后期表现出来，叶呈锯齿状，下部老叶暗绿无光泽，叶缘和叶尖出现浅绿或杂色斑点，之后变成褐色或呈烧焦斑，连片死亡。蔬菜缺钾一般根不发达，抗旱及抗病虫害的抗逆性减弱，易出现根腐病。

2）钾过多时，蔬菜含水量大大提高，不利于其运输及储藏。

四、镁的生理病害

缺镁时，植株最下部叶片，主脉和支脉保持绿色，叶尖、叶缘和叶肉由绿色，变为浅绿色，再变为几乎白色，从下向上发展。

五、铁的生理病害

1）缺铁时，蔬菜上部叶片，主脉和支脉保持绿色，叶肉出现失绿黄化现象。严重缺铁的植株，上部幼嫩叶片整片黄化，老叶仍保持绿色。

2）铁过多时，引起中毒现象，中下部叶片，特别是叶尖形成灰色斑点或深褐色斑点。

六、硼的生理性病害

1）缺硼时，生长点坏死，蔬菜停止生长。顶端幼叶为浅绿色，肥厚、粗糙、硬脆，幼叶卷曲畸形，茎部为灰白色，之后发生溃烂。上部叶片向下作半圆式弯曲，变得易脆。根系短粗呈丛枝状。整株为黄棕色且枯萎。

2）硼过多，引起植株中毒。根系生长受阻。叶缘出现黄褐色斑点，叶肉出现失绿斑块。

七、锰的生理性病害

1）缺锰时，症状先从幼嫩叶片上出现，叶色失绿变为黄白色，但叶脉及附近仍保持绿色，脉纹清楚。严重缺锰时，叶面产生黄褐色小斑点，扩大布满整个叶片。

2）锰过量时，引起锰中毒。

八、锌的生理病害

缺锌时，植株矮小，节间缩短，顶叶丛生，叶面皱折，生长受阻，叶片小而畸形，叶肉褪绿为花白叶或产生失绿条纹，并有黄斑出现。严重缺锌时，下部叶片出现大而不规则的枯褐斑。

九、钼的生理病害

缺钼时，植株瘦弱，茎秆细长，中下部叶片为黄绿色，小而厚，狭长，叶面有坏死斑点，叶间距较大。严重者叶边缘向上卷。

十、钙的生理病害

缺钙时，新叶顶叶卷曲呈扇形，向下弯曲，叶尖端及边缘枯腐，停止生长。老叶保持正常形态，叶片较厚，有时会出现枯死斑点。

任务5　葱蒜类蔬菜病害防治技术

任务描述

葱蒜类蔬菜主要包括大蒜、葱花（大葱、洋葱、分葱）、韭菜等，这类蔬菜营养价值高，具有较强的杀菌功能，并且适应性强，抗寒耐热，耐储耐运，在我国种植历史悠久，栽培普遍。但是，随着种植面积的扩大，病害发生日趋严重，有的田块甚至绝收，严重影响了产量和效益。

葱蒜类蔬菜的病害主要有疫病、锈病、菌核病、霜霉病、紫斑病、病毒病、细菌性软腐病等，由于葱蒜类蔬菜的组织里都含有一种挥发性的硫化物，具特殊的辛辣味，能起到减轻后作作物病、虫危害的作用，但是在防治中诊断不准，预测预报工作薄弱，化学农药使用过量，一些配套技术和方法落实不利等问题，对蔬菜产量和品质造成了一定的影响。所以，我们有必要学习并总结出行之有效的综合防治方案来减轻菜农的损失。

任务咨询

一、葱蒜类蔬菜疫病

疫病是韭菜的重要病害，还可危害葱、蒜等作物。此病主要危害假茎和鳞茎，叶片、花

类、根也可被害。

(一) 症状识别

患部初呈暗绿色水渍状斑，当病斑扩展到叶片的一半时，呈湿腐状，叶、薹下垂。鳞茎受害，根盘处呈水渍状浅褐色至暗绿色腐烂。根部受害，根毛少，变褐色且腐烂。湿度大时，病部长出白色稀疏霉层。高温（25~32℃）、高湿（相对湿度在95%以上）是该病发生的重要条件。连作、地势低洼积水、土壤黏重等，发病重。

(二) 防治方法

1. 农业防治

轮作。深沟高畦种植。合理排灌。施足基肥，实行配方施肥。注意田间卫生。

2. 药剂防治

发病初期，用90%乙膦铝800倍液+高锰酸钾1 000倍液，或58%甲霜灵·锰锌（瑞毒霉·锰锌）可湿性粉剂500倍液，或25%甲霜灵（瑞毒霉）可湿粉剂800倍液，或64%恶霜灵·锰锌（杀毒矾）可湿性粉剂600倍液，或65.5%普力克水剂800倍液，或69%安克·锰锌+75%百菌清（1:1）1 000倍液，间隔7~10天一次，根据病情喷2~3次。

二、葱蒜类蔬菜锈病

此病主要危害韭菜、大葱、洋葱，而韭菜更易受害。

(一) 症状识别

此病主要危害叶片和花梗，初在患部出现纺锤形或椭圆形隆起的橙黄色小疱斑，后扩展为较大疱斑。表皮破裂散出橙黄色粉状物，后期患部现黑色疱斑，破裂后散出黑粉。

(二) 防治方法

1. 农业防治

施足有机肥，增施磷、钾肥，合理排灌，提高植株抵病力。及时摘除病叶，清除病残体并烧毁。

2. 药剂防治

发病初期喷施15%三唑酮2 000倍液，或40%黄硫悬浮剂400倍液，或25%敌力脱乳油3 000倍液，或25%敌力脱乳油+15%三唑酮可湿性粉剂（1:2）4 000倍液，或70%代森锰锌+15%三唑酮可湿性粉剂（2:1）2 000倍液，隔7~10天喷一次，根据病情喷1~3次。要特别注意对发病中心的防治。

三、葱蒜类蔬菜菌核病

此病主要危害韭菜的叶鞘、叶片和假茎。而大葱、洋葱被害部位主要为叶片和花梗。

(一) 症状识别

被害部均呈褐色或灰褐色湿腐状，后腐烂干枯，田间可见成片枯死株，被害部可见棉絮状菌丝缠绕及由菌丝纠结而成的先是黄白色后变成茶褐色菜子状小菌核。温暖多湿的天气有利于发病，地势低洼积水、偏施、过施氮肥，以及种植过密而通风不良等均会加重发病。

(二) 防治方法

1. 农业防治

播种前选种，除去菌核。合理轮作，合理密植，加强肥水管理，注意田间卫生，清除病残物，减少菌源。

2. 药剂防治

发病初期，若韭菜，则在每次割韭后到新株抽生期交替喷施50%速克灵可湿性粉剂1 500倍液，或50%农利灵可湿性粉剂1 000倍液，或50%扑海因可湿性粉剂1 000倍液，或40%菌核净可湿性粉剂700~1 000倍液，或世高1 000倍液，交替喷施3~4次，7~10天一次。

四、葱蒜类蔬菜霜霉病

此病是大葱、洋葱的常见病害，主要危害叶片及花梗。

（一）症状识别

被害部出现灰绿色（洋葱）至黄白色（大葱）卵圆形病斑，边缘不明显。潮湿时，患部表面遍生白色绒霉，后呈暗紫色霉层。日暖夜凉、多雨、多浓雾或多露，有利病害的发生。连作地、地势低洼的积水田块发病严重。

（二）防治方法

1. 农业防治

选用抗病品种，一般洋葱红皮比黄皮抗病，黄皮比白皮抗病。

种子消毒可用50 ℃温水浸25 min；鳞茎或侧生苗可用45 ℃温水浸90 min，然后用冷水冷却后晾干播种；还可用50%福美双+35%甲霜灵（瑞毒霉）（1:1）可湿性粉剂拌种。

深沟高畦种植，实行轮作，施足有机质肥及磷、钾肥，合理密植及排灌，及时剔除病苗、病株，注意田间卫生。

2. 药剂防治

发病初期，及时喷施90%乙膦铝800倍液+高锰酸钾1 000倍液，或25%甲霜灵（瑞毒霉）可湿性粉剂800倍液，或58%甲霜灵·锰锌（瑞毒霉·锰锌）600倍液，隔7~10天喷一次，连喷3~4次，注意交替喷施。

五、葱蒜类蔬菜紫斑病

此病主要危害细香葱、大葱、大蒜、洋葱、韭菜等，是大葱、大蒜的主要病害，主要危害叶和花梗。

（一）症状识别

病斑初为水渍状，灰白色，稍凹陷，后扩大成椭圆形或梭形，紫褐色。湿度大时，病部产生呈同心轮纹状排列的黑色霉层。发病重时引起叶、梗枯死或折倒。

（二）防治方法

1. 农业防治

施足底肥，增施磷、钾肥，加强田间管理，实行与非葱类作物轮作。种子处理，播种前用40%甲醛液300倍液浸种3 h，水洗并晾干后播种。鳞茎可用40~45 ℃温水浸1.5 h。

2. 药剂防治

发病初期喷施70%代森锰锌可湿性粉剂600倍液，或75%百菌清+70%托布津可湿性粉剂（1:1）1 000~1 500倍液，或64%恶霜灵·锰锌（杀毒矾）500倍液，或50%施保克

乳油1 200倍液，隔7~10天一次，共喷2~3次。注意轮用、混用。

六、葱蒜类蔬菜病毒病

（一）症状识别

大蒜和薤发病后，出现黄绿相间的长条斑，病株矮缩，叶片皱缩扭曲，鳞茎变小、僵硬，分蘖减少，影响产量和品质。病毒病主要由蚜虫传播。一般高温干旱、管理粗放、蚜虫发生量大，或植株偏施氮肥、缺肥、植株生长不良等均发病重。发病后，应及时拔除并烧毁病株。

（二）防治方法

1. 农业防治

清洁田园，减少毒源。适时播种，加强肥水管理，重施有机肥，多用复合肥或磷、钾肥，忌偏施氮肥。

2. 物理防治

采用银灰色薄膜避蚜，在苗床上方每隔60~100 cm挂3~6 cm宽银灰色薄膜，可收避蚜防毒之效。设黄板诱蚜，黄板上涂机油插于田间（高约60 cm），可诱杀有翅蚜。

3. 药剂防治

发病初期用1.5%植病灵乳剂1 000倍液+20%病毒A可湿性粉剂500倍液，或1.5%植病灵乳剂1 000倍液，或20%病毒A可湿性粉剂500倍液，或83-增抗剂100倍液，或抗毒剂1号300倍液，共喷2~3次，7~10天一次。

七、葱蒜类蔬菜细菌性软腐病

葱蒜类蔬菜细菌性软腐病以大蒜、大葱、洋葱危害最多见。

（一）症状识别

大蒜染病后，一般先从脚叶的叶缘或中脉发病，形成黄白色条斑，可贯穿整个叶片。温度高时，病部呈黄褐色软腐状，后逐渐向上部叶片扩展，致全株枯黄。

（二）防治方法

1. 农业防治

合理轮作。加强肥水管理，施足基肥，实行配方施肥，低洼地宜高畦种植，及时排除积水，注意田间卫生。

2. 药剂防治

发病初期及时喷药，喷施与淋施相结合。药剂可使用23%络氨铜水剂250~300倍液灌根，或72%农用链霉素4 000倍液，或新植霉素4 000倍液，或77%氢氧化铜（可杀得可湿性粉剂）400~500倍液。交替使用，连施3~4次。

任务实施

一、材料及工具的准备

1. 材料

葱蒜类蔬菜病害的盒装标本、浸渍标本、病原菌的玻片标本、新鲜的病害实物、病害挂图、幻灯片等。

2. 用具

显微镜、镊子、无菌水、纱布、放大镜、挑针、刀片、载玻片、盖玻片等。

二、任务实施步骤

1. 葱蒜类蔬菜病害症状和病原菌形态观察

观察葱蒜类蔬菜各种常见病害的分布特点、发病部位、症状表现和病原特征。

2. 葱蒜类蔬菜主要病害的预测

根据当地葱蒜类蔬菜常见病害的越冬菌量、气象条件、栽培措施和当地葱蒜类蔬菜主栽品种的生长发育状况，调查并整理资料后进行实际分析，预测两种主要葱蒜类蔬菜病害的发生趋势。

3. 葱蒜类蔬菜主要病害防治

1）调查了解当地葱蒜类蔬菜主要病害的发生与危害情况及其防治技术和成功经验。

2）根据葱蒜类蔬菜主要病害的发生规律，结合当地生产实际，提出3种葱蒜类蔬菜病害防治的建议和方法。

3）配制并使用3种常用杀菌剂防治当地葱蒜类蔬菜主要病害并调查防治效果。

任务考核

任务考核单

序 号	考核内容	考核标准	分 值	得 分
1	葱蒜类蔬菜疫病症状观察	能根据症状识别和防治疫病	20	
2	葱蒜类蔬菜锈病症状观察	能根据症状识别和防治锈病	20	
3	葱蒜类蔬菜菌核病症状观察	能根据症状识别和防治菌核病	20	
4	葱蒜类蔬菜霜霉病症状观察	能根据症状识别和防治霜霉病	10	
5	葱蒜类蔬菜紫斑病症状观察	能根据症状识别和防治紫斑病	10	
6	葱蒜类蔬菜病毒病症状观察	能根据症状识别和防治病毒病	10	
7	葱蒜类蔬菜细菌性软腐病症状观察	能根据症状识别和防治细菌性软腐病	10	

思考问题

1. 葱蒜类蔬菜病害的发生特点与防治有何关系？
2. 葱蒜类蔬菜病害诊断时的要点有哪些？

知识链接

韭菜生理性病害"干尖症"的防治

一、诊断要点

"干尖症"是保护地韭菜常见的生理性病害。有的叶片生长缓慢、细弱、外叶枯黄；有的叶尖枯萎，渐变为褐色；有的叶尖变为枯白色；有的先叶尖变为茶褐色，后渐变为褐色；

有的嫩叶轻微黄白，外部叶片黄白且枯死。

二、韭菜生理性病害"干尖症"的防治措施

1）少施酸性肥料，一旦土壤酸化，可撒石灰来调节土壤酸度，使土壤 PH = 7。
2）盖膜前后不要直接施用大量碳酸氢铵或地面撒施尿素。覆膜后可追施硝铵。
3）及时放风降温和适时浇水，增加氮肥，增强韭菜的耐热能力。原则上不通底风，只开中、上部放风口，这样既有利于降温，又容易将湿气和有毒气体排除。
4）施用充分腐熟的有机肥并补充各种微肥。
5）避免过量使用含锰农药（如代森锰锌等），以免锰过量引起韭菜"干尖症"。

任务6　绿叶类蔬菜病害防治技术

任务描述

绿叶类蔬菜是指主要以柔嫩的绿叶、叶柄和嫩茎为食用部分的速生蔬菜，主要包括生菜、芹菜、菠菜、茼蒿、落葵、苋菜、蕹菜、芫荽、苦荬菜等，分属多个科。其中生菜、茼蒿、苦荬菜等均属菊科。这些绿叶菜在生长中易受多种病害，造成品质下降、产量降低。所以，我们要根据其发病条件和症状正确诊断并制订出防治方案来减轻菜农的经济损失。

绿叶类蔬菜的主要病害有病毒病、炭疽病、叶斑病、菌核病、白锈病等，在防治上要正确认识和了解绿叶类蔬菜病害的发生条件、传播规律及其特点，采取相应的防治措施，在一定程度上控制病害的发生，避免或减轻菜农的经济损失。

任务咨询

一、绿叶类蔬菜病毒病

芹菜、菠菜、蕹菜、苋菜、落葵均可发病。
（一）症状识别
此病症状的共同特点是：叶片变小、皱缩、畸形，花叶且呈斑驳状，植株矮化、枯萎。病原体主要通过蚜虫传染，也可通过接触摩擦传染。栽培管理粗放、干旱少雨、蚜虫数量多的发病重。
（二）防治方法
1）灭蚜防病，田间挂银灰色塑膜条避蚜，或在播种、定植前后喷药防治蚜虫。
2）农业防治，施足有机肥，注意施用磷、钾肥。清除杂草，及时拔除病株。
3）药剂防治，发病初期用 1.5% 植病灵 1 000 倍液 + 20% 病毒 A 600 倍液，或混合脂肪酸（83-增抗剂）100 倍液，或病毒 A 可湿性粉剂 500 倍液，或阿克泰 7 500 倍液等交替喷施。

二、绿叶类蔬菜炭疽病

（一）症状识别
此病主要危害叶片及茎。叶斑近圆形或椭圆形，灰褐色，具轮纹；茎上病斑近棱形，稍

凹陷，密生黑色轮纹状排列的小点。温暖多雨的天气条件有利发病，种植过密、田间通风透光差、施肥不足或氮肥过多、地势低洼等均易诱发炭疽病。

（二）防治方法

1）选用抗病品种。

2）种子消毒，播种前投入52℃温水中浸种20 min，再投入冷水中冷却，晾干播种。

3）农业防治，实行2~3年的轮作制；加强田间管理，合理密植，增施磷、钾肥，排除渍水，注意田间卫生。

4）药剂防治，发病初期用50%多菌灵可湿性粉剂500倍液，或75%百菌清+70%托布津1 500倍液，或69%安克·锰锌+75%百菌清1 500倍液，或80%炭疽福美可湿性粉剂800~1 000倍液，或25%炭特灵可湿性粉剂600倍液，或世高800倍液，交替连喷3~4次，隔7~10天喷一次。

三、绿叶类蔬菜叶斑病和斑枯病

（一）症状识别

叶斑病和斑枯病均为芹菜叶部常见病害，其症状的共同点是：叶斑形状、大小、颜色相似，均呈近圆形至不规则形，褐色至灰褐色，严重时病斑连成片，叶枯茎烂。不同点是：后者病斑上着生许多小黑点（病菌分生孢子器）。两种病菌均以菌丝体附在种子、病残体或病株上越冬。条件适宜时产生孢子，靠风雨、农事操作传播，侵染芹菜。一般高温、高湿或高温多雨发病重；管理粗放，植株长势弱，或者栽植过密而通风透气不良，也利于发病。

（二）防治方法

1）选用抗病、耐病品种。

2）种子处理，播种前用49℃温水浸种30 min，边浸边搅拌，然后投入冷水冷却，晾干播种。

3）农业防治，实行2年以上轮作，清除病残体，合理密植。加强肥水管理，避免偏施、过施氮肥，做好雨后清沟排渍工作。

4）药剂防治，发病初期，先摘除病叶，后喷施50%多菌灵500倍液，或75%百菌清+70%托布津可湿性粉剂（1:1）1 000~1 500倍液，或77%可杀得500倍液，或3%抗霉菌素120水剂100倍液，或69%安克·锰锌+75%百菌清可湿性粉剂（1:1）1 000~1 500倍液，或58%甲霜灵·锰锌500~800倍液，交替喷3~4次，隔7~15天喷一次。

四、绿叶类蔬菜菌核病

（一）症状识别

芹菜菌核病分布较广泛，全生育期均可发生，危害芹菜茎、叶。受害部初呈褐色水渍状，湿度大时形成软腐，病部生白色菌丝，后期形成黑色鼠粪状菌核。病菌以菌核在土壤中或混于种子间越冬，田间靠病、健组织接触菌丝侵染蔓延。低温、高湿、多雨、种植过密而通风不良均有利于发病，偏施、过施氮肥可加重发病。

（二）防治方法

1）农业防治，播种前选种，除去菌核。深沟高畦种植。加强肥水管理，合理密植，注意田间卫生，清除病残物，减少菌源。

2) 种子消毒，播种前可月10%食盐水或20%硫酸铵水淘选掉菌核，水洗后晾干、播种。

3) 药剂防治，发病初期用50%速克灵1 500倍液，或50%农利灵1 000倍液，或50%扑可因可湿性粉剂1 000倍液，或40%菌核净可湿性粉剂700～1 000倍液，或50%农利灵可湿性粉剂1 000～1 500倍液，或世高1 000倍液，交替喷施3～4次，隔7～10天喷一次。喷施与淋施相结合，效果更好。

五、绿叶类蔬菜白锈病

（一）症状识别

此病主要危害叶片。叶面初现不规则形褪色斑，叶背相应部位产生圆形、椭圆形至不规则形白色隆起的疱斑，有时互相连接为较大的疱斑，后期疱斑破裂散出白粉（病菌孢子囊）。低温高湿或阴雨连绵的天气条件、偏施或过施氮肥、植株生长柔弱等均易诱发本病。

（二）防治方法

1) 种子消毒，用种子重量0.3%的25%或64%恶霜灵·锰锌（杀毒矾）可湿性粉剂拌种1～2昼夜后播种。

2) 农业防治，合理密植，配方施肥，深沟高畦种植，排渍降湿，注意田间卫生等。

3) 药剂防治，可交替喷施5%～8%甲霜灵·锰锌可湿性粉剂600～800倍液，或64%恶霜灵·锰锌（杀毒矾）可湿性粉剂600倍液，或66.5%普力克水剂800倍液，或72%克露可湿性粉剂600～800倍液，喷施2～3次，隔7～10天喷一次。

六、绿叶类蔬菜褐斑病和轮斑病

（一）症状识别

褐斑病和轮斑病症状的共同点是：叶斑均呈圆形、椭圆形或不规则形，浅褐色、褐色至黑褐色或红褐色，病斑相互连接，病叶枯黄致死。不同点是：褐斑病斑面无轮纹或轮纹不明显，病斑面上有近灰色霉状物；轮斑病斑面具明显同心轮纹，并出现稀疏小黑点。温暖多湿天气、植地低湿、过度密植等均有利于两种病的发生。

（二）防治方法

1) 种子消毒，参照绿叶类蔬菜白锈病防治进行。

2) 农业防治，实行轮作，增施磷、钾肥，清除病残体。合理密植，降低田间湿度。

3) 药剂防治，发病初期用50%多硫悬浮剂400倍液，或75%百菌清+70%托布津可湿性粉剂（1:1）1 000～1 500倍液，或69%安克·锰锌+75%百菌清可湿性粉剂（1:1）1 000～1 500倍液，或40%三唑酮或多菌灵可湿性粉剂800～1 000倍液，交替喷施3～4次，隔7～10天喷一次。

七、绿叶类蔬菜霜霉病

（一）症状识别

此病主要危害叶片。叶面正面出现近圆形或椭圆形、灰褐色、具轮纹的病斑；叶背面病斑上产生先灰白色后变灰紫色霉层。该病在种植密度大、田间通风不良、低洼积水、低温高湿条件下发病重。

（二）防治方法

1）农业防治，合理密植，加强肥水管理，降低田间湿度，及时拔除侵染病株并烧毁。

2）药剂防治，发病初期交替喷施90%乙膦铝800倍液+高锰酸钾1 000倍液（随用随配），或58%甲霜灵·锰锌（瑞毒霉·锰锌）可湿性粉剂500～800倍液，或64%恶霜灵·锰锌（杀毒矾）可湿性粉剂500倍液，或72%克露可湿性粉剂450～600倍液，喷施3～4次，隔7～10天喷一次。

八、绿叶类蔬菜蛇眼病

（一）症状识别

此病病斑近圆形、紫色，边缘为紫褐色，分界明显，斑中部稍下陷、质薄，色泽为黄褐色、黄白色至灰白色不等。与其他斑点病症状区别主要是病征表现不同，蛇眼病表现为浅色稀疏薄霉。发病适温25～27 ℃。温暖多湿、雾大露重或阴雨连绵的天气有利于发病。

（二）防治方法

1）种子处理，用无病地留种。播种前，可用48 ℃温水浸种20 min，然后投入冷水冷却，晾干后播种。

2）农业防治，施足底肥，增施磷、钾肥，加强田间管理，提高植株抗病能力，实行轮作。收获后清除田间病残体并集中烧毁。

3）药剂防治，参照绿叶类蔬菜褐斑病防治进行。

任务实施

一、材料及工具的准备

1. 材料

绿叶类蔬菜病害的各种标本、挂图、幻灯片等。

2. 用具

手持放大镜、体视显微镜等。

二、任务实施步骤

1. 绿叶类蔬菜病害症状和病原菌形态观察

观察绿叶类蔬菜各种常见病害的分布特点、发病部位、症状表现和病原特征。

2. 绿叶类蔬菜主要病害的预测

根据当地绿叶类蔬菜常见病害的越冬菌量、气象条件、栽培措施和当地绿叶类蔬菜主栽品种的生长发育状况，调查并整理资料后进行实际分析，预测两种主要绿叶类蔬菜病害的发生趋势。

3. 绿叶类蔬菜主要病害防治

1）调查了解当地绿叶类蔬菜主要病害的发生与危害情况及其防治技术和成功经验。

2）根据绿叶类蔬菜主要病害的发生规律，结合当地生产实际，提出3种绿叶类蔬菜病

项目5　蔬菜病害防治技术

害防治的建议和方法。

3) 配制并使用3种常用杀菌剂防治当地绿叶类蔬菜主要病害并调查防治效果。

任务考核

任务考核单

序号	考核内容	考核标准	分值	得分
1	绿叶类蔬菜病毒病病症状观察	能根据症状识别和防治病毒病	20	
2	绿叶类蔬菜炭疽病症状观察	能根据症状识别和防治炭疽病	20	
3	绿叶类蔬菜叶斑病和斑枯病症状观察	能根据症状识别和防治叶斑病与斑枯病	10	
4	绿叶类蔬菜菌核病症状观察	能根据症状识别和防治菌核病	10	
5	绿叶类蔬菜白锈病症状观察	能根据症状识别和防治白锈病	10	
6	绿叶类蔬菜褐斑病和轮斑病症状观察	能根据症状识别和防治褐斑病与轮斑病	10	
7	绿叶类蔬菜霜霉病症状观察	能根据症状识别和防治霜霉病	10	
8	绿叶类蔬菜蛇眼病症状观察	能根据症状识别和防治蛇眼病	10	

思考问题

1. 绿叶类蔬菜病害的发生特点与防治的关系？
2. 绿叶类蔬菜病害的症状特点有哪些共同之处？
3. 绿叶类蔬菜病害综合防治方案与其他蔬菜病害有何不同？

知识链接

无公害蔬菜生产技术

无公害蔬菜生产中，应以"预防为主，综合防治"作为指导方针，建立无污染源生产基地，并遵循以下10项技术要点：

1) 严禁施用剧毒和高残留农药，如3911、1605、呋喃丹等。
2) 选用高效、低毒、低残留、对害虫天敌杀伤力小的农药，如辛硫磷、多菌灵等。
3) 蔬菜基地要远离工矿业污染源，避免"三废"污染。
4) 选用抗病、抗虫优质丰产良种。
5) 深耕、轮作换茬，调整好温、湿度，培育良好的生态环境。
6) 推广并应用微生物农药。
7) 搞好病虫害预测预报，对症适时适量用药。
8) 推广不造成污染的物理防治方法，如温汤浸种、高温闷棚、黑籽南瓜嫁接等。
9) 搞好配方施肥，控制氮肥用量，推广施用酵素菌、K100等活性菌有机肥。
10) 搞好植物检疫。严防黄瓜黑星病、番茄溃疡病等毁灭性病害传入蔓延。

发展无公害蔬菜生产，同时应从菜田生态系统总体出发，本着经济、安全、有效、简便的原则，优化并协调运用农业、生物、化学和物理的配套措施，创造有利于蔬菜丰产，而不利病虫害发生的条件，达到高产、优质、低耗、无害的目的。

学 习 小 结

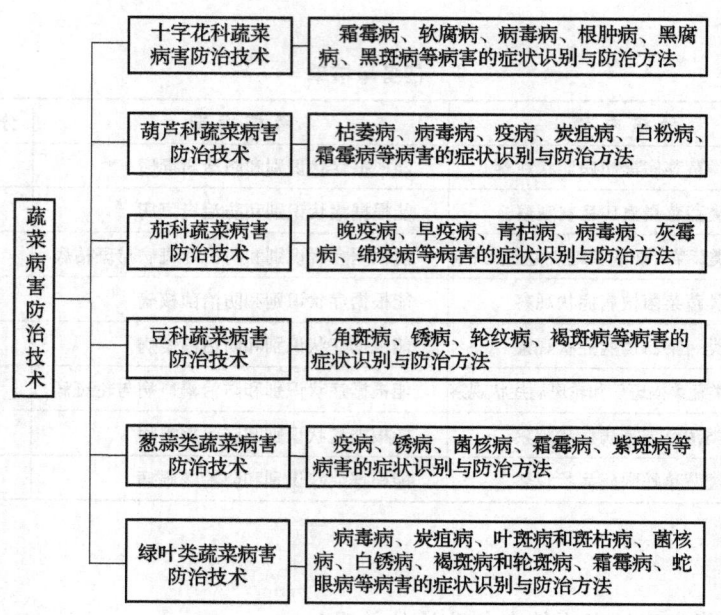

达 标 检 测

一、选择题

1. 十字花科软腐病的侵染来源是（　　）。
 A. 菜窖附近的病残体　　B. 土壤和堆肥　　C. 昆虫　　D. 以上都是
2. 蔬菜苗期病害主要有（　　）。
 A. 猝倒病　　B. 立枯病　　C. 灰霉病　　D. 生理性沤根
 E. 上述均是
3. 番茄病毒病的病原主要是（　　）。
 A. TMV 和 TuMV　　B. CMV 和 CAMV　　C. TMV 和 CMV　　D. CAMV 和 TuMV
4. 蔬菜苗期病害主要在（　　）越冬。
 A. 种子　　B. 土壤和病残体　　C. 病残体　　D. 昆虫
5. 防治白菜软腐病的常用药剂为（　　）。
 A. 多菌灵　　B. 百菌清　　C. 农用链霉素　　D. 病毒A
6. 瓜类白粉病病斑上可散生许多黑色小颗粒，这些颗粒为病菌的（　　）。
 A. 分生孢子器　　B. 子囊壳　　C. 分生孢子　　D. 菌核

二、填空题

1. 十字花科蔬菜软腐病菌主要在_____和_____中越冬，病菌主要通过_____、_____传播，从_____侵入寄主。
2. 番茄病毒病的症状可归纳为_____、_____和_____3种类型。
3. 瓜类枯萎病的病原物为_____，在 PDA 培养基上病菌可产生_____孢子、

_____孢子和_____孢子。

4. 白菜三大病指的是_____、_____和_____。

三、简答题

1. 茄科植物苗期病害有哪些？试述综合防治方案。
2. 葫芦科蔬菜枯萎病有哪些发病规律？
3. 试述茄科植物病毒病症状。

项目 6

蔬菜害虫防治技术

【项目说明】

危害蔬菜的昆虫、螨类、软体动物等统称为蔬菜害虫。我国国内已知的蔬菜害虫约400种，北方常见的有40种以上。危害蔬菜幼苗根部的害虫有蝼蛄、地老虎、金针虫、蛴螬等；危害蔬菜叶部的害虫有菜青虫、叶蚤虫、叶螨、蓟马、蚜虫、潜叶蝇等。这些害虫危害蔬菜后，不仅造成减产，而且影响蔬菜的品质，降低商品价值。近几年，随着棉铃虫的大量发生，其转入菜田危害，蛀食番茄、辣椒的花、果，造成大量减产；玉米螟蛀食姜的茎秆，造成枯心死苗，并蛀入豆角影响品质和产量。韭蛆在蔬菜保护地也相继严重发生，造成减产。总之，在蔬菜生产的每个阶段都可能受到各种各样害虫的危害。为保证蔬菜产量、品质，必须积极做好害虫防治工作。所以，本项目分为以下6个任务来完成：十字花科蔬菜害虫防治技术；葫芦科蔬菜害虫防治技术；茄科蔬菜害虫防治技术；豆科蔬菜害虫防治技术；葱蒜类蔬菜害虫防治技术；绿叶类蔬菜害虫防治技术。

【学习内容】

掌握当地蔬菜常发生的各种害虫的形态特征、生物学特性、发生规律、主要习性和防治方法。

【教学目标】

通过对蔬菜常发生害虫形态的观察、生物学特性的了解，能正确识别和防治当地蔬菜常发生的虫害，为蔬菜栽培养护中的虫害防治奠定基础。

【技能目标】

能准确识别蔬菜苗期害虫及当地主要栽培的各种蔬菜常发生害虫，并且能制订出合理有效的防治方案。

任务1 十字花科蔬菜害虫防治技术

任务描述

十字花科蔬菜与我们日常生活息息相关，是最常见的一类蔬菜，像白菜、萝卜、甘蓝、油菜、花椰菜等。虽然它们是一类比较普通的蔬菜，但种植起来仍然会受到许多虫害的侵扰。现阶段，我国已知的虫害有130多种，这些虫害中，有些会严重影响十字花科蔬菜的生长，甚至会造成绝产。

各地种植的十字花科蔬菜种类多、面积大、产量高。由于十字花科蔬菜几乎全年成片栽种，并且换茬勤，再加上前、后作更替方式多变等原因，造成害虫种类不断增多，因此，防虫治虫对提高十字花科蔬菜品质和增加菜农的经济效益非常关键。十字花科蔬菜因其亲缘关系较近，不同种类上发生的虫害基本相同，只是受害程度有差别。当前，危害十字花科蔬菜的主要害虫种类有：蚜虫类、食叶毛虫类、卷叶蝇类、潜叶蝇类、食心虫类、叶蝉类、叶螨类。

任务咨询

一、菜粉蝶

（一）形态特征

成虫翅为白色，顶角为灰黑色，雌性前翅有2个显著的黑色圆斑，雄性仅有1个显著黑斑。卵竖立呈瓶状，初产时为乳白色，后变为橙黄色。幼虫为青绿色，体表布满黑色小毛瘤。蛹呈纺锤形，中间膨大且有棱角状突起，体为绿色或棕褐色。

（二）危害特点

菜粉蝶以幼虫取食叶片，2龄前只食叶肉，留下一层透明的表皮，3龄后可蚕食整个叶片，严重时仅残留叶脉，影响植株生长发育和包心，造成损失。危害后还可以导致软腐病的发生。在湖南，一年发生8～9代，世代重叠现象十分严重。以蛹越冬，一年中有两次危害严重时期，第一次为4～6月，第二次为9～11月，尤以第二次危害严重。

（三）防治方法

1）生物防治，用国产Bt乳剂和青虫菌6号，浓度为400倍。

2）化学防治，50%辛硫酸磷乳油1 000倍液、2.5%溴氰菊酯（敌杀死）乳油3 000倍液、10%联苯菊酯（天王星）乳油10 000倍液、50%二嗪农乳油1 000倍液、40%氰戊菊酯（速灭杀丁）5 000倍液喷雾，于幼虫初孵盛期喷药。

3）此外应注意清洁田园，消灭越冬蛹，网捕成虫。

二、小菜蛾

小菜蛾又名小青虫、"吊死鬼"、两头尖等，在全国普遍发生。

（一）形态特征

成虫前翅前半部为浅褐色，散生褐色小点，后半部从翅基到外缘有1条三角形弯曲的浅色波状带，静止时两翅缝合处呈3个浅色斜方块。卵为浅黄绿色，椭圆形。幼虫两头尖，浅绿色至浅黄绿色，尾足向后伸，前胸背板上有浅褐色小点，排列成两个"U"字形。蛹初时为浅绿色，后渐变为黄绿色，外被灰色薄茧。

（二）危害特点

小菜蛾以幼虫取食叶片，初孵化的幼虫可在半天内潜入植株上、下表皮之间潜食叶肉。1龄后从潜道内退出，2龄后危害下表皮和叶肉，残留上表皮，也有少数2龄有潜叶危害。

3~4龄幼虫食叶成孔洞缺刻，严重时可将叶片吃光，仅残留叶脉。幼虫受惊后有吐丝下垂的习性。在平面上，幼虫受惊后则迅速倒退。老熟幼虫吐丝结茧在叶反面化蛹。在湖南一年发生10余代，一年中以4~6月和9~11月危害严重。

（三）防治方法

1）生物防治，细菌杀虫剂Bt乳液400倍液，杀螟杆菌、青虫菌400~500倍液，另加入0.1%的洗衣粉喷雾。

2）灯光诱杀成虫。

3）化学防治，小菜蛾已对多种常用化学农药产生明显抗性，一般农药对其效果不好。可以选用定虫隆（抑太保）2 000~3 000倍液、卡死克2 000倍液、农梦特2 000倍液、灭幼脲一号~三号500~1 000倍液，或用杀虫双200倍液加入Bt乳液400倍液喷雾。使用以上农药也应注意交替和混合使用，以减缓抗药性。

4）农业防治，必须彻底清洁田园，及时清除残株败叶，消灭虫源。

三、斜纹夜蛾

斜纹夜蛾又叫连纹夜蛾，俗称"麻麻虫"。在湖南各地均有发生。该虫食性极杂，可危害197种植物。在蔬菜作物中可危害白菜、甘蓝、萝卜、豆角、瓜类、芋、茭白、茄、辣椒、番茄、蕹菜、葱等。

（一）形态特征

成虫前翅上有许多斑纹，中间有明显的白色带状斜纹，并有肾状纹和环状纹。卵呈扁平球形，初产时为黄白色，后变为暗灰色，卵块上有一层黄褐色绒毛。蛹呈圆筒形，红褐色。幼虫背线和亚背线为橘黄色，从中胸到第9腹节的亚背线上缘各节上有一对半月形的黑斑，尤以第1、7、9腹节上的最大且最明显。

（二）危害特点

斜纹夜蛾在湖南一年发生6~7代。5月下旬可出现小幼虫，6月上、中旬发生数量多，7月上旬开始大发生，尤以7月中旬至8月虫口密度大，危害最严重。初孵幼虫群集在卵块附近，日夜均可取食。3龄前仅取食叶肉，被害叶片出现白色纱孔状斑块，极易识别。2龄后分散危害，4龄后进入暴食期，多在晚上危害，但白天若为阴雨天时也可危害。幼虫共6龄，1~4龄取食量不大，不易引起注意；5~6龄进入暴食期，一夜之间可造成毁灭性灾害。

（三）防治方法

斜纹夜蛾具有繁殖力强、食性杂、暴食性等特点，并且老龄幼虫抗药性强，防治时必须在幼虫初孵期集中危害时及时喷药防治。因此，必须加强田间管理。可以用40%乙酰甲胺磷乳油1 000倍液、80%敌敌畏乳油800~1 000倍液、40%氰戊菊酯（速灭杀丁）5 000倍液、2.5%溴氰菊酯（敌杀死）3 000倍液喷雾。此外，在成虫产卵盛期，2天采卵一次。同时，还应注意及时摘除"纱窗叶"以消灭初孵化的群集幼虫。

四、甜菜夜蛾

甜菜夜蛾食性较杂，除危害十字花科蔬菜外，尚可危害豇豆、茄子、番茄、瓜类、蕹菜等。

(一) 形态特征

成虫体为灰褐色，前翅中央近前缘外方有肾状纹 1 个，内方有环状纹 1 个，后翅为银白色。卵略带白色。老熟幼虫体色变化很大，有绿色、褐色、黑褐色等。较明显的特征是气门下线为明显的黄白色纵带，有时呈粉红色。蛹为黄褐色，臀刺上有刚毛 2 根。

(二) 危害特点

甜菜夜蛾以幼虫危害，1~3 龄幼虫食量小，多群集在叶背吐丝结网并于内取食；3 龄后则分散危害；4 龄后食量大增，昼伏夜出，当食物缺乏时可成群迁移危害。老熟幼虫入土化蛹。成虫昼伏夜出，交配产卵。成虫有趋光性。成虫产卵于叶片背面，卵块上有白色鳞片。

(三) 防治方法

由于甜菜夜蛾对常规农药产生了明显的抗性，常用农药对其防治效果不好，应该提倡使用有效的新农药。

1) 20% 米满悬浮剂 1 000~1 500 倍液喷雾，此药效作用缓慢，应比常规农药提早 2~3 天使用。

2) 10% 除尽悬浮剂 1 500 倍液喷雾，该药剂对鱼有毒，在十字花科蔬菜上不能连续使用超过 2 次。

3) 定虫隆（抑太保）3 000 倍液喷雾。药剂防治适期应掌握在卵的孵化盛期或 1 龄幼虫高峰期。

五、菜蚜

蔬菜上的蚜虫俗称"蚁子"，危害十字花科蔬菜的蚜虫主要有 3 种：萝卜蚜、桃蚜、甘蓝蚜，其中尤以萝卜蚜和桃蚜发生数量大，危害严重。

(一) 形态特征

有翅胎生雌蚜的头、胸均为黑色，腹部为绿色，腹管为暗绿色且较短，腹管前两侧具黑斑，身体上有稀疏的白色蜡粉。无翅胎生雌蚜全体为黄绿色，稍有白色蜡粉覆盖，腹管呈长筒形，顶端收缩。

(二) 危害特点

3 种蚜虫均以成蚜和若蚜危害，其中萝卜蚜全年均可发生，但以 4~5 月和 9~10 月发生数量多，特别是秋季干旱，时常大发生，造成严重灾害。被害株枯萎死亡，尚可传播病毒病，造成更大的损失。桃蚜的危害方式基本上与萝卜蚜相似，这两种蚜虫常混合于十字花科蔬菜上危害。上述 3 种蚜虫均可两性生殖和孤雌生殖，当环境条件适宜、食料丰富时多进行孤雌生殖，产生若蚜。

(三) 防治方法

1) 利用银灰色薄膜避蚜，特别是十字花科蔬菜的苗床和温室育苗应大力提倡。也可采取黄板诱蚜的方法消灭迁飞蚜虫。

2) 化学防治，蚜虫多群集于叶背面取食危害，喷药时务必均匀周到，选择农药时应选兼有触杀、内吸、熏蒸三重作用的农药，提倡混合使用。例如国产 50% 抗蚜威或美国产的 50% 辟蚜雾可湿性粉剂 2 000~3 000 倍液具有特效。灭杀毙 5 000 倍液、40% 氰戊菊酯 6 000 倍液、40% 乐果乳油 1 000 倍液+80% 敌敌畏 1 000 倍液，效具也好。对甘蓝类蜡质较多的

蔬菜，药液中可加入0.1%洗衣粉作为粘着剂，以提高药效。药剂防治，6~7天一次，连续2~3次。此外，应及时清洁田园，扫除田间残株败叶。同时，保护自然中的草蛉、蚜茧蜂、食蚜蝇等天敌昆虫。

六、黄曲条跳甲

黄曲条跳甲俗称菜蚤、菜蛆，在湖南各地普遍发生，尤以白菜、萝卜受害较重。

（一）形态特征

成虫为黑色且有光泽，前胸背板及鞘翅上有许多刻点，排列成纵行，鞘翅中央有一黄色曲条。卵为浅黄色，椭圆形。幼虫为黄白色，体节上有肉瘤，上生有细毛。蛹为乳白色，腹末有一对叉状突起。

（二）危害特点

成虫和幼虫均可危害。成虫取食叶片，将叶片食成许多小孔，幼苗期子叶受害，可使整株死亡，造成缺苗毁园。幼虫危害菜根，将根表皮蛀成许多弯曲虫道，并咬断须根，造成伤口，有利于病菌侵入并造成软腐病的流行。湖南一年发生5~6代，以成虫在菜园的枯枝落叶、杂草丛中及附近树木上越冬。越冬成虫3月开始发生，交配产卵，4~5月和9~10月发生数量多，尤以秋季白菜受害最重。幼虫蛀食主根的表皮，萝卜受影响最大。幼虫老熟后多在3~7 cm深的土中做土室化蛹。

（三）防治方法

1）与非十字花科蔬菜轮作。

2）化学防治，应在越冬成虫开始活动时进行防治，尤其是白菜类苗期的防治。喷药最好在上午8~10时或下午3时以后进行。用25%亚胺硫磷乳油400倍液+80%敌敌畏1 000倍混合液，效果很好，或用50%杀螟腈乳油1 000倍液、50%敌百虫800倍液+0.25%的碱液喷雾。幼苗期发现根部有幼虫危害时，可用90%敌百虫1 000倍液灌根；移栽幼苗时，可用90%敌百虫1 000倍药液浸根3 min，以彻底杀死根部幼虫。

七、小猿叶虫

小猿叶虫俗称坨屎虫，在湖南分布极普遍，尤以白菜、萝卜受害较重。

（一）形态特征

成虫为蓝黑色且有光泽，鞘翅上有11行刻点，小盾片呈卵圆形。卵初产时为鲜黄色，后变为暗黄色。幼虫各体节腹面除前胸仅有1个肉瘤外，其余各节均有3个。头部为黑色，胸、腹部为灰黄褐色。蛹近半球形，黄色。

（二）危害特点

小猿叶虫以成虫和幼虫危害，将菜叶食成孔洞缺刻，严重时仅残留叶脉。湖南一年发生3代，春季1代，秋季2代。以成虫在菜园土下、草丛及垃圾等地越冬。一年中9~11月为全年发生高峰期，多危害大白菜、小白菜。成虫产卵于菜叶柄、叶片中脉处，一般每处产卵1粒，在田间若发现菜叶柄上有许多灰色小斑，即为产卵痕迹。幼虫行动迟缓，喜在叶背面及心叶中取食。幼虫共3龄，老熟后入土化蛹。

（三）防治方法

1）人工捕杀，利用成虫和幼虫的假死习性，击落并用容器承接，集中消灭。

2）化学防治，50%马拉硫磷800倍液+90%敌百虫晶体1 000倍液喷雾效果好，也可用25%增效喹硫磷乳油1 000倍液喷雾。

八、美洲斑潜蝇

美洲斑潜蝇除危害十字花科蔬菜外，尚可危害瓜类、豆类、茄科等蔬菜。

（一）形态特征

成虫是一种小蝇，头为黄褐色，触角为黄色，小盾片呈半圆形，黄色。幼虫和蛹的后气门呈圆锥状突起，顶端三分叉，各具1小孔开口。

（二）危害特点

美洲斑潜蝇以幼虫潜入叶片，使受害叶片形成不规则弯曲隧道。被害叶片易脱落，对蔬菜的产量和质量均有严重影响。湖南一年可发生9~11代，一般4月中下旬越冬蛹开始羽化，以后开始产卵危害，一年中以4~5月和9~11月发生数量多，危害严重。

（三）防治方法

加强农药防治，适时进行化学防治，主攻低龄幼虫，兼治成虫。可用98%杀螟丹（巴丹）750倍液、5%三氟氯氰菊酯（功夫）1 500倍液、90%乙酰甲胺磷800倍液、40%乐果+18%杀虫双600倍液、农保乐1 500倍液喷雾。

任务实施

一、材料及工具的准备

1. 材料

十字花科蔬菜害虫的各种标本、活体昆虫、挂图、幻灯片等。

2. 用具

手持放大镜、体视显微镜、泡沫塑料板、镊子、解剖针、蜡盘。

二、任务实施步骤

1. 十字花科蔬菜常见害虫形态和危害特征观察

观察当地十字花科蔬菜各种常发生害虫的形态特征、危害部位和被害特点。

2. 十字花科蔬菜主要害虫的预测

选择两种当地十字花科蔬菜的主要害虫，利用性诱剂、诱蛾器或虫情测报灯进行调查，将调查资料整理后进行实际分析并预测两种主要十字花科蔬菜害虫的发生趋势。

3. 十字花科蔬菜主要害虫的防治

1）调查了解当地十字花科蔬菜主要害虫的发生与危害情况及其防治技术和成功经验。

2）根据十字花科蔬菜主要害虫的发生规律，结合当地生产实际，提出3种十字花科蔬菜害虫防治的建议和方法。

3）配制并使用3种常用杀虫剂防治当地十字花科蔬菜主要害虫并调查防治效果。

任务考核

任务考核单

序号	考核内容	考核标准	分值	得分
1	菜粉蝶形态观察	正确识别菜粉蝶并能说出防治方法	20	
2	小菜蛾形态观察	正确识别小菜蛾并能说出防治方法	10	
3	斜纹夜蛾形态观察	正确识别斜纹夜蛾并能说出防治方法	10	
4	甜菜夜蛾形态观察	正确识别甜菜夜蛾并能说出防治方法	20	
5	菜蚜形态观察	正确识别菜蚜并能说出防治方法	10	
6	黄曲条跳甲形态观察	正确识别黄曲条跳甲并能说出防治方法	10	
7	小猿叶虫形态观察	正确识别小猿叶虫并能说出防治方法	10	
8	美洲斑潜蝇形态观察	正确识别美洲斑潜蝇并能说出防治方法	10	

思考问题

1. 如何对十字花科蔬菜食叶害虫进行综合防治？
2. 如何对十字花科蔬菜吸汁害虫进行综合防治？
3. 如何根据危害特点识别害虫？

知识链接

无公害蔬菜害虫防治技术

一、草木灰液防治法

每亩取 10 kg 草木灰，对水 50 kg 后浸泡 24 h，取上面的清液喷洒，可有效地防治蚜虫。若在草木灰液中加入适量敌百虫，会加强药剂的触杀、熏杀、熏蒸作用，提高对蚜虫的杀伤效果。若葱、蒜类蔬菜受蝇蛆危害，可每亩沟施或撒施草木灰 20~30 kg，这样既能防治蝇蛆又可增产，效果非常明显。

二、辣椒液防治法

取新鲜辣椒 50 g，加 30~50 倍的清水，加热 30 min 后取其滤液喷洒，可有效防治蚜虫、地老虎、红蜘蛛等害虫。也可取辣椒叶，加少量水捣烂后去渣取其原液，将 7 份原液与 13 份水混合，再加入少量肥皂液搅拌均匀后喷雾，对蚜虫、红蜘蛛防效显著。

三、猪胆液防治法

取浓度为 10% 的猪胆液，加入适量小苏打、洗衣粉搅拌均匀后喷施于植株表面，不但能防治茄子立枯病、辣椒炭疽病，而且还可驱赶长豆角、四季豆和瓜类蔬菜上的蚜虫、菜青虫、蜗牛等害虫。稀释后的猪胆液可保持 10 天不失效。

四、烟草液防治法

将 10 kg 烟草切碎，放入 10 kg 开水中加盖浸泡，待水温降到 25 ℃时将泡软的烟草搓至无浓汁时再放入另外 10 kg 温水中搓，反复搓 3 遍后，将得到的 30 kg 烟草水混匀，然后进行茎叶喷雾，可防治蚜虫、蝇蛆等害虫。

五、蓖麻叶浸出液防治法

将 10 kg 新鲜的蓖麻叶捣碎，取其汁液，对 3 倍的水后进行叶面喷施，可防治蚜虫、菜青虫、小菜蛾等害虫。

任务 2　葫芦科蔬菜害虫防治技术

任务描述

葫芦科蔬菜包括黄瓜、冬瓜、南瓜、丝瓜、苦瓜、西葫芦、佛手瓜等，在蔬菜中占有着重要的份额。其营养丰富，美味可口，有的还具有药用价值，如苦瓜具有降血糖、助消化、明目、利尿的功效，很受广大消费者的青睐。葫芦科蔬菜虽然有较高的利用价值，但是在生产过程中难免遇到各种害虫的危害，它们严重影响着此类蔬菜的产量和品质。那么，在生产过程中如何更好地对它们进行防治，以达到增产与增收的目的呢？

经过调查可知，葫芦科蔬菜苗期害虫以小地老虎、蛞蝓、蜗牛、黄守瓜等为主，它们可咬断幼苗，危害子叶及初生真叶，严重时造成缺苗毁种。后期虫害有瓜蚜、瓜叶螨等，它们为害嫩叶及叶背，使瓜生长不良。守瓜类幼虫危害根部，使瓜整株枯死；瓜藤天牛蛀食瓜藤，造成黄瓜断藤；瓜绢螟危害瓜类叶片，严重时仅存叶脉，甚至蛀入果内或瓜藤；瓜尖蝇的幼虫危害幼瓜，轻则造成畸形，重则腐烂落瓜。针对这些害虫的危害程度和发生发展规律，必须采取"预防为主，综合防治"的措施进行防治。

任务咨询

一、瓜蚜

瓜蚜是瓜类蔬菜苗期至结瓜初期的严重害虫，防治上应以药剂防治为主。药剂可选用 10% 吡虫啉可湿粉 1 000～2 000 倍液，或 20% 丁硫克百威（好年冬）乳油 1 000～1 500 倍液，或 10% 高效氯氰菊酯（高效灭百可）乳油 6 000 倍液，或 5% 快杀敌乳油 3 000 倍液，或 21% 灭杀毙乳油 1 000～2 000 倍液，或 3% 啶虫脒（莫比朗）乳油 1 500～2 000 倍液等，注意交替或混合施用。

二、黄守瓜

黄守瓜是瓜类蔬菜苗期的毁灭性害虫。成虫咬食叶片、瓜花和幼瓜；幼虫则在土内咬食瓜类的细根或蛀入根中，还可蛀食贴地生长的瓜果。

防治黄守瓜应采取农业防治与药剂防治相结合的综合防治措施。

1) 合理间作，瓜类与芹菜、生菜、甘蓝等叶菜间作可明显减轻受害。在瓜苗周围土面撒施草木灰、锯末、糠秕或废烟灰末等物，可防止或减少成虫产卵于土中。

2) 化学防治，成虫盛发期可喷施 90% 敌百虫可溶性粉剂 800～1 000 倍液，或 90% 敌

百虫晶体1 000倍液，或80%敌敌畏乳油1 000~2 000倍液，或10%氯氰菊酯乳油1 000倍液，或5%快杀敌3 000倍液，或40%氰戊菊酯乳油，或21%灭杀毙乳油8 000倍液，或5%来福灵乳油6 000~8 000倍液。对已受害的瓜苗，可用90%敌百虫晶体1 500~2 000倍液，或25%杀虫双水剂800倍液灌根，以杀死土中幼虫。

3）人工捕捉，清晨或阴天成虫不活动时，人工捕捉有一定作用。

三、瓜绢螟

瓜绢螟又称为瓜螟、瓜野螟、瓜青虫、瓜青蛆（似小菜蛾，但两头尖，并且不会危害叶菜类蔬菜，吊丝虫也不会危害瓜类），以幼虫危害叶片和瓜果。在田间，注意观察高位叶片是否有针孔大小的透明点，看其叶背是否有其幼虫，若有即用药，争取在3龄暴食期前用药。

防治方法：

1）清洁田园，压低虫口基数。

2）及早喷药杀虫，可选用20%氰戊菊酯乳油4 000~5 000倍液，或25%菊乐合剂乳油2 000倍液，或21%灭杀毙乳油5 000~7 000倍液，或5%快杀敌乳油3 000倍液，或2.5%三氟氯氰菊酯（功夫）乳油2 000~4 000倍液。

四、瓜蓟马

瓜蓟马的危害特点是，以节瓜受害为主，成虫、若虫以锉吸式口器锉吸瓜类嫩梢、嫩叶、花、幼瓜汁液，致植株生长点萎缩，茸毛变黑，心叶不能展开。被害幼瓜出现畸形，茸毛也变黑，易脱落。被害成瓜则瓜皮粗糙，或呈锈褐色，茸毛极少。

防治方法：

1）农业防治，清除田间杂草；春瓜适期早播；加强肥水管理，实行配方施肥。

2）药剂防治，可选20%丁硫克百威（好年冬）乳油1 000~1 500倍液，或10%吡虫啉可湿性粉剂1 000~2 000倍液，或2.5%联苯菊酯（天王星）乳油1 000倍液，或5%快杀敌乳油3 000倍液，或90%杀虫丹可湿性粉剂1 500倍液，或21%灭杀毙乳油6 000~8 000倍液。除喷雾法外，也可采用根施毒土法，分别于苗期、初花期、幼瓜期各施1次。

五、瓜实蝇

瓜实蝇俗称瓜蛆、针蜂等，有橘小实蝇、南瓜实蝇两种，橘小实蝇主要危害果，瓜实蝇和南瓜实蝇主要危害瓜。成虫以产卵管刺入幼瓜表皮内产卵，孵出的幼虫即钻入瓜肉取食，受害瓜先局部变黄，而后全瓜腐烂发臭，造成大量落瓜。即使受害瓜不腐烂，也因被害处畸形下陷，果皮硬实，影响品质。在防治上应抓下述环节：

1）做好田园清洁工作，加强检查，及时摘除及收集落地烂瓜并集中处理（喷药或深埋）以减少虫源。

2）诱杀成虫，用香蕉皮或菠萝皮精按40∶0.5∶1比例调成糊状毒饵，直接涂于瓜棚竹篱上或盛挂容器内诱杀成虫（20点/亩，25 g/点）。

3）套袋，当苦瓜达到3~4 cm时开始受瓜实蝇危害，因此应在瓜长至4 cm前套袋。

4）喷药杀虫，在成虫盛发期，于中午或傍晚喷施21%灭杀毙乳油6 000倍液，或

2.5%溴氰菊酯（敌杀死）乳油3 000倍液，或50%敌敌畏乳油1 000倍液，隔3~5天一次，连喷2~3次。

5）加强施肥。应用多种措施进行综合防治。

任务实施

一、材料及工具的准备

1. 材料

葫芦科蔬菜各种害虫的标本、活体昆虫、挂图、幻灯片等。

2. 用具

手持放大镜、体视显微镜、泡沫塑料板、镊子、解剖针、蜡盘。

二、任务实施步骤

1. 葫芦科蔬菜常见害虫形态和危害特征观察

观察当地葫芦科蔬菜各种常发生害虫的形态特征、危害部位和被害特点。

2. 葫芦科蔬菜主要害虫的预测

选择两种当地葫芦科蔬菜的主要害虫，利用性诱剂、诱蛾器或虫情测报灯进行调查，将调查资料整理后进行实际分析并预测两种主要葫芦科蔬菜害虫的发生趋势。

3. 葫芦科蔬菜主要害虫的防治

1）调查了解当地葫芦科蔬菜主要害虫的发生与危害情况及其防治技术和成功经验。

2）根据葫芦科蔬菜主要害虫的发生规律，结合当地生产实际，提出3种葫芦科蔬菜害虫防治的建议和方法。

3）配制并使用3种常用杀虫剂防治当地葫芦科蔬菜主要害虫并调查防治效果。

任务考核

任务考核单

序号	考核内容	考核标准	分值	得分
1	瓜蚜形态观察	正确识别瓜蚜并能说出防治方法	20	
2	黄守瓜形态观察	正确识别黄守瓜并能说出防治方法	20	
3	瓜绢螟形态观察	正确识别瓜绢螟并能说出防治方法	20	
4	瓜蓟马形态观察	正确识别瓜蓟马并能说出防治方法	20	
5	瓜实蝇形态观察	正确识别瓜实蝇并能说出防治方法	20	

思考问题

1. 描述葫芦科蔬菜常见害虫的典型形态特征及危害状。
2. 对当地葫芦科蔬菜害虫防治中存在的问题提出自己的建议。
3. 根据所学知识制订出当地葫芦科蔬菜害虫的综合防治措施。

知识链接

黄瓜缺硼症的综合防治

一、黄瓜缺硼症的症状

生长点附近的节间显著地缩短。上位叶向外侧卷曲，叶缘部分变为褐色。当仔细观察上位叶叶脉时，有萎缩现象。果实上有污点，果实表皮出现木质化。

二、诊断要点

从发生症状的叶片的部位来确定，缺硼症多发生在上位叶，叶脉间不出现黄化，植株生长点附近的叶片萎缩、枯死，其症状与缺钙症相类似。但缺钙症的叶脉间黄化，而缺硼症的叶脉间不黄化。

三、发生原因

在酸性的沙壤土上，一次施用过量的石灰肥料，易产生缺硼症状。土壤干燥，影响植株对硼的吸收，易产生缺硼症状。土壤有机肥施用量少，在土壤酸碱度高的田块也易产生缺硼症状。施用过多的钾肥，影响了植株对硼的吸收，易产生缺硼症状。

四、对策

已知土壤缺硼，可以预先施用硼肥。要适时浇水，防止土壤干燥。不要过多地施用石灰肥料。土壤要多施堆肥，提高其肥力。应急对策，可以用 0.12%~0.25% 的硼砂或硼酸水溶液喷洒叶面。

任务 3 茄科蔬菜害虫防治技术

任务描述

茄科蔬菜是夏、秋季上市的主要蔬菜品种。茄科蔬菜在栽培和生长期会受到一些害虫的危害，这些害虫的发生已成为限制蔬菜产业发展的重要因素，不仅严重影响产量，而且还会严重影响质量。这些害虫不但取食茄科蔬菜的组织、器官，还干扰和破坏它们的正常生长，引起减产和降低品质，除造成直接损失外，一些害虫还可以传播植物病害，造成田间病害的发生与流行。所以，本任务就是为了摸清这类蔬菜的害虫发生种类、危害特点及提出防治对策。

调查表明，常见的茄科蔬菜害虫（含其他有害昆虫）有 10 多种，其中造成较大危害的有朱砂叶螨、茄二十八星瓢虫、棉铃虫、烟青虫、茄毛跳甲、小地老虎、棉蚜等。因此，为了减少虫害的发生概率，在生产中我们要做到以预防为主，采取综合的防治措施来预防和抑制虫害的发生和流行。

任务咨询

一、同型巴蜗牛

同型巴蜗牛不是昆虫，属于软体动物，近年来在湖南发生数量较多，危害日趋严重。

（一）形态特征

贝壳有 5~6 个螺层，壳面呈黄褐色或红褐色，壳口呈马蹄形。卵呈圆球形，乳白色且有光泽，近孵化时为土黄色。

（二）危害特点

同型巴蜗牛以成螺和幼体在土中越冬，一年发生一代，一般在 4~5 月产卵，每一成体可产卵 30~235 粒，生活在潮湿的环境中，多在晚上危害作物。白天若为阴雨天也可危害。取食蔬菜叶片成孔洞，尤以幼苗、嫩芽受害较重。成贝怕光，从傍晚开始活动，晚上 10~11 时达高峰，清晨之前又陆续潜入土中或隐蔽处。

（三）防治方法

清洗田园。药剂防治应在傍晚进行，可用 8% 四聚乙醛（灭螺灵）颗粒剂，或 10% 多聚乙醛颗粒剂，1.5 g/m²。

二、烟青虫

烟青虫又名烟夜蛾，分布普遍，在蔬菜作物中主要危害辣椒，对辣椒的产量和质量影响很大。

（一）形态特征

成虫体色较黄，翅正面有肾状纹、环状纹，翅中横线、内横线清晰，后翅黑褐色宽带内侧有一条平行线。卵呈球形。幼虫颜色变化大，一般为青绿色。蛹的腹部末端有一对刺，腹部 5~7 节背面有密而小的刻点。

（二）危害特点

烟青虫在一年发生四代，以蛹过冬，一般在辣椒地土表深 3.3~6.6 cm 处做土室越冬。一年中 7~8 月在辣椒上发生数量大，危害严重。1~2 龄幼虫多在花蕾内蛀食，一头幼虫可蛀食花蕾 6~7 个。3 龄幼虫开始蛀食辣椒果，一只幼虫一生可蛀食 6~7 个，最多的可达 10 个以上。幼虫转果危害的时间多在下午。

（三）防治方法

1) 种植烟草，诱集其成虫产卵，集中消灭。
2) 冬耕灭蛹。
3) 药剂防治，一般当每百株有 5 只幼虫或每百株有 8~10 粒卵时应喷药防治。可用 2.5% 溴氰菊酯（敌杀死）3 000 倍液、50% 辛硫酸 1 500 倍液、40% 氰戊菊酯速灭杀丁 6 000 倍液喷雾。

三、茄二十八星瓢虫

茄二十八星瓢虫分布普遍，各地均有发生，主要危害茄子和马铃薯。

（一）形态特征

成虫为黄褐色，两鞘翅上各具有大小不同近圆形的黑斑 14 个。卵呈子弹头形，初产时为黄白色，后变为褐色。初龄幼虫为黄白色，后变为白色，体背有枝刺。蛹为黄白色，尾端包着幼虫最后一次的蜕皮。

（二）危害特点

湖南一年发生五代，以成虫在土穴、石缝、树枝等地越冬。一年中 6~7 月发生数量多，

危害严重。成虫和幼虫均可取食危害。成虫喜栖息在叶片背面取食，初孵幼虫先在卵块附近群集取食，2~3龄后渐分散危害，幼虫共4龄，多栖息在叶背面或其他隐蔽处，老熟幼虫在寄主叶表面或背面化蛹。

（三）防治方法

1）人工捕杀成虫、幼虫，及时摘除卵块。

2）药剂防治，在其越冬代成虫发生期至第一代幼虫孵化盛期喷药。当调查100株马铃薯上有成虫50只时，或卵的孵化率达80%~90%时，应立即用药防治。可用22.5%亚胺硫磷300~400倍液、50%辛硫磷1 000倍液、40%氰戊菊酯（速灭杀丁）4 000~5 000倍液喷雾。

四、茄红蜘蛛

茄红蜘蛛又名茄红叶螨，各地均有发生。其食性很杂，可危害茄子、辣椒、番茄、瓜类、豆类，还是黄花菜的大敌。

（一）形态特征

成虫体色变化大，一般为红色或锈红色，椭圆形，体背两侧出现块状色斑，呈长条形，具足4对。

（二）危害特点

以成螨和若螨在叶背面吸取汁液。茄子叶片受害后，初期叶面上出现灰白色小点，以后变为白色；茄果受害后，果皮变粗呈灰色，严重时引起裂果。菜豆、瓜类叶片受害后产生枯黄色细斑，严重时全叶干枯如火烧状，引起叶片脱落。黄花菜受害严重时可减产30%以上，同时影响黄花菜的质量。

（三）防治方法

1）保护自然天敌。例如草蛉、十三星瓢虫、小花蝽等可捕食茄红蜘蛛，应注意保护利用。

2）清除田间杂草，保持田园清洁，消灭越冬虫源。

3）药剂防治，茄红蜘蛛已对多种常用农药产生明显抗性，应选用新的杀虫剂，同时注意混合和交替使用。可用73%克螨特乳油2 000倍液、25%灭螨猛1 000倍液、5%尼索朗乳油2 000倍喷雾，每隔10天一次，连续2~3次。

任务实施

一、材料及工具的准备

1. 材料

茄科蔬菜各种害虫的标本、活体昆虫、挂图、幻灯片等。

2. 用具

手持放大镜、体视显微镜、泡沫塑料板、镊子、解剖针、蜡盘。

二、任务实施步骤

1. 茄科蔬菜常见害虫形态和危害特征观察

观察当地茄科蔬菜各种常发生害虫的形态特征、危害部位和被害特点。

2. 茄科蔬菜主要害虫的预测

选择两种当地茄科蔬菜的主要害虫，利用性诱剂、诱蛾器或虫情测报灯进行调查，将调查资料整理后进行实际分析并预测两种主要茄科蔬菜害虫的发生趋势。

3. 茄科蔬菜主要害虫的防治

1）调查了解当地茄科蔬菜主要害虫的发生与危害情况及其防治技术和成功经验。

2）根据茄科蔬菜主要害虫的发生规律，结合当地生产实际，提出 3 种茄科蔬菜害虫防治的建议和方法。

3）配制并使用 3 种常用杀虫剂防治当地茄科蔬菜主要害虫并调查防治效果。

任务考核

任务考核单

序 号	考核内容	考核标准	分 值	得 分
1	同型巴蜗牛形态观察	正确识别同型巴蜗牛并能说出防治方法	25	
2	烟青虫形态观察	正确识别烟青虫并能说出防治方法	25	
3	茄二十八星瓢虫形态观察	正确识别茄二十八星瓢虫并能说出防治方法	25	
4	茄红蜘蛛形态观察	正确识别茄红蜘蛛并能说出防治方法	25	

思考问题

1. 茄科蔬菜常见害虫的形态特征有哪些？
2. 茄科蔬菜害虫的危害特点与防治有何关系？
3. 如何对茄科蔬菜害虫进行综合防治？

知识链接

农药使用的方法

一、熟悉病、虫种类，了解农药性质，对症下药

蔬菜病、虫种类虽然多，但如果能掌握它们的基本知识，正确辨别和区分有害病、虫的种类，根据不同对象选择适用的农药品种，就可以收到好的防治效果。

二、正确掌握用药量

各种农药对防治对象的用药量都是经过试验后确定的。因比，在生产中使用时不能随意增减。提高用量不但造成农药浪费，而且也造成农药残留量增加，易对蔬菜产生药害，导致病、虫产生抗性，污染环境；用药量不足时，则不能收到预期的防治效果，达不到防治目的。

三、交替轮换用药

正确复配农药，可延缓病、虫的抗性。同时，混配农药还有增效作用，兼治其他病、虫，省工省药。

四、选适于不同蔬菜生态环境下的农药剂型

例如喷粉法工效比喷雾法高，不易受水源限制，但是风力必须小于 1 m/s 时才可应用；同时喷粉不耐雨水冲洗，一般喷粉后 24 h 内若降雨则需补喷。

五、使用合适的施药器具，保证施药质量

用喷雾器或喷粉器将农药均匀地覆盖在目标上（蔬菜的病、虫、杂草），通过触杀、胃毒或熏蒸等作用，收到防治效果。农药覆盖程度越高，效果越好。

六、加强病、虫的预测预报，经常查病查虫，选择有利时机进行防治

各种害虫的习性和危害期各有不同，其防治的适期也不完全一致。例如防治一些鳞翅目幼虫，一般应在 3 龄前防治。此时，虫体小、危害轻、抗药力弱，用较少的药剂就可发挥较高的防治效果。

任务 4　豆科蔬菜害虫防治技术

任务描述

豆科蔬菜包括菜豆、豌豆、荷兰豆、蚕豆等多种作物。害虫的发生与危害，严重影响豆科蔬菜的生产，甚至导致绝收。这些害虫的形态特征是什么样的？发生与危害的特点是什么样的？如何进行综合防治呢？

豆科蔬菜上常发生且危害又大的害虫有豆野螟、豆荚螟、叶螨类害虫、美洲斑潜蝇、温室白粉虱、棉铃虫、种蝇等。对豆类害虫的防治应当贯彻"预防为主，综合防治"的措施，即农业防治、化学防治与生物防治紧密配合，以制约害虫的猖獗发生与危害。

任务咨询

一、豆荚钻心虫

（一）危害特点

豆荚钻心虫有豆荚螟、豆野螟两种，它们分别是大豆、豇豆（最重）、菜豆、扁豆等豆类，苦瓜、丝瓜等瓜类及玉米的主要害虫，全国各地均有分布。以幼虫卷叶或钻蛀入花、茎、果取食危害，蛀孔内外堆满虫粪引起腐烂，导致落花、落荚、烂果。

（二）发生规律

豆荚钻心虫喜温喜湿，在 6~9 月危害最重，土壤湿度直接影响成虫的羽化和出土。

（三）防治方法

1）避免连作，收获后耕翻土壤，进行土壤处理可有效压低虫口基数。

2）每天于清晨开花前（上午 9 时以前），钻心虫尚未钻入花、果前喷药最佳。

3）使用强熏蒸触杀及高渗透作用的无公害药剂，如三唑磷、毒死蜱、甲氨基阿维盐、定虫隆（抑太保）等。

二、大豆卷叶螟

（一）危害特点

该虫以幼虫卷叶或缀连数叶并在其中取食，在叶片上造成缺刻，或导致叶片穿孔，发生严重时会影响产量。

（二）形态特征

成虫体长 10 mm，翅展 18~21 mm，褐色，胸部两侧具有黑纹。前、后翅外缘为黑色。前翅有波状的中、外横线，浅灰黑色，内横线上方常有 1 个黑褐色小点。后翅颜色比前翅略深，并有两条波状横线，与前翅的内、中横线相连。卵呈椭圆形，浅绿色。老熟幼虫体长 17 mm，头部和前胸背板为浅黄色，胸部为浅绿色，体表有细毛。蛹长 12 mm，褐色。

（三）发生规律

每年发生 4~5 代，以老熟幼虫在卷枯叶中或土下 3~6 cm 深处越冬。成虫具趋光性，昼伏夜出。卵产在豆叶背面，单雌产卵约 330 粒。幼虫孵化后在豆叶背面取食，不久则卷叶危害，老熟后在卷叶中化蛹。

（四）防治方法

一般无需用药防治，但当田间害虫数量较多时，可喷药防治，可用 2.5% 溴氰菊酯（敌杀死）乳油 2 000 倍液，或 2.5% 三氟氯氰菊酯（功夫）乳油 2 000 倍液，或 20% 甲氰菊酯（灭扫利）乳油 2 000 倍液，或 48% 毒死蜱（乐斯本）乳油 1 500 倍液，或 20% 氰戊菊酯（速灭杀丁）乳油 1 500 倍液等喷雾防治。

三、豆小卷叶蛾

（一）危害特点

豆小卷叶蛾以幼虫危害叶、花簇，蛀食荚粒。初孵幼虫在嫩芽或茸毛间结丝危害，2 龄后吐丝把叶缘、顶梢数叶、豆荚缀合成团，幼虫在其中取食，致顶梢干枯。

（二）形态特征

成虫体长 6~7 mm，翅展 14~23 mm。雌雄异形，同性具多形现象。雌蛾前翅为褐色，斑纹不明显，前缘近顶角处为灰白色，外缘顶角下陷。雄蛾前翅为浅褐色，基斑为褐色，中室外侧有 1 个褐色斑点，其上方有 1 个大褐斑与基斑断续相连，前缘有 18~20 组白色钩状纹。臀角内上方有 3 个小黑点呈直线排列，顶角附近也有 2 个小黑点。外缘前方稍凹入，后翅为灰色。卵呈椭圆形或圆形，中央隆起，具网纹，长约 0.65 mm，初产为黄白色，孵化前变为黄褐色。

（三）发生规律

豆小卷叶蛾在华北地区每年发生 4~5 代，以幼虫或蛹在豆田 10 cm 左右深的土层中越冬。成虫夜间活动，以晚上 7~11 时最盛。成虫有趋化性，喜食花蜜。成虫也具趋光性。豆小卷叶蛾的发生与气候和栽培制度关系密切，一般春季多雨，湿度大，有利于其发生，危害也重；夏季少雨干旱，不利于其发生，危害也轻。豆田周围如有豆科的绿肥植物或刺槐、紫穗槐等，可为该虫提供丰富的食料，危害也重。

（四）防治方法

1）农业防治，对豆田深翻和冬灌可消灭越冬幼虫。选用抗虫品种，一般多毛或具有限结荚习性的品种有耐虫性或抗虫性。

2）药剂防治，在成虫盛发期和幼虫孵化期喷药防治，可使用10%氯氰菊酯乳油1 500倍液，或5%高效氯氰菊酯乳油1 500倍液，或20%氰戊菊酯乳油1 500倍液，或48%毒死蜱（乐斯本）乳油1 500倍液，或20%杀虫双水剂800倍液，或50%辛硫磷乳油1 000倍液等喷雾防治。

四、豆蓝丽金龟子

（一）危害特点

豆蓝丽金龟子又叫无斑弧丽金龟，主要分布在我国华北各省。成虫常聚集叶片、花上危害，啃食叶肉或花瓣。

（二）形态特征

成虫体长11~14 mm，全体为深蓝色，有绿色闪光，除此外，还有呈现深绿色和暗红色的个体。鞘翅短，后端略收窄，背面具六列浅点刻沟。臀板无白色毛斑。幼虫体长24~28 mm，肛腹片复毛区有两列端部相接的刺毛，每列5~7根，臀板具肛环，危害蔬菜根系。

（三）发生规律

豆蓝丽金龟子每年发生一代，以3龄幼虫越冬，来年春季，由越冬土层到耕作层继续危害春播作物、越冬的蔬菜。成虫于6月中下旬开始发生，7月至8月上旬是成虫发生期。成虫夜晚静伏在危害植株上，白天活动。7月中旬，成虫开始产卵，卵多产在花生、大豆、地瓜，以及玉米、高粱等作物的根部。幼虫孵出后，危害寄主植物的根部，11月上中旬以3龄初幼虫下迁到土层40 cm处越冬。

（四）防治方法

在成虫发生期喷药防治，使用的药剂有20%甲氰菊酯（灭扫利）乳油1 500倍液，或2.5%溴氰菊酯（敌杀死）乳油2 000倍液，或20%氰戊菊酯（速灭杀丁）乳油1 500倍液，或10%氯氰菊酯乳油1 500倍液，或5%高效氯氰菊酯乳油1 500倍液等，每7天喷雾一次，视情况防治1~2次。

五、叶螨

（一）危害特点

叶螨主要危害瓜类、茄果类、葱蒜类等多种蔬菜，以若螨和成螨在叶背吸取汁液，受害叶片出现灰白色或浅黄色小点，严重时，整个叶片呈灰白色或浅黄色，干枯脱落。

（二）形态特征

雌螨体长417~559 μm，宽256~330 μm，椭圆形，锈红色或深红色。背部有针状刚毛13对。后半体表皮纹构成菱形。卵呈圆形，直径约129 μm，橙黄色。

（三）生活习性

在我国北方一年发生12~15代，长江流域15~18代。以雌成螨群集在土缝、树皮和田边杂草根部越冬，翌年4~5月迁入菜田危害，集中在叶背面吐丝结网，栖于网内刺吸植物汁液，并在其内产卵。雌成螨能孤雌生殖，每只雌螨产卵百余粒，卵孵化率高达95%以上。成、若螨靠爬行或吐丝下垂近距离扩散，借风和农事操作远距离传播。气温为29~31 ℃，相对湿度在35%~55%最有利于叶螨的发生与繁殖。

（四）防治方法

1）农业措施，及时铲除田间、地头杂草，减少虫源，蔬菜收获后清除枯枝落叶，并集中烧毁。与十字花科、菊科蔬菜轮作。

2）药剂防治，保护地栽培时应提早喷药，消灭越冬虫源。噻螨酮（尼索朗、除螨威、合赛多、巴噻唑）是一种较好的杀螨剂，每亩用5%的噻螨酮乳油60~100 mL或5%的噻螨酮可湿性粉剂60~100 g稀释成1 500~2 000倍液喷雾，效果很好。因噻螨酮无杀成螨作用，因此在使用时应比其他杀螨剂稍早些，即在朱砂叶螨发生初期使用，如果朱砂叶螨已经严重发生，最好与其他具有杀成螨的杀螨剂或有机磷杀虫剂混用。

六、豆缘蝽

（一）危害特点

豆缘蝽又叫条蜂缘蝽，主要危害豆类植物，以成虫和若虫刺吸植株的花果、嫩叶、茎蔓等，造成蕾、花凋萎，果荚形成瘪粒，叶、茎变黄。严重时，可造成植株死亡。

（二）形态特征

豆缘蝽成虫体长13~15 mm，体狭长，棕黄色。头在复眼前形成三角形，后部细缩如颈。复眼为黑色，大而向两侧凸出。触角4节，第4节长于第2、3节之和。头、胸两侧有光滑的带状黄色横条斑。若虫1~4龄形如蚂蚁，腹部膨大，但第1腹节小。

（三）生活习性

在我国南方一年发生三代，以成虫在枯草中、屋檐下等处越冬。翌年3月下旬成虫出蛰，4月下旬至6月上旬产卵，5以上旬至5月中旬发生一代若虫，6月上旬至7月上旬发生一代成虫，另两代成虫发生期分别为7月中旬至9月上旬和9月上旬至11月上旬。成虫和若虫主要在白天活动，阳光强烈时，多栖息在叶片背面。成虫将卵产在叶柄和叶片背面，少数产在叶面和嫩茎上。卵散产，成虫产卵量为14~35粒。

（四）防治方法

冬季清除田间枯枝落叶及杂草，消灭越冬成虫。在成虫和若虫发生期喷药防治，可用90%敌百虫晶体1 500~2 000倍液，或50%辛硫磷500倍液，或50%杀螟硫磷乳油800倍液，或50%丙溴磷1 000倍液，或25%亚胺硫磷乳油800倍液，或48%毒死蜱（乐斯本）乳油1 000~2 000倍液，或8%杀虫素乳油3 000倍液，或5%定虫隆（抑太保）乳油1 500倍液等喷雾。

🌸 任务实施

一、材料及工具的准备

1. 材料

豆科蔬菜各种害虫的标本、活体昆虫、挂图、幻灯片等。

2. 用具

手持放大镜、体视显微镜、泡沫塑料板、镊子、解剖针、蜡盘。

二、任务实施步骤

1. 豆科蔬菜常见害虫形态和危害特征观察

观察当地豆科蔬菜各种常发生害虫的形态特征、危害部位和被害特点。

2. 豆科蔬菜主要害虫的预测

选择两种当地豆科蔬菜的主要害虫，利用性诱剂、诱蛾器或虫情测报灯进行调查，将调查资料整理后进行实际分析并预测两种主要豆科蔬菜害虫的发生趋势。

3. 豆科蔬菜主要害虫的防治

1）调查了解当地豆科蔬菜主要害虫的发生与危害情况及其防治技术和成功经验。

2）根据豆科蔬菜主要害虫的发生规律，结合当地生产实际，提出3种豆科蔬菜害虫防治的建议和方法。

3）配制并使用3种常用杀虫剂防治当地豆科蔬菜主要害虫并调查防治效果。

任务考核

任务考核单

序号	考核内容	考核标准	分值	得分
1	豆荚钻心虫形态观察	正确识别豆荚钻心虫并能说出防治方法	20	
2	大豆卷叶螟形态观察	正确识别大豆卷叶螟并能说出防治方法	20	
3	豆小卷叶蛾形态观察	正确识别豆小卷叶蛾并能说出防治方法	20	
4	豆蓝丽金龟子形态观察	正确识别豆蓝丽金龟子并能说出防治方法	20	
5	叶螨形态观察	正确识别叶螨并能说出防治方法	10	
6	豆缘蝽形态观察	正确识别豆缘蝽并能说出防治方法	10	

思考问题

1. 豆科蔬菜常见害虫的形态特征有哪些？
2. 豆科蔬菜害虫的危害特点与防治有何关系？
3. 如何对豆科蔬菜害虫进行综合防治？

知识链接

无公害菜豆栽培技术

一、育苗期管理

育苗用的床土应选用大田土，土中切忌加化肥和农家肥，否则易发生烂种，有的地方由于忽视了这一点而导致育苗失败。播种后提高苗床温度，昼温保持在25～30℃，夜温高于15℃；幼苗出土后，适当降低温度，昼温保持在20～25℃，夜温保持在12～15℃。

定植前5天,逐渐加大通风量,进行低温炼苗,昼温逐渐降至15~20℃,夜温降至10~12℃。

二、整地定植

2月上中旬整地,每亩施农家肥5 000 kg,过磷酸钙60 kg,草木灰1 000 kg或硫酸钾20 kg作基肥,肥料总量的2/3用于撒施,1/3集中施于垄下。撒施后深翻土30 cm,耙细耙平,然后起垄。实行高垄栽培,垄高15 cm,垄宽40 cm,采用150 cm宽幅地膜,实行"隔沟盖沟"法盖膜。

三、田间管理

1. 温度管理

定植后白天温度保持在25~28℃,夜间温度保持在15~20℃;缓苗后,适当降温,昼温20~25℃,夜温以15℃为宜。前期注意保温,3月份后外界温度升高,注意通风降温。

2. 肥水管理

定植后至开花前,不十分旱不浇水。定期中耕,7~10天中耕一次。若干旱,需浇小水,防徒长。开花期不浇水,防止落花。坐荚后开始浇大水,每10~15天浇一次水,隔水追肥,每亩施尿素15~20 kg,中后期施复合肥,每亩施15~20 kg。

3. 植株调整

蔓生品种及时吊蔓。注意不要让主蔓一次爬到棚顶,待龙头即将爬到棚顶时落蔓。春节过后一般不再落蔓。进入结荚后期,植株开始衰老,可进行剪蔓,改善通风透光环境,促进侧枝再生和潜伏芽开花结荚。

4. 采收

嫩荚采收过早影响产量,过晚荚老化、坠秧。一般落花后10~15天适宜采收,盛收期可2~3天采收一次。矮生种采收期为50~60天,蔓生种为60~70天。

任务5 葱蒜类蔬菜害虫防治技术

任务描述

葱蒜类蔬菜包括葱、蒜、姜、圆葱和韭菜等。这类蔬菜营养价值高,具有较强的杀菌功能,并且适应性强,有抗寒耐热和耐储耐运等特点,已成为农业增效、农民增收的特色产业。但是,随着种植面积的扩大,虫害发生日趋严重,在防治中存在危害症状诊断不准,预测预报工作薄弱,化学农药使用过量,一些配套技术和方法落实不利等问题,对蔬菜产量和品质造成了一定的影响。那么,如何有效地控制葱蒜类蔬菜害虫的危害呢?又如何通过防治来提高蔬菜的产品质量,促进蔬菜产业的发展?

葱蒜类蔬菜上常发生的害虫有葱蝇、韭菜迟眼蕈蚊、葱蓟马、葱潜叶蝇等。在害虫危害严重时,生产中往往大量使用农药,造成农药残留超标,致使消费者对食用葱蒜类蔬菜产生恐惧。对葱蒜类蔬菜常发生害虫的防治应当贯彻"预防为主,综合防治"的措施,即通过

盖防虫网、挂杀虫灯、物理诱杀成虫、使用生物农药等措施，结合化学防治来制约害虫的猖獗发生与危害。

任务咨询

一、葱蝇

（一）形态特征

幼虫呈蛆形，长 7~8 mm，乳白略带浅黄色。此虫为腐食性昆虫，成虫对未腐熟的粪肥、发酵的饼肥及葱味有明显的趋性，幼虫有喜湿性和背光性，适于土中生活。每年发生 3~4 代，5 月上旬成虫盛发。卵期为 3~5 天，孵化的幼虫很快钻入鳞茎内危害。

（二）危害特点

幼虫蛀入鳞茎或幼苗，引起腐烂，以至叶片枯黄、萎蔫枯死。

（三）防治方法

1）施用腐熟有机肥，禁用生粪。

2）葱蝇发生后进行灌溉，能抑制幼虫活动和淹死部分幼虫。

3）成虫发生盛期，可用糖醋毒液诱杀。诱杀液：糖 0.5 kg，醋 1 kg，水 7.5~10 kg，再加 0.1% 敌敌畏或 15~25 g 敌百虫晶体混匀即可。选择背风向阳地段，每隔 8~10 m 放一大碗，每亩放 10~15 个碗，诱杀并作为虫情预报。

4）撒施毒土，每亩用 5% 辛硫磷颗粒剂 1~1.5 kg 与 20~30 kg 细土混匀做成毒土，撒入定植畦。

5）药剂防治，成虫发生期可喷 21% 灭杀毙乳油 600 倍液、20% 菊马乳油 3 000 倍液、80% 敌敌畏 1 500 倍液，每 7 天一次，连喷 2~3 次。地下葱蝇严重时，用 50% 辛硫磷 800 倍液、50% 乐果乳油 1 000 倍液、80% 敌百虫可湿性粉剂 1 000 倍液灌根 2 次，每次间隔 10 天。

二、葱蓟马

（一）发生规律

此虫一般每年发生 3~4 代，在 25 ℃ 和相对湿度在 60% 以下时利于发生，高温高湿则不利于发生，一般 4~5 月和秋季发生较重。

（二）危害特点

成虫、若虫以锉吸式口器危害寄主植物心叶、嫩叶，使葱叶形成许多长形黄白斑纹，严重时扭曲枯黄。

（三）防治方法

50% 乐果或辛硫磷乳油 1 000 倍液、10% 一遍净可湿性粉剂 2 000 倍液、1.8% 阿维菌素（爱福丁）乳油 3 000 倍液喷雾防治，隔 7~10 天一次，连续 2 次。

三、葱潜叶蝇

（一）发生规律

此虫每年发生 3~5 代，喜湿、喜温，高温干旱对其不利，一般在秋季发生较重。

（二）危害特点

幼虫蛀食叶组织形成曲线状或乱麻状隧道，削弱光合作用，影响生长。

（三）防治方法

成虫盛发期喷洒75%辛硫磷1 000～1 500倍液，在幼虫危害期可喷洒25%喹硫磷乳油1 000倍液、80%敌敌畏2 000倍液，连续喷2～3次。收获前2周停止使用。

四、韭蛆

（一）危害症状

韭蛆即韭菜迟眼蕈蚊的幼虫，是韭菜的主要害虫。在自然条件下韭蛆需25～30天完成一个世代，越冬代近半年左右。幼虫在春、秋季以水平活动为主，初孵后先水平扩散，危害韭株叶鞘、幼茎、芽，引起幼茎腐烂，叶片枯黄，而后把茎咬断蛀入茎内。夏季，幼虫向下活动，蛀入鳞茎，造成鳞茎腐烂，引起韭墩死亡。冬季，此虫潜入土下3 cm处越冬。韭蛆对温度适应范围较宽，在全国大部分地区都能安全越冬，而在棚室内则无越冬现象，可继续繁殖危害。

（二）防治方法

1）韭蛆发生严重地块实行2年以上轮作。

2）加强田间管理，首先应少施禽畜粪和未腐熟的有机肥，而多施草木灰等肥料。其次，勤松土，即铲出韭菜根部周围的表土，晒根晒土，降低韭菜根部及周围的湿度，5～6天可干死幼虫。

3）化学防治，在韭菜种子播种或根苗移栽前，每亩用1.5%辛硫磷颗粒剂与基肥同施，效果极佳；在幼虫危害盛期，若发现叶尖变黄变软，并逐渐向地倒伏时，用50%辛硫磷乳油500倍液灌根处理，隔7天重复处理一次；在成虫羽化盛期，用48%地蛆灵1 800～2 000倍液，或30%菊马乳油2 000倍液，或2.5%溴氰菊酯500倍液，或50%辛硫磷乳油800～1 000倍液，隔7天喷灌一次，连续防治3次。目前，多提倡使用无公害的植物源农药等，如每亩每次用复方苦参杀虫剂1 kg或韭蛆净2 kg，在韭菜生长期间浇水后撒入行间，而后锄划埋入土中；韭菜收割后，再把上述药粉撒到行上与土混合，效果也很好。

任务实施

一、材料及工具的准备

1. 材料

葱蒜类蔬菜各种害虫的标本、活体昆虫、挂图、幻灯片等。

2. 用具

手持放大镜、体视显微镜、泡沫塑料板、镊子、解剖针、蜡盘。

二、任务实施步骤

1. 葱蒜类蔬菜常见害虫形态和危害特征观察

观察当地葱蒜类蔬菜各种常发生害虫的形态特征、危害部位和被害特点。

2. 葱蒜类蔬菜主要害虫的预测

选择两种当地葱蒜类蔬菜的主要害虫，利用性诱剂、诱蛾器或虫情测报灯进行调查，将调查资料整理后进行实际分析并预测两种主要葱蒜类蔬菜害虫的发生趋势。

3. 葱蒜类蔬菜主要害虫的防治

1）调查了解当地葱蒜类蔬菜主要害虫的发生与危害情况及其防治技术和成功经验。

2）根据葱蒜类蔬菜主要害虫的发生规律，结合当地生产实际，提出3种葱蒜类蔬菜害虫防治的建议和方法。

3）配制并使用3种常用杀虫剂防治当地葱蒜类蔬菜主要害虫并调查防治效果。

任务考核

任务考核单

序号	考核内容	考核标准	分值	得分
1	葱蝇形态观察	正确识别葱蝇并能说出防治方法	25	
2	葱蓟马形态观察	正确识别葱蓟马并能说出防治方法	25	
3	葱潜叶蝇形态观察	正确识别葱潜叶蝇并能说出防治方法	25	
4	韭蛆形态观察	正确识别韭蛆并能说出防治方法	25	

思考问题

1. 葱蒜类蔬菜常见害虫的形态特征有哪些？
2. 葱蒜类蔬菜害虫的危害特点与防治有何关系？
3. 如何对葱蒜类蔬菜害虫进行综合防治？

知识链接

有机韭菜生产技术

一、品种选择

选用抗病虫、抗寒、耐热、分株力强、外观和内在品质好的79-1、汉中冬韭等品种。

二、地块选择

有机韭菜种植土地应是完整的地块，其间不能夹有进行常规生产的地块，与常规地块交界处必须有明显标记，如河流、山丘、人为设置的隔离带等。

三、病虫害防治

坚持"预防为主，防治结合"的病、虫、草害防治原则。生产过程中禁止使用所有化学合成的农药，可以用石灰、硫黄、波尔多液、氢氧化铜、硫酸铜、醋、高锰酸钾、植物制剂、微生物及其发酵产品。

项目6 蔬菜害虫防治技术

四、肥水管理

应使用腐熟有机肥和生物菌肥,根据长势、天气、土壤干湿度的情况,采取轻施、勤施的原则。沼液、沼渣、蓖麻多肽有机肥既是优质肥料又可杀虫,应提倡使用。

五、田间管理

1)有机韭菜种植3~4年后,提倡与豆科作物轮作1年。

2)通过培育壮苗、合理密植、植株调整等技术,充分利用光、热、气等条件,创造一个有利于有机韭菜生长的环境。有机韭菜长势较常规弱,栽植时应加大密度。

3)冬韭生产于11月底至12月初扣棚。扣棚前,彻底打扫并清洁基地,将病残体全部运出基地,销毁或深埋,以减少病害基数。

任务6 绿叶类蔬菜害虫防治技术

任务描述

绿叶类蔬菜是一类以鲜嫩的绿叶、嫩茎或幼嫩的植株为产品供做菜用的蔬菜,是人们喜食的一类蔬菜,我国各地一年四季均有栽培。绿叶类蔬菜害虫种类较多,发生也较重,害虫的防治是生产中菜农必须关注的重要问题。

常见的绿叶类蔬菜害虫有菠菜潜叶蝇、莴苣蚜、灯蛾、蜗牛、蛞蝓、细钻螺等。对此类害虫的防控主要通过农业、物理、生物及生态等各项技术,如杀虫灯使用技术、性诱剂防治技术、捕虫板使用技术,以及应用高效、低毒、低残留农药等,改变虫害防治的传统观念和做法,促进蔬菜生产的可持续发展和产品质量的提高。

任务咨询

一、菠菜潜叶蝇

(一)危害特点

幼虫潜入叶内取食叶肉,形成片状隧道,留下的表皮呈半透明水泡状,严重时可将叶肉吃光,使叶片光合作用面积大大减少,影响生长和外观,严重降低了菠菜的食用价值和商品价值。此虫耐低温、喜潮湿,高温、干旱则不利于其发育繁殖。

(二)防治方法

1)农业防治,及时清除并烧毁残株、落叶,减少虫源。

2)诱杀成虫,用糖醋液诱杀成虫。

3)药剂防治,可用20%氰戊菊酯(杀灭菊酯)乳剂2 000倍液,或20%吡虫啉可溶剂2 000倍液,或40.7%毒死蜱(乐斯本)乳油1 000~1 500倍液,或40%七星宝乳油600~800倍液,或20%丁硫克百威(好年冬)乳油1 000倍液,或98%杀螟丹(巴丹)可湿性粉剂2 000倍液,或75%灭蝇胺可湿性粉剂1 000倍液。此外,阿维菌素、杀虫双、杀虫单等效果也很好。

二、莴苣蚜

（一）危害特点

成、若蚜在嫩叶背面吸食汁液，造成叶片卷缩变黄，影响植株生长，甚至死亡。该蚜虫还危害留种株的嫩茎、花梗和嫩荚，致花梗畸形扭曲，不能正常抽薹、开花、结荚，使荚果籽粒也不饱满。该蚜虫还传播多种病毒病，危害很大。

（二）防治方法

1）农业防治，选用抗虫品种，及时清除田间枯枝败叶及四周杂草，以消灭部分害虫，减少虫口基数。

2）物理防治，设黄板诱蚜，在菜田放置涂有机油的黄色板，诱杀有翅蚜。采用银色薄膜避蚜，在田间挂银灰色塑料膜（10~15 cm）长条，捆在棍端并插于田间，每亩8~10行。

3）药剂防治，首选药为50%抗蚜威（辟蚜雾）2 000~3 000倍液，或10%吡虫啉可湿性粉剂（蚜虱净）1 000~2 000倍液，或15%倍乐溴乳油2 000~3 000倍液，或70%溴马乳油2 500~4 000倍液等。注意交替喷施2~3次，隔7~10天一次，采收前10~15天应停止喷药。

三、灯蛾

（一）危害特点

灯蛾以幼虫危害寄主植物。成虫昼伏夜出，有趋光性，产卵块于叶背。初孵幼虫群集危害，3龄后渐分散，食量也大增，爬行快，受惊后落地假死，蜷缩成环。此虫常与菜青虫、菜蛾等混合发生。

（二）防治方法

1）农业防治，清除田间残枝落叶，及时深翻土地，减少虫源。

2）生物防治，用Bt乳剂或青虫菌500 g + 水750 kg喷雾，加入0.1%洗衣粉或少量杀虫剂，效果更好。

3）药剂防治，2.5%溴氰菊酯（敌杀死）乳油2 000~3 000倍液，或5%来福灵乳油，或2.5%三氟氯氰菊酯（功夫）乳油2 000~3 000倍液，或25%杀虫双乳油500倍液，或5%定虫隆（抑太保）乳油2 000倍液，或24%万灵水剂1 000倍液，或50%抗虫922乳油500~800倍液，或10%除尽乳油2 300~4 500倍液。注意交替使用，隔7~15天喷一次，前密后疏。

四、蜗牛

（一）危害特点

常见的有灰巴蜗牛和同型蜗牛两种。灰巴蜗牛取食作物的茎叶、幼苗，严重时造成缺苗断垄。同型蜗牛的初孵幼螺只取食叶肉，留下表皮，稍大个体则用齿舌将叶、茎舐磨成小孔或将其吃断。上述蜗牛喜生活于潮湿的杂草丛中或乱石堆里，多在雨后爬出危害。它们多在4~5月产卵，卵产于作物根际湿润土中或枯叶石块下。

（二）防治方法

1）农业防治，深翻晒土，将卵翻出地表曝晒而死，减轻危害。

2）人工捕杀，利用此虫夜出活动的习性，晚上将菜叶放在菜株附近，上面撒些饼粉或玉米粉，天亮前将虫体集中捕杀，或利用雨后活动的习性进行人工捕杀。

3）药剂防治，每亩用6%密达颗粒剂465～665 g，或70%贝螺杀可湿性粉剂29～33 g，或浸螺杀可湿性粉剂，或8%灭蜗灵颗粒剂等，上述药剂均需混合干沙土10～15 kg，均匀撒施。

五、蛞蝓

（一）危害特点

蛞蝓俗称鼻涕虫，危害植物与蜗牛相似，也是靠舌头上的锉形组织及舌头两侧布满的细小牙齿把植物组织磨碎。蛞蝓喜生活于阴暗潮湿、多腐殖质的环境中，多昼伏夜出，耐饥力强。

（二）防治方法

1）农业防治，可参照蜗牛的农业防治方法。

2）药剂防治，可参照蜗牛的药剂防治方法。

3）石灰阻隔，在菜地四周撒石灰带，每亩用生石灰粉5～10 kg，效果良好。

4）诱杀，每亩用5%蜗牛敌500 g拌炒香的麸粉10 kg于傍晚撒田中，或每亩加细土撒施田中诱杀。

六、细钻螺

细钻螺又称长锥螺，取食蔬菜作物的幼芽和嫩叶，是我国南方蔬菜苗期的主要害虫。其喜生活于潮湿、多腐殖质的菜地、草丛或田埂石块下，春、夏季雨后爬出活动取食。其防治方法可参照蜗牛的防治方法。

任务实施

一、材料及工具的准备

1. 材料

绿叶类蔬菜各种害虫的标本、活体昆虫、挂图、幻灯片等。

2. 用具

手持放大镜、体视显微镜、泡沫塑料板、镊子、解剖针、蜡盘。

二、任务实施步骤

1. 绿叶类蔬菜常见害虫形态和危害特征观察

观察当地绿叶类蔬菜各种常发生害虫的形态特征、危害部位和被害特点。

2. 绿叶类蔬菜主要害虫的预测

选择两种当地绿叶类蔬菜的主要害虫，利用性诱剂、诱蛾器或虫情测报灯进行调查，将调查资料整理后进行实际分析并预测两种主要绿叶类蔬菜害虫的发生趋势。

3. 绿叶类蔬菜主要害虫的防治

1）调查了解当地绿叶类蔬菜主要害虫的发生与危害情况及其防治技术和成功经验。

2）根据绿叶类蔬菜主要害虫的发生规律，结合当地生产实际，提出3种绿叶类蔬菜害虫防治的建议和方法。

3）配制并使用3种常用杀虫剂防治当地绿叶类蔬菜主要害虫并调查防治效果。

任务考核

任务考核单

序号	考核内容	考核标准	分值	得分
1	菠菜潜叶蝇形态观察	正确识别菠菜潜叶蝇并能说出防治方法	20	
2	莴苣蚜形态观察	正确识别莴苣蚜并能说出防治方法	20	
3	灯蛾形态观察	正确识别灯蛾并能说出防治方法	20	
4	蜗牛形态观察	正确识别蜗牛并能说出防治方法	20	
5	蛞蝓形态观察	正确识别蛞蝓并能说出防治方法	10	
6	细钻螺形态观察	正确识别细钻螺并能说出防治方法	10	

思考问题

1. 绿叶类蔬菜的食叶害虫如何进行无公害防治？
2. 绿叶类蔬菜病毒病防治时为什么要先防治蚜虫？
3. 保护地绿叶类蔬菜害虫有何特点？
4. 大棚种植绿叶类蔬菜时为什么用银灰色棚膜来驱除蚜虫？

知识链接

绿叶类蔬菜无公害栽培技术

一、品种选择

该类蔬菜种类繁多，品种丰富，又是日常生活中经常食用的不可或缺之蔬菜。此类蔬菜大都生育期较短，复种指数高。品种可选择四川二白皮、青皮绿肉莴笋、碧绿结球生菜、津南实芹、尖叶菠菜、泰国空心菜、早熟五号、上海青等。

二、栽培管理

绿叶类蔬菜栽培土壤一般应选用肥沃、排水良好、结构疏松、有机质丰富的沙质壤土。前茬收获后，及时净园，结合耕地亩施农家肥3 000 kg，并施复合肥30~40 kg，充分耕耙，做成1~1.3 m高畦待用。以净菜上市的绿叶类蔬菜清洗用水应选用洁净无污染的水源。

三、病虫害防治

1. 农业防治

选择高抗病毒病、枯萎病并兼抗其他病虫害的品种。创造适宜的生长环境条件，控制好生长发育期各阶段的温度和湿度，合理轮作，平衡施肥。

2. 物理防治

大力应用和推广防虫网和遮阳网,有条件的蔬菜基地可安装频振式杀虫灯,用黄色粘卡诱杀微型昆虫。

3. 化学防治

使用药剂防治应符合国家标准的要求,注意轮换用药,合理混用,严格控制农药安全间隔期。

学 习 小 结

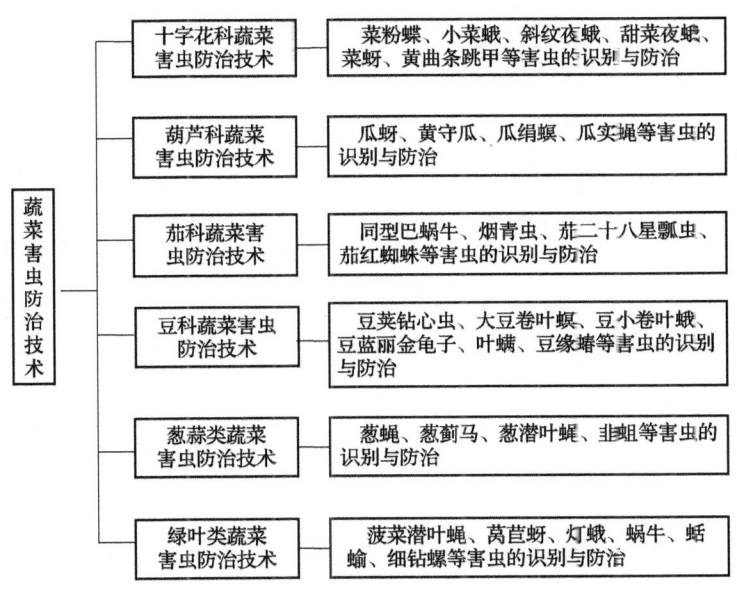

达 标 检 测

一、简答题

1. 污染蔬菜的有害物质有哪些?
2. 无公害蔬菜的标准是什么?
3. 蔬菜害虫综合治理的特点有哪些?
4. 保护地蔬菜的生态环境有哪些特点?
5. 黄守瓜的发生与环境条件之间的关系如何?
6. 茄二十八星瓢虫的发生与环境条件之间的关系是什么?
7. 三种菜蚜危害的特点有哪些?
8. 如何做好豆野螟的防治工作?
9. 无公害蔬菜防蚜技术有哪些?
10. 无公害蔬菜生产常用农药有哪些?
11. 无公害蔬菜防螨药剂有哪些?并简要介绍其使用范围(不少于5种)。
12. 写出一些重要蔬菜害虫的防治适期。

二、论述题

1. 杀虫剂的合理使用应遵循的原则有哪些?
2. 豆科蔬菜害虫主要有哪些?如何搞好豆科蔬菜害虫的综合治理工作?
3. 蔬菜害虫综合治理的发展趋势是什么?
4. 对十字花科蔬菜害虫的综合治理应采取哪些措施?

模块 4

果树病虫害防治技术

项目 7　果树病害防治技术

项目 8　果树害虫防治技术

果树病害防治技术

【项目说明】

果园防治病害是果树生产的重要技术环节。病害防治是否得当,明显影响果树产量、质量、树势、果园的整齐度及经济寿命等。一个病害流行的果园,难免出现叶片过早脱落、枝干腐烂枯死、果实受害腐烂等现象。这样的果园,难以做到优质高产,经济效益也不会太高。在果园中,引起果树传染性病害发生的主要病原是真菌。真菌在自然界中种类多、分布广、适应性强,对果树的危害也严重。据不完全统计,我国苹果病害有80多种,其中因真菌引起的病害就达70多种,约占90%以上。有关资料也表明,梨树、桃树、葡萄的病害中真菌性病害也在90%以上。由此可见,果园中病害的防治主要是真菌的防治。因此,了解一些真菌生理方面的知识是非常必要的。

果树病害种类很多,本项目根据果树的种类来分别介绍主要果树病害的症状、病原、发病规律及防治措施。本项目分为5个任务来完成:苹果树病害防治技术;梨树病害防治技术;葡萄病害防治技术;柑橘病害防治技术;桃、李、杏病害防治技术。

【学习内容】

掌握当地果树常发生病害的类型、症状、发生规律、发病条件及防治方法。

【教学目标】

通过对果树病害的症状观察,能正确诊断病害。了解果树病害发生的环境条件和发生规律。掌握当地果树病害的防治措施。

【技能目标】

根据果树病害的典型症状,准确诊断果树常发生的病害,并能制订出合理有效的防治方案。

任务1 苹果树病害防治技术

任务描述

苹果在我国栽培面积很大,主要集中在北方地区。苹果病害种类也很多,已知有80多种。就全国而言，危害枝干较为严重的有腐烂病、干腐病等；危害叶片比较严重的有褐斑病、黑星病和锈病等；危害果实较为严重的有炭疽病、轮纹病和锈果病等；危害根部较为严重的有白绢病、根腐病等。苹果病害比较严重的有苹果树腐烂病、白粉病、褐斑病和花叶病。局部地区苹果锈果病、褐腐病、根腐病等也造成一定的损失。

苹果病害的防治不在打药次数多少，关键是要选好药，同时药要喷得巧，即要抓住病害防治的关键时期。要想做到这一点，就必须了解生产中各种病害的发生规律，然后根据其发生规律，在病害最敏感的时期及时用药，把病害控制在萌芽状态或未侵染之前，达到事半功倍的效果。

任务咨询

一、苹果树腐烂病

苹果树腐烂病又称为烂皮病，是苹果树树干上的重要病害，受害严重的果园，树干病疤累累，树势严重衰弱，死树和毁园现象时有发生。腐烂病病菌除危害苹果外，还可感染沙果、海棠和山定子等苹果属植物。

（一）症状

苹果腐烂病主要危害树龄在10年以上的结果树，也能危害幼树或苗木，主干和大枝受害明显重于小枝。病害一般仅使皮层组织腐烂死亡，严重时可侵染靠近皮层的木质部，其症状可归纳为溃疡型和枝枯型两种类型。

1. 溃疡型

在冬、春发病盛期和夏、秋衰弱树上发病时，一般呈溃疡型。其主要发生在幼树的主干、结果树的中心干和主枝下部及结果树主枝与主干分叉处。病部大小不等，呈红褐色，水渍状，稍隆起，近圆形或不规则形。病组织质地糟烂，发出酒糟味，用手指按压即下陷，并流出红褐色汁液。掀开表皮可见树皮内层已完全腐烂，病变范围远比外表所见的大。

2. 枯枝型

多在春季发生在小枝、果台或树势极度衰弱的大枝上，病变蔓延迅速，全枝迅速失水干枯死亡，病疤不隆起，不呈水渍状，边缘也不明显。后期病部产生很多小黑点。

（二）发病规律

病菌以菌丝体、分生孢子器及子囊壳在病枝干、果园及其周围堆放的病残体上越冬，翌年春季遇雨时，大量分生孢子和子囊孢子从分生孢子器和子囊壳中排出，通过雨水飞溅和昆虫活动传播，从伤口（冻伤、剪锯伤、环剥伤、虫伤等）、叶痕、果柄痕和皮孔侵入。

（三）发病因素

1. 冻害

周期性的冻害是诱导腐烂病流行的主导因素之一。严重冻害年份，即腐烂病大发生之年。低洼积水和后期贪青的果园易遭冻害，常诱发病害流行。山地或沙地果园，向阳面的易受阳光灼伤的枝干，发病也常较重。

2. 栽培管理

果园栽培管理粗放、果树营养不良是腐烂病流行的另一个主要因素。另外，虫害及其他病害的危害也会导致树势衰弱，加重腐烂病的发生。

3. 寄主愈伤能力

树体的愈伤能力与抗病性关系密切，愈伤能力强的品种或单株，抗病菌扩展能力也较强。凡生长健壮、营养充足的树体，愈伤能力强，发病轻。

（四）防治方法

腐烂病的防治应以加强管理、提高树体抗病力，及时清除病变组织和潜伏病菌等为重点，结合涂药保护和病斑治疗及防治枝干害虫等综合治理措施，这样才能收到良好的效果。

1. 加强栽培管理

加强果园管理、提高树体抗病力是防治腐烂病的根本措施，防治工作必须从幼树期开始：①合理修剪整枝，培养良好的树形和树势；②增施肥料，合理施肥，做到有机肥和氮、磷、钾肥等化肥的配合施用；③合理疏花疏果，控制树体总载果量，对弱病树应少留果，以平衡营养生长和生殖生长，克服大小年现象；④秋季对幼树进行绑草、培土、树干涂白，以防冻害；⑤注意果园排灌，防止早春的旱害和夏季积水，避免后期施肥、灌水，防止晚秋徒长以免遭冻害；⑥预防害虫和早期落叶病。

2. 清洁果园

冬季和夏季修剪过程中，及时清除病残枝干、残桩，以减少果园病菌的来源。

3. 病斑治疗

入冬以前认真检查表面溃疡，将病部树皮表层组织及周围少量健康组织刮除（对处于扩展高峰期的病斑，应刮掉 2 cm 左右的健皮），并集中烧毁，以防入冬后向深层蔓延。每次刮治后，伤口应涂抹加有 2% 平平加的 40% 福美胂，或 50% 退菌特可湿性粉剂 50 倍液，或 5~10 °Bé 石硫合剂 1~2 次，以杀死残留在病部的病菌。

4. 药剂铲除

为控制夏季落皮层上产生的病变，防止表层产生溃疡和晚秋出现新的坏死病痕，可在 6 月下旬和 11 月上旬用 50% 福美胂可湿性粉剂 100~200 倍液涂刷主干、主枝及中心干以上第 4 主枝以下部位。施药前先刮除病疤及表层溃疡斑和粗皮下干斑，并剪除病枝和干桩。对于重病树，也可在春季发芽前刮粗皮，清除病残体组织后，全树喷 1 次上述药剂，再对树体易发病部位涂抹 1~2 次，也具有同样效果，并且在果树休眠期用药，安全易行。

二、苹果早期落叶病

苹果早期落叶病主要包括苹果褐斑病、灰斑病、圆斑病、轮纹斑病等多种病害，是我国各苹果产区主要发生的病害，危害严重的年份，造成苹果树早期落叶，削弱树势，果实不能正常成熟，对花芽形成和果品产量、质量都有明显影响。这些病害除危害苹果外，还可危害沙果、海棠等。近几年，苹果早期落叶病出现大面积发生现象，而且相当严重，9 月落叶在 80% 以上，重者在 95% 以上，对苹果产量、品质影响很大。该病是褐斑病、圆斑病、灰斑病和斑点落叶病的总称，灰斑病 5 月上旬侵染新梢，褐斑病和斑点落叶病 5 月底开始发生，7~8 月为危害高峰，广大果农一定要高度重视，早防早治。

（一）症状识别

1. 褐斑病

此病主要危害叶片，叶片病斑初为褐色小点，后可发展为以下3种类型：一是轮纹型，叶片发病初期在叶下面出现黄褐色小点，逐渐扩大为圆形，中心为暗褐色，四周为黄色，病斑周围有绿色晕，病斑中出现黑色小点，呈同心轮纹状。叶背为暗褐色，四周为浅黄色，无明显边缘。二是针芒型，病斑似针芒状向外扩展，无边缘。病斑小，数量多，布满叶片。后期叶片渐黄，病斑周围及背部为绿色。三是混合型，病斑大，不规则，其上也有小黑点。病斑为暗褐色，后期中心为灰白色，边缘有的仍呈绿色。

2. 灰斑病

此病主要危害叶片，也可危害枝条、嫩梢及果实。叶片受害初期产生近圆形、黄褐色、边缘清晰的病斑，以后病斑密集或互相连合使叶片呈焦枯状。病斑中散生多个小黑点。

3. 圆斑病

此病主要侵害叶片，有时也侵害叶柄、枝梢和果实。染病叶片病斑呈圆形，褐色，边缘清晰。

4. 轮纹斑病

病斑较大，呈圆形或半圆形，边缘清晰整齐，暗褐色，有明显的轮纹。天气潮湿时，病斑背面产生黑色霉状物。多雨年份，多个病斑连成片，很快造成叶片脱落。

5. 斑点病

斑点病主要危害叶片，特别是展叶20天内的幼嫩叶片，其也能危害叶柄、嫩枝和果实。叶片染病后，刚开始为褐色小点，渐渐病斑直径扩大为5~6 mm，红褐色，边缘为紫褐色。病斑中心往往有一深色小点或呈同心轮纹状。天气潮湿时，病部正、反面均可见墨绿色至黑色霉状物。发病中后期，有的病斑可扩大为不规则形，有的病斑部分或全部呈灰白色，其上散生多个小黑点（为二次寄生菌），有的病斑破裂或穿孔。幼果受害多表现为黑点型、疮痂型、斑点型、黑点褐变型等症状。

（二）发病规律

以上5种早期落叶病都是以病菌在病叶上越冬。翌年开始发病的时间以圆斑病最早，一般在落花后不久的5月上旬发生；次为褐斑病，于5月中旬发生；灰斑病和轮纹斑病发病较晚，往往于6月下旬发生。它们的发病盛期都在6~7月高温多雨季节。8~9月秋梢嫩叶易感染灰斑病和轮纹斑病。发病轻重受降雨量和树势的影响很大。一般在花后降雨多的年份发病早，上海地区5~6月降雨多，喷药不易，往往发病严重。树势强壮，发病较轻；树势衰弱，发病则重。

苹果品种间对褐斑病、灰斑病、圆斑病及轮纹斑病的感病情况不同，一般黄香蕉、红玉最易感染褐斑病；秋花皮易感染圆斑病；青香蕉、小国光易感染灰斑病；红香蕉、秋花皮易感染轮斑病。祝光、红绞、鸡冠、醇露、白粉皮和大国光较抗病。

（三）防治方法

这5种病害的防治方法主要以化学防治为主，配合清除落叶，可以有效控制发病程度。药剂防治的关键在于掌握好喷药时间。

1）发病前15天开始喷80%普诺M-45可湿性粉剂。此药可在叶片和果面形成一层保

护膜,抑制并杀死病菌。用代森锰锌或其他保护剂防治也可。然后在6月中旬、7月中旬、8月中旬相继喷药3次,所用药剂有80%喷克可湿性粉剂800倍液、3%多抗霉素可湿性粉剂400倍液、60%轮纹杀星可湿性粉剂800倍液等,可交替使用。未结果的幼树可于5月上旬、6月上旬、7月上中旬各喷1次,多雨年份在8月结合防治炭疽病再喷1次药。

2)加强栽培管理,增强树势以提高抗病力。同时,注意苹果树的整形修剪,改善通风透光条件。

3)秋、冬季结合修剪收集病枝落叶,集中烧毁。

三、苹果白粉病

苹果白粉病是一种世界性病害,在我国各苹果产区均有发生,近年来有加重的趋势。病菌除危害苹果外,还危害山定子、沙果、槟子和海棠。

(一)症状识别

此病主要危害叶片、新梢,花、幼果和芽也能受害。受害的休眠芽茸毛稀少,呈灰褐色,干瘪尖瘦,鳞片松散,萌发较晚,严重时未萌发即枯死。病芽萌发后生长缓慢,新叶皱缩为畸形,浅紫褐色,质硬而脆,叶背具白粉层(菌丝体、分生孢子梗和分生孢子)。随着枝叶生长,白粉层蔓延至叶面。从病芽抽出的新梢,表面布满白粉,节间短而细弱,此后病梢大部分叶片干枯而落,仅在顶端残留几片新叶。

(二)发病规律

病菌主要以菌丝体在芽鳞内越冬,其中以顶芽带菌率最高,其下侧芽依次减少,第4侧芽后很少带菌。春季叶芽萌动时,越冬菌丝开始活动,蔓延危害并产生分生孢子,借助气流传播侵染嫩叶、新梢、花器及幼果。

(三)发病因素

病害发生与气候条件关系密切。春季温暖干旱,有利于前期病害的发生和流行。夏季多雨凉爽、秋季晴朗,有利于后期发病。果园地势低洼、栽植过密、土壤黏重,有利于发病。偏施氮肥,可造成树冠郁闭、枝条细弱、加重病害。剪枝不当、枝条缓放过多、致带菌芽数量增加,也会使发病加重。苹果中以秋花皮、红玉和柳玉等品种发病最重,国光次之,印度青、青香蕉、金香蕉、金冠、元帅和红星等发病轻。

(四)防治方法

1. 清除菌源

结合冬季修剪,剪除病枝、病芽。重病园(树)冬芽带菌率高,可重剪,以降低带菌率。萌芽至开花期复剪,减少病菌侵染源。在苹果树发芽前,喷3~5°Bé石硫合剂或40%福美胂100倍液,对铲除病芽内越冬菌丝有一定作用。

2. 喷药保护

着重在开花前、落花70%和落花后10天各喷药1次,发病严重时可在破绽期、开花期、落花70%及花后15天左右各喷药1次,以后根据病情,结合其他病害的防治进行喷药。有效药剂有20%三唑酮乳油8 000倍液(不得低于6 000倍)等。

3. 加强栽培管理

增施有机肥,促进植株生长健壮,提高抗病力。在病害常年流行地区,逐步淘汰感病品种。

任务实施

一、材料及工具的准备

1. 材料

苹果树病害的盒装标本、浸渍标本、病原菌的玻片标本、新鲜的病害实物、病害挂图、幻灯片等。

2. 用具

显微镜、镊子、无菌水、纱布、放大镜、挑针、刀片、载玻片、盖玻片等。

二、任务实施步骤

1. 苹果树病害症状和病原菌形态观察

观察苹果树腐烂病等各种常见病害的分布特点、发病部位、症状表现和病原特征。

2. 苹果树主要病害的预测

根据当地苹果树常见病害的越冬菌量、气象条件、栽培措施和当地主栽品种的生长发育状况，调查整理资料后进行实际分析并预测两种主要苹果树病害的发生趋势。

3. 苹果主要病害防治

1）调查了解当地苹果树主要病害的发生与危害情况及其防治支术和成功经验。

2）根据苹果树主要病害的发生规律，结合当地生产实际，提出3种苹果病害防治的建议和方法。

3）配制并使用3种常用杀菌剂防治当地苹果主要病害并调查防治效果。

任务考核

任务考核单

序 号	考核内容	考核标准	分 值	得 分
1	苹果腐烂病症状观察	能根据症状识别和防治苹果腐烂病	20	
2	苹果早期落叶病症状观察	能根据症状识别和防治苹果早期落叶病	20	
3	苹果白粉病症状观察	能根据症状识别和防治苹果白粉病	20	
4	苹果病害防治技术	制订出符合当地实际情况的防治方法	20	
5	苹果病害预测技术	根据调查结果预测病害的发生趋势	20	

思考问题

1. 怎样区分苹果枝干腐烂病、干腐病、轮纹斑病的症状？
2. 如何区分苹果果实轮纹斑病、炭疽病和褐腐闰的症状？
3. 为什么说壮树防病是防治苹果树腐烂病的根本措施？
4. 苹果树白粉病的主要防治要点有哪些？

知识链接

苹果生理病害的防治

一、苹果粗皮病

（一）症状识别

发生粗皮病的苹果树，8 月中下旬，新梢上开始出现小的凸起，逐渐膨胀后变为疹子状。随枝龄的增长，疹状凸起扩大龟裂、凹陷，表现出粗皮症状。削开病皮，可见到粒状黑点和线状坏死。

（二）发病原因

此病是由锰过剩引起的一种生理性"多素症"。与土壤中锰过多，硼、钙较低有关，也与土壤的理化性状有密切关系。品种、砧木和栽培技术对此病有重要影响。土壤 pH 值低于 5 时，粗皮病重。元帅、富士、国光发病重。三叶海棠作砧木发病重。

（三）防治方法

1）选择适宜的栽培土壤，土层要疏松，通气性要好，还原性锰不超过 100 mg/kg。

2）改良酸性土壤。pH 值低的酸性土壤，每年应结合施基肥，每株施 40～60 g 硫酸钙。加强果园排水，降低土壤中有效锰的积累量。

3）增施有机肥，控制施用生理酸性肥和氮、磷肥用量。

4）合理修剪，合理负载。

二、苹果黄叶病

（一）症状识别

此病主要表现在新梢幼嫩叶片上。叶肉变黄，叶脉两侧仍保持绿色，叶面呈绿色网纹状，失绿是重要特征。严重时整片叶变为白色，叶缘枯焦，引起落叶。

（二）发现原因

此病由缺铁所致。由于铁元素在植物体内难以转移，缺铁症状多从新梢顶端幼嫩叶开始表现。

（三）发病条件

1）盐碱重的土壤，可溶性的二价铁转化成不可溶的三价铁，不能被苹果吸收利用，表现缺铁。施氮肥过多，修剪过重，树体内的锰、铜、钼、锌、钒的含量高，能减少铁的吸收。

2）以山定子作砧木的苹果树，易发生黄叶病；以海棠作砧木一般发病较轻。

（四）防治方法

1）改土治碱。增施有机肥以增加土壤有机质含量，以及挖沟排水以增加土壤透水性，是防治黄叶病的根本措施。

2）适当补充铁素。发芽前枝干喷施 0.3%～0.5% 硫酸亚铁溶液控制病情；把硫酸亚铁与有机肥混合施用，每亩施 20～50 kg，治疗黄叶病；也可在发芽前，用瓶装硫酸亚铁 50 倍液浸泡侧生根，吸收 24 h，把瓶取出。

三、苹果小叶病

（一）症状识别

此病主要危害新梢及叶片。病枝发芽晚，叶片狭小细长，叶缘向上卷，质硬而脆，叶片

为浅黄绿色，或颜色深浅不均。病枝节间短、细，叶丛枝似菌花状。

（二）发病原因

此病是因苹果树缺锌引起的。

（三）发病条件

此病与多种因素有关。沙地果园，土壤含锌量低，透水性好，浇水过多，水土流失，可溶性锌流失；氮肥使用过多，植物需锌量增加，若锌量不足，则发病重；碱性土壤，锌易被固定，不易被吸收；树下喷上"草甘膦"，易表现"小叶病"。

（四）防治方法

增加锌盐供给或释放被固定的锌元素，是防治的有效途径。

1）增施有机肥，便于锌的吸收与利用。

2）补充锌元素，发芽前树上喷放3%～5%硫酸锌。结合春、秋季施基肥，每亩施硫酸锌10～20 kg。

3）改良土壤，对盐碱地、黏土地、沙地等土壤条件差的果园，改良土壤，创造利于根系发育的良好条件，从根本上解决小叶病的问题。

四、苹果缺钙症

（一）症状识别

幼叶边缘呈杯状向上卷，展开的叶上整齐的脉和脉间失绿，老叶边缘坏死并破碎，严重时顶梢枯死。果实出现苦痘病、红玉斑点病、水心病、皮孔斑点病、裂果、内部腐烂和木栓斑点病等。枝条凹凸不平，枝周不圆。根短而粗，发病重时皮层加厚死亡，死根又可发出粗短的新根。

（二）发病原因

此病主要是因为土壤中含钙量少。

（三）发病条件

土壤酸度较高，钙易流失。前期干旱，后期供水过多，不利于钙的吸收与利用。氮肥过多，修剪过重，加重了钙向果实的运输。

（四）防治方法

1）改良土壤，增施有机肥，促进氮、磷、钾、硼、锌、铜等元素均衡稳定供应。

2）施钙，在沙质土壤上喷施或穴施石膏、硝酸钙、多效生物钙肥或氧化钙。果面、叶面多次喷布0.5%硝酸钙或氯化钙，或氨基酸钙400倍液或氨基钙宝500倍液。

3）适度修剪，合理疏果，合理负载。

任务2 梨树病害防治技术

任务描述

梨树病害是梨树生产上严重的生物危害。每年梨树病害，都会给生产造成很大的损失。因此，正确认识和了解梨树病害的发生消长、扩散传播规律及其特点，采取相应的防治措施，就能在一定程度上控制病害的发生，避免或减轻经济损失，以保证梨树生产的高产、稳产、品质优良。

经调查了解,我国梨树病害大约有80种,其中发生普遍和危害严重的有黑星病、锈病、轮纹病、腐烂病、黑斑病等,部分果园还可发生锈病、白粉病、褐腐病、根部病害及黄叶病,有些果园偶尔发生疫腐病,老梨树还常发生木腐病。这些病害导致梨树生长衰弱,结果延迟,产量下降及品质变劣,损失很大。为了有效预防和控制梨树病害的发生,必须搞好梨园病害的综合防治。

任务咨询

一、梨黑星病

梨黑星病又名疮痂病,在我国梨产区发生普遍,是梨树的一种主要病害。

（一）症状识别

梨黑星病可危害果实、果梗、叶片、叶柄、新梢和芽鳞等部位。梨树受害后,病部形成明显的黑色霉斑,这是该病的主要特征。

果实受害,先出现浅黄色圆形小病斑,病斑逐渐扩大,病部稍凹陷,上长黑色霉状物。被害的幼果,多龟裂并成干疤,易早期落果。果梗上发病多在幼果期,出现黑色椭圆形凹斑,上长黑色霉状物。叶片上发病,首先在叶背面出现圆形、椭圆形或不规则形状的浅黄色斑,以后病斑稍有扩大,出现煤烟状的黑色霉状物。叶柄染病时,首先出现针头大小的黑斑,后不断扩大,绕叶柄一周时,由于影响水分及养料运输,往往引起早期落叶。

越冬芽被侵染,芽片松散,并有黑色霉状物,翌年萌发形成病芽梢。病芽受害严重时,鳞片开裂,全芽枯死。

（二）发病规律

病菌主要以分生孢子或菌丝体在鳞片内、枝梢病部和落叶上越冬。病菌借雨水传播,因而降雨是梨黑星病侵染危害的必要条件。

不同品种对梨黑星病的抗性不同,一般以中国梨最易感病。发病重的品种有鸭梨、京白梨、秋白梨、宝珠梨等,其次为砀山酥梨、莱阳茌梨。而西洋梨系统的品种抗性最强,日本梨次之。

（三）防治方法

1) 秋、冬季清园,清除落叶落果,同时结合修剪,剪除病枝、病芽并集中烧毁或深埋。

2) 采取农业措施,加强栽培管理,增施有机肥,增强树势,提高树体抗病能力。

3) 药剂防治,发芽前全园喷布3~5°Bé石硫合剂,以铲除树上的越冬病原。5月以后,根据梨树病情和降雨情况及时喷药。一般第1次喷药在5月中旬（病梢初现期）,第2次在6月中旬,第3次在6月末至7月上旬,第4次在8月上旬。可选用的药剂有:1:2:200的波尔多液,50%多菌灵可湿性粉剂800倍液,50%甲基托布津800倍液,40%福星乳油8 000~10 000倍液,或62.25%仙生可湿性粉剂600倍液。

二、梨锈病

梨锈病又叫赤星病、羊胡子病等,梨园附近有桧柏栽培的地区发病严重。

(一) 症状识别

梨锈病主要危害叶片和新梢,严重时也能危害幼果。叶片受害时,在叶正面产生有光泽的橙黄色病斑,病斑边缘为浅黄色,中部为橙黄色,表面密生橙黄色小粒点,天气潮湿时,其上溢出浅黄色黏液,即性孢子。黏液干燥后,小粒点变为黑色,病斑变厚,叶正面稍凹陷,叶背面稍隆起,此后从叶背病斑处长出浅黄色毛状物,这是识别本病的主要特征。

(二) 发病规律

梨锈病病菌春季从桧柏上随风传播到梨树上危害,危害的程度与桧柏的多寡及距离的远近有关。锈孢子传播的有效距离为 5~10 km,但以距梨园 1.5~3.5 km 以内的桧柏对发病影响最大。另外,病菌一般只能侵害幼嫩的组织。当梨芽萌发、幼叶初展时,若天气多雨,风力较大,则发病较重。

(三) 防治方法

砍除梨园附近的桧柏,以断绝病菌来源,或于早春对桧柏喷 1~2 次 3~5°Bé 石硫合剂,以减少或抑制病原。梨树上发现有锈病发生时,应在开花前、谢花末期和幼果期喷药保护。常用药物:25% 三唑酮(粉锈宁)可湿性粉剂 1 500 倍液,石灰倍量式波尔多液 200 倍液,3% 绿得保胶悬剂 300~500 倍液或 80% 代森锰锌 800 倍液等。

三、梨轮纹病

梨轮纹病又叫粗皮病、瘤皮病,是我国梨树主要病害之一,特别是 20 世纪 90 年代以来,梨轮纹病有发展趋势,已成为生产上突出的问题。

(一) 症状识别

此病主要危害枝干和果实,其次是叶片。

枝干受害,通常以皮孔为中心产生褐色凸起的小斑点,后逐渐扩大成为近圆形或不规则形的暗褐色病斑,初期病斑隆起呈瘤状,后病斑周围有时呈环状下陷。

果实多在近成熟期或储藏期发病,以皮孔为中心产生水渍状褐色近圆形的斑点,后逐渐扩大,呈暗红褐色,有时有明显的同心轮纹。病斑发展迅速,病果很快腐烂,并流出茶褐色黏液,有些病果最后也会干缩成僵果。

叶片发病,多从叶尖开始,产生不规则的褐色病斑,后逐渐变为灰白色,严重时,叶片提早脱落。

(二) 发病规律

病菌以菌丝体、分生孢子器和子囊壳等形式在枝干病部越冬。翌年早春恢复活动,3 月上旬即可捕捉到孢子。分生孢子在下雨时散出,引起初次侵染,因而病菌主要靠雨水传播。相对湿度 75% 以上或降雨量达 10 mm 时,病菌传播最快。

(三) 防治方法

1) 加强栽培管理,增施有机肥,提高树势,增强树体抗性。轮纹病是弱寄生菌,树体衰弱则发病严重,树体健壮则发病轻或只感病而不发病。

2) 冬季认真做好清园工作。彻底清除枯枝落叶,并且及时刮除被害病枝上的病斑,而后用 5°Bé 石硫合剂或腐必清 2~3 倍液消毒伤口,并将刮掉的组织及清除的枯枝落叶集中烧毁,以减少越冬病原。

3) 喷药保护,果树发芽前喷布 40% 福美胂 100 倍液或 5°Bé 石硫合剂。梨树谢花后,

视降雨情况并结合防治其他病害及时喷药，可选用的药剂：50%多菌灵可湿性粉剂600~800倍液，70%代森锰锌可湿性粉剂500~600倍液，50%退菌特可湿性粉剂600~800倍液等交替使用，但退菌特在果实采收20天前要停止使用。

四、梨褐斑病

梨褐斑病又称为梨斑枯病、梨白星病，各地梨区都有少量发生，仅危害叶片，一般不成灾。但南方梨区发病较重，发病严重时，引起大量早期落叶，造成减产。

（一）症状识别

病叶上有近圆形病斑，以后逐渐扩大。病斑中间为灰白色，其上密生黑色粒点，周围为浅褐色至深褐色，最外层为紫褐色至黑色。发病严重的叶片，一片叶上往往有十多个病斑，后互相连接呈不规则大病斑，导致叶片早期落叶。

（二）发病规律

病菌在落叶的病斑上越冬，翌年春天梨树发芽后借风雨传播并黏附在新叶上，待条件适宜时，孢子发芽侵入叶片，引起初次侵染。孢子可进行再侵染。在雨水多的年份和月份发病严重，我国北方7月上旬进入雨季后为发病盛期，落叶最多。

不同品种的梨树对褐斑病的抵抗力不同，一般来说，以西洋梨品种最易感病，日本梨次之，中国梨大部分品种抗此病能力较强，少数品种也易感该病。

（三）防治方法

1）做好清园工作。秋、冬季认真扫除落叶，集中烧毁或深埋土中，以减少病原。

2）加强栽培管理，增施有机肥，合理整枝修剪，促使树体健壮，提高抗病力。

3）药剂防治，梨树萌芽前喷1:2:160~200波尔多液，谢花后如遇雨立即喷一遍50%退菌特500倍液及石灰倍量式波尔多液；7~8月结合防治其他病害，每隔20天喷一遍石灰等量式波尔多液，但采收前20天停用，以免影响果实外观。

五、梨腐烂病

梨腐烂病又叫臭皮病，在我国各梨区都有发生。发病后常引起全株死亡，对生产影响很大。

（一）症状识别

此病主要危害主干、主枝及侧枝上的向阳面及枝杈部。在大树上，以表皮光滑的3年生以上大枝最易发病；在幼树上，2年以上细枝也能发病。

发病初期，病斑稍隆起，呈水渍状，红褐色，用手压之下陷，并溢出红褐色汁液，散发出酒糟味，以后病部逐渐凹陷、干缩，在病、健处出现龟裂，表面布满黑色小点，当空气潮湿时，从中涌出浅黄色孢子角。在抗病性较强的中国梨梨树上，病部扩展一般比较缓慢，很少环绕整个枝干，一般只是树皮表层腐烂，形成层不致被害，但是在衰弱的树上或遭受冻害的西洋梨梨树上，病部可深达木质部，破坏形成层，病斑会环绕枝干一周，造成梨树死亡或严重削弱树势。

（二）发病规律

病原菌以菌丝体、分生孢子器及子囊壳在枝干病部越冬，早春树体萌动时开始产生分生孢子并随雨水传播，多从伤口侵入。病害发生一年有两个高峰，春季盛发，夏季停止扩展，秋季再次活动，但没有春季严重。

此病与土质、树龄、枝干部位、品种有一定关系。土质为沙质土的梨园，一般发病重；有机质含量高的沙壤土中的梨树发病率低；七八年以上的结果树及老树较易发病；在光滑的大枝上或树干分叉的向阳面容易发病；西洋梨在遭受冻害后容易发病；树势衰弱则发病重，树势强则发病轻。

（三）防治方法

1) 科学施肥浇水，增施有机肥，控制产量，增强树势是防治的重要环节。

2) 秋季梨树落叶后对易感病的品种进行枝干涂白，防止冻伤和日灼。

3) 春季梨树发芽前刮除病斑。刮治时要注意边缘光滑，刮到病斑以外 0.5~1 cm 处，呈梭形，以便愈合。刮后要对伤口及工具用腐必清 2~3 倍液或 9288 等农药进行消毒，有良好防效。

4) 春季萌芽前喷 5°Bé 石硫合剂；另外修剪后留下的剪锯口要在发芽前涂抹 100 倍的高浓度萘乙酸水溶液（萘乙酸原粉先用少量 70% 酒精溶解后再兑水），既防萌生徒长枝，又促进剪锯口愈合。另外要注意防治枝干害虫，以减少伤口。

六、梨黑斑病

（一）症状识别

此病主要危害果实、叶片及新梢。

幼嫩的叶片最早发病，开始出现小黑斑，近圆形或不规则形，后逐渐扩大，潮湿时出现黑色霉层，即为病菌的分生孢子梗及分生孢子。叶片上病斑多时合并为不规则的大斑，引起早期落叶。

幼果受害，在果面上产生漆黑色圆形病斑，病斑逐渐扩大凹陷，并长出黑色霉状物。此后病斑处龟裂，裂缝可深达果心，有时裂口纵横交错，并在裂缝内产生黑色霉状物，病果易脱落。

新梢受害，病斑早期为黑色，呈椭圆形或梭形，此后病斑干枯凹陷，浅褐色，龟裂翘起。

（二）发病规律

病菌以分生孢子及菌丝体在被害枝梢、病叶（包括落于地面的病叶）、病果及树皮上越冬。翌年春季，梨树展叶后，分生孢子通过风雨传播到新叶、新梢上，引起初次侵染。条件适宜时，侵入寄生的病菌 1~2 天即可使受害植株出现症状。枝条上的病斑形成的孢子被风雨传出去后，隔 2~3 天又会形成一批新孢子，如此可重复 10 次以上，因此，只要条件合适，极易在短期内暴发病害。

在果树生长季节，一般气温为 24~28 ℃，并且同时连续阴雨时有利于该病发生与蔓延；树龄 10 年以上，树势衰弱者发病严重；日本梨一般易感病。

（三）防治方法

1) 做好清园工作，清除枯枝落叶、病果，并结合冬剪，剪除有病枝梢，集中烧毁。

2) 加强栽培管理，增施有机肥，防止梨树坐果太多，同时避免偏施氮肥、枝梢徒长及园内积水。

3) 果实套袋保护。早期发现病叶、病果及时摘除。

4）喷药保护，发芽前喷 5°Bé 石硫合剂与 0.3% 五氯酚钠混合液，果树生长期喷药次数要多些。套袋前，必须喷一遍药，喷后立即套袋。喷药在雨前效果好。可选用的药剂：50% 多菌灵可湿性粉剂 600 倍液，7.5% 百菌清可湿性粉剂 800 倍液，50% 退菌特可湿性粉剂 600 倍液等。

任务实施

一、材料及工具的准备

1. 材料

梨树主要病害的盒装标本、浸渍标本、病原菌的玻片标本、新鲜的实物标本、挂图、幻灯片等。

2. 用具

显微镜、镊子、无菌水、纱布、放大镜、挑针、刀片、载玻片、盖玻片等。

二、任务实施步骤

1. 梨树常见病害症状和病原菌形态观察

观察梨黑星病、梨锈病、梨褐斑病、梨黑斑病等常见病害的分布特点、症状表现和病原特征。

2. 梨树主要病害的预测

调查梨树主要病害的越冬菌量、气象条件、栽培条件和当地主要梨树品种生长发育状况，分析并预测主要梨树病害的发生趋势。

3. 梨树主要病害的防治

1）调查了解当地梨树主要病害的发生与危害情况及防治技术和成功经验。

2）根据梨树主要病害的发生规律，结合当地生产实际，提出梨树的病害防治建议和方法。

3）配制并使用几种常用杀菌剂防治当地梨树主要病害，调查防治效果。

任务考核

任务考核单

序号	考核内容	考核标准	分值	得分
1	梨黑星病症状观察	能根据症状识别和防治梨黑星病	20	
2	梨锈病症状观察	能根据症状识别和防治梨锈病	20	
3	梨轮纹病症状观察	能根据症状识别和防治梨轮纹病	20	
4	梨褐斑病症状观察	能根据症状识别和防治梨褐斑病	20	
5	梨腐烂病症状观察	能根据症状识别和防治梨腐烂病	10	
6	梨黑斑病症状观察	能根据症状识别和防治梨黑斑病	10	

思考问题

1. 预测当地梨树主要病害的发生趋势并说明理由。

项目7 果树病害防治技术

2. 评价当地梨树病害的防治措施是否有效合理。
3. 提出梨树无公害防治的建议和方法。

知识链接

果树防冻的方法

每年冬季由于一些果园防冻措施不得力，冻坏了许多果树，约占果树总数的20%以上，使果农遭受了很大的经济损失。为防止冬季冻坏果树，减少损失，增加果农收入，有关科研部门和专家通过多年实践，总结出以下10种行之有效的果树防冻新方法，供各地（尤其是北方地区）果农选用。

1. 早施基肥

早施基肥是防冻增效的关键措施之一。因此，应特别重视果园基肥的施用并且要早施、深施，以提高肥料的利用率，这对于壮树、高产、优质极为重要，尤其对土壤增温及储藏营养更为有利。

2. 主干涂白

主干涂白在10月下旬进行，涂白剂的配制方法是生石灰10份、硫黄粉1份、食盐1份、植物油0.1份、清水20份，混均匀后涂刷主干和骨干枝分叉处。

3. 覆盖地膜，盖草

对1~3年生的幼树，在霜降前于树盘覆盖1 m^2 的地膜，然后在地膜上加盖15~20 cm的草，既可增加土壤温度又能保持土壤湿度。

4. 根茎培土

在结冻前于树体地上部分向地下部分交界处培土，厚度为20~30 cm，来年化冻时撤除。

5. 树体包裹

大冻到来之前，用稻草绳缠绕主干、主枝或用草捆好树干，可有效地防止寒流侵袭，翌年春解草绳后集中烧毁，既防冻又可消灭越冬的病虫。

6. 冻前灌水

大冻前10天左右，对果园进行一次冬灌。冬灌既可增加土壤温度，又可保持土壤墒情，使土壤温度得以稳定，既防寒又可做到冻水春用，防止春旱。

7. 熏烟增温

熏烟宜在冬季最寒冷的夜间进行，燃料有锯末、碎柴草等，在夜间12时左右点燃，注意控制火势，以暗火浓烟为宜，一般每亩不少于3~4个燃火点，据测定熏烟法可提高气温3~4 ℃。

8. 喷萘乙酸

在早春喷洒萘乙酸溶液可延迟开花期，躲过霜冻的危害。

9. 清除树体积雪

下雪后应及时摇抖树上的积雪，并将积雪堆培于树的根部，以使土壤增湿保温。

10. 营造防护林

利用防护林改善果园小气候，减弱风速，抑制干旱，减轻冻害。营造防护林采取乔灌结合的方法，常绿树最为理想。

任务3　葡萄病害防治技术

任务描述

葡萄是我们日常生活中不可缺少的水果。病害防治是葡萄生产中的重要组成部分。在葡萄生产中，有许多病害严重影响葡萄的收益。对此，要坚持"预防为主，综合防治"的原则，优先采用农业防治、物理防治、生物防治，科学合理使用化学药剂防治。

使用药剂防治时，根据病害的发生规律，选择合适的农药种类、最佳防治时期、高效施药技术，进行防治。同时了解农药毒性，使用选择性农药时，减少对人、畜、天敌的毒害及对农产品和环境的污染。生产无公害的葡萄应坚持以防为主的综合防治原则：选择适宜的立地条件，选择抗病品种，严格植物检疫，苗木消毒处理，推广新树形，冬季清园，压低果园病虫越冬基数，合理修剪，增施有机肥，夏季合理间作，再配合适当的化学防治，就能基本上将病害控制在经济允许的水平之下，达到高产、高效、优质、无公害的目的。

任务咨询

一、葡萄霜霉病

（一）症状识别

葡萄霜霉病主要危害叶片，同时也危害新梢及果穗。

叶片被害，初生浅黄色水渍状边缘不清晰的小斑点，以后逐渐扩大为褐色不规则形或多角形病斑，数斑相连变成不规则形大斑。天气潮湿时，于病斑背面产生白色霜霉状物，即病菌的孢子梗和孢子囊。发病严重时病叶早枯早落。

嫩梢受害，形成水渍状斑点，后变为褐色略凹陷的病斑，潮湿时病斑也产生白色霜霉。病重时新梢扭曲，生长停止，甚至枯死。卷须、穗轴、叶柄有时也能被害，其症状与嫩梢相似。

幼果被害，病部褪色，变硬下陷，上生白色霜霉，很易萎缩脱落。果粒半大时受害，病部为褐色至暗褐色，软腐早落。果实着色后不再侵染。

（二）发病规律

该病借风雨传播到叶片上，经气孔侵入，一般接近地面的叶片最先感染发病。若环境条件适宜，病菌在整个葡萄生长期内能不断产生孢子囊，重复侵染。

高湿、低温是霜霉病流行的主要条件。在北方葡萄主产区，该病一般在5月下旬开始发病，7~9月为发病盛期。

果园地势低洼，架面通风透光不良，树势衰弱或夏、秋季副梢生长量大，都有利于病害发生。

（三）防治方法

1）初冬清园，清扫地面落叶并带出园外集中烧毁。

2）提高架面，清除拖地枝蔓。合理整枝，加强架面通风透光管理，雨季注意排水，降低果园湿度。

3) 发病初期及时摘除感病叶片,减少病菌的侵染。雨后及时检查,找出发病中心,对其重点喷药,消灭病原中心。

4) 提早动手,加强预防,改变传统防治观念,做到"以防为主,防治结合"。5月下旬开始喷药保护,6~8月间隔10~15天喷药一次,发现病叶、病果、病梢及时喷药治疗,铲除病原。做到雨前保护为主,雨后保护、铲除、治疗兼顾。

5) 预防保护剂:70%代森锰锌可湿性粉剂800倍液或75%百菌清可湿性粉剂800倍液。

6) 铲除、治疗剂:发病初期,选择58%甲霜灵·锰锌可湿性粉剂800倍液或10%烯酰吗啉(良霜)水乳剂600~800倍液;病害爆发时选择69%富利霜可湿性粉剂1 000倍液或30%甲霜灵-烯酰吗啉水分散粒剂800倍液。

二、葡萄白腐病

(一) 症状识别

近地面的果穗先发病,果梗及穗轴上,出现浅褐色水渍状病斑,蔓延整个果穗。果粒基部出现浅褐色软腐状,随后全果腐烂,上密生灰白色小粒点。果粒上色前染病时抖动果穗,感病果粒极易脱落。着色后染病果穗腐烂形成僵果挂在枝上,为此病重要特征。病蔓出现浅红色、边缘深褐色凹陷斑,病皮呈丝状纵裂,与木质部分离,病部以下呈肿瘤状。病叶自叶尖的叶缘开始,产生水渍状浅褐色病斑,后呈环纹大斑。

(二) 发病规律

白腐病以分生孢子器和菌丝体在地表面和土中越冬,以休眠状态长期存活。春季放出分生孢子,随雨滴飞溅传播到寄主表面,经过伤口或直接侵入果梗、穗梗,向果粒蔓延。病斑上产生分生孢子,再散发侵染。一般果园以黏土、低洼、杂草多的地块发病重,在果穗着色期以后,靠近地面的果穗发病较重。

(三) 防治方法

1. 农业防治

1) 清除病原。生长季及时摘除病叶、病果,剪除病蔓,秋季收获后立即收集落叶、烂穗、病蔓、病粒及其他病残体,清扫干净,清除侵染。

2) 合理施肥。施肥以腐熟的农家肥(有机肥)为主,花前追施适量氮肥,促进枝蔓生长。花后幼果期,氮、磷、钾配合施用,并适当补施微肥,提高植株的抗病能力。

3) 加强栽培管理。合理修剪,提高结果部位,减少病菌侵染机会。及时绑蔓、摘心、整理副梢和适当疏叶疏果,改善通风透光条件,果实成熟期搞好排水工作,降低园内湿度。

2. 药剂防治

6~7月,要经常检查下部果穗,及时摘除病粒、病穗。初发病地块可采用43%真彩悬浮剂3 000倍液+70%奥力托可湿性粉剂600~800倍液或30%洁苗乳油2 000~3 000倍液等轮换喷施。上一年重病园可于5月下旬至7月上中旬向地面撒施80%比超可湿性粉剂10 kg左右,每隔半月撒一次,共2~3次,同时与喷施农药相结合。

三、葡萄炭疽病

(一) 症状识别

炭疽病病菌主要侵害果实,果实初发病时,果面上产生针头大小的浅褐色斑点或雪花状

的斑纹，后渐扩大呈圆形，深褐色，稍凹陷，其上产生许多黑色小粒点并排列成同心轮纹状，即病原菌的分生孢子盘。潮湿时出现粉红色黏液（分生孢子团），为此病识别特征。周围偶然可见到灰青色的小粒点（为病菌子囊壳），之后果粒腐烂脱落或失水干缩成僵果。

花期花序顶端的小花、小花梗，呈黑褐色，腐烂，小花易脱落，有时仅剩几朵花。后顺穗轴蔓延，整个花穗腐烂。潮湿时可长出白色菌丝和粉红色黏液。新梢、叶柄、穗轴上有深褐色、椭圆形凹陷斑。叶缘出现暗褐色近圆形斑。

（二）发病规律

病菌以菌丝体主要在一年生枝蔓上越冬。借雨水冲溅分散传播。孢子萌发可从伤口侵入或直接侵入，潜伏在寄主体内，果实着色期才表现症状。因此，每次雨后园中即出现一批病果。雾、露天及日灼的果粒易感炭疽病。栽植过密、枝叶过多、草荒、低洼黏土地、山洼窝风处发病重。近地面的花穗、果穗先发病。品种以巨峰、黑奥林等较易感病，红提葡萄相对较抗病，但近几年观察有加重发生趋势。

（三）防治方法

1. 农业防治

1）收获后及时清除损伤的嫩枝及损伤严重的老蔓，增强园内的通风透光性。

2）结合冬、春季修剪，彻底清除病残枝梢、叶，拾净残屑，带出园外烧毁，减少病原。

3）合理施肥。高产葡萄园，应适当控制氮量。施肥时做到有机与无机相结合，氮、磷、钾搭配，适量补充中微量元素。

2. 药剂防治

坚持"预防为主，防治结合"的方针，具体做到：

1）3月中下旬，在发芽前喷洒5°Bé的石硫合剂，铲除枝蔓上潜伏的病菌，清除初侵染源。

2）新梢20~30 cm长时，喷洒一次43%真彩悬浮剂3 000倍液或30%洁苗乳油3 000倍，以保护嫩梢、嫩叶，间隔10天左右再喷一次。

3）花后幼果期，选用25%疽止乳油1 000倍液或30%洁苗乳油3 000倍液，共喷3~4次。

4）果粒着色后，选用25%疽止（咪鲜胺）乳油1 000倍液或30%洁苗乳油2 000~3 000倍液。

四、葡萄灰霉病

（一）症状识别

葡萄灰霉病主要侵害花穗和果实，也能侵害叶片。花穗发病时，最初病部呈浅褐色，后渐变为暗褐色至黑褐色，表面密生黑灰色霉层，病组织软腐凋萎，严重时整个花穗腐败坏死，后期常在病部长出黑色块状菌核。果实发病一般在浆果转色期开始，初为直径2~3 mm圆形稍凹陷的病斑，很快扩展至全果而开裂腐败，上面长出鼠灰色的霉层，并迅速蔓延，引起全穗果粒腐烂。果实在储运期间也能发病，果粒变色腐败并长出灰色霉层和孢子。叶片发病时产生浅褐色不规则的病斑，并有不规则的轮纹产生。

（二）发病规律

灰霉病俗称"烂花穗"，病菌以分生孢子及菌核在被害部越冬，翌年春天条件适宜时长出新的分生孢子，侵染花穗引起初次侵染。一般情况下每年有两次发病高峰期：第一次是5月中下旬，主要危害花穗；第二次是7月上旬至9月中下旬，主要危害成熟果实。一般前期危害严重，后期若遇天气干旱则发病较轻。

病菌侵染发病要求的温度较低，但需要较高的空气湿度，因此，葡萄花期如逢阴雨天，葡萄果实着色期至成熟期雨水较多时都易感染灰霉病。葡萄贮藏期也易发生此病。灰霉病对葡萄某些品种（如美人指等）的生产会造成较大的损失。

管理粗放，排水不良，偏施氮肥及园地不洁时，能加重发病。病虫害危害或其他因素所造成的伤口都能增加病菌的侵染机会。

（三）防治方法

1）加强栽培管理，雨季注意排水，搞好葡萄园清理、新梢引绑及摘心抹芽等工作，改善葡萄园的通风条件；注意合理施肥，提高植株自身抗性；及时防治各种害虫，减少植株伤口，可以减轻发病。

2）开花前及初花期喷洒20%灰佳宁可湿性粉剂500～600倍液或70%奥力托可湿性粉剂800倍液；果实着色前可喷洒20%灰佳宁可湿性粉剂500倍液，以预防或减轻花、果的发病。也可用70%奥力托可湿性粉剂600～800倍液或40%施佳乐悬浮剂800～1 000倍液，均有良好的防治效果。

3）发病初期，及时剪除病花穗或病果粒，防止病害扩散蔓延。

4）花前、花后及套袋前蘸穗时加0.5%灰佳宁可湿性粉剂，预防灰霉病效果较好。

5）果实应及时采收或适当提前采收。采收应在晴天露水干后进行，并避免果实的机械损伤，采下的果实应放置在凉爽通风处，可减轻储运期的发病。

6）此病能在月季、玫瑰等花卉及草莓等作物上严重发生，因此，葡萄园内要注意合理间作，减少病原。

五、葡萄黑痘病

（一）症状识别

幼果、叶片、叶柄、新梢、卷须均能发病。幼果表面产生深褐色小圆点，之后扩大成中央为灰白色、边缘有深褐色晕圈的病斑，呈"鸟眼"状，后期硬化龟裂，病部仅在果皮上，不深及果肉。叶片出现中央为灰白色且带紫褐晕圈的病斑，中央部分干枯成孔。新梢产生具有灰黑色边缘的紫褐病斑，中部凹陷龟裂，严重时枯死。

（二）发病规律

病菌以菌核潜伏枝蔓病部越冬，也能在落地僵果、残叶、残枝蔓上越冬。早春气温2℃以上且湿度较高时，菌核即产生大量分生孢子。我国华北地区一般4月产生分生孢子，经风雨传播到葡萄嫩部，分生孢子产生芽管侵入表皮而发病。病部再形成孢子盘、分生孢子，重复侵染，蔓延成灾。以6月中下旬始见病斑，7月上旬发病达到盛期，直至10月停止。凡低洼、渍涝、通风不良的葡萄园发生较重。

（三）防治方法

1）新梢长10 cm左右开始喷药预防，间隔10天左右一次，连喷三次以上。药剂选择

32.5%阿嘧西可湿性粉剂600倍液或43%真彩悬浮剂3 000倍液。

2）花后幼果期至套袋前（6月下旬前），间隔10天左右喷药一次，药剂可选用30%洁苗乳油3 000倍液或43%真彩悬浮剂3 000倍液。

任务实施

一、材料及工具的准备

1. 材料

叶部病害的盒装标本、浸渍标本、病原菌的玻片标本、新鲜的叶部病害标本、叶部病害挂图、幻灯片等。

2. 用具

显微镜、镊子、无菌水、纱布、放大镜、挑针、刀片、载玻片、盖玻片等。

二、任务实施步骤

1. 葡萄常见病害症状和病原菌形态观察

观察葡萄霜霉病、葡萄白腐病、葡萄炭疽病等常见病害的分布特点、症状表现和病原特征。

2. 葡萄主要病害的预测

调查葡萄主要病害的越冬菌量、气象条件、栽培条件和当地主要葡萄品种生长发育状况，分析并预测主要葡萄病害的发生趋势。

3. 葡萄主要病害的防治

1）调查了解当地葡萄主要病害的发生与危害情况及防治技术和成功经验。

2）根据葡萄主要病害的发生规律，结合当地生产实际，提出葡萄的病害防治建议和方法。

3）配制并使用几种常用杀菌剂防治当地葡萄主要病害，调查防治效果。

任务考核

任务考核单

序 号	考核内容	考核标准	分 值	得 分
1	葡萄霜霉病症状观察	能根据症状识别和防治葡萄霜霉病	20	
2	葡萄白腐病症状观察	能根据症状识别和防治葡萄白腐病	20	
3	葡萄炭疽病症状观察	能根据症状识别和防治葡萄炭疽病	20	
4	葡萄灰霉病症状观察	能根据症状识别和防治葡萄灰霉病	20	
5	葡萄黑痘病症状观察	能根据症状识别和防治葡萄黑痘病	20	

思考问题

1. 预测葡萄主要病害的发生趋势并说明理由。
2. 评价当地葡萄病害的防治措施是否有效合理。

3. 提出葡萄无公害防治的建议和方法。
4. 制订出葡萄病害的综合防治措施。

知识链接

优质高产葡萄的施肥技术

一、葡萄的营养特性

葡萄各器官对养分的吸收分别为氮的吸收以叶片最多，果实次之；磷的吸收以果实最多，叶片次之；钾的吸收以果实最多，约占全株吸钾量的70%以上。其吸收量顺序为 $K_2O > N > P_2O_5$。可见钾素肥料在葡萄浆果成熟中的重要地位。

二、葡萄根系的特点与施肥关系

葡萄的骨干根主要是输送养分和水的，同时它也是养分储藏的重要场所，其储藏量可占树体全部养分的70%~85%。葡萄根系在一年内有两次生长高峰。第一次高峰在5~6月，第二次在9~10月。生产中常利用这一特征在晚秋深施基肥，促进根系的生长发育。

葡萄根系生长最适宜的土壤还是肥沃、松软的沙壤土，要求pH为5~8，pH在6~7之间最适宜。江南红黄壤丘陵荒地的pH为4~5.5时，要施用石灰和有机肥加以改良；在盐碱土或石灰性土壤上pH在8.3~8.7时，因缺少微量元素而得黄叶病，应施石膏和有机肥改良。葡萄根系对土壤湿度也有一定的要求，以田间持水量的60%~70%最适宜。水分过少、过多，对葡萄产量、品质、病害均有影响。

三、丰产葡萄的常规施肥方法

按每100 kg果实从土壤中吸收N：0.3~0.55 kg，P_2O_5：0.13~0.28 kg，K_2O：0.28~0.64 kg的养分计算，亩产1 800~2 000 kg葡萄，每亩每年投入圈肥5 000~6 000 kg，N：10~15 kg，P_2O_5：8~10 kg，K_2O：15~20 kg。每株每年施圈肥100~120 kg或禽粪25~40 kg，速效肥1~2 kg。

四、农家肥的施用方法

1）盛果树每年每亩施用农家肥400~600 kg或每株每年施10~12 kg。对于幼年树，用量减半。

2）9~10月基肥用量：每株用粉肥4~5 kg，4月第一次追肥在花前10~15天，每株追肥1~2 kg；第二次追肥在5~6月，果实膨大期每株施用4~6 kg。

3）施用方法：挖深40~60 cm的盘状沟或方穴，按用量施肥后浇足水，随后盖土保湿。注意不要与杀菌农药混用。

五、施肥成本与肥效比较

常规丰产施肥亩成本706元（劳动力费未计入），农家肥亩成本600元（节约农药成本约40%未计入），单株施肥成本低于禽粪9元/棵，折合每亩节约肥本450~500元。

任务4　柑橘病害防治技术

任务描述

柑橘是我国南方地区的重要经济水果之一，每年柑橘病害的发生，都会造成柑橘大幅度减产，果实的品质下降，给果农带来很大的经济损失，因此柑橘的病害防治工作很有必要。

那么，如何对柑橘病害采取综合防治措施？在科学管理，培养健壮树势，增强抗御病害能力的基础上，通过人工防治、生物防治、化学防治相结合的综合防治措施，既可达到减少用药、降低成本、减少农药残留的目的，又能达到较好的防治效果。

据相关资料，柑橘病害多达450余种，危害严重的有50多种，它对于幼年树早结丰产、成年树的丰产稳产和果实品质影响很大，甚至可造成植株死亡，成为柑橘生产发展的制约因素。为了有效控制柑橘病害，抓好防治病害工作，要掌握当地主要病害发生的情况与消长规律，抓住防治关键时间，达到防治指标及时进行喷药；并要交替轮换使用农药，以提高防治效果；减少喷药次数，利用生物防治，农业综合防治，禁用高残毒、残留期长的农药，注意保护天敌，降低防治成本，做到防治措施经济、安全、有效，充分发挥综合防治的作用，生产出无污染、清洁型、市场需求的果品。

任务咨询

一、柑橘黄龙病

（一）症状识别

黄龙病的特异病状是叶片黄化且呈斑驳形，即在叶面上显现黄色和绿色相间的斑块，斑块大小和形状不定，叶脉附近和叶片基部最先黄化。春梢发病时，新梢叶片先转绿后叶脉转黄扩散成斑驳状并黄化。夏梢发病时，叶片开始转绿，即呈现斑驳状并黄化。

（二）发病规律

黄龙病全年均可发生，其中以夏、秋梢发病最多，春梢发病次之。它的主要传播媒介是木虱。黄龙病的防治首先要严格执行检疫制度，严禁病区的接穗和苗木流入新区和无病区。新区引种时要有当地植物检疫部门出具的证书，确保不带黄龙病时方可引入。

（三）防治方法

1）建立无病苗圃，培育无病苗木，苗圃选在距橘园5 km以外的地方，水源充足，土质良好。砧木种子应进行热处理，接穗进行消毒处理，在育苗过程中要经常检查苗圃，发现生长异常的苗木应及时挖除烧毁。

2）消除传病媒介柑橘木虱，这是预防病害流行的重要环节。木虱喜温，连续阴雨或夏季冷凉，可使木虱虫口大量减少。在冬季和春季萌芽期，喷40%乐果1 000倍液，或90%敌百虫晶体800倍液，或25%亚胺硫磷乳油100倍液，或松脂合剂15~20倍液等药剂，对木虱成虫和若虫都有良好的防治效果。各地生产单位的经验证明，凡是杀虫剂喷布次数多，柑橘木虱防除比较彻底的果园，黄龙病发生就轻。

3）及时拔除病株，此法可消除传染源、传病媒介。对已感黄龙病的树，可在主干基部钻孔，深达主干直径的 2/3 左右，从孔口加压注入药液，每株成年树注射 1 000mL/kg 盐酸四环素溶液 2~5 kg，有效期 1~2 年，每隔 2 年注射一次，疗效显著。

二、柑橘溃疡病

（一）症状识别

此病主要危害叶片、枝梢、果实及花萼，造成枯枝、落叶、落果，降低果实品质及商品价值。甜橙类易感病，宽皮柑橘类轻度感病，金橘类较抗病。

（二）发病规律

病原菌借风雨、昆虫传播，从气孔、皮孔及伤口处侵入。

（三）防治方法

1）要严格执行植物检疫制度，建立无病苗圃，培育无病苗木。

2）病区还要加强果园管理，清除枯枝残叶，合理施肥，增强树体抗病能力。

3）药剂防治，可在春季开花前及花落后的 10 天、30 天、50 天，夏、秋梢在嫩梢展叶和叶片转绿时，各喷药一次。每次台风之后，要及时喷药。药剂有 50% 代森铵 600~800 倍液、10% 叶枯散可湿性粉剂 500~1 000 倍液、50% 加瑞农可湿性粉剂 1 000 倍液、14% 胶胺铜水剂 300 倍液、50% DT 可湿性粉性 700 倍液、15% 消病灵水剂 500~800 倍液等。

三、柑橘疮痂病

（一）症状识别

此病主要危害柑橘叶片、新梢和果实幼嫩时的组织，引起落叶、落果或畸形。

（二）发病规律

病菌在病枝、病叶上越冬。一般在组织幼嫩时侵入，老化后即不再感染。温暖湿润、雨多雾大的地区或年份易发病。因此，冬季清园，雨季及时排水、剪除郁闭枝条、改善通风透光条件，可以减轻发病。

（三）防治方法

春季开始抽梢及幼果期可喷药保护。第一次在春梢萌动期，芽长不超过 2 mm 时进行，第二次在花落 2/3 时进行。有效药剂有 38% 多菌灵胶悬剂 800~1 000 倍液，或 50% 多菌灵可湿性粉剂 1 000 倍液，或 50% 托布津可湿性粉剂 500~800 倍液，或 50% 灭菌丹可湿性粉剂 500 倍液，或 75% 百菌清可湿性粉剂 500~800 倍液，或 30% 氧氯化铜悬浮液 700 倍液，或 10% 代森锰锌 500~1 000 倍液，或 70% 络氨铜锌 600 倍液等。

四、柑橘炭疽病

（一）症状识别

此病是一种真菌病，主要危害柑橘叶片、枝梢和花果。叶片症状有叶斑型和叶枯型两种，花受害后引起脱落，果梗受害变竭干枯，并且引起落果。

（二）发病规律

不良环境条件及柑橘树体衰弱时，易感病。炭疽病病菌能随落叶、落果腐生于土壤中，成为主要侵染病原。

（三）防治方法

1）冬剪后的病枝、枯枝、落叶要及时烧毁或深埋，再喷洒 1°Bé 的石硫合剂消灭越冬病菌。

2）培育强壮树势是防治炭疽病的关键。要加强橘园管理，增施磷、钾肥和有机肥，合理灌水，提高抗病能力。

3）喷药保护，在每次抽梢期各喷药一次，幼果期喷药 1~2 次防治。药剂有 0.3~0.5:0.3~0.5:0.5~100 的波尔多液，或 50% 退菌特可湿性粉剂 500~700 倍液，或 50% 甲基托布津可湿性粉剂 800~1 000 倍液，或 50% 代森铵水剂 800~1 000 倍液等。

任务实施

一、材料及工具的准备

1. 材料

柑橘病害的盒装标本、浸渍标本、病原菌的玻片标本、新鲜的病害实物、病害挂图、幻灯片等。

2. 用具

显微镜、镊子、无菌水、纱布、放大镜、挑针、刀片、载玻片、盖玻片等。

二、任务实施步骤

1. 柑橘常见病害症状和病原菌形态观察

观察柑橘黄龙病、柑橘溃疡病、柑橘疮痂病、柑橘炭疽病等常见病害的分布特点、症状表现和病原特征。

2. 柑橘主要病害的预测

调查柑橘主要病害的越冬菌量、气象条件、栽培条件和当地主要柑橘品种生长发育状况，分析并预测主要柑橘病害的发生趋势。

3. 柑橘主要病害的防治

1）调查了解当地柑橘主要病害的发生与危害情况及防治技术和成功经验。

2）根据柑橘主要病害的发生规律，结合当地生产实际，提出柑橘的病害防治建议和方法。

3）配制并使用几种常用杀菌剂防治当地柑橘主要病害，调查防治效果。

任务考核

任务考核单

序号	考核内容	考核标准	分值	得分
1	柑橘黄龙病症状观察	能根据症状识别和防治黄龙病	25	
2	柑橘溃疡病症状观察	能根据症状识别和防治溃疡病	25	
3	柑橘疮痂病症状观察	能根据症状识别和防治疮痂病	25	
4	柑橘炭疽病症状观察	能根据症状识别和防治炭疽病	25	

思考问题

1. 预测柑橘主要病害的发生趋势并说明理由。
2. 评价当地柑橘病害的防治措施是否有效合理。
3. 提出柑橘无公害防治的建议和方法。
4. 制订出柑橘病害的综合防治措施。

知识链接

优质柑橘栽培技术

一、平衡营养，合理施肥

柑橘生产中首先应重视土壤改良，可通过深翻压绿、施用石灰、调整 pH、提高土壤有机质含量进行。其次应重视有机肥的施用，逐步实现配方施肥。再次是全年施用氮、磷、钾的比例应控制在 1∶0.7∶0.7 范围。特别应重视壮果肥的施用，此次施肥利用率最高且能有效改进品质。

二、生草栽培，防旱改土

生草栽培可以克服清耕制导致的土壤有机质大量消耗及水土流失，增加土壤有机质含量。夏、秋季覆盖地面，有利于防旱保墒。橘园生草前应事先清除杂草，为避免与橘树争夺肥水，一般只在行间生草，草生长旺盛期需适当追肥，干旱来临前及时割草覆盖树盘。连续几年生草后可进行 1 次全面深翻，疏松土壤。休闲 2~3 年后再生草。

三、大枝修剪，改善光照

以往由于强调高产，柑橘多实行密植栽培和轻度修剪，有些橘园甚至放任不剪，造成外围枝密集、郁蔽，枯枝、病虫枝多，树冠内部空膛，果实着色不良，品质下降。对密植园必须隔行或隔株间伐，树冠交接部分采取疏枝修剪逐年回缩，目前推广的修剪方式主要是大枝修剪，重点疏除或回缩扰乱树形结构的交叉重叠枝、密生枝、直立向上枝和下垂枝。修剪后，及时涂抹"愈伤防腐膜"保护伤口，防治干裂及病菌的侵入。

四、控梢促花

柑橘大小年结果现象较普遍，疏花疏果可减轻大小年现象，但工作量较大，并且效果不尽如人意。可结合环割技术根除大小年。具体操作方法：发芽分化期，在树干光滑处环割，割口缝隙宽 1.5 mm，树势强的可多环割两圈，树势弱的环割一圈，然后涂抹"促花王 2 号"乳膏，控梢促花，提高坐果率，根除大小年。

五、采前控水，提高果实含糖量

柑橘成熟期恰遇秋冬季节晴朗少雨的天气，为柑橘控水提供了有利条件。采前 20~30 天，除出现较重干旱引起落叶的天气外，一般不需要灌水。干旱较重，橘园也应控制灌水量，以缓和干旱为度。遇多雨天气也可在雨前采用透气性地膜覆盖地面，保持土壤干燥。

六、防治病虫，提高果面光洁度

病虫害能直接影响果实的外观和商品价值。危害柑橘的病害有疮痂病、溃疡病，害虫有锈壁虱、介壳虫、红蜘蛛等。要掌握病虫发生规律，本着"防重于治、综合防治"的原则，把握时机喷施兼治多种病虫的低毒农药。为防止产生抗性，农药要交替使用，喷洒时加入"新高脂膜"，防止植物产生抗药性。

七、成熟采收，完熟栽培

成熟采收是提高果实品质的重要一环，生产上应杜绝早采。日本推行的成熟采收，完熟栽培经验值得我们借鉴。完熟栽培即果实达成熟阶段仍不采收，而将果实继续留在树上，待达到完熟即果实外观、内质达到最优状态才采摘。

任务5　桃、李、杏树病害防治技术

任务描述

桃、李、杏树在我国栽培面积很大，经济价值很高，已成为果农们脱贫致富的一项重要经济来源之一。可是病害时时威胁和破坏着桃、李、杏树的正常生长，并危及果实的产量和质量，严重影响果农们的经济收入。

全世界已记载的桃、李、杏、梅、樱桃等核果类果树病害近200种，我国桃树病害约50种，其中以褐腐病、疮痂病、流胶病、冠瘿病和穿孔病危害严重，腐烂病在局部地区发生严重。李树病害有40多种，李红点病发生普遍。杏树病害约30种，其中杏疔病危害严重。桃、李、杏树病害防治应坚持人工防治与药剂防治相结合，药剂防治与利用天敌相结合和防重于治的原则。在防治上力求做到治早、治小、治了，防患于未然。

任务咨询

一、桃细菌性穿孔病

此病遍布全国各桃产区，排水不良的果园或多雨年份危害较重。该病由细菌引起，主要危害叶片、果实和新梢。

（一）症状识别

叶片初发病时为水渍状黄白色至白色小斑点，之后形成圆形、多角形或不规则形的紫褐色至黑褐色且直径约2～4 mm的病斑，周围出现黄绿色水渍状的晕圈，以后病斑干枯脱落成穿孔。果实发病，以皮孔为中心果面产生暗紫色的圆形且中央凹陷的病斑，边缘呈水渍状，后期病斑中心部分表皮龟裂。

（二）发病规律

病原细菌在枝条组织内越冬，翌年随气温回升，潜伏的细菌开始活动，形成病斑。桃树开花前后，病菌从病组织中溢出，借风雨或昆虫传播。叶片一般于5月发病，高温多湿有利于病菌侵染，病势加重。树势弱、排水不良或氮肥偏多的果园发病较重，品种间抗病性差异

与发病轻重有密切关系。

(三) 防治方法

1) 加强果园综合管理，切忌在地下水位高或低洼地建立桃园。少施氮肥，防止徒长。合理修剪，改善通风透光条件，适时适度夏剪，剪除病梢，集中烧毁。冬季认真做好清园工作。

2) 药剂防治。发芽前喷 4~5 °Bé 石硫合剂或 1:1:100 的波尔多液，花后喷一次科博 800 倍液。5~8 月喷农用链霉素 10 000~20 000 倍液，或锌灰液（硫酸锌 1 份、石灰 4 份、水 240 份），或 65% 代森锌可湿性粉剂 500 倍液等。

二、桃疮痂病

桃疮痂病又叫桃黑星病，主要危害果实，也侵害新梢和叶片。

(一) 症状识别

果实多在果肩处发病。果实上的病斑初为绿色水渍状，扩大后变为黑绿色，近圆形。果实成熟时，病斑变为紫色或暗褐色，病斑只限于果皮，不深入果肉，后期病斑木栓化，并龟裂。

(二) 发病规律

病菌侵入果实的时间是落花后 6 周，约 5 月中下旬至桃成熟前一个月。枝梢受害后，病斑呈长圆形，浅褐色，以后变为灰褐色至褐色，周围为暗褐色至紫褐色，有隆起，常发生流胶。

(三) 防治方法

1) 冬剪时彻底剪除病梢，并将病梢清出果园，减少病原，栽植密度合理，树形适宜，防止树冠交接，改善果园通风透光条件，降低果园湿度。

2) 萌芽前喷 80% 五氯酚钠 200 倍液 + 3~5 °Bé 石硫合剂；落花后半个月至 7 月，约每隔 15 天，喷 50% 的多菌灵可湿性粉剂 800 倍液，或代森锌可湿性粉剂 500 倍液，或福星 8 000~10 000 倍液。以上药剂均对此病有效，但不可重复使用。

三、桃褐腐病

(一) 症状识别

幼果发病初期，呈见黑色小斑点，后来病斑木栓化，表面龟裂，严重时病果变褐，腐烂，最后变成僵果。果实生长后期发病较多，染病初期出现褐色的圆形小病斑，此后病斑扩展很快，并露出灰色粉状小球，形似孢子堆，呈同心轮纹排列，病果大部分或完全腐烂，落地。桃花感染表现为萎凋变褐，病花干枯附着于桃枝上，有花腐的桃枝梢尖枯死。

(二) 发病规律

病菌适宜在 25~27 ℃ 多雾多雨的天气生长。

(三) 防治方法

1) 人工防治。冬季剪除病枝，摘除病僵果，收集烧毁。防治病虫，注意减少其他的果面伤口。

2) 药剂防治。芽膨大期喷 3~5 °Bé 石硫合剂 + 80% 五氯酚钠 200 倍液，花后 10 天至采收前 20 天喷 65% 代森锌可湿性粉剂 500 倍液，或 70% 甲基托布津 800 倍液，或 50% 多菌灵 600~800 倍液，或 20% 三唑酮乳油 3 000~4 000 倍液。每次间隔 10~15 天。各种药剂交替使用。

四、桃炭疽病

（一）症状识别

硬核前幼果染病，果面上产生褐绿色水渍状病斑，以后病斑扩大凹陷，并产生粉红色黏质的孢子团，幼果上的病斑顺果面增大并达到果梗，其后深入果枝，使新梢上的叶片纵向上卷，这是本病特征之一。被害果大多在 5 月间脱落。果实近成熟期发病，果面症状与前相同，还具有明显的同心环状皱缩，最后果实软腐脱落。

（二）发病规律

早春桃树开花及幼果期低温多雨，有利发病；果实成熟期温暖、多云多雾、高湿环境则发病重。

（三）防治方法

1）切忌在低洼、排水不良地段建桃园。

2）加强栽培管理，多施有机肥和磷、钾肥，适时夏剪，改善树体，通风透光条件，及时摘除病果，冬剪病枝，集中烧毁。

3）药剂防治，萌芽前喷石硫合剂 +80% 五氯酚钠 200 倍液，或 1∶1∶100 波尔多液，铲除病原。开花前、落花后、幼果期每隔 10~15 天，喷炭疽福美可湿性粉剂 800 倍液，或 70% 甲基托布津可湿性粉剂 1 000 倍液，或 50% 多菌灵可湿性粉剂 600~800 倍液，或克菌丹可湿性粉剂 400~500 倍液，药剂交替使用。

五、桃流胶病

此病是枝干主要病害，造成树体衰弱，减产或死树，有非侵染性和真菌侵染性两种。

（一）症状识别

春、夏季在当年新梢上以皮孔为中心，发生大小不等的某些凸起的病斑，以后流出无色半透明的软树胶；在其他枝干的伤口处或 1~2 年生的芽痕附近，也会流出半透明的树胶，以后树胶变成茶褐色的结晶体，吸水后膨胀，呈胨状胶体，严重时树皮开裂，枝干枯死，树体衰弱。

（二）防治方法

1）加强土壤改良，增施有机肥料，注意果园排水，做好病害防治工作，防止病虫伤口和机械伤口，保护好枝干。

2）树体上的流胶部位，先行刮除，再涂抹 5 °Bé 石硫合剂或生石灰粉，隔 1~2 天后再刷 70% 甲基托布津或 50% 多菌灵 20~30 倍液。

六、桃树根癌病

（一）症状识别

此病发生于桃树的根、根茎和茎上，受害部分先形成灰白色的瘤状物，质嫩，瘤不断长大，变成褐色，木质化，质地干枯坚硬，表面不规则，粗糙有裂纹。

（二）防治方法

1）栽种桃树或育苗忌重茬，也不要在原林（杨树、洋槐、泡桐等）、果（葡萄、柿、杏等）园地种植。

2）刨出主干附近根系，刮除根瘤并用0.2%的氯化汞（俗称升汞）液消毒，再用5倍的石灰水涂伤口保护，更换周围土壤，增施有机肥，增强树势。

3）育苗避免重茬，桃种子用次氯酸钠（含5%有效氯成分）处理5 min，消灭附着在种子上的病菌，再进行播种。

4）苗木消毒，用K84生物农药30~50倍液浸根3~5 min，或用次氯酸钠浸根3 min，或用1%硫酸铜液浸根5 min，再放到2%的石灰液中浸2 min。

七、杏褐腐病

（一）症状识别

杏褐腐病主要危害果实，也侵染花和叶片，果实从幼果到成熟期均可染病。发病初期，果面出现褐色圆形病斑，稍凹陷，病斑扩展迅速，变软腐烂。后期病斑表面产生黄褐色茸状颗粒，呈轮纹状排列，此为病菌的分生孢子梗和分生孢子，病果多早期脱落。

（二）防治方法

1）人工防治，合理修剪，适时夏剪，改善园内光照条件，冬季清理病果落叶，集中烧毁，消灭病原。

2）药剂防治，杏树芽萌动前，喷4~5 °Bé石硫合剂或1:1:100波尔多液，杏落花后立即喷大生M-45 800倍液或80%代森锰锌800倍液，以后每10~14天喷一次50%多菌灵可湿性粉剂600倍液，或70%甲基托布津600~800倍液，或75%百菌清可湿性粉剂500~600倍液。

八、杏疮痂病

（一）症状识别

病菌主要危害果实和新梢，幼果发病快而重，染病果多在肩部产生浅褐色圆形斑点，直径为2~3 mm，后期病斑变为紫褐色，病果表皮木栓化，发病严重时常多个小病斑连成一片，但深入果肉较浅。新梢上的病斑为褐色，椭圆形，稍隆起，常产生流胶现象。

（二）防治方法

参照杏褐腐病的防治方法。

九、杏细菌性穿孔病

（一）症状识别

该病主要危害叶片，也危害果实和新梢。叶片受害后，病斑初期呈水渍状小点，以后扩大成圆形或不规则形病斑，直径约2 mm，周围似水渍状，略带黄绿色晕环，空气湿润时，病斑背面有黄色菌脓，病、健组织交界处产生一圈裂纹，病死组织干枯脱落，形成穿孔。

（二）防治方法

1）多施有机肥，避免偏施氮肥，使树体健壮，增强抗病力。合理修剪，使果园通风透光。

2）结合冬剪剪除树上病枯枝。

3）杏树发芽前，全树喷 3~5 °Bé 石硫合剂，或 1:1:100 波尔多液，或 50% 退菌特 100 倍液，铲除在枝溃疡部越冬的病原。生长季节，从小杏脱萼期开始，每隔 10 天喷一次硫酸锌石灰液（硫酸锌 1 份，石灰 4 份，水 240 份），或 70% 代森锰锌 700 倍液，或 65% 代森锌 500 倍液。

十、李子红点病

（一）症状识别

此病主要危害叶片，也感染果实。叶片染病初期，叶面产生橙黄色、稍隆起、边缘清晰的近圆形病斑，之后随病扩大，颜色加深，病部叶肉也随之增厚，上面产生许多红色小粒点，即病菌孢子器。秋末病叶转为红黑色，正面凹陷，背面凸起，叶片卷曲，出现黑色小粒点，形成早期落叶。果实受害后，产生橙红色圆病斑，之后呈红黑色，病斑上生很多深红色小粒点，果实变畸形，不能食用，易脱落。

（二）防治方法

1）彻底清理果园的病叶、病果，集中烧毁。注意排水，降低果园湿度。

2）萌芽前喷 3~5 °Bé 石硫合剂，生长期每 10~15 天喷 50% 多菌灵 600 倍液，或 70% 甲基托布津 800 倍液，或 70% 代森锰锌 600 倍液。

任务实施

一、材料及工具的准备

1. 材料

桃、李、杏树病害的盒装标本、浸渍标本、病原菌的玻片标本、新鲜的实物标本、病害挂图、幻灯片等。

2. 用具

显微镜、镊子、无菌水、纱布、放大镜、挑针、刀片、载玻片、盖玻片等。

二、任务实施步骤

1. 桃、李、杏树常见病害症状和病原菌形态观察

观察桃、李、杏树的常见病害的分布特点、症状表现和病原特征。

2. 桃、李、杏树主要病害的预测

调查桃、李、杏树主要病害的越冬菌量、气象条件、栽培条件和当地主要桃、李、杏树品种生长发育状况，分析并预测主要桃、李、杏树病害的发生趋势。

3. 桃、李、杏树主要病害的防治

1）调查了解当地桃、李、杏树主要病害的发生与危害情况及防治技术和成功经验。

2）根据桃、李、杏树主要病害的发生规律，结合当地生产实际，提出桃、李、杏树的病害防治建议和方法。

3）配制并使用几种常用杀菌剂防治当地桃、李、杏树主要病害，调查防治效果。

项目7 果树病害防治技术

任务考核

任务考核单

序号	考核内容	考核标准	分值	得分
1	桃细菌性穿孔病症状观察	能根据症状识别和防治桃细菌性穿孔病	10	
2	桃疮痂病症状观察	能根据症状识别和防治桃疮痂病	10	
3	桃褐腐病症状观察	能根据症状识别和防治桃褐腐病	10	
4	桃炭疽病症状观察	能根据症状识别和防治桃炭疽病	10	
5	桃流胶病症状观察	能根据症状识别和防治桃流胶病	10	
6	桃树根癌病症状观察	能根据症状识别和防治桃树根癌病	10	
7	杏褐腐病症状观察	能根据症状识别和防治杏褐腐病	10	
8	杏疮痂病症状观察	能根据症状识别和防治杏疮痂病	10	
9	杏细菌性穿孔病症状观察	能根据症状识别和防治杏细菌性穿孔病	10	
10	李子红点病症状观察	能根据症状识别和防治李子红点病	10	

思考问题

1. 预测桃、李、杏树主要病害的发生趋势并说明理由。
2. 评价当地桃、李、杏树病害的防治措施是否有效合理。
3. 制订出桃、李、杏树病害的综合防治措施。

知识链接

防止果树发生药害的措施

在我国农村，一些果农喷药，由于缺乏用药常识，往往给果树喷施农药不当，发生大量药害，这样不仅烧伤了果树大量叶片、嫩梢，也使果面产生了药锈，既影响了果树生长，又降低了商品果的价值。为了防止和减少此种现象，根据多年用药的实践，提几点建议供大家参考：

一、不要盲目乱用农药

在喷施农药时，要根据果树病虫害的不同，有的放矢，对症用药，核果类果树如桃树、杏树等和猕猴桃对敌百虫、敌敌畏很敏感；桃树对磷胺极为敏感；猕猴桃对乐果、氧化乐果特别敏感。

二、忌配药液浓度过高

在配制药液时，必须按商标上使用浓度范围去配。有的果农用药瓶盖去量乳剂、水剂农药，用火柴匣量粉剂农药，这种粗心的配制方法是不正确的。

三、忌农药乱配

有些农药可以混合喷雾，但有些农药不宜混合，混合后会发生化学反应，有的酸性、碱性混合，降低了药效，便产生了沉淀物，不易喷雾。特别是有的农药混合后，喷在树上易产

217

生药害。例如石硫合剂和波尔多液混合后，就会增加水溶性铜，喷在果树上最容易发生药害。

四、忌降雨之前喷波尔多液

一般喷农药前，要听天气预报。如果当天有雨，就不要喷药，特别是降雨之前，喷了波尔多液，降雨后雨水冲掉了果面上的石灰，而留下的硫酸铜离子就会刺激幼果皮层，产生药害。

五、忌幼果期喷高浓度的有机磷农药

好多果农都有过许多教训和体会，一般幼果期（在6月上旬以前），喷高浓度的对硫磷都会发生不同程度的药害。

六、忌干旱、高温天气下喷药

一般农药适宜的温度是20~30 ℃，最高温度不超过32 ℃。在上午10时以前、下午3时以后喷药比较安全。

学 习 小 结

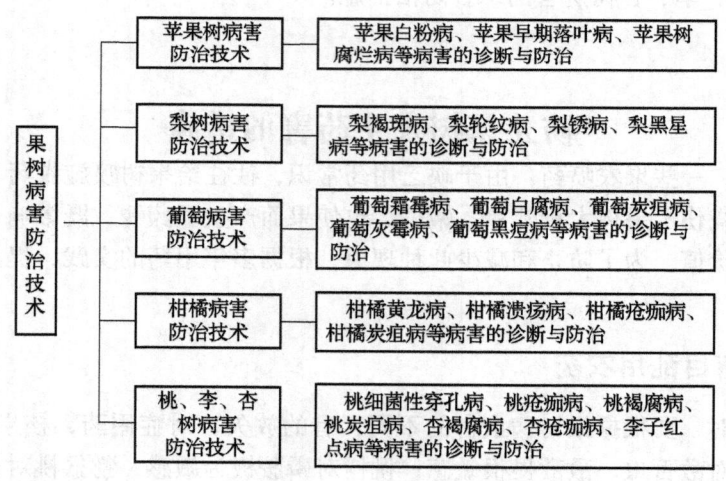

达 标 检 测

一、填空

1. 苹果及梨树腐烂病的症状有_____和_____两种类型，其共同特征是_____。
2. 梨轮纹病的近距离传播途径是_____，远距离传播主要靠_____。

二、选择题

1. 梨轮纹病菌的侵入途径是（   ）。
   A. 气孔　　　　　　B. 水孔　　　　　　C. 伤口　　　　　　D. 皮孔
2. 影响梨及苹果树腐烂病的主要因素是（   ）。

A. 气候条件   B. 品种抗性   C. 栽培因素   D. 树势强弱

三、问答题

1. 某一城郊梨园梨锈病连年危害严重，请你分析其可能原因并提出相应的治理对策。
2. 试从梨锈病转主寄主特性、病害循环特点方面阐述梨锈病防治原理。
3. 我国梨黑星病为什么会经常流行？
4. 梨黑星病和梨黑斑病在病害循环、流行因素及防治措施上有何异同？
5. 梨轮纹病和苹果腐烂病同属于枝干病害，二者在发病规律和防止措施上有何异同？
6. 试述重刮皮对防治果树枝干病害特别是苹果和梨腐烂病的效应。
7. 如何做好苹果炭疽病的防治工作？
8. 常见的苹果早期落叶病有几种？如何进行综合防治？
9. 试述葡萄黑痘病的发生规律及防治方法。
10. 试述葡萄霜霉病流行条件及综合治理方法。
11. 如何区分葡萄白腐病和葡萄霜霉病？
12. 试述桃褐腐病流行条件及综合防治措施。

果树害虫防治技术

【项目说明】

近些年来，随着现代化果树生产的发展，科学地掌握果树害虫防治新技术显得格外重要。目前，仍有不少地区对果树害虫发生发展的内在和外在原因认识不足，并且环境保护、资源合理利用的意识淡薄，一味追求一时的经济利益，致使化学农药的使用次数明显增加。所以，在本项目中，我们将通过观察了解果树常发生害虫的形态特征，掌握它们的发生发展规律，熟知它们的各种习性，进而制订出安全有效的防治方案，把害虫控制在经济允许水平之下而又能保持物种的多样性。

我国果树种类很多，南、北方种植的品种不同，而危害果树的昆虫种类就更多了，形态更是千差万别，所以，本项目就选取我国南、北方有代表性的果树来讲解它们在生产过程中常发生害虫的识别与防治。本项目可分为5个任务来完成：苹果树害虫防治技术；梨树害虫防治技术；葡萄害虫防治技术；柑橘害虫防治技术；桃、李、杏树害虫防治技术。

【学习内容】

掌握当地果树常发生害虫的形态特征、生物学特性、发生规律、主要习性和防治方法。

【教学目标】

通过对当地果树常发生害虫的形态观察、生物学特性的了解，能正确识别和防治果树常发生害虫，为当地果树养护中的害虫防治奠定基础。

【技能目标】

能准确识别苹果树害虫，梨树害虫，葡萄害虫，柑橘害虫，桃、李、杏树害虫，并能制订出合理有效的防治方案。

任务1 苹果树害虫防治技术

任务描述

近几年，苹果生产发展迅速，种植面积不断扩大，果品产量、质量稳步提高。但由于果树栽培管理制度发生了改变，加之近几年气候条件的变化，导致果园生态系统发生改变，致

项目8　果树害虫防治技术

使果树害虫的防治出现了一些新问题。这些问题解决不好，将会影响到苹果生产的进一步发展，会对生产造成较大的影响，严重影响了果农的经济利益。

苹果从萌芽到开花结果后的整个生育期，随着春梢抽生和旺盛生长，苹果树各类害虫开始出蛰活动，逐渐进入繁殖危害期。据调查，苹果常发生的害虫有金纹细蛾、蚜虫、介壳虫、山楂红蜘蛛、卷叶蛾、金龟甲等，随着气温逐渐回升和降雨量的增加，各种害虫的繁殖加快，危害也进一步上升。所以，要抓住关键时机，对症选用杀虫剂和杀螨剂，辅以配套诱杀技术，开展有效防治，这对控制全年害虫发生和危害有着极其重要的作用。

任务咨询

一、苹果小卷叶蛾

（一）危害特点

幼虫危害苹果的芽、叶、花和果实。小幼虫常使嫩叶边缘卷曲，以后吐丝缀合嫩叶；大幼虫常将2～3张叶片平贴或将叶片食成孔洞或缺刻状，或将叶片平贴果实上，将果实啃成许多不规则的小坑洼。套袋果的袋口封闭不严时，二代幼虫钻入袋内对果实危害较大。

（二）发生规律

在我国北方大多数地区，每年发生三代。黄河故道、关中及豫西地区，每年发生四代。以初龄幼虫潜伏在剪口、锯口、树丫的缝隙中、老皮下及枯叶与枝条贴合处等场所，作白色薄茧越冬。尤其在剪口、锯口处，越冬幼虫数量居多。幼虫到3龄以后，有转移危害的习性。成虫潜伏叶丛间，夜晚活动，有趋光性，对糖醋味和果醋的趋化性很强。

（三）发生原因分析

1）气候条件适宜、雨水多的年份和降雨多的果区，利于苹果小卷叶蛾卵的孵化、幼虫的成活，但雨水过多对苹果小卷叶蛾发生也不利。同时，秋季温度低、雨量多，幼虫转移越冬的结束时间提前10多天。

2）桃、李与早熟和中晚熟苹果混栽，造成前后寄主相连，增加了苹果小卷叶蛾的食源，一、二代危害桃、李，三、四代危害早熟、中晚熟苹果。桃、李采摘后，大多数果农不再管理，积累了大量虫源。

3）苹果小卷叶蛾隐蔽性强，错过防治适期，防效甚微；若药剂选择不对，也会使其发生加重。

4）套袋后，果农放松了药剂防治。

（四）防治方法

1. 农业防治

在越冬防治的基础上，狠抓花前和幼果期的药剂防治，积极应用生物防治，推广性诱剂诱杀成虫，点片发生时可进行人工捕杀。

果树发芽前，刮除树干粗皮、翘皮、剪锯伤口周围的死皮，集中烧毁，消灭越冬幼虫。4月中下旬至9月中旬及时摘除卷叶虫包。

2. 物理防治

1）有条件时要利用黑光灯或频振式杀虫灯灭虫。灯的悬挂高度以2.4 m为宜，灯距

60 m，兼诱金龟甲、小地老虎、金针虫成虫、绿盲蝽象、棉铃虫。

2）用糖醋液诱杀成虫，配比为糖：酒：醋：水＝1：1：4：16。

3）用果汁果醋液诱杀成虫。

4）苹果小卷叶蛾诱芯诱杀，高度1.2 m为宜，诱芯间距15 m为宜。

3. 药剂防治

防治时期：越冬幼虫3月下旬至4月上旬的出蛰盛期（果树花序分离期）及各代成虫盛期是施药的关键时期，特别是第一代成虫盛期（5月上中旬）发生整齐，易防，效果好，因此，第一代成虫盛期是决定当年防治好坏的关键。其他各代成虫盛期分别是6月中下旬、8月上中旬、9月中下旬。药剂防治关键时期如下：

1）大叶芽露绿时：22%比本胜乳油1 000倍液或52.5%毒氯1 000～1 500倍液。

2）花序分离期（二次清园）：40%蓝灵可溶性粉剂1 000倍液＋1.9%顶端乳油2 000倍液。

3）开花后至套袋前：1.9%顶端乳油2 000倍液或40%蓝灵可溶性粉剂1 000倍液。

4）套袋后：22%比本胜乳油1 000倍液或52.25%毒氯1 000～1 500倍液＋2.5%立功1 000倍液。

二、苹果棉蚜

（一）危害特点

被害枝条出现小肿瘤，易破裂。有时果实萼洼、梗洼处也可受害。发生严重时，枝条和叶片像披了一层棉絮，严重影响枝条的生长和叶片的光合作用。根部受害后形成肿瘤，致使根部死亡。

（二）发生规律

成虫和若虫群集在剪口、锯口、伤疤周围，主干、主枝裂皮缝，以及叶柄基部和根部危害。虫体被覆棉絮状排泄物，易于识别。

（三）防治方法

1. 农业防治

1）加强检疫：建立苹果苗木、接穗繁育基地。提供健康的苗木和接穗；对苗木、接穗和果实认真实施产地检疫和调运检疫。严禁从苹果棉蚜疫区调进苗木、接穗。

2）及时处理：在果园作业时，要注意观察棉蚜发生情况，做到早发现、早处理。

3）刮皮除蚜：刮除翘皮，刮治腐烂病，并将刮下的病皮、翘皮带至园外烧毁或深埋。

2. 化学防治

1）树上防治：花序分离期和10月果实采收后为苹果棉蚜树上防治的关键时期。此期内该虫主要集中于树干和主枝的剪口、锯口、缝隙处及芽基周围。药剂可选用22%比本胜乳油1 500倍液或52.5%毒氯乳油1 000～1 500倍液。重点喷树干、树枝的剪口、锯口、伤疤、隙缝等处，要求喷至淋洗状态。所用药剂要注意交替使用，以免产生抗性。

2）树下处理：苹果棉蚜发生重区，可于果树发芽前将树干周围1 m内土壤扒开露出根部，采用52.5%毒氯乳油300～500倍液进行根部喷雾，要求喷至淋洗状，然后用原土覆盖，杀死根部棉蚜。也可在5月上旬越冬若蚜开始活动时进行药剂灌根，每棵树灌药液

项目 8　果树害虫防治技术

10 kg 左右，使树干周围直径 1 m 范围内药液深度达地下 15 cm 左右，消灭土壤内棉蚜。

3）药剂涂茎：将树干基部老皮刮出宽 10 cm 左右的一道环，露出韧皮部，然后用毛刷涂抹药液，涂后用地膜或报纸包扎好，通过内吸作用达到杀虫目的。适宜的药剂为 10% 吡虫啉可湿粉 30~50 倍液。也可用吸水性好的卫生纸在主干上缠绕一圈，宽度 5~10 cm，外面用地膜包扎好，包扎时在上部留一小口，然后从这个小口处用注射针管往里注入适量药液，至卫生纸完全湿润为止。

三、康氏粉蚧

（一）危害特点

以若虫和雌成虫刺吸芽、叶、果实、枝干及根部的汁液，嫩枝和根部受害后常肿胀且易纵裂而枯死。在果实上多在两洼处危害。被刺吸处形成黑点或黑斑，被害果多成畸形果，失去商品价值。雨季，此虫排泄的蜜露发霉，影响植物的光合作用。

（二）发生规律

该虫一年发生三代，各种虫态均可越冬，但以卵在树上老翘皮和裂缝处及土石缝越冬为主。寄主萌动发芽时，该虫虫卵开始孵化并分散危害，第一代若虫盛发期为 5 月中下旬，6 月上旬至 7 月上旬陆续羽化，交配产卵。第二代若虫 6 月下旬至 7 月下旬孵化，盛期为 7 月中下旬，8 月上旬至 9 月上旬羽化，交配产卵。第三代若虫 8 月中旬开始孵化，8 月下旬至 9 月上旬进入盛期，9 月下旬开始羽化，交配后经短时间取食，下树寻找适宜场所，分泌卵囊并产卵越冬。单雌虫平均产卵量为 200~400 粒，越冬卵多产于树皮缝及土石缝隙中。全年第一代危害枝干，另两代以果实为主。此虫可随时转移危害。其天敌有瓢虫和草蛉。

（三）防治方法

1. 抓好基础防治

在套袋果园，由于康氏粉蚧成虫、若虫均可通过袋口进入果袋危害果实，果袋成了其天然保护屏障，农药无法与虫体接触，致使康氏粉蚧发生加重。因此，必须在套袋前将其消灭，其防治适期为 5 月中下旬第一代若虫期，可选用 22% 比本胜乳油 1 000 倍液，或 52.5% 毒氯乳油 1 500 倍液，或 3% 啶虫脒（莫比朗）乳油 1 500 倍液。

2. 搞好重点防治

不论是套袋苹果还是未套袋苹果，搞好第二代若虫期的重点防治，是控制康氏粉蚧危害的关键，也是压低第三代发生量和越冬基数的有效途径。

3. 综合防治

1）人工刷杀：早春刮除老树皮、翘皮，用硬毛刷刷杀越冬卵或成虫。

2）诱杀成虫：结合防治潜伏在枝干的越冬害虫，晚秋在树干绑缚草把，诱杀成虫。

3）药剂防治：重点做好 5 月中下旬的基础防治和第二代若虫期的重点防治。发生重的果园，据发生情况做好第三代若虫的扫残工作。

四、苹果害螨

苹果害螨包括苹果红蜘蛛（苹果全爪螨、山楂红蜘蛛）及白蜘蛛（二斑叶螨）。

（一）危害特点

以成、若、幼螨刺吸芽、果的汁液。叶片受害初期出现很多失绿小斑点，渐扩大连成

片。严重时，全叶苍白且枯焦早落，常造成二次发芽开花，削弱树势，不仅当年果实不能成熟，还影响花芽的形成和下一年的产量。

山楂红蜘蛛在叶背吐丝结网，集结成堆；苹果全爪螨在叶片正反面危害，无吐丝拉网习性，在全树上分布较均匀，一般不造成落叶；二斑叶螨，别名二点叶螨，分布在全国各地，寄主有苹果、梨、桃、草莓、葡萄等，目前在苹果产区已成为主要害螨，是落叶果树大敌，主要在叶背危害，初受害时叶面出现灰白小点，后结橘黄色或白色网，结网速度快，危害严重时叶焦枯，状似火烧，甚至脱落。

（二）发生规律

山楂红蜘蛛在我国北方每年发生 5~9 代，以受精雌成螨在树体缝隙内及干基附近土缝里群集越冬。春季，苹果芽膨大吐绿时开始出蛰危害芽，出蛰盛期在花序分离期到叶背危害。

二斑叶螨在北方以雌成虫在土缝、枯枝落叶下或宿根性杂草的根际等处吐丝结网并潜伏越冬，6 月中旬至 7 月中旬是其猖獗危害期，高温、低湿适于其发生。

三种叶螨在苹果园多混合发生，其混合种群从苹果花期开始到 6 月增长较慢，6 月以后急剧增加，7 月达到高峰并进入猖獗危害期。

（三）防治方法

1. 萌芽前防治

果树休眠期刮除老皮，重点是刮除主枝分杈以上的老皮。山楂红蜘蛛主要在树干基部土缝里越冬，可在树干基部培土拍实，防止越冬螨出蛰上树。山楂红蜘蛛严重的果园，发芽前可结合防治其他害虫喷洒 5 °Bé 石硫合剂。

2. 花前防治

花前是进行叶螨和多种害虫的药剂防治的有利时机，在做好虫情测报工作的基础上，及时全面地进行药剂防治，可选用 56% 尼尔诺（阿维·炔螨特）乳油 2 000 倍液或 15% 高锡螨（苯丁-哒螨灵）乳油 1 000 倍液等杀螨剂。

3. 落花后防治

落花后 7~10 天喷洒 2.8% 卡极乐（阿维·甲氰）1 000 倍液，或 56% 尼尔诺（阿维·炔螨特）乳油 2 000 倍液。喷洒周到细致，可为全年防治打下基础。

4. 6 月防治

6 月上中旬喷洒 38% 螨炔佳（苯丁·炔螨特）1 500 倍液，可将叶螨控制在大发生以前。

5. 7 月防治

7 月中下旬大发生期喷洒 15% 高锡螨乳油 1 000 倍液或 56% 尼尔诺（阿维·炔螨特）乳油 2 000 倍液。

杀螨剂有多种，可根据害螨种类和发生密度，按照 7 月中旬以前 4 头/叶、7 月中旬以后 7~8 头/叶的防治指标选择喷施。

任务实施

一、材料及工具的准备

1. 材料

苹果树害虫的成虫标本、幼虫标本、被害物的标本、挂图、幻灯片等。

2. 用具

手持放大镜、体视显微镜、泡沫塑料板、镊子、解剖针、蜡盘。

二、任务实施步骤

1. 苹果树常见害虫形态和危害特征观察

观察当地苹果树各种常发生害虫的形态特征、危害部位和被害特点。

2. 苹果树主要害虫的预测

选择两种当地苹果树的主要害虫,利用性诱剂、诱蛾器或虫情测报灯进行调查,将调查资料整理后进行实际分析并预测两种主要苹果树害虫的发生趋势。

3. 苹果树主要害虫的防治

1)调查了解当地苹果树主要害虫的发生与危害情况及其防治技术和成功经验。

2)根据苹果树主要害虫的发生规律,结合当地生产实际,提出3种苹果害虫防治的建议和方法。

3)配制并使用3种常用杀虫剂防治当地苹果树主要害虫并调查防治效果。

任务考核

任务考核单

序 号	考核内容	考核标准	分 值	得 分
1	苹果树害虫的形态观察	能准确识别各种苹果树常发生害虫	20	
2	苹果树害虫的习性认知	了解苹果树害虫的共有习性	20	
3	苹果树害虫的发生规律认知	了解苹果树害虫的发生时期、越冬场所	20	
4	苹果树害虫的防治方法	掌握苹果树害虫的主要防治措施	20	
5	问题思考与回答	在任务完成过程中积极参与,独立思考	20	

思考问题

1. 怎样根据害虫的形态特征和危害特点区分苹果常见食心虫、卷叶虫和蚜虫的种类?
2. 怎样根据幼虫形态特征和危害特点识别常见苹果食叶害虫的种类?
3. 如何对苹果树害虫进行综合防治?

知识链接

苹果树"大年"结果后的修剪技术

一、充分保留花芽

由于"大年"结果后所形成的花芽数量少、质量差,所以在冬季修剪时,要尽量多保留花芽。为了防止误剪花芽,对辨认不清的枝条,可推迟到春季发芽时进行复剪,其目的是充分利用"小年"的产量,达到"小年"不小。

二、轻剪结果枝

苹果树"大年"以后,一般是中、长果枝较多,短果枝较少。因此,对这类结果枝的枝条要进行轻剪。一般短果枝全部保留,以增加结果部位,中、长果枝也要保留。对一些暂时可以不去的大枝条,冬剪最好不要除掉,留到来年除去。但对弱枝组,可进行回缩更新,以减少花芽的形成,使第二年的花芽数量不至于过多。

三、重剪营养枝

适当多重截,少缓放,促进生长,恢复树势。一般对苹果树树冠中着生较多的中、短营养枝,要进行重截修剪,来年可以抽生更多更壮的发育枝,达到"小年"以枝换枝的目的。在此基础上,还要根据树势,对外围枝进行适度的短截修剪,以促进枝条生长、增强树势。同时,对细弱枝、重叠枝、交叉枝等,可根据花芽的多少和影响周围枝组的程度,酌情处理。另外,还应根据树体的生长情况,针对无花芽的"小年"枝进行重复回缩,针对下垂枝抬高角度,回缩或疏除。对多年生无花芽的果台枝要更新复壮,以增强树势。

任务2　梨树害虫防治技术

任务描述

梨树害虫是梨树生产上严重的生物危害。每年梨树害虫的危害,都会给生产带来很大的损失。因此,正确认识、了解梨树害虫的发生消长、传播规律及特点,采取相应的防治措施,就能在一定程度上控制害虫的发生,避免或减轻经济损失,以保证梨树高产、稳产、品质优良。

据调查,梨树害虫已有380余种,发生普遍而危害较重的有20多种。危害果实的有梨大食心虫、梨小食心虫、桃小食心虫、梨象甲及梨蟥等。局部地区梨实蜂时有发生。梨花象甲主要危害花蕾。一般管理粗放、施药较少的地区,食叶性的天幕毛虫、梨星毛虫、梨卷叶斑螟蛾、刺蛾类等毛虫和金龟甲类发生较普遍,常危害猖獗。管理较好,施药较多的地区,危害果实和食叶性害虫则少见,但螨类、蚜类、蚧类、木虱类、蝽类和梨瘿华蛾等都常危害较重,故应采取综合防治,控制害虫,保护天敌。

任务咨询

一、梨小食心虫

（一）危害特点

梨小食心虫,又名梨小,是梨树的大害虫。严重时,虫果可达果实总量的70%~80%,可造成采收前大量落果,危害梨、苹果、桃、杏等。

（二）发生规律

梨小食心虫在我国东北及河北每年发生3~4代,在黄河故道每年发生4~5代,在广西每年发生7代。以老熟幼虫在树皮内和其他隐蔽场所作茧过冬。

（三）防治方法

1）刮皮消灭越冬幼虫。

2）前期剪掉梨小食心虫危害的树梢。

3）用糖醋液（糖5份，醋20份，酒5份，水50份）诱杀成虫。

4）成虫发生期用梨小食心虫性诱剂诱杀成虫。每50株树挂一诱集罐。7月以前将诱集罐挂在桃园，后期挂在梨园。

5）在成虫发生盛期和蛇果期喷药防治，可喷甲氰菊酯（灭扫利）、来福灵或溴氰菊酯（敌杀死）等2 000倍液。

二、梨大食心虫

（一）危害特点

梨大食心虫，又名梨大，危害梨的果实和花芽。秋季，幼虫蛀芽危害，多危害花芽，从芽基部蛀入危害芽的心髓部分，在蛀入孔处用碎屑和虫粪堆积成半圆形小丘，用丝缠绕将孔口封死，虫芽干瘦不能萌发。春季花芽膨大期转芽危害，仍从芽基部蛀入，用碎屑封住蛀入孔，此时碎屑松散，易被发现，被蛀芽不萌发或萌发花丛但多歪长，鳞片不落。幼果期，蛀果危害，蛀入孔较大，孔外排有虫粪，被害果果柄基部常被用丝缠绕在枝条上。果柄和枝条脱离，但果实不落，干后变黑，果待在枝条上，人们称之为"吊死鬼"。

（二）发生规律

梨大食心虫在我国东北每年发生1代，在华北地区每年发生2代，在华中地区每年发生2~3代，均以幼虫在芽内结茧越冬。

（三）防治方法

1）芽萌动期掰虫芽以杀死幼虫。

2）芽膨大露白期转芽初期喷药防治。可喷溴氰菊酯（敌杀死）、氯氰菊酯或三氟氯氰菊酯（功夫）等的1 000倍液，也可喷1605的1 000倍液。

3）幼虫发生期可喷杀虫双500倍液或甲氰菊酯（灭扫利）1 000倍液。

4）成虫发生期喷甲氰菊酯（灭扫利）2 000倍液、杀虫咪500倍液等。

5）转果期及第一代幼虫害果期采摘虫果。老熟幼虫化蛹期进行虫果集中烧毁或深埋。

6）保护并利用天敌，将虫果集中到养虫的纱笼内，待寄生蜂、寄生蝇等天敌出现后，将它们放回梨园。

三、梨木虱

（一）危害特点

梨木虱种类很多，但分布广的要属中国梨木虱，在我国北方各梨产区均有发生。近些年来，梨木虱危害非常严重，常造成叶片干枯和脱落。梨木虱成虫、若虫均可危害，以若虫危害为主。

（二）发生规律

梨木虱以成虫在树皮缝内过冬，早春树体萌动时的2~3月出蛰危害，出蛰后先集中到新梢上取食，补充营养，排泄白色蜡质物，而后交尾并产卵。梨树发芽前梨木虱即开始产卵，此期间将卵产在枝叶痕处，发芽展叶期成虫将卵产在幼嫩组织的茸毛内、叶缘锯齿间和叶面主脉沟内或叶背主脉两侧。此虫每年在辽宁发生3代，在河北发生4~6代，在河南、山东发生5~7代。若虫多群集危害，有分泌黏液的习性，若旦居黏液内危害，黏液还可借风力将相邻叶片黏合在一块，若虫居内取食。成虫能飞、会跳，多在隐蔽处栖息危害。干旱

年份发生严重,危害期以6~8月最重,因各代重叠交错,全年均可危害。

(三)防治方法

1)刮树皮以消灭越冬成虫。

2)在越冬成虫出蛰盛期至产卵前喷三氟氯氰菊酯(功夫)、氯氰菊酯、氰戊菊酯(速灭杀丁)或溴氰菊酯等2 000倍液,出蛰末期再喷一次。若进行大面积彻底防治,可以控制此虫的全年危害。

3)抓落花后第一代幼虫集中期喷施溴氰菊酯2 000倍液(包括兴根宝、赛波凯、安绿宝)百磷3号、水胺硫磷1 500倍液;在第一代成虫羽化盛期喷氰戊菊酯(速灭杀丁)、赛彼凯、水胺硫磷等2 000倍液。

四、梨星毛虫

(一)危害特点

梨星毛虫又叫梨狗子、饺子虫等,危害梨、苹果、山楂等多种果树,在我国北方果区多有发生。越冬幼虫蛀食花芽、花蕾。刚开绽的花芽被蛀食,芽肉花蕾、芽基组织被蛀空,花不能开放,部分被蛀花虽能张开,但歪扭不正,并有褐色伤口或孔洞。

(二)发生规律

梨星毛虫在北方大多每年发生一代,在河南、陕西有的每年发生两代,但均以幼虫在树皮缝内过冬。此虫大多在树干、根茎部结茧过冬,梨花芽膨大期开始活动,开绽期钻入花芽内蛀食花蕾或芽基,吐蕾期蛀食花蕾,展叶期则卷叶危害。被害叶向正面卷成饺子状。此虫啃食正面叶肉,留叶脉和下表皮,每吃光一叶则转移到另一新叶上,仍吐丝将叶纵卷危害。一只幼虫可危害5~8片叶,虫害严重时将全树叶片吃光。

(三)防治方法

1)刮树皮消灭越冬幼虫,刮根茎处的粗皮。

2)摘病树叶杀死幼虫。

3)花芽开绽吐蕾期喷药防治,以杀死越冬幼虫。可喷甲氰菊酯(灭扫利)、三氟氯氰菊酯(功夫)、氰戊菊酯(速灭杀丁)、溴氰菊酯的2 000倍液和敌敌畏、敌百虫、辛硫磷等的1 000倍液。开花前连喷两次,一般可控制危害。

4)成虫盛发期和第一代幼虫在叶片上危害时各喷一次甲氰菊酯(灭扫利)、氰戊菊酯(速灭杀丁)、三氟氯氰菊酯(功夫)或溴氰菊酯的2 000倍液,效果很好。若进行连续的大面积防治,可以实现区域性消灭。

五、梨蚜

(一)危害特点

梨蚜又叫梨二叉蚜,在我国梨产区普遍发生,以成虫、幼虫群居叶片正面危害。受害叶片向正面纵向卷曲呈筒状,轻者向正面略卷,呈饺子形,被蚜虫危害蜷缩的叶片大部分不能再伸展开,易脱落,受害严重的叶片产生枯斑而早期脱落。梨蚜卷叶内易招致梨木虱的潜入。

(二)发生规律

梨蚜一年发生20代左右,以受精卵在芽腋间、枝条皮缝内等处过冬,芽膨大开绽期孵化为幼虫,一般在3月。初期,幼蚜群集在芽幼嫩组织上取食危害,吐蕾后钻入芽内花蕾上危害,展叶期集中到嫩叶正面危害并繁殖。蚜虫危害叶的背面稍有增生略不平。

(三) 防治方法

1) 开花前喷药防治。此期间越冬卵全部孵化,而又未造成卷叶。可喷氯氰菊酯、氰戊菊酯(速灭杀丁)、溴氰菊酯、三氟氯氰菊酯(功夫)等的2 000倍液,也可喷甲胺磷、氧化乐果、敌敌畏等的1 500~2 000倍液,均有良好的防治效果。在卷叶前防治,全年喷一次药即可控制危害。若已造成卷叶,则难防治。对卷叶内的蚜虫,菊酯类药防治效果降低,可喷氧化乐果。

2) 保护并利用天敌。蚜虫天敌种类很多。当虫口密度很低,不值得喷药时,保护并利用天敌的作用则很明显。

六、梨圆蚧

(一) 危害特点

此虫在我国北方各梨区均有发生,危害梨、苹果、枣、核果类等多种果树。梨果受害处虫体下果面产生黄色斑,稍凹陷,后期虫体危害处产生黑褐色斑,严重时果面龟裂。虫介壳为灰色,有同心轮纹,略呈圆形,中心有一黄色小突起。剥开介壳虫体,为黄色或橙黄色。

(二) 发生规律

梨圆蚧在我国北方每年在梨树上发生2~3代,在苹果树上发生三代,以若虫和少量受精雌虫在枝条表层过冬,树体萌动时开始活动并发育,5~6月出现第一代成虫。6~7月为此虫产仔期,每只雌虫产仔约60只,7~8月为第二代成虫期,每只产仔70余只。

(三) 防治方法

1) 梨花芽萌动期喷5°Bé石硫合剂。5%柴油乳剂、机械油乳剂或1605的1 000倍液等可杀死过冬若虫,效果很好。

2) 检查接穗和苗木,将有虫的接穗和苗木选出,防止传播。

3) 成虫产仔期喷药防治,可喷氰戊菊酯(速灭杀丁)、三氟氯氰菊酯(功夫)、联苯菊酯(天王星)、氰戊菊酯(杀灭菊酯)、溴氰菊酯等2 000倍液,以杀死仔虫和产仔期间的雌虫。

七、梨肿叶瘿螨

(一) 危害特点

梨肿叶瘿螨曾叫梨叶疹病、叶肿病和潜叶壁虱等,在我国北方梨区零星发生,局部地区危害严重,危害叶片、叶柄和果柄等,不造成死枝、死树或严重减产。

(二) 发生规律

梨肿叶瘿螨一年繁殖多代,以成螨在花芽或大叶芽鳞片下过冬,在1~3鳞片下可以找到虫体,芽开绽期即潜入幼嫩叶片上危害。展叶后,此虫潜入叶肉危害,并形成虫瘿,在5~6月虫瘿即可明显看出并大量发生。此虫在很少喷药、管理粗放的梨园发生较多。

(三) 防治方法

1) 芽膨大期喷3~5°Bé石硫合剂,防治效果很好。

2) 展叶期喷0.2~0.3°Bé石硫合剂,或三氯杀螨醇700倍液,或甲氰菊酯(灭扫利)、三氟氯氰菊酯(功夫)、联苯菊酯(天王星)等2 000倍液。

八、梨茎蜂

（一）危害特点

梨茎蜂在我国北方梨区发生非常普遍，主要危害梨的新梢和柄，成虫产卵期危害最重，所以又叫折梢虫、截芽虫等。成虫将卵产在新梢嫩皮下刚形成的木质部上，并将产卵点上 3~10 mm 处的梢锯断，但仍有一点皮相连，则新梢折断下垂而仍悬挂在枝上，过 2~3 天被风吹落，同时成虫将产卵处下部叶片自叶柄上中部锯断，叶片落地，产卵孔 1 日后呈略似枣核形的黑点。幼虫孵化后向下蛀食新梢的幼嫩木质部而留表皮，并排粪于虫道内，被蛀空部分变为黑褐色，形成黑褐色的干枯树枝。

（二）发生规律

此虫每年发生一代，在北方以幼虫在虫枝内过冬，在南方以蛹过冬。在我国河北，4 月正值梨盛花期，新梢速长时羽化成虫。新梢长 5~6 cm 时此虫产卵，发生期很整齐。

（三）防治方法

1）剪虫枝，花后 10 天即可将被害枝剪掉，以杀死卵或幼虫。在大面积梨园连续进行，可以收到良好效果。

2）成虫发生期喷药防治，可喷三氟氯氰菊酯（功夫）、氰戊菊酯（速灭杀丁）、溴氰菊酯等 2 000 倍液，也可喷甲胺磷 1 500 倍液或敌敌畏 1 000 倍液。

任务实施

一、材料及工具的准备

1. 材料

梨树常发生害虫的成虫标本、幼虫标本、被害物的标本、挂图、幻灯片等。

2. 用具

手持放大镜、体视显微镜、泡沫塑料板、镊子、解剖针、蜡盘。

二、任务实施步骤

1. 梨树常见害虫形态和危害特征观察

观察当地梨树各种常发生害虫的形态特征、危害部位和被害特点。

2. 梨树主要害虫的预测

选择两种当地梨树的主要害虫，利用性诱剂、诱蛾器或虫情测报灯进行调查，将调查资料整理后进行实际分析并预测两种主要梨树害虫的发生趋势。

3. 梨树主要害虫的防治

1）调查了解当地梨树主要害虫的发生与危害情况及其防治技术和成功经验。

2）根据梨树主要害虫的发生规律，结合当地生产实际，提出 3 种梨树害虫防治的建议和方法。

3）配制并使用 3 种常用杀虫剂防治当地梨树主要害虫并调查防治效果。

项目8 果树害虫防治技术

任务考核

任务考核单

序　号	考核内容	考核标准	分　值	得　分
1	梨小食心虫形态观察	正确识别梨小食心虫并能说出防治方法	20	
2	梨大食心虫形态观察	正确识别梨大食心虫并能说出防治方法	10	
3	梨木虱形态观察	正确识别梨木虱并能说出防治方法	10	
4	梨星毛虫形态观察	正确识别梨星毛虫并能说出防治方法	20	
5	梨蚜形态观察	正确识别梨蚜并能说出防治方法	10	
6	梨圆蚧形态观察	正确识别梨圆蚧并能说出防治方法	10	
7	梨肿叶瘿螨形态观察	正确识别梨肿叶瘿螨并能说出防治方法	10	
8	梨茎蜂形态观察	正确识别梨茎蜂并能说出防治方法	10	

思考问题

1. 怎样预防梨树蚜虫、螨类等吸汁类害虫？
2. 怎样在梨大食心虫、梨小食心虫进入果实前进行有效防治？
3. 如何对梨树害虫进行综合防治？

知识链接

秋冬防治果树病虫六措施

一清：结合剪枝剪除病梢、虫梢并把果园及周围附近的杂草和枯枝落叶清除干净，集中烧毁或深埋，这样可以消灭大量越冬害虫。

二翻：深翻既是改良土壤、促进果树增产的重要措施，也是消灭越冬病虫的有效方法。此方法可使翻至地表的害虫及病菌冻死、干死或被天敌啄食，使深埋地下的病虫不能羽化出土而被闷死，减少越冬虫口基数。

三刮：果树粗皮、翘皮及树干裂缝中，往往潜伏着大量越冬的病菌和害虫。实践证明，冬刮树皮对多种病虫害都具有良好的防治作用。

四涂：冬季树干涂白，不但可以防止果树的日烧和冻害，而且可以消灭大量在树干上越冬的病菌及害虫。涂白剂的配制比例一般是：生石灰10份、石硫合剂2份、食盐1~2份、黏土2份、水35~40份。第一次涂白在果树落叶后至土壤结冻前，第二次在第二年的初春。

五诱：秋后在果树大枝上绑草把或破麻袋片，诱集害虫化蛹越冬，然后集中杀灭。这种方法对苹果小食心虫、梨小食心虫的诱集效果可达47%~78%，对山楂红蜘蛛、枣黏虫等也有很好的诱集作用。

六药：落叶果树在休眠期，喷洒1~2次含油量为4%~5%的柴油乳剂和5°Bé石硫合剂，对危害果树的多种介壳虫、红蜘蛛及苹果树腐烂病、梨树黑星病、葡萄黑痘病等具有显著的防治作用。

园艺植物病虫害防治

任务3　葡萄害虫防治技术

任务描述

葡萄是一种色艳味美且富有营养的水果，深受人们的喜爱。葡萄适应性强，喜光照，在我国大部分地区均能种植。而葡萄害虫的发生和危害，直接影响葡萄的产量、品质和市场供应。近年来，由于葡萄生产迅速发展，害虫种类也随之增多，发生规律也较复杂，所以要注意害虫防治工作。

葡萄害虫在实际防治过程中，常采用广谱化学农药，这使害虫产生了抗药性，并且还杀伤天敌和污染环境。特别是葡萄供人们鲜食，使用化学农药后残留的问题比较突出，迫切需要贯彻"预防为主，综合治理"的植保工作方针。在葡萄害虫的综合防治中，可根据葡萄害虫的发生特点，以农业防治为基础，因地制宜，合理运用化学农药防治、生物防治、物理防治等措施，经济、安全、有效地控制虫害，以达到提高产量、质量，保护环境和人民健康的目的。

任务咨询

一、葡萄透翅蛾

葡萄透翅蛾又称为透羽蛾，属于鳞翅目透翅蛾科。在我国山东、河南、河北、陕西、吉林、内蒙古、江苏和浙江等地普遍发生，是葡萄产区主要的害虫之一。

（一）危害特点

葡萄透翅蛾主要危害葡萄枝蔓。幼虫蛀食新梢和老蔓，一般多从叶柄基部蛀入。被害处逐渐膨大，蛀入孔有褐色虫粪，是该虫危害的标志。幼虫蛀入枝蔓内后，向嫩蔓方向进食，严重时，被害植株上部枝叶枯死。

（二）防治方法

1）在成虫产卵和初孵幼虫危害嫩梢期，抓住时机，每7～10天喷一次药，连喷3次效果好。可选用下列几种药液：50%敌敌畏乳油1 500倍液，或40%氧化乐果1 000～1 200倍液，或溴氰菊酯（敌杀死）3 000倍液，或20%氰戊菊酯（速灭杀丁）3 000倍液，或50%杀螟松乳油1 000倍液，或50%亚硫磷乳油1 000倍液。

2）冬、夏季经常检查，发现被蛀蔓要及时剪除烧毁或深埋。若大蔓被蛀，可用脱脂棉蘸50%敌敌畏200倍液或敌杀死1 000倍液塞入蛀孔，杀死幼虫。

二、葡萄根瘤蚜

葡萄根瘤蚜属于同翅目瘤蚜科。在我国辽宁、山东、陕西、台湾等地的局部葡萄园发生，其他地区尚未发现。葡萄园一旦发生，危害严重，所以已被列为国内外主要检疫对象。

（一）危害特点

葡萄根瘤蚜对美洲葡萄品种危害严重，既能危害根部又能危害叶片；对欧亚品种和欧美杂交品种，主要危害根部。根部受害，须根端部膨大，出现小米粒大小、呈菱形的瘤状结，

在主根上形成较大的瘤状突起。叶上受害，叶背形成许多粒状虫瘿。

（二）防治方法

1）加强检疫。葡萄根瘤蚜唯一的传播途径是苗木。在检疫苗木时，要特别注意根系所带泥土有无蚜卵、若虫和成虫，一旦发现，立即进行药剂处理。其方法是：将苗木和枝条用50%辛硫磷1 500倍液或80%敌敌畏乳剂1 000~1 500倍液，或40%乐果乳油1 000倍液浸泡1~2 min，取出阴干。严重者可立即就地销毁。

2）土壤处理。对有根瘤蚜的葡萄园或苗圃，可用二硫化碳灌注。方法是：在葡萄茎周围距茎25 cm处，每平方米打孔8~9个，深10~15 cm，春季每孔注入药液6~8 g，夏季每孔注入药液4~6 g，效果较好。但在花期和采收期不能使用，以免产生药害。还可以用50%辛硫磷500 g拌入50 kg细土，每亩用药土25 kg，于下午3~4时施药，随即翻入土内。

3）选用抗根瘤蚜的砧木。我国已引入和谐、自由、更津1号和5A对根瘤蚜有较强抗性的砧木。

三、葡萄短须螨

葡萄短须螨又称为葡萄红蜘蛛，属于蜱螨目细须螨科。此虫是我国葡萄产区主要害虫之一，山东、河南、河北、辽宁、江苏、浙江等地发生较普遍。近几年，其他地区有加重危害的趋势。

（一）危害特点

以幼虫、若虫、成虫危害新梢、叶柄、叶片、果梗、穗梗及果实。新梢基部受害时，表皮产生褐色颗粒状凸起。叶柄被害状与新梢相同。叶片被害，叶脉两侧呈褐锈斑，严重时叶片失绿变黄，枯焦脱落。果梗、穗梗被害后由褐色变成黑色，脆而易落。

（二）防治方法

1）防寒前，剥除老树皮烧毁，消灭越冬雌成虫。

2）春季冬芽萌动时，喷布30 °Bé石硫合剂+0.3%洗衣粉；7~8月间虫口密度大时，要用40%三氯杀螨醇800~1 000倍液喷洒，消灭活动虫。

四、葡萄瘿螨

葡萄瘿螨又称为葡萄锈壁虱或毛毡病，属于蜱螨目瘿螨科。此虫分布较广，主要在辽宁、河北、山东、山西、陕西等地危害严重。

（一）危害特点

葡萄瘿螨主要危害叶片，最初在叶片背面产生苍白色不规则斑点，大小不等，随后叶片表面隆起，叶背凹陷，呈现白色茸毛毡，故称为毛毡病。后期，逐渐变为黄褐色至茶褐色，叶片皱缩且凹凸不平。严重时，此虫还可危害嫩梢、幼果，其上面也产生茸毛状物。

（二）防治方法

1）清除病原，在生长季节发现病叶要及时摘除，集中深埋或烧毁。

2）药剂防治，在早春萌芽前，喷50 °Bé石硫合剂，或芽萌动时喷0.5~1.5 °Bé石硫合剂，防治效果均较好。发芽后用药较发芽前用药效果更好。

3）苗木消毒。将苗木、插条用40 ℃温水浸5~7 min后，再移入50 ℃温水浸5~7 min。此法可杀死鳞片中的瘿螨。

五、葡萄粉蚧

葡萄粉蚧又称为康氏粉蚧，属于同翅目粉蚧科，在我国各葡萄产区均有分布，河南、河北、吉林、辽宁、山东、山西、江苏、四川等部分地区发生较重。此虫除危害葡萄以外，对桃、无花果等均能危害。

（一）危害特点

成虫和幼虫在叶背、果实阴面、果穗内小穗轴、穗梗等处刺吸汁液，使果实生长发育受到影响。果实或穗梗被害，表面呈棕黑色油腻状，不易被雨水冲洗掉。发生严重时，整个果穗被白色棉絮物所填塞。被害果外观差，含糖量降低，甚至失去商品价值。

（二）防治方法

1）合理修剪，防止枝叶过密，以免给粉蚧创造适宜的环境。

2）秋季修剪时，清除枯枝落叶和剥除老皮，刷除越冬卵块，集中烧毁。

3）在各代幼虫孵化期，喷50%三硫磷乳油2 000倍液，或80%的敌敌畏乳油1 000倍液，或50%杀螟松乳油800~1 000倍液。果穗被害可用25%亚胺硫磷乳油300~400倍液浸穗，以杀死穗内幼虫。

六、葡萄蓟马

葡萄蓟马又称为烟蓟马，属于缨翅目蓟马科。此虫在我国葡萄产区已广泛分布，近年来对葡萄的危害有日益增长之势。蓟马不仅能危害葡萄，还危害苹果、梅、李、柑橘等果树。蓟马是一种新出现的葡萄害虫。

（一）危害特点

葡萄蓟马主要通过若虫和成虫以锉吸式口器锉吸幼果、嫩叶和新梢表皮细胞的汁液来危害葡萄。幼果被害当时不变色，第二天被害部位失水干缩，形成小黑斑，不仅影响果粒外观，还降低商品价值，严重时引起裂果。叶片受害时，因叶绿素被破坏，先出现褪绿的黄斑，后叶片变小，卷曲畸形，干枯，有时还出现穿孔。被害的新梢生长受到抑制。

（二）防治方法

1）清理葡萄园杂草，烧毁枯枝败叶。

2）在开花前1~2天喷40%氧化乐果1 000~1 500倍液，或50%马拉硫磷乳剂、40%硫酸烟碱、2.5%鱼藤酮（鱼藤精）的800倍液，都有较好效果。

3）庭院葡萄可喷低毒高效杀虫剂氰戊菊酯（速灭杀丁）或溴氰菊酯（敌杀死）2 000~2 500倍液，喷药后5天左右检查，如仍发现虫情较重时，立即进行第二次喷药。

任务实施

一、材料及工具的准备

1. 材料

葡萄害虫的成虫标本、幼虫标本、被害物的标本、挂图、幻灯片等。

2. 用具

手持放大镜、体视显微镜、泡沫塑料板、镊子、解剖针、蜡盘。

二、任务实施步骤

1. 葡萄常见害虫形态和危害特征观察

观察当地葡萄各种常发生害虫的形态特征、危害部位和被害特点。

2. 葡萄主要害虫的预测

选择两种当地葡萄的主要害虫，利用性诱剂、诱蛾器或虫情测报灯进行调查，将调查资料整理后进行实际分析并预测两种主要葡萄害虫的发生趋势。

3. 葡萄主要害虫的防治

1）调查了解当地葡萄主要害虫的发生与危害情况及其防治技术和成功经验。

2）根据葡萄主要害虫的发生规律，结合当地生产实际，提出3种葡萄害虫防治的建议和方法。

3）配制并使用3种常用杀虫剂防治当地葡萄主要害虫并调查防治效果。

任务考核

任务考核单

序 号	考核内容	考核标准	分 值	得 分
1	葡萄透翅蛾识别与防治	正确识别葡萄透翅蛾并能说出防治方法	20	
2	葡萄根瘤蚜识别与防治	正确识别葡萄根瘤蚜并能说出防治方法	20	
3	葡萄短须螨识别与防治	正确识别葡萄短须螨并能说出防治方法	10	
4	葡萄瘿螨识别与防治	正确识别葡萄瘿螨并能说出防治方法	10	
5	葡萄粉蚧识别与防治	正确识别葡萄粉蚧并能说出防治方法	10	
6	葡萄蓟马识别与防治	正确识别葡萄蓟马并能说出防治方法	10	
7	问题思考与回答	在整个任务完成过程中积极参与，独立思考	20	

思考问题

1. 如何根据被害状来区分不同种类的害虫？
2. 葡萄蚜虫的无公害防治措施有哪些？
3. 葡萄短须螨的预防措施有哪些？
4. 请提出合理有效的葡萄害虫的综合防治方案。

知识链接

冬季如何管理可防止葡萄"小年"的发生

为防止在葡萄种植中产生"小年"现象，果农在冬季管理上，应抓好以下几个环节：

一、突出基肥，以肥定产

葡萄的产量与施肥水平呈正相关。固有的经验是：以肥定产，或者以产定肥。一般每产500 kg葡萄，需优质腐熟有机肥1 000 kg，同时配施磷、钾肥。基肥中，氮肥施用量占全年施肥总量的60%～70%，磷肥占80%以上，钾肥占30%～40%。提倡在葡萄园的地面覆盖稻草，盖草的厚度为 20 cm 左右，既可以保温保墒和抑制杂草，稻草腐烂后又可改良土壤。新建的葡萄园，要先抽槽挖定植沟，沟宽 60 cm，后施入腐熟有机肥 3 000~5 000 kg，与细土混拌均匀作基肥，沟内再填入一层表土，为春后栽苗打好基础。当然，除基肥外，在葡萄萌芽前、开花前、坐果前，还需要在地表追肥和根外喷肥。

二、控留母枝，更新主蔓

葡萄步入休眠期时要开始冬季修剪，修剪在葡萄落叶至立春前进行。修剪分为短剪和更新修剪两种。短剪是对主蔓而言，更新修剪是针对老蔓而言。短剪时长蔓留芽 8~12 个，中蔓留芽 5~7 个，短蔓留芽 2~3 个，对坐果蔓着生部位高的品种，以中、短蔓的留芽方法为主。更新修剪，一是将葡萄基部长出的苗壮新芽有选择地加以培养，当新生的枝芽能着生较多的果穗时，随即剪去衰老蔓；二是对坐果母蔓的更新要去弱留强，去上留下，去前留后。

三、清理残物，减少病原

冬季要对葡萄园内进行彻底清理，一要清扫残留枝叶，二要捡净病果，三要铲除杂草，然后再集中深埋或烧毁。葡萄萌芽前，还需用 5 °Bé 的石硫合剂，对葡萄树干、枝架、土壤彻底地喷施 1~2 次，以杀灭病菌，压低来年发病基数。

任务 4 柑橘害虫防治技术

任务描述

柑橘是我国南方种植面积最大、产量最多的水果，其果实营养丰富、风味独特、耐储藏、商品经济价值高。近些年来，随着农村商品经济的发展，柑橘生产也得到了较快的发展。但是，由于受多种病虫的危害，不仅影响了柑橘的品质和产量，而且挫伤了广大果农的生产积极性。实践证明，防治虫害是保证柑橘优质高产的重要措施。

近几年，由于气候转暖，柑橘物候期长，再加上柑橘害虫种类繁多，危害日趋严重。造成柑橘损失较大的害虫有危害叶片、新梢、幼果的红蜘蛛、介壳虫、柑橘潜叶蛾等。对柑橘虫害进行化学防治必须与农业防治、物理防治、生物防治等相结合，这样才能有效地防治害虫，达到无公害生产的要求。若对害虫防治不力，将严重影响柑橘的生长、结果及果实品质，因此，一定要做好柑橘生长季节的虫害防治工作。防治上应把握时间，用准药方；喷药时必须做到周密，没有遗漏。

任务咨询

一、橘蚜

橘蚜除危害柑橘外，还危害桃、梨、柿等果树。成蚜和若蚜群集在嫩叶、嫩茎及幼果面上刺吸汁液，嫩叶受害后皱缩，严重危害时引起落果并影响翌年结果。

（一）识别特征

无翅雌蚜体长 0.13 cm，全身为棕褐色或漆黑色。若蚜体长约 0.05 cm，棕褐色。

项目8　果树害虫防治技术

（二）发生规律

一年发生十余代，卵在橘树枝干上越冬。翌年4～5月和9～10月发生较多，12月产卵越冬。夏季高温对橘蚜不利，死亡率高，生殖力低，因此夏季发生较少。

（三）防治方法

当发现1/4新梢上有蚜虫时，及时进行喷药防治。用20%氰戊菊酯（杀灭菊酯）1 800倍液或50%敌敌畏乳油1 000倍液等都有效。蚜虫数量不多时，可随时进行挑治（即挑选蚜虫发生的个别橘株或橘园喷药防治）。

二、矢尖蚧

矢尖蚧危害柑橘的枝、叶、果。枝、叶被害后失绿变黄，影响树势；果实受害后不能充分成熟和完整着色，虫体周围的果皮呈现绿色，极大地影响其商品价值。严重被害后，造成叶焦枝枯，成片枯死。

（一）识别特征

雌成蚧的壳长约0.2～0.3 cm，细长椭圆形，由后向前逐渐尖削。介壳为棕褐色，中央有隆起纵脊，周围有白色蜡边。雄性蚧虫体分泌细长的白色绵状蜡粉，其背面有纵脊2条。

（二）发生规律

一年发生三代，受精雌成蚧在枝、叶上越冬。翌年5月中下旬在母体介壳下产卵，每只雌虫产卵数十粒至百余粒。第一代1龄幼蚧发生高峰期在5月下旬，多上新叶危害；第二代幼蚧在7月中旬出现，大部分寄生在果面上，少部分寄生在叶片枝干上；第三代幼蚧于9月上旬出现，到枝、叶及果面上危害。

（三）防治方法

1）冬、春季剪除虫枝、枯枝，集中烧毁，可消灭大量越冬雌成蚧。

2）全年中，重点抓好第一代1龄幼蚧的防治，在5月下旬至6月中旬进行淋洗式喷药，隔10～15天再连续喷2～3次。农药可选用机油乳剂60～70倍液或刺扑杀或蚧达等，药效持久，防效好，对天敌安全。但高温期应避免使用。7月中旬以后注意保护天敌，进行生物防治可起控制作用。

三、柑橘红蜘蛛

柑橘红蜘蛛又名柑橘金爪螨。成螨、若螨和幼螨刺吸叶片、嫩梢及果实表皮，但以叶片受害最重。被害叶面出现失绿白斑点，严重时全叶灰白，失去光泽，造成大量落叶，影响树势和产量。此虫为柑橘常发性、暴发性的头等重要害虫。

（一）识别特征

雌成螨体长0.3～0.4 mm，暗红色，椭圆形，背部与背侧有瘤状突起，瘤上生有白毛，4对足。雄成螨的身体比雌成螨略小，鲜红色，后端较狭，呈倒鸭梨形。若螨的形状、色泽近似成螨，个体较小，4对足。幼螨体长0.2 mm，体色较浅，3对足。

（二）发生规律

一年发生十多代，世代重叠，卵和成螨在叶背越冬。一年中以春、秋两季发生最为严重。4～5月春梢时期，越冬成螨和由越冬卵孵化出来的幼螨、若螨从老叶上迁移至嫩梢、新叶上危害，如不及时防治，即可酿成灾难；6月，虫的密度开始下降；7～8月高温季节，

虫的数量较少；秋季9~10月，虫的数量又回升，危害秋梢及嫩叶。

（三）防治方法

1）普治（全国喷药）和挑治（发生严重的地块喷药）相结合，采取多种杀螨剂交替使用的原则。

2）抓好春季的防治，当平均每叶上有成螨、若螨7~8只时应及时喷药。由于柑橘红蜘蛛对有机磷等众多农药已产生抗药性，目前应选择机油乳剂或自制的柴油乳剂40~60倍液，或73%克螨特乳油1 500倍液交替使用，采取全株淋洗式喷药防治。

3）保护和利用田间食螨瓢虫。

四、柑橘潜叶蛾

（一）危害特点

柑橘潜叶蛾俗称"鬼画符"。幼虫在嫩叶背表皮下钻蛀取食叶肉，形成弯弯曲曲的被食隧道，受害叶片蜷缩或变硬，易脱落，影响生长和发育。

（二）防治方法

1）人工摘除夏梢，中断早期发生的潜叶蛾幼虫的食料来源，减少以后虫的数量。

2）早发秋梢，采取控梢留齐的原则，一般待8月下旬，统一释放秋梢生长，每隔7天喷氧化乐果1 000~1 500倍液，直到秋梢停止生长。

五、柑橘爆皮虫

柑橘爆皮虫尤以老橘园发生较严重。幼虫蛀食枝干皮层，造成皮层蛀空，粗糙爆裂，枝枯树死。

（一）识别特征

成虫体长约0.8 cm，宽0.25 cm，古铜色，有金属光泽，鞘翅上有金黄色细毛所组成的横向纹。老龄幼虫体长约1.5 cm，浅黄白色，无足，前胸膨大，其背面有"人"字形褐线条；腹部各节近长方形，腹末有一对骨化的尾铗，其内缘有齿。

（二）防治方法

1）冬、春季砍锯枯枝或枯死橘树，及时烧毁，消灭其中大量越冬幼虫。

2）成虫出现、补充营养时期，喷射25%西维因可湿性粉剂400倍液。

3）幼虫刚蛀入后，在有流胶的蛀入孔，用刀往里剜割，深达木质，再涂刷50%氧化乐果乳油50倍液加少许煤油的混合液，毒杀刚蛀入的幼虫。

六、柑橘花蕾蛆

幼虫在柑橘花蕾内蛀食，受害的花蕾不能开放和授粉结果，对产量影响很大。此虫是柑橘花期的主要害虫。

（一）识别特征

老龄幼虫体长约0.25 cm，乳白色，无足，中胸腹面有一褐色"Y"状骨片。被害花矮胖，花瓣不张开，花瓣基部常带有青绿色，花内充满小蛆。

（二）防治方法

1）在成虫出现前7天左右（约在4月初）开始，全地面撒施敌百虫。

2）4月上中旬，当花蕾刚露白时，喷射氰戊菊酯（速灭杀丁）等菊酯类药剂，每隔5～7天再喷一次，消灭花内初龄幼虫。

3）5月以前，随时人工摘除蛆花，及时烧毁或水煮。

七、柑橘锈壁虱

柑橘锈壁虱俗称"黑皮果"，以成螨、若螨群集在果面刺吸危害。果面受害后变成褐色至黑褐色，严重影响其商品价值。

（一）识别特征

成螨体长0.1～0.2 mm，橙黄色，胡萝卜形，有4对足，位于头胸部。腹部有众多环纹，腹面环纹数量约为背面的2倍，腹足有长毛1对。若螨形似成螨，较小，2对足。腹部环纹不明显，体为浅黄色。

（二）防治方法

每叶平均有虫2只、每果有虫5只时喷药防治至9月底，喷药2～3次。药剂用克螨特等杀螨剂。

八、柑橘大实蝇

柑橘大实蝇为检疫性害虫，危害柑橘类果树的果实。幼虫在果实内穿食肉瓣，常使果实未熟先变黄，提前脱落，而且被害果极易腐烂，严重影响产量和品质。

（一）识别特征

成虫体长1～1.3 cm，全身为黄褐色。胸部背面中央有一处深茶褐色"人"字形斑纹，第2腹节前缘有一处宽黑横斑纹，与腹背中央的一处黑色条纹相交，呈"十"字形。翅的顶角部位有明显的雾状纹。老熟幼虫体长1.5～1.9 cm，乳白色，无足，头尖细，虫体粗壮。蛹体长约0.9 cm，椭圆形，金黄色；初孵化时为浅黄色，孵化前为黄褐色。

（二）防治方法

1）组织联防，受害橘园在落果期应及时拾毁落果，同时对树上有虫的青果也应注意摘除，将有虫果投入水中煮沸2～3 min或深埋1 m以下。

2）自6月开始，在成虫孵化出土期，每隔10～15天喷射敌百虫1 000倍液+5%红糖和少许烧酒，一次喷1/3的树，隔7天再喷一次，连喷3～4次。

3）用敌百虫500倍液+3%过滤蕉汤水和少许红糖混合液装瓶挂于橘园内，可大量诱杀成虫而减轻危害。

任务实施

一、材料及工具的准备

1. 材料

柑橘害虫的成虫标本、幼虫标本、被害物的标本、挂图、幻灯片等。

2. 用具

手持放大镜、体视显微镜、泡沫塑料板、镊子、解剖针、蜡盒。

二、任务实施步骤

1. 柑橘常见害虫形态和危害特征观察

观察当地柑橘各种常发生害虫的形态特征、危害部位和被害特点。

2. 柑橘主要害虫的预测

选择两种当地柑橘的主要害虫,利用性诱剂、诱蛾器或虫情测报灯进行调查,将调查资料整理后进行实际分析并预测两种主要柑橘害虫的发生趋势。

3. 柑橘主要害虫的防治

1) 调查了解当地柑橘主要害虫的发生与危害情况及其防治技术和成功经验。

2) 根据柑橘主要害虫的发生规律,结合当地生产实际,提出3种柑橘害虫防治的建议和方法。

3) 配制并使用3种常用杀虫剂防治当地柑橘主要害虫并调查防治效果。

任务考核

任务考核单

序 号	考核内容	考核标准	分 值	得 分
1	橘蚜识别与防治	正确识别橘蚜并能说出防治方法	20	
2	矢尖蚧识别与防治	正确识别矢尖蚧并能说出防治方法	20	
3	柑橘红蜘蛛识别与防治	正确识别柑橘红蜘蛛并能说出防治方法	10	
4	柑橘潜叶蛾识别与防治	正确识别柑橘潜叶蛾并能说出防治方法	10	
5	柑橘爆皮虫识别与防治	正确识别柑橘爆皮虫并能说出防治方法	10	
6	柑橘花蕾蛆识别与防治	正确识别柑橘花蕾蛆并能说出防治方法	10	
7	柑橘锈壁虱识别与防治	正确识别柑橘锈壁虱并能说出防治方法	10	
8	柑橘大实蝇识别与防治	正确识别柑橘大实蝇并能说出防治方法	10	

思考问题

1. 根据所学知识制订出柑橘蚜虫的无公害防治措施。
2. 根据所学知识制订出柑橘潜叶蛾的综合防治措施。
3. 根据所学知识制订出柑橘锈壁虱的综合防治措施。

知识链接

柑橘害虫优化综合防治技术

为了搞好柑橘害虫防治工作,减少农药的使用量,降低农药和重金属残留量,结合柑橘生产实践,得出柑橘害虫优化综合防治技术如下:

(1) 11月至翌年3月底柑橘发芽前,认真做好清园工作,结合施肥及翻耕掩埋病果、落叶。剪除病虫枝并带出橘园烧毁,如介壳虫密集的枝梢,以及疮痂病、砂皮病严重的枝叶等。临近发芽时,红蜘蛛、锈壁虱等活动增多,而瓢虫、草蛉等尚未大量出现,可用 1~2 °Bé 石硫合剂或 45% 松脂合剂清园，人工刷除新传入的介壳虫类，降低害虫、病菌越冬基数。

（2）4月上中旬新梢 0.3 cm 时用 0.5∶1∶100 波尔多液防"三病"，5 月下旬花谢 2/3 时进行第二次病害防治，药剂可用 50% 多菌灵可湿性粉剂或 5% 菌毒清 400 倍液喷雾。对于红蜘蛛虫口达 3 头/叶的橘园，可在波尔多液中加入氰戊菊酯（杀灭菊酯）2 000~2 500 倍液兼治。5月间及8月和9月蚜虫局部发生时，可以先挑蚜虫多的枝梢进行点喷，当新梢有蚜率在 20% 以上时可用 10% 蚜虱净（吡虫啉）可湿性粉剂 5 000 倍或氰戊菊酯（杀灭菊酯）2 500 倍液喷雾。喷药前先击打枝干振落瓢虫、草蛉等天敌的成虫及幼虫。4月中下旬至5月初还应注意花蕾蛆的防治。花蕾绿豆大小、成虫出土前可用 90% 敌百虫晶体 800 倍液喷施地面；花蕾露白时可用 90% 敌百虫或 80% 敌敌畏 1 000 倍液进行树冠喷雾。

（3）5月中下旬若出现卷叶蛾危害，可用 90% 敌百虫晶体 800 倍液防治，5月中下旬和6月上、中旬是红蜡蚧、长白蚧、糠片蚧等各类介壳虫及黑刺粉虱等孵化的季节，应针对虫情在孵化盛期和末期防治 2~3 次。药剂可用 40% 速扑杀或 40% 喹硫磷 1 000 倍液。对于黑蚱蝉，应剪除产卵枝并带出园烧毁。6月下旬若出现刺蛾、蓑蛾危害，可用 90% 敌百虫晶体 800 倍液，注意同时治林带。对于天牛，应人工捕杀成虫直至 8 月。对于锈壁虱，若每果上虫数达 3~5 头时，用 20% 三唑锡可湿性粉剂 1 500~2 000 倍液或 1% 虫螨光 2 000~2 500 倍液。

（4）7月和8月继续注意锈壁虱、黑蚱蝉、天牛等的防治，同时 8 月应注意在控制夏梢、肥水促秋梢整齐抽发的基础上，于秋梢抽发 1~2 cm 时首次用药防治潜叶蛾，以后间隔 7 天喷药 2~3 次，药剂可用氰戊菊酯（杀灭菊酯）2 500 倍或 1% 虫螨光 2 000~2 500 倍液或艾美乐 1 500 倍液防治。在 7 月底至 8 月初，应注意炭疽病、疮痂病、树脂病的防治，药剂同前。

（5）9月上中旬应注意防治锈壁虱，兼治红蜘蛛，药剂可用 20% 三唑锡 1 500~2 000 倍液。同时做好凤蝶、尺蠖、蚜虫等防治。9月下旬至 11 月上旬，应根据红蜘蛛发生情况，选择虫口密度大的地块防治，药剂可用 1% 虫螨光 2 000~2 500 倍液或 15% 哒螨灵乳油 2 000 倍液等。

任务 5　桃、李、杏树害虫防治技术

任务描述

桃、李、杏树栽培面积很大，用途很广，经济价值很高，已成为果农们脱贫致富的重要经济来源之一。可是病虫害时时威胁和破坏着桃、李、杏树的正常生长，并危及果实的产量和质量，严重影响果农们的经济收入。

桃、李、杏树在生长期间，常受到各种害虫的危害，常见的害虫有 20 种左右，主要有桃蚜、桃蛀螟、桃潜叶蛾、小绿叶蝉、山楂红蜘蛛、桑白蚧、桃球坚蚧、茶翅蝽、红颈天牛等。它们可造成树体衰弱，甚至死亡，影响桃、李、杏树果实的产量和质量。因此，及时防治害虫，是桃、李、杏树获得优质丰产的关键之一。桃、李、杏树害虫的防治应坚持人工防治与药剂防治相结合，药剂防治与利用天敌相结合和防重于治的原则，在防治上力求做到治早、治小、治了、防患于未然。

任务咨询

一、桃蚜

（一）发生规律

一般一年发生二十多代，以卵在桃树上越冬，也可以无翅胎生雌蚜在风障下的越冬菠菜上或随十字花科蔬菜在菜窖内越冬。以卵在桃树上越冬的，翌年早春桃芽萌发至开花期，卵开始孵化，群集在嫩芽上吸食汁液。3月下旬至4月间，以孤雌胎生方式繁殖危害。

（二）防治方法

1）冬季清除枯枝落叶，刮除粗老树皮，剪除被害枝梢，集中烧毁。

2）保护好蚜虫天敌，如草蛉、瓢虫等，尽量少喷或不喷广谱性杀虫药剂。

3）化学防治，早春桃芽萌动、越冬卵孵化盛期是防治桃蚜的关键时期，此时用吡虫啉3 000倍液或3%啶虫脒2 500～3 000倍液喷一次"干枝"，可基本控制危害。

二、红蜘蛛

（一）发生规律

一年发生5～9代，以雌成虫在树粗皮缝隙和树干附近的土内、枯叶、杂草中越冬。4月上旬桃花盛开末期出蛰，危害新生的幼嫩组织。在盛花期过后产卵，落花后卵孵化完毕。

（二）防治方法

每年防治抓住3个关键时期，即发芽前、落花后和麦收前后，以发芽前和落花后为主。

1）发芽前，冬季清扫落叶，刮除老皮，翻耕树盘，消灭部分越冬雌虫。发芽前喷一次石硫合剂，在越冬雌虫开始出蛰而花芽幼叶又未开裂前效果最好。

2）落花后或麦收前，在螨害不严重的情况下，喷迟效性杀螨剂，如5%尼索朗乳油3 000倍液或螨死净水悬浮剂2 000～3 000倍液。

3）螨害严重时，可喷速螨酮（哒螨灵）1 500倍液，或20%甲氰菊酯（灭扫利）2 000～3 000倍液，或20%速螨酮2 000～3 000倍液，或阿维菌素（齐螨素）8 000倍液，1.8%阿维菌素3 000～4 000倍液。

三、桃潜叶蛾

此虫在管理粗放的果园已危害成灾，造成早落叶，影响树势和产量。

（一）发生规律

一年发生七代，以蛹在被害叶片上结白色丝茧越冬，翌年4月羽化为成虫，多在叶背产卵。5～9月是危害期，幼虫潜入叶内食取叶肉，在上、下表皮之间吃成弯曲隧道，造成落叶。

（二）防治方法

1）清除果园落叶杂草，集中深埋或烧毁。

2）蛹期和成虫羽化期是药防关键期，25%灭幼脲三号悬乳剂1 500倍液有特效。20%氰戊菊酯（杀灭菊酯）2 000倍液或20%甲氰菊酯（灭扫利）3 000倍液也均有效。

四、小绿叶蝉

(一) 发生规律

小绿叶蝉又名一点叶蝉、桃浮尘子,一年发生4~6代,以成虫在落叶、杂草或桃园附近的常绿树中越冬,翌年3~4月桃萌芽时,迁飞到桃树嫩叶上刺吸危害。被害叶上最初出现黄白色小点,严重时斑点相连,使整片叶变为苍白色,提早落叶。

(二) 防治方法

1) 冬季清除落叶、杂草,及时刮除翘皮。

2) 化学防治,在以下3个关键时期喷药防治:谢花后新梢展叶期,5月下旬第一代若虫孵化盛期,7月下旬至8月上旬第二代若虫孵化期。可用以下药剂:5%高效氯氰菊酯2 000倍液或甲氰菊酯(灭扫利)3 000倍液。

五、桃蛀螟

(一) 发生规律

桃蛀螟以幼虫蛀食危害桃果,我国黄河流域每年发生3~4代。越冬幼虫在4月开始化蛹,5月上中旬羽化,5月下旬为第一代成虫盛发期,7月上旬、8月上中旬、9月上中旬,依次为第二代、第三代、第四代成虫盛发期。第一、二代主要危害桃果,以后各代转移到石榴、向日葵等作物上危害,最后一代幼虫于9~10月,在果树翘皮下、堆果场及农作物的残株中越冬。成虫对黑光灯有强烈趋性,对花蜜及糖醋液也有趋性。

(二) 防治方法

1) 清除越冬场所,冬季清除玉米、高粱、向日葵的残株,刮除老树皮,消灭越冬茧。生长季节,摘除虫果,拾净落果,消灭果肉幼虫。

2) 利用黑光灯、糖醋液诱杀成虫。

3) 喷洒农药。在第一、二代卵高峰期,树上喷布5%高效氯氰菊酯2 000倍液或20%氰戊菊酯(速灭杀丁)2 000~3 000倍液。90%敌百虫1 000倍液,每个产卵高峰期喷两次,间隔期7~10天。25%灭幼脲悬浮剂1 500倍液。

六、球坚介壳虫

(一) 发生规律

此虫是桃、杏树上普遍发生的一种害虫。雌虫介壳呈球形,红褐色或黑褐色。在枝条上吸取寄主汁液。密度大时,可见枝条上介壳累累,使树体衰弱,产量受到严重影响。

(二) 防治方法

1) 在成虫产卵前,用抹布或戴上劳动布手套,将枝条上的雌虫介壳抹掉。

2) 药剂防治,果树发芽前,防治越冬若虫,常用药剂有:5 °Bé石硫合剂,或合成洗衣粉200倍液,或5%柴油乳剂。果树生长期和若虫孵化期是防治的关键时期,5月下旬至6月中旬,用80%敌敌畏1 000倍液,或48%毒死蜱(乐斯本)2 000倍液,或25%扑虱灵可湿性粉剂1 000倍液,或速蚧杀1 000~1 500倍液。

七、李实蜂

（一）发生规律

一年发生一代，以老熟幼虫在树下表土层中结茧越夏和越冬，翌年李树开花时，羽化为成虫，在午间高温时飞翔活动交尾，早晚和阴雨天伏在花中或花萼下。卵产于花萼组织内，一般一朵花上产卵1粒，很少产2粒。幼虫孵化后，多从果面蛀入，入果后直达果核，一只幼虫只危害一个果，核仁被吃尽时，幼虫也将老熟，脱果越夏和越冬。幼果核仁被食，停止发育并落果。

（二）防治方法

1）冬初翻树盘，将土中幼虫翻出地表冻死。

2）药剂防治，幼虫发生期，地面喷 25% 辛硫磷微胶囊剂或 48% 毒死蜱（乐斯本）200～300 倍液，喷药后轻耙土壤，使药土混匀。

树上喷药，防治关键期是李子花落 80%～90% 时，可用 5% 高效氯氰菊酯 2 000 倍液，或甲氰菊酯（灭扫利）2 000～3 000 倍液，或 2.5% 溴氰菊酯 3 000 倍液。

任务实施

一、材料及工具的准备

1. 材料

桃、李、杏树害虫的成虫标本、幼虫标本、被害物的标本、挂图、幻灯片等。

2. 用具

手持放大镜、体视显微镜、泡沫塑料板、镊子、解剖针、蜡盘。

二、任务实施步骤

1. 桃、李、杏树常见害虫形态和危害特征观察

观察当地桃、李、杏树常发生害虫的形态特征、危害部位和被害特点。

2. 桃、李、杏树主要害虫的预测

选择两种当地桃、李、杏树的主要害虫，利用性诱剂、诱蛾器或虫情测报灯进行调查，将调查资料整理后进行实际分析并预测两种主要桃、李、杏树害虫的发生趋势。

3. 桃、李、杏树主要害虫的防治

1）调查了解当地桃、李、杏树主要害虫的发生与危害情况及其防治技术和成功经验。

2）根据桃、李、杏树主要害虫的发生规律，结合当地生产实际，提出3种桃、李、杏树害虫防治的建议和方法。

3）配制并使用3种常用杀虫剂防治当地桃、李、杏树主要害虫并调查防治效果。

任务考核

任务考核单

序 号	考核内容	考核标准	分 值	得 分
1	桃蚜识别与防治	正确识别桃蚜并能说出防治方法	20	
2	红蜘蛛识别与防治	正确识别红蜘蛛并能说出防治方法	20	

（续）

序号	考核内容	考核标准	分值	得分
3	桃潜叶蛾识别与防治	正确识别桃潜叶蛾并能说出防治方法	20	
4	小绿叶蝉识别与防治	正确识别小绿叶蝉并能说出防治方法	10	
5	桃蛀螟识别与防治	正确识别桃蛀螟并能说出防治方法	10	
6	球坚介壳虫识别与防治	正确识别球坚介壳虫并能说出防治方法	10	
7	李实蜂识别与防治	正确识别李实蜂并能说出防治方法	10	

思考问题

1. 根据所学知识制订出桃、李、杏树食叶害虫防治措施。
2. 根据所学知识制订出桃、李、杏树吸汁害虫防治措施。
3. 根据所学知识制订出桃、李、杏树螨类的防治措施。

知识链接

提高果树坐果率的措施

一、花期喷水

在果树花期，早、晚分别往树上均匀喷洒清水，营造一个潮湿的"小气候"，人工调节空气湿度，能提高坐果率在10%以上。每棵盛果期果树喷水4～5 kg水，如配合喷920或者其他微量元素效果更好。

二、花期喷硼

硼对促进花粉发育有良好的作用。一般在盛花期喷一次0.3%～0.5%的硼砂或者1%的硼酸钠即能达到有效提高坐果率的目的。一般来说，喷硼后坐果率将会提高20%以上。

三、人工授粉

人工授粉的花粉应在授粉前2～3天准备完毕，采好的花粉放在室内干燥。待花开裂散出花粉，随即采集并用纸包好或低温冷藏待用。授粉时，用铅笔的橡皮头或毛笔抹单花，也可把收集到的花粉装入纱布袋中悬挂在树上靠风力为之授粉。

四、疏花定果

为合理进行果实布局，减少结果大小年的差距，提高经济效益，可对花、果量稠密处进行认为的数量调整，以便使结果部位分布均匀，果枝负载量适当。若花多果密，可以适当多疏，反之则小疏或者不疏。

五、根外追肥

根外追肥一般在果树花后10天左右进行。每隔半个月喷1～2次0.5%的尿素和0.2%～0.3%磷酸二氢钾混合液，喷施时间宜在无风的傍晚或者阴天进行。

学习小结

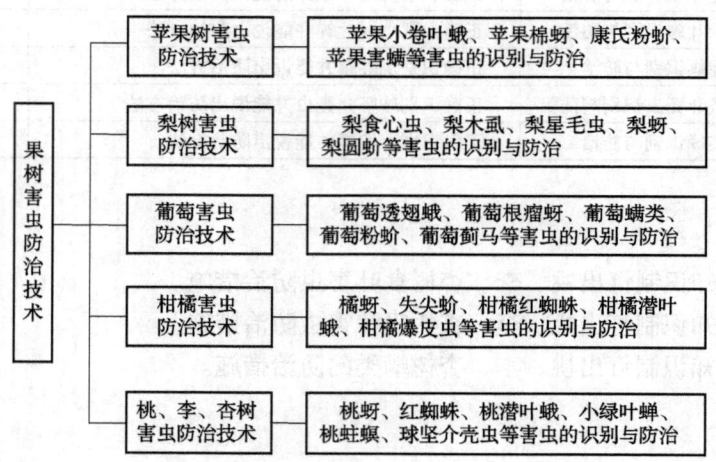

达标检测

一、简答题

1. 为什么防治梨大食心虫要抓住越冬幼虫的发生期？
2. 如何防治柑橘花蕾蛆？

二、论述题

1. 为什么蚧类害虫较难防治？什么时期是防治蚧类害虫的最佳时期？
2. 当前害虫防治中存在什么问题？针对这些问题可采取什么对策？
3. 防治梨木虱的关键时期是何时？为什么？如何防治？
4. 为什么螨类的危害越来越重？
5. 柑橘花蕾蛆是怎样发生的？怎样防治？
6. 试述人类活动对害虫发生的影响。
7. 试述害虫综合治理的特点及了解生态系统对害虫综合治理的意义。

模块 5
观赏植物病虫害防治技术

项目 9　观赏植物病害防治技术

项目 10　观赏植物害虫防治技术

观赏植物病害防治技术

【项目说明】

随着社会经济的发展,城市观赏绿化工作取得前所未有的成绩,观赏植物的生态效益、经济效益、观赏效益日益凸显。与此同时,城市观赏植物病害的发生也呈现出了复杂化、危险化的趋势,对城市绿地和风景区危害较大。病害常常导致观赏植物生长衰弱和死亡,影响植物的生长、发育、繁殖及其观赏价值,甚至使城市绿化树种、风景林等林木大片衰败或死亡,从而造成重大的经济损失。

观赏植物病害种类很多,根据其危害部位,主要可以分为叶部病害、枝干部病害、根部病害、草坪病害4大类。所以本项目按照发病部位的不同,介绍主要病害的症状识别、病原、发病规律及防治措施。本项目分为4个任务来完成:叶、花、果病害防治技术;枝干病害防治技术;根部病害防治技术;草坪主要病害防治技术。

【学习内容】

掌握观赏植物常发生的叶、花、果、枝干、根部及草坪病害的类型、症状、发生规律、发病条件及防治方法。

【教学目标】

通过对观赏植物病害的症状观察,正确诊断病害。了解病害发生的环境条件和发生规律。掌握观赏植物病害的防治措施。

【技能目标】

根据观赏植物病害的典型症状,准确诊断观赏植物常发生病害,并能制订出合理有效的防治方案。

任务1 叶、花、果病害防治技术

任务描述

在自然情况下,每种观赏植物都会遭受各种各样病害的危害,尤其以观赏植物叶、花、果病害种类为多。据报道,有60%~70%的观赏植物病害属于叶、花、果病害。一般情况下、叶、花、果病害很少能引起观赏植物的死亡，但叶片的斑驳、枯死、变形及花的提前脱落等，却直接影响观赏植物的观赏价值，尤其是对观叶植物的影响更甚。叶部病害还常常导致观赏植物提早落叶，减少光合作用产物的积累，削弱花木的生长势，并诱发其他病虫害的发生。

引起观赏植物的叶、花、果病害的病原既有侵染性病原（寄生性种子植物除外），也有非侵染性病原，但大多数是由侵染性病原引起的。侵染性病原包括真菌、细菌、病毒、植原体、寄生性线虫等，它们都能引起植物叶部病害，其中以真菌为主。有些叶部病害（如病毒病等）往往发病比较重，危害比较大。

观赏叶、花、果病害的防治原则是集中清除侵染来源和喷药保护，这也是防治观赏植物叶、花、果病害的主要措施，而改善观赏植物生长环境是控制病害发生的根本措施。

任务咨询

一、白粉病的识别

（一）症状识别

1. 月季白粉病

该病除在月季上普遍发生外，还可以发生于蔷薇、玫瑰、白玉兰等。白粉病危害月季的叶片、嫩梢、花蕾及花梗等部位。初期叶片上出现褪绿色斑，逐渐扩大，后着生一层白色粉末状物，严重时可全部披上白粉层。

2. 瓜叶菊白粉病（见图9-1）

瓜叶菊白粉病主要危害叶片，其次侵染叶柄、花器和茎秆等部位。叶片发病初期，叶片正面脉间出现小的白粉斑，背面发黄。

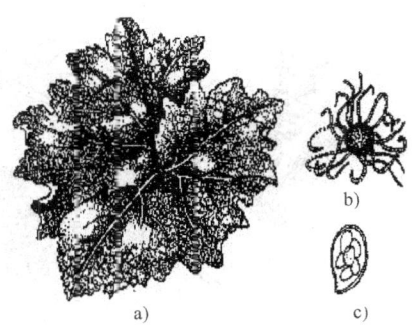

图9-1　瓜叶菊白粉病
a）症状　b）闭囊壳　c）子囊孢子

（二）发病规律

1. 月季白粉病

病原菌主要以菌丝在寄生植物的病枝、病芽及落叶上越冬。病菌生长的适宜温度为18～25℃。分生孢子借风力传播、侵染，在适宜条件下只需几天时间的潜育期。

2. 瓜叶菊白粉病

病原菌以闭囊壳在病植株残体上越冬，成为初侵染源。条件适合时随风传播，自表皮直接侵入并开始危害。瓜叶菊长出2～3片真叶时即显出病症。

（三）白粉病的防治方法

1. 种植抗病品种

选用抗病品种是防治白粉病的重要措施之一。尽可能地选择抗病品种，繁殖时不使用感病株上的枝条或种子。

2. 清除侵染来源

秋、冬季结合清园扫除枯枝落叶，生长季节结合修剪整枝及时除去病芽、病叶和病梢，以减少侵染来源。

3. 加强栽培管理，提高观赏植物的抗病性

适当增施磷、钾肥，合理使用氮肥。种植不要过密，适当疏伐，以利于通风透光。及时清除感病植株，摘除病叶，剪去病枝，是减少棚室花卉白粉病发生的一条有效措施。

4. 喷药防治

可用50%甲基托布津与50%福美双（1:1）混合药剂600～700倍液喷洒盆土或苗床、土壤，可达杀菌效果。

二、锈病的识别

（一）症状识别

1. 海棠锈病（见图9-2）

海棠锈病是各种海棠的常见病害，危害贴梗海棠、垂丝海棠、西府海棠等观赏植物，在我国各个省市均有发生。发病严重时，海棠叶片上病斑密布，致使叶片枯黄早落。该病同时还会危害桧柏、侧柏、龙柏、铺地柏等观赏树木，引起针叶及小枝枯死，影响观赏效果。

2. 菊花白锈病（见图9-3）

此病病原菌主要危害菊花叶片，发病初期受害植株叶片在叶背上出现白色的细小斑点，逐渐扩大并在其上形成浅黄疙瘩状凸起，即冬孢子堆。

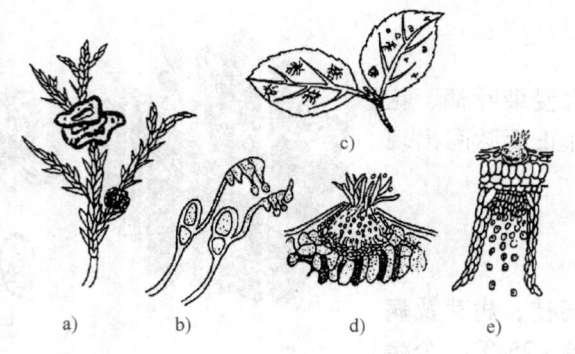

图9-2 海棠锈病
a）菌瘿 b）冬孢子萌发 c）海棠叶症状
d）性孢子器、锈孢子器（一） e）性孢子器、锈孢子器（二）

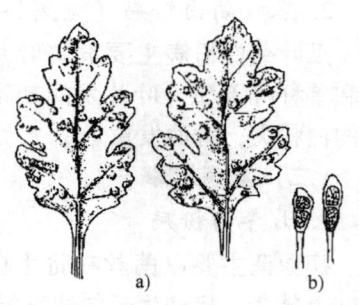

图9-3 菊花白锈病
a）症状 b）冬孢子

（二）发生规律

1. 海棠锈病

病原菌以菌丝体在针叶树寄主体内越冬，可存活多年。该病的发生、流行与气候条件密切相关。春季多雨而气温低或早春干旱少雨则发病轻；春季多雨，气温偏高则发病重。

2. 菊花白锈病

病原菌以冬孢子在带病植株病枯叶上越冬，翌年春散发产生厚膜孢子，随气流传播，浸染叶片。露地栽培的植物在阴天、多雨水天气发病严重，大棚内湿度过大易感病，防治不及时蔓延危害迅速。

(三) 锈病的防治方法

1. 加强管理

在观赏设计及定植时，避免海棠、苹果等与桧柏混栽，并加强栽培管理，提高抗病性。结合园圃清理及修剪，及时将病枝芽、病叶等集中烧毁，以减少病原。

2. 清除侵染来源

结合庭园清理和修剪，及时除去病枝、病叶、病芽并集中烧毁。

3. 化学防治

在休眠期喷洒 3 °Bé 的石硫合剂可以杀死在芽内及病部越冬的菌丝体；生长季节喷洒 25%三唑酮（粉锈宁）可湿性粉剂 1 500～2 000 倍液，或 12.5%烯唑醇可湿性粉剂 3 000～6 000 倍液，或 65%的代森锌可湿性粉剂 500 倍液，可起到较好的防治效果。

三、炭疽病的识别

(一) 症状识别

1. 仙人掌炭疽病（见图 9-4）

仙人掌炭疽病是仙人掌类的常见病，发生较为普遍，主要分布在我国江苏、福建、安徽等地区，常造成茎节或球茎腐烂干枯。

2. 牡丹（芍药）炭疽病（见图 9-5）

牡丹（芍药）炭疽病在我国上海、南京、无锡、郑州、北京和西安等地均有发生。西安芍药受害最重。病害严重时常使病茎扭曲畸形，幼茎受侵染后则迅速枯萎死亡。炭疽病可危害牡丹（芍药）的茎、叶、叶柄、芽鳞和花瓣等部位。

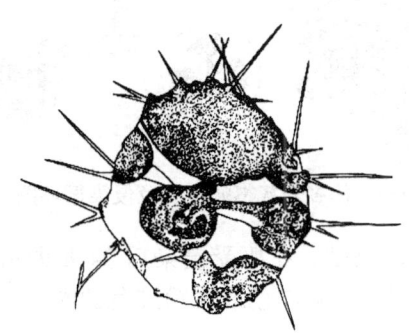

图 9-4 仙人掌炭疽病

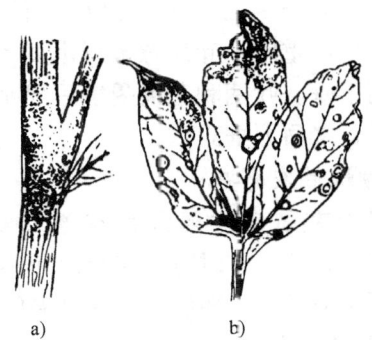

图 9-5 牡丹（芍药）炭疽病
a) 症状 b) 叶部症状

(二) 发病规律

1. 仙人掌炭疽病

病原菌以菌丝或分生孢子盘在病组织或病残体上越冬，翌年产生孢子成为初侵染源。分生孢子借风雨传播，主要通过伤口侵入危害。

2. 牡丹（芍药）炭疽病

病原菌以菌丝体在病叶、病茎上越冬，翌年越冬菌丝产生分生孢子盘和分生孢子。分生孢子借风雨传播，再次侵染寄主。

（三）炭疽病的防治方法

1. 清除病原

秋季和早春彻底清除病茎和病叶残体，集中销毁。对苗木、插条进行消毒处理，减少侵染来源。

2. 药剂防治

药剂防治是控制病害的有效手段。发病初期（5~6月）可喷洒70%炭疽福美500倍液，或65%代森锌500倍液，或50%苯菌灵可湿性粉剂1 500倍液，每隔10~15天喷一次，连喷2次。

3. 加强管理

注意更换新土，不重茬。改善生态环境，避免环境过湿，浇水时应从底部渗灌，防止由于浇泼、水流飞溅而传播病害。温室中注意通风换气，避免在有雨露的条件下进行田间作业。提高植株的生长势，增强抗病能力，是控制炭疽病的根本措施。

四、灰霉病的识别

（一）症状识别

1. 仙客来灰霉病（见图9-6）

该病主要危害盆栽仙客来，并多发生在温室中，一般在1~5月发生严重，常常侵染叶片、叶柄、花瓣和块茎。叶片受害后出现暗绿色水渍状斑点，病斑逐渐扩大，使叶片成褐色，之后干枯、脱落。发生严重时，叶片像被开水烫了似的萎蔫下垂。叶柄和花梗受害后成水渍状腐烂，之后下垂。

2. 蝴蝶兰灰霉病

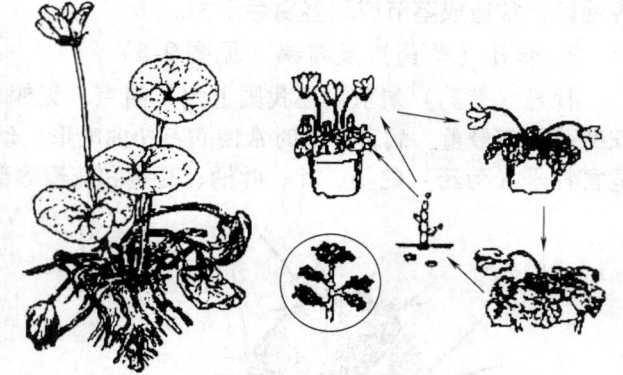

图9-6 仙客来灰霉病症状及侵染循环图

蝴蝶兰灰霉病主要危害花器、萼片、花瓣、花梗，有时也危害叶片和茎。发病初期，花瓣、花萼受侵染后24 h即可产生小型半透明水渍状斑，随后病斑变成褐色，有时病斑四周还有白色或浅粉红色的圈。

（二）发病规律

1. 仙客来灰霉病

低温高湿是诱导发病的关键因素。我国北方温室在12月至翌年2月，一般气温偏低、光照不足，夜间相对湿度在70%左右，白天在85%以上，这是诱发灰霉病的主要原因。

2. 蝴蝶兰灰霉病

温暖潮湿是蝴蝶兰灰霉病流行的主要条件，即相对湿度在90%左右，温度在18~25 ℃条件下该病最容易发生。

（三）灰霉病的防治方法

1. 加强栽培管理

病原菌主要在土中越冬，因此，无论是园栽还是盆栽，要求土壤必须是无病新土，并对盆土、花盆、种球进行消毒。

2. 药剂防治

用种球、种苗种植的，种植前应先剔除病株，用 0.3%～0.5% 的硫酸铜溶液浸泡 30 min，水洗晾干后再种植。目前，还没有针对此病的特效药，应以预防为主，抓准时机进行药剂防治。

五、霜霉病的识别

（一）症状识别

1. 月季霜霉病

月季被侵染后，叶片上出现黄灰色或暗紫色水渍状不定形小病斑，呈点状分布，后扩展为灰褐色或紫褐色多角形斑，病斑部略有凹陷，其症状很像药害。潮湿时，病斑背面产生白色或灰色霉层。

2. 紫罗兰霜霉病

紫罗兰霜霉病主要危害叶片，叶片正面产生浅绿色斑块，后斑变为黄褐色至褐色的多角形病斑，叶片背面长出稀疏的灰白色霜霉层。

（二）发病规律

1. 月季霜霉病

该病以卵孢子随病叶残体在土壤或枝条裂痕中潜伏。地势低洼、通风不良、肥水失调、光照不足、植株衰弱都有利于病害的发生。

2. 紫罗兰霜霉病

植株下层叶片发病较多。栽植过密、通风透光不良或阴雨、潮湿天气发病重。

（三）霜霉病的防治方法

1. 农业防治

及时清除病残组织并烧毁。从无病株采种，精选种子。选用抗病品种。换土、轮作或进行土壤消毒。控制好温、湿度，做好通风透光及排湿工作。

2. 药剂防治

在发病早期及时喷药防治，可供选择的药剂有 1∶2∶200 波尔多液、或 25% 甲霜灵（瑞毒霉）可湿性粉剂 600～800 倍液、或 40% 乙膦铝可湿性粉剂 200～300 倍液、或 40% 百菌清（达科宁）悬浮剂 500～1 200 倍液。

六、病毒病的识别

（一）症状识别

1. 郁金香碎色病

该病主要危害花、叶，引起颜色改变。但不同品种对该病的侵染反应不同。在浅色或白色品种上，其花瓣碎色症状并不明显；在红色和紫色品种上，花变色较大，产生碎色花，花瓣上产生大小不等的斑驳状斑或条状斑；在黑色品种上，花变为浅黑色。叶片被害后，出现浅绿色或灰白色条斑，有时造成花叶。

2. 美人蕉花叶病

该病侵染美人蕉的叶片及花器。发病初期，叶片上出现褪绿色小斑点，或呈花叶状，或有黄绿色和深绿色相间的条纹。条纹逐渐变为褐色并坏死，叶片沿着坏死部位撕裂，破碎不堪。

（二）发病规律

1. 郁金香碎色病

病毒在病鳞茎内越冬，成为翌年初侵染来源。郁金香碎色病毒由蚜虫、汁液传播。

2. 美人蕉花叶病

病毒在发病的块茎内越冬。该病毒可以由汁液传播，也可以由蚜虫等作非持久性传播，还可由病块茎作远距离传播。

（三）病毒病的防治方法

1）加强检疫，防止病苗及其他繁殖材料进入无病区。选用健康无病的插条、种球等作为繁殖材料。建立无病毒母本园，避免人为传播。将带毒的鳞茎在45℃温水中浸泡1.5～3.0 h。

2）采取茎尖组培脱毒法得到无毒种苗，从而减轻病毒病的发生。

3）在田间日常管理中，如摘心、掰芽、整枝等过程中，要用3%～5%的磷酸三钠或热肥皂水对手和工具进行消毒。

4）定期喷施杀虫剂，防止昆虫传播病毒。

5）发现病株及时拔除并彻底销毁。

6）药剂防治。近几年来，随着科技的发展，人们研制出了几种对病毒病有效的药剂，如病毒A、病毒特、病毒灵、83-增抗剂、抗毒剂1号等，可根据实际情况选择使用。

七、叶斑病的识别

叶斑病是叶片组织受病菌的局部侵染，而形成各种类型斑点的一类病害的总称。叶斑病又可分为黑斑病、褐斑病、圆斑病、角斑病、斑枯病、轮斑病等种类。

（一）分布与为害

1. 芍药褐斑病

芍药褐斑病又称为芍药红斑病，是芍药上的一种主要病害。我国的四川、河北、河南、浙江、江苏、陕西、吉林等地均有发生。

2. 月季黑斑病

月季黑斑病是月季上的一种主要病害，我国各月季栽培地区均有发生。月季感病后，叶片枯黄、早落，导致月季第二次发叶，严重影响月季的生长，降低切花产量，影响观赏效果。该病也能危害玫瑰、黄刺梅、金樱子等蔷薇属的多种植物。

（二）症状识别

1. 芍药褐斑病（见图9-7）

病原菌主要危害叶片，也能侵染枝条、花、果

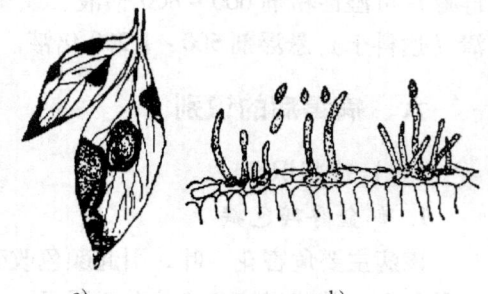

图9-7 芍药褐斑病
a) 症状　b) 分生孢子及分生孢子梗

实。发病初期，叶背出现针尖大小的凹陷的斑点，逐渐扩大成近圆形或不规则形的病斑，叶缘的病斑多为半圆形。叶片正面的病斑为暗红色或黄褐色，有浅褐色不明显的轮纹。

2. 月季黑斑病（见图9-8）

病原菌主要危害叶片，也能侵害叶柄、嫩梢等部位。发病初期，叶片正面出现褐色小斑点，后逐渐扩大成圆形、近圆形或不规则形的黑紫色病斑，病斑边缘呈放射状，这是该病的特征性症状。

（三）发病规律

1. 芍药褐斑病

病原菌主要以菌丝体在病部或病株残体上越冬。该病的发生与春天降雨情况、立地条件、种植密度关系密切。春雨早、雨量适中，发病早、危害重；土壤贫瘠、含沙量大，植物生长势弱，发病重；种植过密、株丛过大，致使通风不良，加重病害的发生。

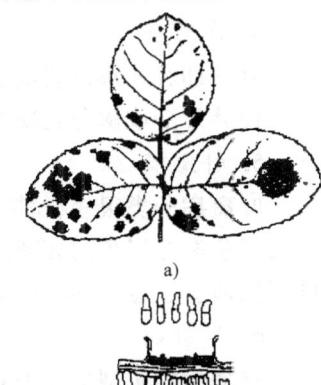

图9-8 月季黑斑病
a）被害叶片
b）分生孢子盘及分生孢子

2. 月季黑斑病

此病以菌丝体或分生孢子盘在芽鳞、叶痕及枯枝落叶上越冬。早春展叶期，产生分生孢子，通过雨水、喷灌水或昆虫传播。雨水是该病害流行的主要条件。

任务实施

一、材料及工具的准备

1. 材料

叶部病害的盒装标本、浸渍标本、病原菌的玻片标本、新鲜的叶部病害标本、叶部病害挂图、幻灯片等。

2. 用具

显微镜、镊子、无菌水、纱布、放大镜、挑针、刀片、载玻片、盖玻片等。

二、任务实施步骤

（一）观看所有叶部病害的挂图和幻灯片。

（二）观察并记录下列叶部病害症状特点及病原形态。

1. 白粉病

观察瓜叶菊白粉病、月季白粉病、紫薇白粉病、大叶黄杨白粉病的症状。用挑针挑取病叶上的白色粉状物和子实体制片置显微镜下观察。

2. 锈病

观察玫瑰锈病、草坪草锈病、杨叶锈病、海棠锈病、菊花白锈病、萱草锈病症状。这类病害的共同特征是被害部位产生锈色粉状物。

3. 霜霉病

观察葡萄霜霉病、羽衣甘蓝霜霉病、紫罗兰霜霉病、月季霜霉病等病害的症状特点。这类病害的共同特征是在叶片正面形成多角形或不规则的褐色坏死斑，在叶片背面产生白色疏松的霜霉层。

4. 灰霉病

观察仙客来灰霉病或蝴蝶兰灰霉病症状，受害叶片初期出现水渍状斑点，逐渐扩大到全叶，使叶片变成褐色且腐烂，最后全叶为褐色且干枯。

5. 叶斑病

叶斑病种类很多，其病斑大小、颜色、形状各异，其共同特点是叶面上产生圆形、不规则形褐色至黑褐色的坏死斑，后期病部中央的颜色变浅，并产生大量小黑点或霉层，即病菌的子实体。注意观察不同病害的症状差异。

6. 炭疽病

炭疽病的典型特征为病斑呈圆形或半圆形，在叶缘、叶尖发生较普遍，边缘明显，红褐色至黑褐色稍隆起，病斑中央为灰褐色至灰白色，后期散生或轮生黑色小点，即分生孢子器。潮湿条件下，病部往往产生浅红色分生孢子堆。

任务考核

任务考核单

序号	考核内容	考核标准	分值	得分
1	白粉病症状观察	能根据症状识别和防治白粉病	20	
2	锈病症状观察	能根据症状识别和防治锈病	20	
3	霜霉病症状观察	能根据症状识别和防治霜霉病	20	
4	灰霉病症状观察	能根据症状识别和防治灰霉病	10	
5	叶斑病症状观察	能根据症状识别和防治叶斑病	10	
6	病毒病症状观察	能根据症状识别和防治病毒病	10	
7	炭疽病症状观察	能根据症状识别和防治炭疽病	10	

思考问题

1. 观赏植物常见叶、花、果病害有哪些？对植物造成什么样的损害？
2. 什么环境条件影响叶、花、果病害的发生？
3. 叶、花、果病害的发生规律有哪些？
4. 叶、花、果病害的综合防治方法有哪些？
5. 叶、花、果病害的症状特点有哪些？

知识链接

家庭花卉种养及病害防治

1. 真菌病害防治

白粉病、炭疽病、黑斑病、褐斑病、叶斑病、灰霉病等病害：一是深秋或早春清除枯枝落叶并及时剪除病枝、病叶并烧毁；二是发病前喷洒65%代森锌600倍液保护；三是合理施肥与浇水，注意通风透光；四是发病初期喷洒50%多菌灵或50%托布津500~600倍液，或75%百菌清600~800倍液。

2. 病毒病害防治

防治病毒病更需以预防为主，综合防治。适期喷洒40%乐果乳剂1 000~1 500倍液消灭蚜虫、粉虱等传毒昆虫；发现病株及时拔除并烧毁；接触过病株的手和工具要用肥皂水洗净，预防人为的接触传播。

3. 细菌病害防治

软腐病：一是盆栽最好每年换1次新的培养土；二是发病后及时用敌克松600~800倍液浇灌病株根际土壤。根癌病：一是栽种时选用无病菌苗木或用五氯硝基苯处理土壤；二是发病后立即切除病瘤，并用0.1%汞水消毒。

任务2　枝干病害防治技术

任务描述

不论是草本花卉的茎，还是木本花卉的枝条或主干，在生长过程中都会遭受各种病害的危害。虽然观赏植物枝干病害种类不如叶、花、果病害多，但其危害性很大，轻者引起枝枯，重者导致整株枯死，严重影响观赏效果和城市景观。例如，近年来在许多地方扩展蔓延的松材线虫病，导致大面积的松林枯死；主要行道树的日灼病日趋严重等，已成为制约城市绿化的主要因素。

引起观赏植物枝干病害的病原包括侵染性病原（真菌、细菌、植原体、寄生性种子植物、线虫等）和一些非侵染性病原（如日灼、冻害等）。其中，真菌仍然是主要的病原。

观赏植物枝干病害的防治原则：清除侵染来源，有些锈病需铲除转主寄主，病毒、植原体病害需消除媒介昆虫，这些都是减少和控制病害发生的重要手段；加强养护管理，提高观赏植物的抗病力，这是防治弱寄生性病原物引起的病害和环境不适引起的病害的有效手段；选育抗病品种，这是防治危险性枝干病害的良好途径。

任务咨询

一、腐烂病、溃疡病的识别

（一）腐烂病、溃疡病概述

1. 杨树烂皮病

杨树烂皮病是常见病和多发病，对杨属和柳、榆等树种危害极大。该病是潜伏侵染性病害。

（1）症状识别（见图9-9）　病害发生在杨树、柳树等枝干皮部。发病初期，皮部出现不规则隆起，触之较软，剥皮则有淡淡酒精味。隆起斑块渐渐失水，随之干缩下陷，甚至产生龟裂。剥皮观看时，可见皮下形成层腐烂，木质部表面出现褐色区。

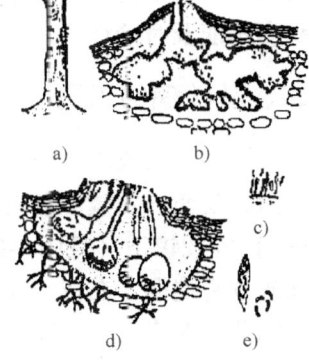

图9-9　杨树烂皮病
a) 干腐和枯枝型症状　b) 分生孢子器
c) 分生孢子梗和分生孢子
d) 子囊壳　e) 子囊及子囊孢子

(2) 发病规律 病菌在病皮中连年存活生长。雨水溶开孢子角后，孢子借风、雨、昆虫、鸟类传播，从无伤的死皮侵入并定居潜育。

2. 杨树溃疡病

杨树溃疡病以前仅在我国北方发生，但近年来随着杨树栽植面积的不断扩大，该病向我国南方扩展迅速。

（1）症状识别（见图9-10） 该病典型症状是在树干或枝条上先产生圆形或椭圆形的变色病斑，之后逐渐扩展，通常纵向扩展较快，病斑组织呈水渍状，或形成水泡，或有液体流出，具有臭味，失水后稍凹陷，病部出现病菌的子实体，内皮层和木质部都变为褐色。当病斑环绕枝干后，病斑以上枝干枯死。

（2）发病规律 以菌丝体和未成熟的子实体在病组织内越冬。树势衰弱，有利于发生病害。当年在健壮的树上发病的病斑，翌年有些可以自然愈合。同一株病树，阳面病斑多于阴面。

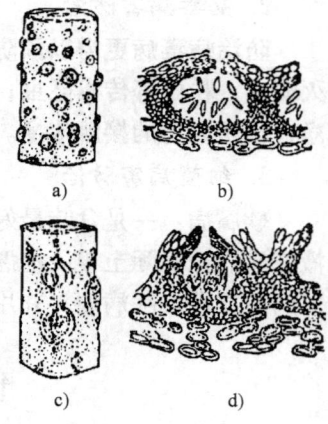

图9-10 杨树溃疡病
a）树干上的水泡症状
b）分生孢子器及分生孢子
c）病害后期的溃疡斑
d）子囊腔、子囊及子囊孢子

（二）腐烂病、溃疡病的防治方法

1. 加强栽培管理

促进观赏树木生长，增强树势，提高抗病力，是防治此类病害的有效途径。

2. 刮病斑

目前还只用直观法检查，刮除病部，范围可大于病部0.5～1 cm。要及时彻底刮净。伤口保护可涂用：2%三唑酮粉锈宁糊浆、或40%福美胂可湿性粉剂50倍液、或15%氯硅酸水剂30倍液。为了增加伤口愈合能力，还可增加1%～3%腐植酸钠药剂防治。

3. 药剂防治

发病初期，可用多菌灵或托布津200倍液，或50单位的内疗素，或50%代森锰锌，50%843康复剂或神农液涂抹病斑。

4. 白涂剂

白涂剂对枝干溃疡有一定的保护作用，但涂抹之前一定要清理树干，不然白涂料反而会掩盖病害不能及时治疗。

二、丛枝病的识别

此处以泡桐丛枝病为例说明。泡酮丛枝病又名凤凰窝，分布于我国河北正定县，以及山东、河南、陕西、安徽、湖南、湖北、江苏、浙江、江西。

（一）症状识别（见图9-11）

此病危害泡桐，在枝、叶、干、花、根部均可表现畸形。发病时，隐芽大量萌发，侧枝丛生、纤细，呈扫帚状。叶小，黄化，有时皱缩。幼苗病后矮化。花瓣变叶状，花柄或柱头生出小枝，花萼变薄，花托多裂，花蕾变形。

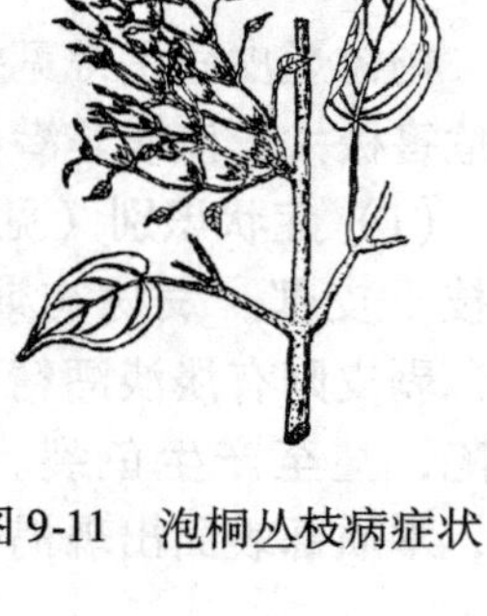

（二）发病规律

此病可借嫁接传播，烟草盲蝽、茶翅蝽和南方菟丝子能传

图9-11 泡桐丛枝病症状

播。病枝、叶浸出液以摩擦、注射等方法接种，均不发病。

（三）丛枝病的防治方法

1. 选育抗病品种

培育无病苗木，严格用无病植株作为采种和采根母树，不留平茬苗和留根苗。尽可能采用种子繁殖，培育实生苗。

2. 加强管理

秋季当病害停止发生后，树液向根部回流前，彻底修除病枝；春季当树液向上回升之前，对树枝进行环状剥皮，然后再去掉死枝，以防疤痕过大，可减轻发病率。

3. 药剂防治

用1~2万单位/mL盐酸四环素或土霉素碱，或2%硼酸钠溶液或5%硼酸钠溶液15~30 mL通过髓心注射或根吸等方式注入苗木髓心内，或叶面喷洒，均有明显的治疗效果。

三、枯黄萎病的识别

（一）枯萎病概述

1. 香石竹枯萎病

枯萎病是香石竹发生普遍而严重的病害，我国上海、天津、广州、杭州等地区均有发生，该病危害香石竹、石竹等多种石竹属植物，引起植株枯萎死亡。

（1）症状识别（见图9-12）　植株在生长发育的任何时期都可受害。首先是植株嫩枝生长扭曲、畸形和生长停滞；幼株受侵染后迅速死亡，纵切病茎，可看到维管束中有暗褐色条纹，从横断面可见到明显的暗褐色环纹；根部受侵染后迅速向茎部蔓延，植株最终枯萎死亡。

（2）发病规律　病原菌在病株残体或土壤中存活，病株根或茎的腐烂处在潮湿环境中长有子实体、孢子，借气流或雨水、灌溉水的溅泼传播，通过根和茎基部或插条的伤口侵入，并且进入维管束系统且逐渐向上蔓延扩展。

图9-12　香石竹枯萎病

2. 郁金香基腐病

郁金香基腐病危害植株的鳞茎，使鳞茎腐烂，导致植株叶片早衰，有的叶片直立且逐渐变为特有的紫色。感病鳞茎长出的花瘦小、变形，甚至枯萎。该病严重降低植株的观赏价值，使经济受损。

（1）症状识别　该病多发生于植株开花期，主要危害球茎和根。病害多发生在球茎基部。在郁金香花凋谢时，田间即出现零星病株，叶片发黄、萎蔫，茎叶提早变红且枯黄；枝干基部腐烂，呈疏松纤维状，根系少，极易拔出；种球流胶，淀粉组织分解腐烂。

（2）发病规律　该病原菌在感病种球和土壤中越冬。郁金香生长期和储藏期均可受害。6月是该病的发生高峰期，种球带菌是病害传播的主要途径，种球上的伤口和储藏期通风不良是病害发生且流行的主要条件。

（二）枯萎病的防治方法

1. 减少侵染源

菊花、香石竹、水仙等平时常采用扦插繁殖，插条则成为病害的传播途径之一，应从无病枝上选取健康枝条、球茎、块茎用于繁殖。

2. 减少菌源

根据枯黄萎病的发生特点，发现病株应及时拔除，减少土壤中病菌的积累，也不可用病残体堆肥，以免病菌返回土中。应实行轮作，更换无病土壤。

3. 加强管理

适时播种，提前挖掘鳞茎，尽量避开高温期。注意防涝排水，控制土壤含水量。

4. 抗病品种

不同品种的发病有显著差异，特别是菊花、翠菊等品种。因此，利用抗病品种是可行的防治措施。

四、锈病的识别

（一）锈病概述

锈病是花卉和景观绿化树木较常见和严重的一类病害，世界均有分布，我国各地多有发生。锈病种类很多，在观赏植物方面主要危害蔷薇科、豆科、百合科、禾本科、松科、柏科和杨柳科等近百种花木。

1. 竹竿锈病

竹竿锈病又称为竹褥病，在我国江苏、浙江、安徽、山东、湖南、湖北、河南、陕西、贵州、四川、广西等地区均有发生。该病主要危害淡竹、刚竹、旱竹、哺鸡竹、箭竹、篌竹等16种以上的竹种。

（1）症状识别（见图9-13）　病害多发生在竹竿的中、下部或近地面的竿基部，严重时也可发生在竹竿上部甚至小枝。发病部位产生明显的椭圆形、长条形或不规则形、紧密结合不易分离的橙黄色垫状物，即病菌的冬孢子堆，多生于近竹节处。病斑逐年扩展，当包围竹竿一周时，病竹即枯死。

（2）发病规律　病原菌以菌丝体或不成熟的冬孢子堆在病组织内越冬。菌丝体可在寄主体内存活多年。病害发生与地势、大气温度和竹种有一定的关系。凡地势低洼、通风不良、较阴湿的竹林发病重；反之则轻。

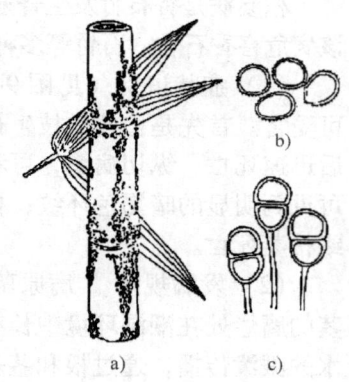

图9-13　竹竿锈病
a) 竹竿上的症状　b) 病菌夏孢子　c) 冬孢子

2. 松—芍药锈病

该病为松疱锈病的一种，是针松类的主要病害。我国的樟子松、油松、赤松、马尾松、云南松均有发生，以樟子松和马尾松发病较普遍。病害严重时，常引起枝干枯死。转主寄主为芍药属、马先蒿属、马鞭草属、小米草属等植物。

（1）症状识别（见图9-14）　此病主要危害松树的枝条和主干的皮部，但以侧枝发病为多。病枝略显肿胀，呈纺锤形，病部皮层变色，粗糙而开裂，严重时木质部外露并流脂。

（2）发病规律　担孢子借气流传播，萌发后由气孔侵入松树的针叶，当年秋季病部产生蜜滴，其中混有性孢子。

（二）锈病的防治方法

1. 杜绝和减少菌源

防治转主寄生的锈病：在进行新建公园的景观植物配置时，将观赏植物与转主植物严格隔离，如海棠、苹果、梨等锈病与转主寄主柏树要相隔 5 km；杜鹃和云杉、铁杉、紫菀等与二针松、三针松等都不能混值。

2. 加强养护管理

改善植物生长环境，提高抗病力，建园前选择合适地段，做好土壤改良；选用健壮无病虫枝作插条、接穗等无性繁殖材料；控制种植密度，不宜过密；及时排除积水；科学施肥；经常修剪整枝，除病虫弱枝，使园内通风透光良好；设施栽培时要加强通风换气，降低棚室内湿度。

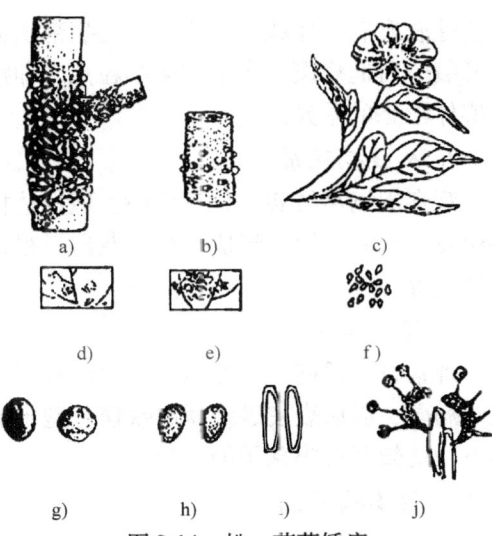

图 9-14　松—芍药锈病
a）松树主干上的锈孢子器　b）病树上的蜜滴
c）芍药叶背的冬孢子堆　d）病菌夏孢子放大图
e）冬孢子放大图　f）精子　g）锈孢子　h）夏孢子
i）冬孢子　j）担子及担孢子

3. 药剂防治

（1）冬季施药　秋末到翌年萌芽前，在清扫田园及剪病枝后再施药预防，可喷 2～5 °Bé 石硫合剂，或 45% 结晶石硫合剂 100～150 倍液，或五氯酚钠 200～300 倍液。

（2）生长季施药　在花木发病初期喷 0.2～0.3 °Bé 石硫合剂，或 45% 结晶石硫合剂 300～500 倍液，或 70% 代森锰锌可湿性粉剂 500 倍液，或 25% 三唑酮 1 500 倍液。

（3）严格检疫　许多树木枝干锈病是检疫对象，应从无病区引入苗木，从无病母株上采集插枝等无性繁殖材料。

（4）选育抗病品种　不同的花木种类和品种的抗锈病能力有明显差异。因此，选育抗锈病花木品种，是防治锈病经济有效的途径。

🛠 任务实施

一、材料及工具的准备

1. 材料

枯萎病：翠菊枯萎病、香石竹枯萎病、郁金香基腐病、水仙基腐病、合欢枯萎病、银杏茎腐病。锈病：竹竿锈病、松瘤锈病。枝干腐烂病、溃疡病：月季枝枯病、仙人掌茎腐病、鸢尾细菌性软腐病等。丛枝病：竹丛枝病、枫杨丛枝病、泡桐丛枝病等主要病害病原菌的玻片标本。

2. 用具

显微镜、放大镜、镊子、挑针、培养皿、载玻片、盖玻片、清水。

二、任务实施步骤

1. 枝干腐烂病、溃疡病观察

观察月季枝枯病、菊花菌核性茎腐病、仙人掌茎腐病、柑橘溃疡病、槐树溃疡病、鸢尾细菌性软腐病的症状，主要特征是病部水渍状，病斑组织软化，皮层腐烂，失水后下陷，病部开裂。后期病斑上产生许多小粒点，即病菌子实体。比较其病斑形状、颜色、边缘及病菌子实体形态的差异。

2. 丛枝病观察

观察泡桐丛枝病、竹丛枝病、枫杨丛枝病。此类病害的典型症状为叶变小而革质化，腋芽萌发，节间缩短，形成丛枝，花器返祖，花变成叶的形状呈绿色，生长发育受阻，整个植株矮化等。

3. 锈病观察

观察竹竿锈病、松瘤锈病的症状特点。此类病害大多出现大量锈色、橙色、黄色甚至白色的病斑，以后表皮破裂露出铁锈色孢子堆，有的产生肿瘤。用显微镜观察上述锈病病原菌形态，比较其各类孢子的差异。

4. 枯萎病观察

观察合欢枯萎病、菊花枯萎病等的症状特点，用显微镜观察病原菌形态。

任务考核

任务考核单

序　号	考核内容	考核标准	分　　值	得　分
1	腐烂病、溃疡病观察	正确诊断溃疡、腐烂病并制订其防治方案	20	
2	丛枝病观察	正确诊断丛枝病并制订其防治方案	20	
3	锈病观察	正确诊断锈病并制订其防治方案	20	
4	枯黄萎病观察	正确诊断枯黄萎病并制订其防治方案	20	
5	问题思考与回答	在整个任务完成过程中积极参与，独立思考	20	

思考问题

1. 枝干病害的病原都在什么地方越冬？
2. 如何控制环境条件来预防枝干病害的发生？
3. 如何根据枝干病害的典型症状进行诊断？
4. 枝干病害的综合防治措施有哪些？

知识链接

观赏植物枝干病害的防治原则

1）清除侵染来源、铲除转主寄主、消除昆虫媒介是减少和控制枝干病害发生的重要手段。

2）加强养护管理，提高观赏植物的抗病力，是防治由弱寄生性病原物引起的枝干病害和由环境不适引起的枝干病害的有效手段。

3）选育抗病品种是防治危险性枝干病害的良好途径。

项目9 观赏植物病害防治技术

任务3 根部病害防治技术

任务描述

虽然观赏植物的根部病害是观赏植物各类病害中种类最少的，但其危害性却很大，常常是毁灭性的。染病的幼苗几天即可枯死，幼树在一个生长季节即可枯萎，大树延续几年后也可枯死。根部病害主要破坏植物的根系，影响水分、矿物质、养分的输送，往往引起植株的死亡。而且由于病害是在地下发展的，初期不容易被发觉，等到地上部分表现出明显症状时，病害往往已经发展到严重阶段，植株也已经无法挽救了。

观赏植物根部病害的症状类型可分为：根部及根茎部皮层腐烂，并产生特征性的白色菌丝、菌核、菌索；根部和根茎部肿瘤；病菌从根部侵入并在输导组织定植而导致植株枯萎；根部或干基腐朽并可见大型子实体等。根部病害发生后，植株地上部分往往表现出叶色发黄、放叶迟缓、叶形变小、提早落叶、植株矮化等症状。

观赏植物根部病害的防治原则：严格实施检疫措施、土壤消毒、病根清除和植前处理，这些是减少侵染来源的重要措施；加强栽培管理，促进植物健康生长，提高植株抗病力，这对抵抗土壤习居菌引起的病害有十分重要的意义；开展以菌治病工作，探索根部病害防治的新途径。

任务咨询

一、苗木猝倒病

（一）分布与危害

猝倒病是世界各国苗圃最常见的病害，主要危害针叶树和阔叶树幼苗，以松杉类针叶树苗最易感病，发病率达30%~60%，严重时有的达70%~90%。

（二）症状识别（见图9-15）

1. 种芽腐烂型

种芽还未出土或刚露出土，即被病原菌侵染死亡。种芽腐烂型病害引起种芽腐烂，地上缺苗断垄，也称为种腐或芽腐。

2. 猝倒型

幼苗出土后，嫩茎尚未木质化，病原菌自茎基部侵入，产生褐色斑点，受侵部位出现水状腐烂，幼苗迅速猝倒，此时嫩叶仍呈绿色。随后病部向两端扩展，根部相继腐烂，然后全

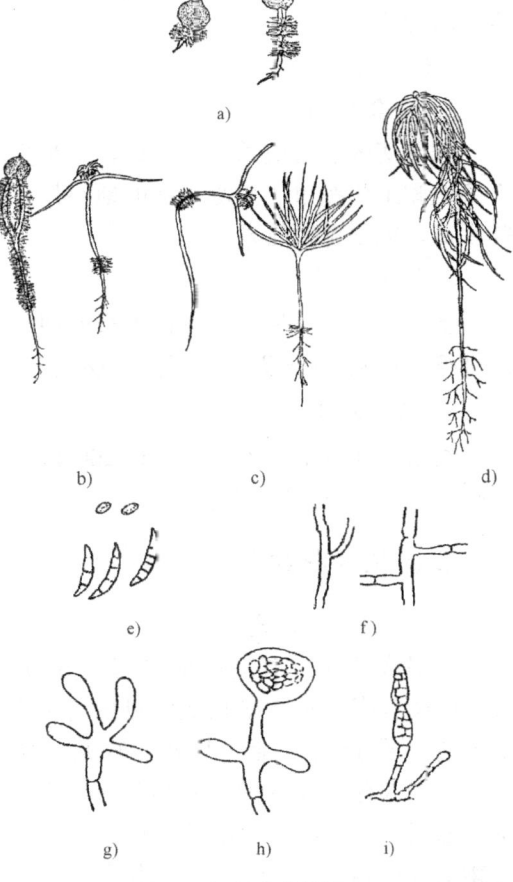

图9-15 杉苗猝倒病
a）种芽腐烂 b）茎叶腐烂 c）幼苗猝倒
d）苗木立枯 e）镰刀菌 f）菌丝 g）游离孢子囊
h）游动孢子 i）交链孢菌

苗干枯。此类型病害多发生于 4 月中旬至 5 月中旬多雨时期，是最严重的一种根部病害类型。

3. 立枯型

幼苗木质化后，土壤病菌较多或环境对病菌有利，病菌从根部侵入，引起苗根染病腐烂，茎叶枯黄，但死苗站着不倒，而易拔起，故称为立枯病。

4. 叶枯型

幼苗出土后，在阴雨连绵、苗木过于密集、苗丛内光照不足的情况下，苗床低凹处的苗木下部叶片染病腐烂枯死，在枯死的茎叶上，常有灰白色蛛网状的菌丝体，造成苗木成簇死亡。故叶枯病也称为苗腐或顶腐。

（三）病原

苗木猝倒病的病原有非侵染性病原和侵染性病原两类。非侵染性病原包括以下因素：圃地积水，造成根系窒息；土壤干旱，表土板结；地表温度过高，灼伤根茎。侵染性病原主要是真菌中的腐霉菌、丝核菌和镰刀菌。偶尔也可由交链孢菌和多生孢菌引起此类病害。

（四）发病规律

腐霉菌和丝核菌的生长温度为 4～28℃。病原菌可借雨水、灌溉水传播，在适宜条件下进行再侵染。

（五）防治方法

1. 综合防治

猝倒病的防治应采取以栽培技术为主的综合治理措施，培育壮苗，提高抗病性。不选用瓜菜地和土质黏重、排水不良的地块作为圃地。精选种子，适时播种。推广高床育苗及营养钵育苗，加强苗期管理。

2. 土壤消毒

土壤消毒可用溴甲烷进行熏蒸处理，用药量为 50 g/m²。消毒时一定要在密闭的小拱棚内进行，熏蒸 2～3 天，揭开薄膜通风 14 天以上。

3. 幼苗消毒

幼苗出土后，可喷洒 1∶1∶200 波尔多液，每隔 10～15 天喷洒一次。

二、花木白绢病

（一）分布与危害

白绢病又称为菌核性根腐病，分布于我国长江以南各省。观赏植物上常见的寄主有水仙、郁金香、香石竹、菊、芍药、牡丹、凤仙花、吊兰、美人蕉、福禄考、一品红、油桐、泡桐、茶、松树和乌桕等。白绢病一般发生在苗木上，植物受害后轻者生长衰弱，重者死亡。

（二）症状识别（见图 9-16）

各种感病植物的症状大致相似。此病害主要发生于植物的根、茎基部。初发生时，病部

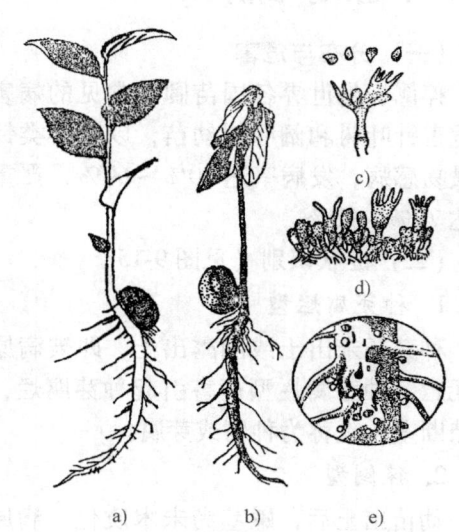

图 9-16 花木白绢病
a）健康植株 b）感病植株 c）担子和担孢子
d）病原菌的担子层 e）病苗根部放大（示菌核）

皮层变褐，逐渐向四周发展，并在病部产生白色绢丝状菌丝，菌丝作扇形扩展，蔓延至附近的土表，以后在病苗的基部表面或土表的菌丝层上形成油菜子状的茶褐色菌核。苗木受害后，茎基部及根部皮层腐烂，植物的水分和养分输送被阻断，叶片变黄且枯萎，全株死亡。

（三）发生规律

病原菌以菌丝与菌核在病株残体、杂草上或土壤中越冬。病菌可由病苗、病土和水流传播，直接侵入或从伤口侵入植株。土壤疏松湿润、株丛过密有利于发病；连作地发病严重；在酸性至中性（pH 为 5~7）土壤中病害发生多，而在碱性土壤中发病则少；土壤黏重板结的圃地，发病率高。

（四）防治方法

1. 选地

选好圃地，要求不积水，透水性良好。不连作，前作不是茄科等最易感病的植物。加强管理，及时松土、除草，并增施氮肥和有机肥，以促进苗木生长健壮，增强抗病能力。

2. 外科治疗

用刀将根颈部病斑彻底刮除，并用 401 抗生素 50 倍液或 1% 硫酸铜溶液消毒，再涂波尔多浆等保护剂，然后覆盖新土。

3. 药剂防治

土壤消毒用 70% 五氯硝基苯或 80% 敌菌丹粉，可预防苗期发病。苗木消毒可用 70% 甲基托布津或多菌灵 800~1 000 倍液、2% 的石灰水、0.5% 硫酸铜容液浸 10~30 min。发病初期，用 1% 硫酸铜溶液浇灌苗根，可防止病害蔓延。

三、根结线虫病

（一）分布与危害

此病在我国南北各省都有发生。常见的寄主有楸、石竹、柳、月季、海棠、桂花、仙人掌、仙客来、凤仙花、菊花、栀子、马蹄莲、唐菖蒲、凤尾兰、百日草等苗木，病株生长缓慢、停滞，严重时苗木凋萎枯死。

（二）症状识别（见图 9-17）

被害植株的侧根和支根产生许多大小不等的瘤状物，瘤内有白色透明的小粒状物，即根瘤线虫的雌成虫。病株根系吸收机能减弱，生长衰弱，叶小，发黄，易脱落或枯萎，有时会发生枝枯，严重的整株枯死。

（三）发病规律

病土是最主要的侵染来源。根结线虫的传播主要依靠种苗、肥料、工具、水流及线虫本身的移动。在病土内越冬的幼虫，可直接侵入寄主的幼根，刺激寄主中柱组织，形成巨型细胞，并形成根结。

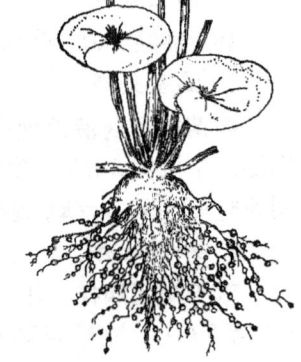

图 9-17　仙客来根结线虫危害症状

（四）防治方法

1. 加强植物检疫

加强植物检疫可防止根结线虫扩散。

2. 轮作

有根结线虫发生的圃地，应避免连作感病寄主，应与杉、松、柏等不感病的树种轮作

2~3年。圃地深翻或浸水2个月可减轻病情。

3. 药剂防治

利用溴甲烷处理土壤；将3%呋喃丹（克百威）颗粒剂或15%涕灭威（铁灭克）颗粒剂分别按 4~6 g/m² 及 1.2~2.6 g/m² 的用量拌细土，施于播种沟或种植穴内；也可用10%苯线磷颗粒剂处理土壤，具体用量为 30~60 kg/hm²。

四、根癌病

（一）分布与危害

根癌病又称为冠瘿病、根瘤病，在我国分布广泛。寄主范围广，除危害樱花外，还危害石竹、天竺葵、桃、月季、菊花、大丽菊、蔷薇、梅、夹竹桃、柳、核桃、花柏、南洋杉、银杏和罗汉松等。

（二）症状识别（图9-18）

该病主要发生在根颈部，也可发生在主根、侧根及地上部的主干与侧枝上。发病初期，病部膨大，呈球形的瘤状物，幼瘤初为白色，质地柔软，表面光滑，以后瘤肿逐渐增大，质地变硬，褐色或黑褐色，表面粗糙龟裂。

（三）发病规律

病原细菌可在感病寄主肿瘤内或土壤病株残体上生活1年以上。病菌可由灌溉水、雨水、采条、嫁接、园艺工具和地下害虫等进行传播。远距离传播靠病苗和种条的运输。碱性、湿度大的沙壤土发病率较高；连作有利于病害的发生；嫁接时切接比芽接发病率高；苗木根部伤口多时发病重。

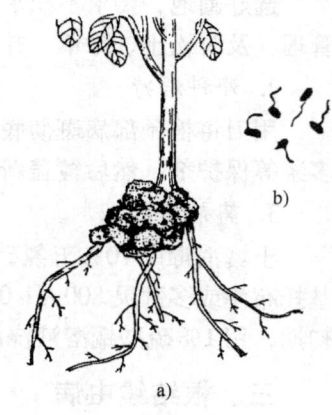

图9-18　樱花根癌病
a）症状　b）病原

（四）防治方法

1. 病土处理

病土需经热力或药剂处理后方可使用，或用溴甲烷进行消毒，病区应实施2年以上的轮作。

2. 病苗处理

病苗需经药液处理后方可栽植，可在 500~2 000 mg/kg 链霉素浸泡 30 min 或在1%硫酸铜溶液中浸泡 5 min。发病植株可用70%抗菌剂402乳油 300~400 倍液浇灌，或切除肿瘤后用 500~2 000 mg/kg 链霉素或用 500~1 000 mg/kg 土霉素涂抹伤口。

3. 外科治疗

对于初起病株，用刀切除病瘤，然后用石灰乳或波尔多液涂抹伤口，或用甲冰碘液（甲醇50份、冰醋酸25份、碘片12份），或用二硝基邻甲酚钠20份涂瘤，可使病瘤消除。

4. 加强检疫

禁止病株进入无病地区。

五、纹羽病

（一）花木紫纹羽病

1. 分布与危害

花木紫纹羽病又称为紫色根腐病，是观赏植物、树木、果树、农作物上的常见病害，我国东北各省、河北、河南、安徽、江苏、浙江等地均有发生。松、杉、柏、刺槐、杨、柳等都易受害。苗木受害后，病害发展很快，常导致苗木枯死；大树发病后，生长衰弱，个别严重的植物会因根茎腐烂而死亡。

2. 症状识别

病株从小根开始发病，逐渐蔓延至侧根及主根，甚至到树干基部。一般表现为皮层腐烂，易与木质部剥离，病根及干基部表面有紫色网状菌丝层或菌丝束，有的形成一层质地较厚的茸毛状紫褐色菌膜，如膏药状贴在干基处，夏天在上面形成一层很薄的白粉状孢子层。在病根表面菌丝层中有时还有紫色球状的菌核。病株地上部分表现为：顶梢不发芽，叶形变小、发黄、皱缩卷曲，枝条干枯，最后全株死亡。

3. 发病规律

病原菌利用它在病根上的菌丝体和菌核潜伏在土壤内。地势低洼、排水不良的地方容易发病，但在我国北京香山公园较干旱的山坡侧柏干基部也有发现。

（二）花木白纹羽病

1. 分布与危害

此病分布于我国辽宁、河北、山东、江苏等地区。寄主有栎、栗、榆、槭、云杉、冷杉、落叶松等。此病常引起根部腐烂，造成整株枯死。

2. 症状识别

病原菌侵害根部，最初须根腐烂，后扩展到侧根和主根。被害部位的表层缠绕有白色或灰白色的丝网状物，即根状菌索。

3. 发病规律

病原菌以菌核和菌索在土壤中或病株残体上越冬。病害的蔓延主要通过病、健根的接触和根状菌索的延伸扩散蔓延。病菌的孢子在病害传播上作用不是很大。

（三）防治方法

1）不在有病地建园。

2）在病区或病树外围挖1 m深的沟，隔离或阻断病菌的传播。

3）不用刺槐作防护林，如用要挖根隔离，以防病菌随根系传入圃地。

4）应及时排出低洼地积水，增施有机肥，改良土壤，整形修剪，加强对其他病虫害的防治，增强树体抗病力。

5）选用无病苗木，并对苗木进行消毒处理，可以用50%甲基托布津或50%多菌灵可湿性粉剂800~1 000倍液，或用0.5%~1%的硫酸铜溶液浸苗10~20 min。

6）对于发病较轻的植株，可扒开根部土壤，找出发病的部位，并仔细清除病根，然后用50%的代森铵水剂400~500倍液进行伤口消毒，然后涂波尔多液等保护剂。

任务实施

一、材料及工具的准备

1. 材料

苗木猝倒病的标本；花木紫纹羽病、花木白纹羽病的标本；花木白绢病、根癌病的标本；根结线虫病的标本。

2. 用具

手持放大镜、体视显微镜、泡沫塑料板、镊子。

二、任务实施步骤

1. 苗木猝倒病症状及病原观察

种芽腐烂型、猝倒型、立枯型、叶枯型病状观察,掌握其生长不同时期的症状。用显微镜观察腐霉菌、丝核菌、镰刀菌玻片标本,了解这些病菌的形态。

2. 花木紫纹羽病症状及病原观察

植物被害后根部表面产生紫红色丝网状物或紫红色绒布状菌丝膜,有的可见细小紫红色菌核。

3. 花木白纹羽病症状及病原观察

被害部位的表层缠绕有白色或灰白色的丝网状物,即根状菌索。近土表根际处展布白色蛛网状的菌丝膜,有时形成小黑点。

4. 花木白绢病症状及病原观察

观察花木白绢病的症状,根、茎部皮层变褐且坏死,病部及周围根际土壤表面产生白色绢丝状菌丝体,并出现菜子状小菌核。

5. 根结线虫病症状及病原观察

观察仙客来根结线虫病特征,被害嫩根产生许多大小不等的瘤状物,剖开可见瘤内有白色透明的小粒状物,既根瘤线虫的雌成虫。

6. 根癌病症状及病原观察

病部膨大呈球形的瘤状物。幼瘤为白色,质地柔软,表面光滑,后瘤状物逐渐增大,质地变硬,褐色或黑褐色,表面粗糙、龟裂。

任务考核

任务考核单

序号	考核内容	考核标准	分值	得分
1	苗木猝倒病症状观察	能根据症状识别猝倒病并制订其防治方案	20	
2	立枯病症状观察	能根据症状识别并制定立枯病的防治方案	15	
3	花木白纹羽病观察	能根据症状识别白纹羽病并制订其防治方案	15	
4	花木白绢病观察	能根据症状识别白绢病并制订其防治方案	10	
5	花木根朽病观察	能根据症状识别根朽病并制定防治方案	10	
6	根癌病观察	能根据症状识别根癌病并制订其防治方案	10	
7	问题思考与回答	在整个任务完成过程中积极参与,独立思考	20	

思考问题

1. 根部病害对植物有什么样的影响?
2. 根部病害的地下和地上症状各有哪些特点?
3. 根部病害的发生条件是什么样的?
4. 如何正确诊断并防治根部病害?

项目 9 观赏植物病害防治技术

> 知识链接

观赏树木的冻害防护

冻害是树木因受低温伤害而使细胞和组织受伤，甚至死亡的现象。

一、冻害的预防

1. 宏观预防

（1）贯彻适地适树的原则　因地制宜地种植抗寒力强的树种、品种和砧木，选小气候条件较好的地方种植抗寒力低的边缘树种，可以大大减少越冬防寒措施。

（2）加强栽培管理　提高抗寒性和加强栽培管理（尤其重视后期管理）有助于树体内营养物质的储备。

（3）加强树体保护　针对树体的保护措施很多，一般的树木采用浇"冻水"和灌"春水"防治。

2. 微观预防

（1）熏烟法　半夜 2 时左右在上风方点燃草堆或化学药剂，利用烟雾防霜。这种方法简便经济，效果较好。

（2）灌水法　土壤灌水后可使田块温度提高 2～3 ℃，并能维持 2～3 夜。

（3）覆盖法　用稻草、草木灰、尼龙薄膜覆盖田块，减少地面热量散失。

二、冻害的补救措施

观赏树木受冻后，应尽快恢复输导系统，治愈伤口，缓和缺水现象，促进休眠芽萌发和叶片迅速增大，促使受冻树木快速恢复生长。受冻后的树，一般均表现为生长不良，因此首先要加强管理，保证前期的水肥供应，也可以采取早期追肥和根外追肥的方法补给养分，以尽量使树体恢复生长。

任务 4　草坪主要病害防治技术

> 任务描述

目前，大部分草坪建造方法粗放，养护管理技术落后，通常在草坪铺设的当年就相继出现斑秃、杂草、病虫危害及退化现象。因此，草坪有害生物防治成为当前制约草坪发展的主要因素之一。因此，经济、简便、安全有效地控制病虫害的发生发展，以草坪生态系统为基础，调整和控制生态系中的各个因素，使有害生物的危害降到最小限度，从而保证草坪的优质美观，收到最佳的经济、生态、社会效益，这对于保护和巩固已有成果和促进草坪业的进一步发展具有十分重要的意义。

草坪病害发生的原因与其他植物病害一样，由生物因素和非生物因素引起。已知草坪草病害有 50 多种，其中侵染性病害中以真菌病原物所致的病害为主，主要有褐斑病、腐霉枯萎病、镰孢菌枯萎病、锈病、白粉病和叶斑（叶枯）病等。

病害是影响草坪质量和景观的一类重要因素。它主要危害种子和植株的叶、鞘、茎、

269

根、花和穗等各个部位，造成烂种、苗腐、叶枯和其他部位的腐烂坏死，甚至整株死亡。

任务咨询

一、草坪草褐斑病

（一）分布与危害

此病广泛分布于世界各地，可以侵染所有草坪草，如草地早熟禾、高羊茅、多年生黑麦草、翦股颖、结缕草、野牛草和狗牙根等250余种禾草，以冷季型草坪受害最重。

（二）症状识别

发病初期，受害叶片或叶鞘常出现梭形、长条形或不规则病斑，病斑内部呈青灰色水渍状，边缘为红褐色，之后病斑变为褐色甚至整叶呈水渍状且腐烂。严重时，病菌侵入茎秆。条件适宜时有"烟圈"。病叶鞘、茎基部有初为白色，之后变成黑褐色的菌核形成，易脱落。

（三）发病规律

褐斑病主要是由立枯丝核杆菌引起的一种真菌病害。丝核菌以菌核形成或在草坪草残体上以菌丝形式度过不良的环境条件。

（四）防治方法

1）建坪时禁止填入垃圾土、生土，土质黏重时掺入沙质土。定期修剪，及时清除枯草层和病残体，减少菌源量。

2）加强草坪管理，平衡施肥，增施磷、钾肥，避免偏施氮肥。避免漫灌和积水，避免傍晚灌水。改善草坪通风透光条件，降低湿度。及时修剪，夏季剪草不要过低。

3）选育和种植耐病草种（品种）。

4）药剂防治。用三唑酮、三唑醇等杀菌剂拌种，用量为种子质量的0.2%~0.3%。春季，发病草坪应及早喷洒12.5%烯唑醇超微可湿性粉剂2 500倍液、或25%丙环唑（敌力脱）乳油1 000倍液、或50%灭酶灵可湿性粉剂500~800倍液。

二、草坪草腐霉枯萎病

（一）分布与危害

腐霉枯萎病又称油斑病、絮状疫病，是一种毁灭性病害，在我国各地普遍发生，是草坪上的主要病害。所有草坪草都会感染此病，其中冷季型草坪受害最重，如早熟禾、草地早熟禾、匍匐翦股颖、高羊茅、细叶羊茅、粗茎早熟禾、多年生黑麦草、意大利黑麦草，以及暖季型的狗牙根、红顶草等。

（二）症状识别

此病主要造成芽腐、苗腐、幼苗猝倒、整株腐烂死亡。尤其在高温高湿季节，此病对草坪的破坏最大。此病常会使草坪突然出现直径2~5 cm的圆形黄褐色枯草斑。清晨有露水时，病叶呈水渍状，暗绿色，变软、黏滑，连在一起，有油腻感，故得名为油斑病。当湿度很高时，尤其是在雨后的清晨或晚上，腐烂叶片成簇趴在地上且出现一层茸毛状的白色菌丝层，在枯草病区的外缘也能看到白色或紫色的菌丝体。

(三) 防治方法

1) 改善草坪立地条件。建植前要平整土地，黏重土壤或含沙量高的土壤需要改良。要有排水设施，避免雨后积水，以降低水位。

2) 加强草坪管理。及时清除枯草层，高温季节有露水时不修剪，以避免病菌传播。平衡施肥，避免施用过量氮肥，增施磷肥和有机肥。合理灌溉，要求土壤见干见湿。

3) 种植耐病品种。提倡不同草种或不同品种混合建植，如高羊茅、黑麦草、早熟禾按不同比例混合种植。

4) 药剂防治。用0.2%灭霉灵药剂拌种是防治烂种和幼苗猝倒的简单易行、有效的方法。高温高湿季节可选择800～1000倍（具体浓度按药剂说明）甲霜灵、乙膦铝、甲霜灵·锰锌、霜霉威（普力克）等药剂，进行及时防治以控制病害。

三、草坪草镰孢菌枯萎病

(一) 分布与危害

此病在我国各地草坪均有发生，可侵染多种草坪禾草，如早熟禾、羊茅、翦股颖等。

(二) 症状识别

此病主要造成烂芽、苗腐、根腐、茎基腐、叶斑和叶腐、匍匐茎和根状茎腐烂等一系列复杂症状。草坪上枯萎斑呈圆形或不规则，直径2～30 cm。当环境高湿时，病部有白色至粉红色的菌丝体和大量的分生孢子团。老草坪枯草斑常呈"蛙眼"状，多在夏季湿度过高或过低时出现。

(三) 防治方法

1) 种植抗病、耐病草种或品种，草种间的抗病性差异明显，如翦股颖＞草地早熟禾＞羊茅，提倡草地早熟禾与羊茅、黑麦草等混播。

2) 用种子质量0.2%～0.3%的灭霉灵、代森锰锌或甲基托布津等药剂进行拌种。

3) 加强养护管理，提倡重施秋肥，轻施春肥，增施有机肥和磷、钾肥，控制氮肥用量。减少灌溉次数，控制灌水量，保证干湿均匀。及时清除枯草层。

4) 在根茎腐症状未发生前施用70%甲基托布津可湿性粉剂800～1000倍液，用药量为500 g/m^2。

四、草坪草锈病

(一) 分布与危害

此病分布广、危害重，几乎每种禾草上都有一种或数种锈病危害，其中以狗牙根、结缕草、多年生黑麦草、高羊茅和草地早熟禾受害最重。

(二) 症状识别

此病主要危害叶片、叶鞘或茎秆，在感病部位生成黄色至铁锈色的夏孢子堆和黑色冬孢子堆。禾草感染锈病后叶绿素被破坏，光合作用降低，呼吸作用失调，蒸腾作用增强，大量失水，叶片变黄枯死，草坪稀疏、瘦弱，景观被破坏。

(三) 防治方法

1) 加强养护管理。生长季节多施磷、钾肥，适量施用氮肥。合理灌水，降低湿度。发病后适时剪草，减少菌源量。适当减少草坪周围的树木和灌木，保证通风透光条件。

2）药剂防治。发病初期，喷洒25%三唑酮可湿性粉剂1 500倍液，防治效果可达93%以上；或用70%甲基托布津可湿性粉剂1 000倍液，防治效果也良好；或用12.5%烯唑醇（速保利）超微可湿性粉剂3 000～4 000倍液、10%苯醚甲环唑（世高）水分散粒剂6 000～8 000倍液喷雾。

五、草坪草白粉病

（一）分布与危害

此病广泛分布于世界各地，为草坪禾草的常见病害，可侵染狗牙根、草地早熟禾、细叶羊茅、匍匐翦股颖和鸭茅等多种禾草，其中以早熟禾、细叶羊茅和狗牙根发病最重。

（二）症状识别

此病主要侵染叶片和叶鞘，也危害茎秆和穗。受害叶片开始出现1～2 mm大小病斑，以正面较多，之后逐渐扩大呈近圆形、椭圆形绒絮状霉斑，初为白色，后变为灰白色至灰褐色，后期病斑上有黑色的小粒点。随着病情的发展，叶片变黄，早枯死亡。草坪呈灰色，像是被撒了一层面粉。

（三）发病规律

此病是由白粉菌引起的真菌病害。环境温、湿度与白粉病发生程度有密切关系，15～20 ℃为发病适温，25 ℃以上时病害发展受抑制。空气相对湿度较高有利于分生孢子萌发和侵入，但雨水太多又不利于其生成和传播。水肥管理不当、荫蔽、通风不良等都是诱发病害发生的重要因素。

（四）防治方法

1）种植抗病草种和品种并合理布局。

2）加强养护管理，适时修剪，注意通风透光。减少氮肥，增施磷、钾肥。合理灌溉，勿过干过湿等。

3）化学防治。发病初期，喷施15%三唑酮（粉锈宁）可湿性粉剂1 500～2 000倍液、或25%丙环唑（敌力脱）乳油2 500～5 000倍液、或40%氟硅唑（福星）乳油8 000～10 000倍液、或45%特克多悬浮液300～800倍液。

六、草坪草叶斑（叶枯）病

叶斑（叶枯）病是草坪草上的另一类主要病害，常造成叶片大面积枯死，影响草坪景观。常见的病害有：德氏霉叶枯病、离孢霉叶枯病和弯孢霉叶枯病、尾孢叶斑病等。下面以德氏霉叶枯病和尾孢叶斑病为例说明。

（一）德氏霉叶枯病

1. 分布与危害

德氏霉属真菌寄生于多种禾本科草坪植物，其引起的草坪病害属于世界性草坪病害。

2. 症状识别

此病病原使草坪植物出现叶斑和叶枯现象，也危害芽、根、根状茎和根茎等部位，产生种腐、芽腐、苗枯、根腐和茎基腐等复杂症状。在适宜条件下，病情发展迅速，造成草坪早衰，出现枯草斑和枯草区。

项目9 观赏植物病害防治技术

3. 发病规律

该病害由德氏霉叶枯病菌引起,主要侵染草地早熟禾、羊茅和多年生黑麦草等。德氏霉叶枯病侵染菌来自种子和土壤,病原菌主要以菌丝体潜伏在种皮内或以分生孢子附着在种子表面。在草坪种子萌发、出苗过程中,由于病原菌的侵染造成烂芽、烂根、苗腐等复杂症状。病苗产生大量分生孢子,经气流、水流、工具传播,种子是最初侵染源,并且能引起广泛的传播。因此,加强种子检疫十分关键。

4. 防治方法

1)加强草坪的养护管理。早春,以烧草等方式清除病残体和清理枯草层。叶面定期喷施1%~2%的磷酸二氢钾溶液,提高植株的抗病性。加强水分管理,防止长期积水。

2)化学防治。用种子质量的0.2%~0.3%的15%三唑酮或50%福美双可湿性粉剂拌种,可以预防病害的发生。

(二)尾孢叶斑病

1. 分布与危害

此病广泛分布于世界各地,主要危害狗牙根、钝叶草、翦股颖和高羊茅等禾草。

2. 症状识别

发病初期,叶片及叶鞘上出现褐色至紫褐色、椭圆形或不规则的病斑,病斑沿叶脉平行伸长,大小为1 mm×4 mm。病斑中央为黄褐色或灰白色,潮湿时有大量灰白色的霉层(即大量分生孢子)产生,严重时叶片枯黄甚至死亡,草坪稀疏。

3. 发病规律

此病是由半知菌(尾孢属)引起的一种真菌病害。病菌以分生孢子和休眠菌丝体在病叶及病残体上越冬。在生长季节,病菌只有在叶面湿润状态下才能萌发侵染。分生孢子借风、雨传播,引起再侵染。

4. 防治方法

参考德氏霉叶枯病的防治方法。

任务实施

一、材料及工具的准备

1. 材料

草坪草白粉病、锈病、褐斑病、腐霉枯萎病、镰孢菌枯萎病和叶斑(叶枯)病等草坪植物病害症状实物标本及症状类型挂图。

2. 用具

按组配备双目体视显微镜、放大镜、镊子、解剖针等。

二、任务实施步骤

4~6人为一组,在教师指导下对草坪植物各种病害标本进行观察与识别。

(一)观察所有草坪草病害的挂图及标本。

(二)以下列病害为代表,辨别其病状特点及病原形态

1. 草坪草白粉病

辨析草坪草白粉病危害状。同时用解剖针挑取白粉及小黑点，制片镜检分生孢子、闭囊壳及附属丝。用解剖针轻轻挤压盖玻片，注意观察挤压出来的子囊及子囊孢子。

2. 草坪草锈病

辨析草坪草锈病危害状。切片或挑片镜检草坪草锈病的夏孢子及冬孢子堆。注意辨识其形态，冬孢子双孢、有柄、壁厚；夏孢子单胞、无柄、壁薄。

3. 草坪草褐斑病

辨析草坪草褐斑病危害状。用解剖针挑取菌丝镜检，观察菌丝的分枝处是否呈直角，用放大镜观察菌核的外部形态。该病害主要结合发病现场及资料图片进行观察与识别。

4. 草坪草腐霉枯萎病

辨析草坪草腐霉枯萎病危害状。用解剖针挑取菌丝镜检，观察菌丝有无隔膜，能否见到姜瓣状的孢子囊。该病害主要结合发病现场及资料图片进行观察与识别。

5. 草坪草镰孢菌枯萎病

辨析草坪草镰孢菌枯萎病危害状。用解剖针挑取粉红色的霉层镜检，观察其孢子是否为镰刀形。该病害也可结合发病现场及资料图片进行观察与识别。

6. 德氏霉叶枯病

辨析该病害危害状。用解剖针挑取霉层镜检，观察其分生孢子是否为长棍棒形，多分隔。该病害也可结合发病现场及资料图片进行观察与识别。

任务考核

任务考核单

序号	考核内容	考核标准	分值	得分
1	草坪病害的症状观察	正确识别草坪病害的典型症状	25	
2	草坪病害的发生环境	指出草坪病害发生的环境条件	25	
3	草坪病害的防治措施	能根据症状制订防治方案	25	
4	问题思考与回答	在整个任务完成过程中积极参与，独立思考	25	

思考问题

1. 草坪病害有哪几大类？应如何判断？
2. 什么是草坪病害？草坪病害发生的原因有哪些？
3. 草坪病害的发生受哪些因素的影响？

知识链接

草坪病害的发生特点与可持续控制策略

一、草坪病害的发生特点

草坪生态系统是一个特殊、多变且以人为核心的生态系统，其附近区域往往人口密集，因而更易遭受人为的破坏（如践踏等），受到工业"三废"及汽车尾气的污染。同时，草坪在养护管理上（尤其是肥水管理）没有农作物那样精细，有些单位甚至利用废水浇灌，使

项目9 观赏植物病害防治技术

得草坪草长势衰弱,因而,病害的发生更为频繁、严重。

二、草坪病害的可持续控制策略

(一)草种检疫

目前,我国90%以上冷季型草种从国外调入,传入危险性病害的风险很大,因而必须加强草种检疫。

(二)建植措施

1)选用抗病草种、品种,是综合防治技术体系的核心和基础,是防治草坪病害最经济有效的方法。

2)利用带有内生真菌的种子和品种。

3)混合播种。混合播种是根据草坪的使用目的、环境条件及养护水平选择两种或更多的草种(或同一草种中的不同品种)混合播种,组建一个多元群体的草坪植物群落。

(三)养护措施

1)合理修剪可以促进草坪植物的生长、调节草坪的绿期并直接减少病原物的数量,但修剪造成的伤口又有利于病原菌的侵入,还可以通过剪草机携带并传播病害。

2)合理灌溉。每次灌水量以水分达到地表以下 15~20 cm 深为宜。灌水量过大,土壤中的空间充满水分,草坪草根系的细胞呼吸受到伤害,严重时可使草坪草窒息而死亡,根系功能受到影响。

学 习 小 结

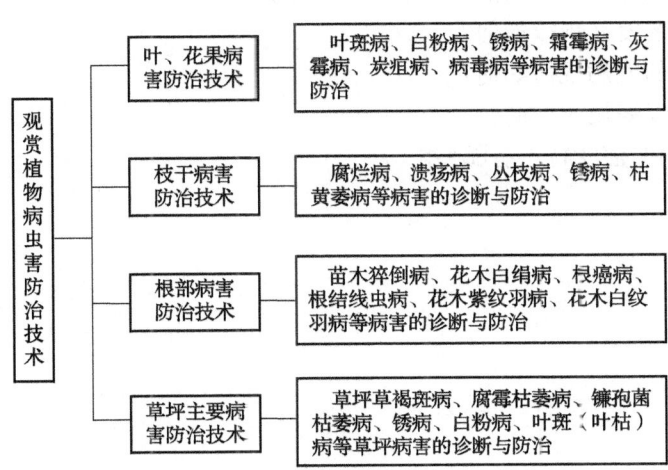

达 标 检 测

一、多项选择题

1. 以下病害中由植原体引起的有(   )。

A. 竹丛枝病   B. 枫杨丛枝病   C. 泡桐丛枝病   D. 翠菊黄化病

2. 以下锈病中已发现转主寄主的有(   )。

A. 玫瑰锈病　　　　　B. 松瘤锈病　　　　C. 海棠锈病　　　　D. 松疱锈病
E. 竹竿锈病
3. 以下观赏病害中由担子菌引起的病害有（　　　）。
A. 花木根癌病　　　　B. 竹竿锈病　　　　C. 桃缩叶病　　　　D. 杜鹃饼病
E. 花木白纹羽病　　　F. 花木紫纹羽病
4. 以下病害中由线虫引起的病害有（　　　）。
A. 花木根癌病　　　　B. 花木根结线虫病　C. 松萎蔫病　　　　D. 香石竹枯萎病
5. 以下病害中由细菌引起的病害有（　　　）。
A. 柑橘溃疡病　　　　B. 花木根癌病　　　　C. 杜鹃疫霉根腐病　D. 香石竹蚀环病

二、填空题

1. 观赏植物叶、花、果病害症状的主要类型有_____、_____、_____等。
2. 灰霉病的病症很明显，在潮湿情况下病部会形成显著的_____。
3. 叶斑病是_____的一类病害的总称。叶斑病又可分为_____、_____、_____等种类。这类病害的后期往往在_____上产生各种小颗粒或霉层。

三、简答题

1. 观赏植物叶、花、果病害侵染循环的主要特点是什么？
2. 叶斑病的防治措施有哪些？
3. 观赏植物枝干病害的侵染循环的特点有哪些？
4. 观赏植物枝干病害的防治原则有哪些？
5. 观赏植物根部病害的发生特点有哪些？
6. 简述苗木猝倒和立枯病的症状特点及防治措施。
7. 花木白绢病的发病规律如何？
8. 根结线虫病的发病规律如何？
9. 海棠锈病的发病规律如何？
10. 月季枝枯病的症状特点有哪些？

观赏植物害虫防治技术

【项目说明】

观赏植物在栽培养护过程中,会受到很多昆虫的侵害,危害轻时会影响观赏植物的观赏性和美感,危害重时会对观赏植物造成毁灭性的打击。面对害虫对观赏植物的危害,我们又能做些什么呢?在本项目中,我们将通过观察了解常发生昆虫的形态特征,掌握它们的发生发展规律,熟知它们的各种习性,进而制订出安全有效的防治方案,把害虫控制在经济允许水平之下而又能保持物种的多样性。

观赏植物种类多而杂,而危害观赏植物的昆虫种类就更多了,形态更是千差万别,那么,如何有效利用益虫和控制害虫呢?我们根据害虫危害部位的不同而把它们分类并进行研究。所以,本项目就分为5个任务来完成:食叶害虫防治技术;枝干害虫防治技术;吸汁害虫防治技术;地下害虫防治技术;草坪主要害虫防治技术。

【学习内容】

掌握观赏植物常发生的食叶害虫、枝干害虫、吸汁害虫、地下害虫及草坪主要害虫的形态特征、生物学特性、发生规律、主要习性和防治方法。

【教学目标】

通过对观赏植物常发生害虫形态的观察、生物学特性的了解,能正确识别和防治观赏植物常发生害虫,为观赏植物养护中的害虫防治奠定基础。

【技能目标】

能准确识别食叶害虫、枝干害虫、吸汁害虫、地下害虫及草坪主要害虫,能制订出合理有效的防治方案。

任务1 食叶害虫防治技术

任务描述

我们经常能看到观赏植物的叶片被各种害虫咬食成缺刻、孔洞,严重时叶片被吃光,仅留叶柄、枝杆或叶片主脉,有些嫩梢也被咬断,有些叶片中间被蛀食。而这些害虫繁殖能力很强,很容易就会暴发成灾。那到底这些是被什么虫子危害的呢?它们又有什么特征?发生的规律是怎么样的呢?如何进行防治呢?

通过调查可知,观赏植物食叶害虫种类很多,主要分属于 4 个目,常见的主要有鳞翅目的蛾类、蝶类,鞘翅目的叶甲、金龟甲、芫菁,膜翅目的叶蜂,直翅目的蝗虫等。这类害虫的发生特点是:以成、幼(若)虫危害健康的植株,导致植株生长衰弱。本任务主要研究食叶害虫的形态特征、生物学特性及防治方法。

任务咨询

一、刺蛾类认知

刺蛾类属于鳞翅目刺蛾科。该科幼虫又称为洋辣子。蛹外有光滑坚硬的茧。

(一)种类、分布与危害

刺蛾类中常见种类有黄刺蛾、褐边绿刺蛾、褐刺蛾、扁刺蛾等。所有刺蛾的幼虫又称为刺毛虫,国内除宁夏、新疆、贵州、西藏外,其他地区均有分布。刺蛾类主要害石榴、月季、山楂、芍药等观赏植物。以下重点介绍黄刺蛾。

(二)形态特征(见图 10-1)

黄刺蛾成虫体长 15 mm,翅展达 33 mm 左右,体肥大,黄褐色,头胸及腹前后端背面为黄色。触角呈丝状,灰褐色。复眼呈球形,黑色。

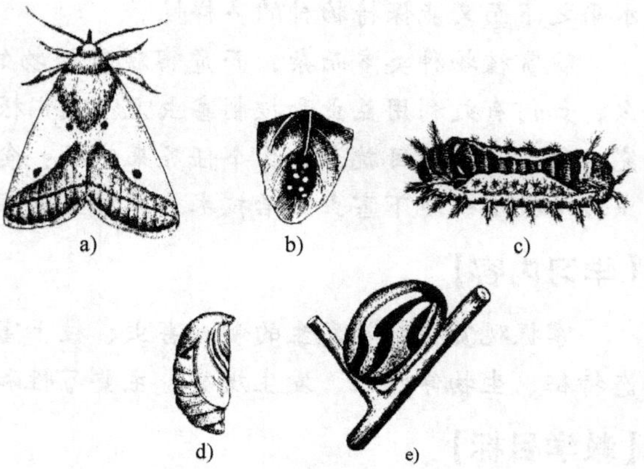

(三)发生规律

黄刺蛾一年发生 1~2 代,以老熟幼虫在枝干上的茧内越冬。成虫昼伏夜出,有趋光性,羽化后不久交配产卵。

(四)综合治理办法

1. 人工防治

早春消灭过冬虫茧中的幼虫。及时摘除虫叶,杀死刚孵化且尚未分散的幼虫。

图 10-1 黄刺蛾
a)成虫 b)卵 c)幼虫 d)蛹 e)茧

2. 生物防治

秋冬季摘虫茧,放入纱笼,网孔以刺蛾成虫不能逃出为准,保护和引放寄生蜂。于低龄幼虫期喷洒 10 000 倍的 20% 除虫脲(灭幼脲一号)悬浮剂,或于较高龄幼虫期喷 500~1 000 倍的每毫升含孢子 100 亿以上的 Bt 乳剂等。

3. 化学防治

必要时,在幼虫盛发期喷洒 80% 敌敌畏乳油 1 000~1 200 倍液,或 50% 辛硫磷乳油 1 000~1 500 倍液,或 50% 马拉硫磷乳油 1 000 倍液,或 5% 来福灵乳油 3 000 倍液。

4. 灯光诱杀

利用黑光灯诱杀成虫。

二、袋蛾类认知

袋蛾类又称为蓑蛾,俗名避债虫,属于鳞翅目袋蛾科。袋蛾成虫性二型。

项目10 观赏植物害虫防治技术

（一）种类、分布与危害

袋蛾类中常见的有大袋蛾、茶袋蛾、桉袋蛾、白囊袋蛾，危害茶、樟、杨、柳、榆、桑、槐、栎（栗）、乌桕、悬铃木、枫杨、木麻黄、扁柏等。以下重点介绍大袋蛾。

（二）形态特征（见图10-2）

大袋蛾图雌虫长22～30 mm，乳白色。雄虫长15～20 mm，前翅近外缘有4块透明斑，体为黑褐色，具灰褐色长毛。

（三）发生规律

4～6月，越冬老熟幼虫在袋囊中调头向下，蜕最后一次皮化蛹，蛹头向着排泄口，以利成虫羽化爬出袋囊。

（四）综合治理办法

1. 人工摘除袋囊

秋、冬季树木落叶后，护囊暴露，结合整枝、修剪，摘除护囊，消灭越冬幼虫。

2. 诱杀成虫

利用大袋蛾雄性成虫的趋光性，用黑光灯诱杀。此外，也可用大袋蛾性外激素诱杀雄成虫。

图10-2 大袋蛾
a) 雄成虫 b) 雌成虫 c) 幼虫 d) 雌袋
e) 蛹（一） f) 蛹（二） g) 雄袋

3. 生物防治

幼虫和蛹期有多种寄生性和捕食性天敌，如鸟类、姬蜂、寄生蝇及致病微生物等，应注意保护利用。微生物农药防治大袋蛾效果非常明显。

4. 化学防治

在初龄幼虫阶段，每公顷用90%的敌百虫晶体或80%敌敌畏乳油、50%杀螟松乳油、50%辛硫磷乳油、40%毒死蜱（乐斯本）乳油、20%抑食肼胶悬剂1 000～1 500 mL或25%灭幼脲胶悬剂、5%定虫隆（抑太保）乳油1 000～2 000 mL、2.5%溴氰菊酯乳油、2.5%三氟氯氰菊酯（功夫）乳油450～600 mL，加水1 200～2 000 kg，喷雾。根据幼虫多在傍晚活动的特点，一般选择在傍晚喷药，喷雾时要注意喷到树冠的顶部，并喷湿护囊。

三、螟蛾类认知

螟蛾类属于鳞翅目螟蛾科，属小至中型蛾类。多数螟蛾有卷叶及钻蛀茎、干、果实、种子等习性，许多种类为植物的大害虫。

（一）种类、分布与危害

危害观赏植物叶片的螟蛾主要有黄杨绢野螟、樟叶瘤丛螟、竹织叶野螟、松梢螟等。下面重点介绍樟叶瘤丛螟。

樟叶瘤丛螟，又称樟巢螟、樟丛螟，分布于我国江苏、浙江、江西、湖北、四川、云南、广西等地，危害樟树、山苍子、山胡椒、刨花楠、银木、红楠等树种。

（二）形态特征（见图10-3）

樟叶瘤丛螟成虫体长8～13 mm，翅展达22～30 mm。头部为浅黄褐色，触角为黑褐色，雄蛾微毛状基节后方有混合浅白的黑褐色鳞片。

（三）发生规律

一年发生两代，以老熟幼虫在树冠下的浅土层中结茧越冬。初孵幼虫群集吐丝并缀合小枝、嫩叶成虫包，匿居其中取食。

（四）综合治理办法

1. 人工捕杀

结合管护修剪，在危害期、越冬期摘除虫巢、虫包，集中烧毁，或冬季在被害树的根际周围和树冠下，挖除虫茧或翻耕树冠下的土壤，消灭越冬虫茧。

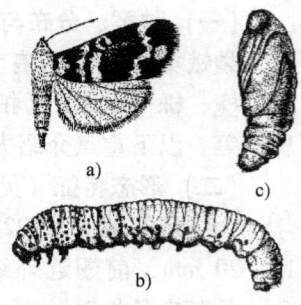

图 10-3　樟叶瘤丛螟
a）成虫　b）幼虫　c）蛹

2. 生物防治

螟蛾类有姬蜂、茧蜂和寄蝇等多种天敌昆虫。也可在幼虫期喷施 Bt 乳剂 500 倍液进行防治。

3. 灯光诱杀

可灯光诱杀成虫。

4. 药剂防治

在幼虫大发生时期用 50% 杀螟松乳油 1 500 倍液，或 90% 敌百虫晶体、50% 辛硫磷 1 000 倍液，或 20% 氰戊菊酯（杀灭菊酯）乳油 2 000 倍液喷雾，或在幼虫下树入土时以 25% 速灭威粉剂配成毒土毒杀入土结茧的幼虫。

四、卷蛾类认知

卷蛾类属于鳞翅目卷蛾科，小至中型，多为褐色、黄色、棕灰色等。危害观赏植物的卷蛾类害虫主要有茶长卷蛾、苹褐卷蛾、忍冬双斜卷蛾。下面重点介绍茶长卷蛾。

（一）分布与危害

茶长卷蛾又称为茶卷叶蛾、褐带长卷叶蛾，分布于我国江苏、安徽、湖北、四川、广东、广西、云南、湖南、江西等省，危害茶、栎、樟、柑橘、柿、梨、桃等。

（二）形态特征（见图 10-4）

雌成虫体长 10 mm 左右，翅展达 23～30 mm，体为浅棕色，触角呈丝状。老熟幼虫体长 18～26 mm，体为黄绿色，头为黄褐色。蛹长 11～13 mm，深褐色，臀棘长有 8 个钩刺。

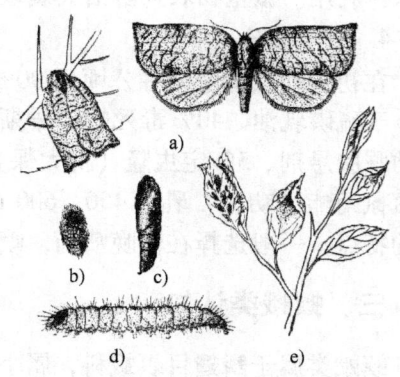

图 10-4　茶长卷蛾
a）成虫　b）卵　c）蛹
d）幼虫　e）植物被害状

（三）发生规律

茶长卷蛾在我国浙江、安徽一年发生四代，在我国台湾一年发生六代，以幼虫蛰伏在卷包里越冬。成虫多于清晨 6 时羽化，白天栖息在茶丛叶片上，日落后、日出前 1～2 h 最活跃，有趋光性、趋化性。

（四）综合治理办法

1. 人工防治

幼虫发生危害数量不多时，可根据植物被害状，随时摘除虫卷叶，以减轻危害和减少下一代的发生量。秋后，在树干上绑草把或草绳诱杀越冬幼虫。

2. 灯光诱杀

成虫有趋光性，在成虫发生季节，可用黑光灯诱杀成虫。

3. 生物防治

保护和利用天敌昆虫，也可用每毫升含 100 亿活孢子的 Bt 生物制剂的 800 倍液防治幼虫。

4. 药剂防治

发生严重时，可用90% 敌百虫晶体或80% 敌敌畏乳油 800～1 000 倍液，或2.5% 溴氰菊酯乳油或50% 杀螟丹（巴丹）可湿性粉剂1 500～2 000 倍液，或10% 氯氰菊酯乳油 2 000～2 500 倍液进行喷雾防治。

五、毒蛾类认知

毒蛾类属于鳞翅目毒蛾科。幼虫有群集危害习性。

（一）种类、分布及危害

危害观赏植物的毒蛾主要有豆毒蛾、茶毒蛾、黄尾毒蛾等。

1. 豆毒蛾

豆毒蛾又称为肾毒蛾，我国北起黑龙江、内蒙古，南至台湾、广东、广西、云南等地区均有分布，寄主有柳、榆、茶、荷花、月季、紫藤等。

2. 黄尾毒蛾

黄尾毒蛾分布于我国东北、华北、华东、西南地区，危害樱桃、梨、苹果、杏、梅、茶、柳、枫杨、桑、枣等及多种蔷薇科的花木。

（二）形态特征

1. 豆毒蛾（见图10-5）

雄成虫翅展达 34～40 mm，雌成虫达 45～50 mm，触角为黄褐色。幼虫体长 40 mm 左右，头部为黑褐色，有光泽。蛹为红褐色，背面有长毛，腹部前4节有灰色瘤状突起。

2. 黄尾毒蛾（见图10-6）

雌蛾体长 12～19 mm，翅展达 25～35 mm；雄蛾体长 11～15 mm，翅展达 24～26 mm。卵直径为 0.6～0.7 mm，扁圆形，灰白色，半透明。卵块呈馒头状，上覆黄毛。幼虫体长 26～38 mm，黄色。蛹长 14～20 mm，黄褐色。

（三）发生规律

1. 豆毒蛾

豆毒蛾在我国长江流域一年发生三代，以幼虫越冬。4月开始危害，5月老熟幼虫以体毛和丝作茧化蛹。6月，第一代成虫出现，有趋光

图 10-5　豆毒蛾
a）成虫　b）卵　c）蛹
d）茧　e）幼虫　f）植物被害状

性，卵产于叶背。

2. 黄尾毒蛾

黄尾毒蛾在我国江浙一带一年 3~4 代，以 3~4 龄幼虫在树干裂缝或枯叶内结茧越冬。翌年 4 月上旬，幼虫出蛰取食春芽、嫩叶，咬断叶柄。6 月上旬，成虫羽化，有趋光性。

（四）综合治理办法

1. 人工防治

在低矮观赏植物、花卉上，结合养护管理，摘除卵块及初孵且尚未群集的幼虫，还可束草把诱集下树的幼虫。

2. 灯光诱杀

利用黑光灯诱杀成虫。

3. 生物防治

保护天敌昆虫。喷施微生物制剂，可用每克或每毫升含孢子 100 亿~108 亿的青虫菌制剂 500~1 000 倍液在幼虫期喷雾。

4. 药剂防治

用 50% 杀螟松乳油或 90% 敌百虫晶体 1 000 倍液，或 10 mg/kg 灭幼脲一号防治幼虫。在树体高、虫口密度大时，可用触杀性很强的农药如菊酯类农药涂刷树干，毒杀下树的幼虫。

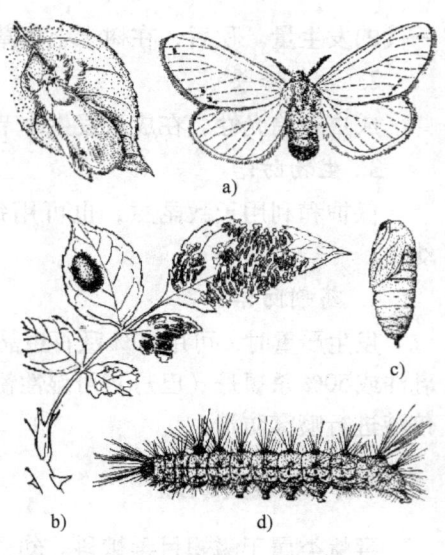

图 10-6　黄尾毒蛾
a）成虫　b）卵　c）幼虫　d）蛹

六、枯叶蛾类认知

枯叶蛾类属于鳞翅目枯叶蛾科。

（一）种类、分布及危害

危害观赏植物的枯叶蛾主要有马尾松毛虫、黄褐天幕毛虫。

1. 马尾松毛虫

马尾松毛虫俗称"狗毛虫"，以幼虫取食松树针叶危害，全国各地均有分布。

2. 黄褐天幕毛虫

黄褐天幕毛虫又名天幕枯叶蛾，俗称顶针虫、春黏虫，我国除新疆、西藏外，其他各省（区）均有分布，主要危害杨、柳、榆等林木及苹果、山楂、梨、桃等果树。

（二）形态特征

1. 马尾松毛虫（见图 10-7）

成虫体色有灰白色、灰褐色、茶褐色、黄褐色等，体长 20~32 mm。雌蛾触角呈短栉齿状，雄蛾触角呈羽毛状。

2. 黄褐天幕毛虫（见图 10-8）

雌、雄成虫差异很大。雌虫体长 18~20 mm，翅展约 40 mm，全体为黄褐色，触角呈锯齿状。卵呈圆柱形，灰白色，高约 1.3 mm，每 200~300 粒紧密粘结在一起环绕在小枝上，如"顶针"状。低龄幼虫身体和头部均为黑色，4 龄以后头部为蓝黑色。蛹初为黄褐色，后变为黑褐色，体长 17～20 mm，蛹体有浅褐色短毛。此虫化蛹于黄白色丝质茧中。

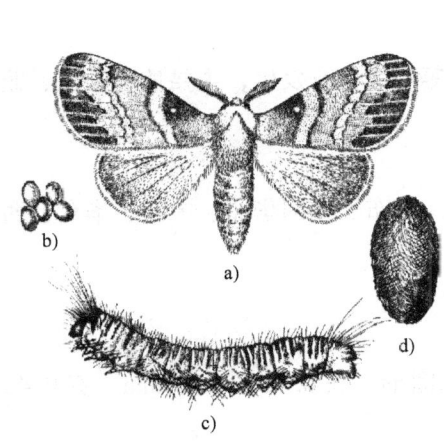

图 10-7　马尾松毛虫
a）成虫　b）卵　c）幼虫　d）茧

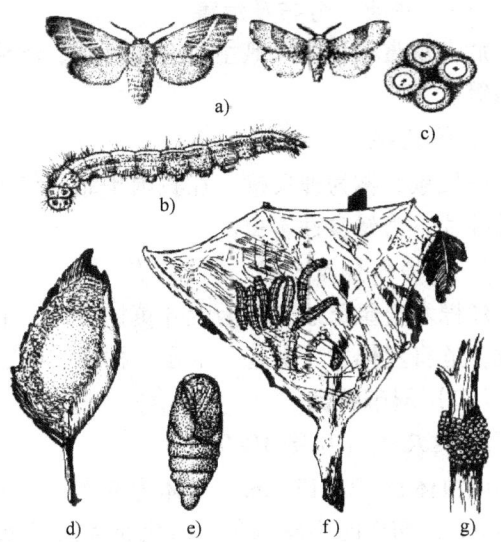

图 10-8　黄褐天幕毛虫
a）成虫　b）幼虫　c）卵　d）茧
e）蛹　f）植物被害状　g）卵块

（三）发生规律

1. 马尾松毛虫

一年发生 3～4 代，幼虫在翘树皮下、地面枯枝落叶层中越冬。成虫有趋光性。

2. 黄褐天幕毛虫

一年发生一代，以小幼虫在卵壳内越冬。春季花木发芽时，幼虫钻出卵壳，危害嫩叶，之后转移到枝杈处吐丝张网，1～4 龄幼虫白天群集在网中。

（四）综合治理办法

1. 人工防治

剪除枝梢上的卵环、虫茧。也可利用幼虫的假死性，进行振落捕杀。

2. 灯光诱杀

可利用黑光灯诱杀成虫。

3. 生物防治

将采回的卵环、虫茧等存放在细纱笼内，让寄生性天敌昆虫可正常羽化飞出。用松毛虫赤眼蜂防治马尾松毛虫卵，用白僵菌防治幼虫，也可将林间自然感染病毒病死亡的虫尸捣烂加水进行喷雾使其幼虫染病。在林间设巢，招引益鸟。

4. 化学防治

喷施 90% 敌百虫晶体、80% 敌敌畏乳油 1 000 倍液，或 20% 氰戊菊酯（杀灭菊酯）乳油 2 000 倍液，或 50% 辛硫磷乳油 1 500 倍液，防治幼虫。

七、尺蛾类认知

尺蛾类属于鳞翅目尺蛾科，小至大型蛾类。幼虫仅在第 6 腹节和末节上各具 1 对足，行动时,弓背而行,如同以手量物,故称尺蠖。幼虫模拟枝条,裸栖食叶危害。

(一)种类、分布及危害

危害观赏植物的尺蛾主要有槐尺蛾、丝棉木金星尺蛾、棉大造桥虫、木橑尺蛾、樟三角尺蛾等。

1. 槐尺蛾

槐尺蛾又称为槐尺蠖,在我国华北、华中、西北等地区都有发生,主要危害国槐、龙爪槐的叶片,为暴食性害虫。

2. 丝棉木金星尺蛾

丝棉木金星尺蛾又称为大叶黄杨尺蠖、卫矛尺蛾,分布于我国华北、中南、华东、西北等地,危害丝棉木、黄杨、卫矛、榆树、杨、柳等。

(二)形态特征

1. 槐尺蛾(见图10-9)

成虫体长12~17 mm,全体为灰黄色。卵呈扁椭圆形,长0.58~0.67 mm,宽0.42~0.48 mm,初产时为鲜绿色,孵化时为灰黑色。

2. 丝棉木金星尺蛾(见图10-10)

雌成虫体长13~15 mm,翅展达37~43 mm。卵呈椭圆形,黄绿色。幼虫全体为黑色,体长33 mm,前胸背板为黄色,有5个近方形的黑斑。

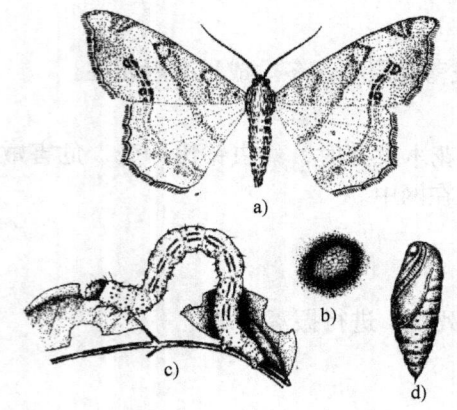

图10-9 槐尺蛾
a)成虫 b)卵 c)幼虫 d)蛹

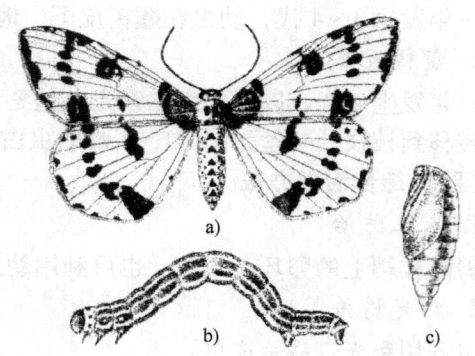

图10-10 丝棉木金星尺蛾
a)成虫 b)幼虫 c)蛹

(三)发生规律

1. 槐尺蛾

槐尺蛾在我国北京一年发生三代,以蛹在松土里越冬。成虫喜灯光,白天多在墙壁上或灌木丛中停落,夜晚活动,喜在树冠顶端和外缘产卵。

2. 丝棉木金星尺蛾

丝棉木金星尺蛾在我国江西南昌一年发生3~4代,以蛹在寄主根际表土中越冬,成虫白天栖息于枝叶隐蔽处,夜出活动、交尾、产卵,卵产在叶背,具较强趋光性。

（四）综合治理办法

1. 人工防治

挖蛹消灭虫源，最好放在笼内让寄生性天敌昆虫飞出。幼虫期，可用突然摇树或振枝的方法使虫吐丝下垂并用竹竿挑下杀死。捕杀寻找化蛹场所的老熟幼虫。在墙壁上、树丛中捕杀成虫。刮除卵块。

2. 生物防治

首先注意保护或利用天敌昆虫。幼虫危害期，低龄幼虫可喷 10 000 倍的 20% 除虫脲（灭幼脲一号）悬浮剂，较高龄时可喷 600~1 000 倍的含孢子 100 亿以上的 Bt 乳剂，或在空气湿度较高的地区喷每毫升含 1 亿孢子的白僵菌液。卵期可释放赤眼蜂。

3. 化学防治

在幼龄幼虫期喷施 1 000~1 500 倍的辛硫磷乳油，或 2 000 倍的 20% 菊杀乳油，或 1 000 倍的 90% 敌百虫晶体、50% 马拉硫磷乳油，或 300~500 倍的 25% 西维因可湿性粉剂等。

4. 灯光诱杀

可灯光诱杀成虫。

八、舟蛾类认知

舟蛾类属于鳞翅目舟蛾科，幼虫栖息时，一般靠腹足攀附，头尾翘起，似舟形。危害观赏植物的舟蛾主要有黄掌舟蛾、杨二尾舟蛾、槐羽舟蛾等。下面主要介绍黄掌舟蛾。

（一）分布及危害

黄掌舟蛾又称为榆掌舟蛾，分布于我国东北地区及河北、陕西、山东、河南、安徽、江苏、浙江、湖北、江西、四川等省，寄主有栗、栎、榆、白杨、梨、樱花、桃等。

（二）形态特征（见图 10-11）

雄成虫翅展达 44~45 mm，雌成虫翅展达 48~60 mm。头顶为浅黄色，触角呈丝状。幼虫体长约 55 mm，头为黑色，身体为暗红色，老熟时为黑色。蛹长 22~25 mm，黑褐色。

（三）发生规律

黄掌舟蛾在我国各地均一年发生一代，以蛹在树下土中越冬。成虫羽化后，白天潜伏在树冠内的叶片上，夜间活动，趋光性较强。

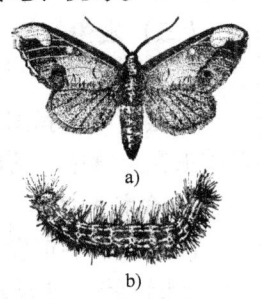

图 10-11　黄掌舟蛾
a）成虫　b）幼虫

（四）综合治理办法

1. 人工防治

在幼虫发生期，幼龄幼虫尚未分散前组织人力采摘有虫叶片。幼虫分散后可振动树干，击落幼虫，集中杀死。秋后至春季挖蛹或用锤、棒击杀树干上的茧、蛹。

2. 灯光诱杀

利用成虫的趋光性用黑光灯诱杀。

3. 生物防治

幼虫落地入土期，地面喷洒白僵菌粉剂。在卵期可释放赤眼蜂，每次 30 万~45 万头/hm^2。

4. 药剂防治

在幼虫危害期，可往树上喷 25% 敌灭灵可湿性粉剂或 25% 灭幼脲三号胶悬剂 1 500 倍液，青虫菌 6 号悬浮剂或 Bt 乳剂 1 000 倍液，对幼虫有较好的防治效果。也可喷洒 50% 对硫磷乳油 2 000 倍液，90% 敌百虫晶体 1 500 倍液。

九、叶甲类认知

叶甲类属于鞘翅目叶甲科，又名金花虫。

（一）种类、分布及危害

危害观赏植物的叶甲主要有柳蓝叶甲、白杨叶甲、榆紫叶甲等。

1. 柳蓝叶甲

柳蓝叶甲又名柳圆叶甲，分布于我国黑龙江、吉林、辽宁、内蒙古、甘肃、宁夏、河北、山西、陕西、山东、江苏、河南、湖北、安徽、浙江、贵州、四川、云南等地，危害各种柳树、杨树，以成虫和幼虫取食叶片成缺刻和孔洞。

2. 白杨叶甲

白杨叶甲分布于我国新疆、内蒙古、宁夏、陕西、山西、河南、山东、湖南、四川及东北三省，以成虫和幼虫危害多种杨树及柳树等。

（二）形态特征

1. 柳蓝叶甲（见图 10-12）

成虫体长 4 mm 左右，近圆形，深蓝色，具金属光泽。幼虫体长约 6 mm，灰褐色。蛹长 4 mm，椭圆形，黄褐色，腹部背面有 4 列黑斑。

2. 白杨叶甲

雌虫体长 12~15 mm，雄虫体长 10~11 mm。体近椭圆形，后半部略宽。鞘翅为橙红色。触角短。前胸背板为蓝紫色，有金属光泽。

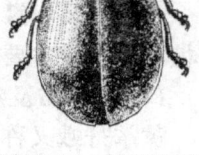

图 10-12　柳蓝叶甲

（三）发生规律

1. 柳蓝叶甲

柳蓝叶甲在我国河南一年发生 4~5 代，在北京一年发生 5~6 代，以成虫在土壤中、落叶和杂草丛中越冬，有假死性。

2. 白杨叶甲

白杨叶甲一年发生 1~2 代，以成虫在落叶层下、表土中越冬。

（四）综合治理办法

1. 人工防治

利用成虫的假死性振落杀灭。冬季扫除枯枝落叶、深翻土地、清除杂草，消灭越冬虫源。

2. 化学防治

可用 90% 敌百虫晶体、80% 敌敌畏乳油、50% 辛硫磷乳油、50% 马拉硫磷（马拉松）乳油 1 000 乳液，或 2.5% 溴氰菊酯乳油、10% 氯氰菊酯乳油 3 000 倍液喷雾防治成虫、幼虫。

十、蝶类认知

蝶类属于鳞翅目中的锤角亚目。蝶类的成虫身体纤细，触角前面数节逐渐膨大呈棒状或球杆状。它们均在白天活动，静止时翅直立于体背。

（一）种类、分布与危害

危害观赏植物的主要蝶类害虫有凤蝶科的柑橘凤蝶、玉带凤蝶、木兰青凤蝶、樟青凤蝶，蛱蝶科的茶褐樟蛱蝶、黑脉蛱蝶，粉蝶科的菜粉蝶，弄蝶科的香蕉弄蝶，灰蝶科的曲纹紫灰蝶等。这里重点介绍柑橘凤蝶、菜粉蝶。

（二）形态特征

1. 柑橘凤蝶（见图10-13）

成虫体长25～30 mm，翅展达70～100 mm，体为黄绿色。卵直径约1 mm，圆球形。

2. 菜粉蝶（见图10-14）

成虫体长12～20 mm，翅展达45～55 mm，体为灰黑色。幼虫体长35 mm，全体为青绿。蛹长18～21 mm，纺锤形，体背有3条纵脊，体色有青绿色和灰褐色等。

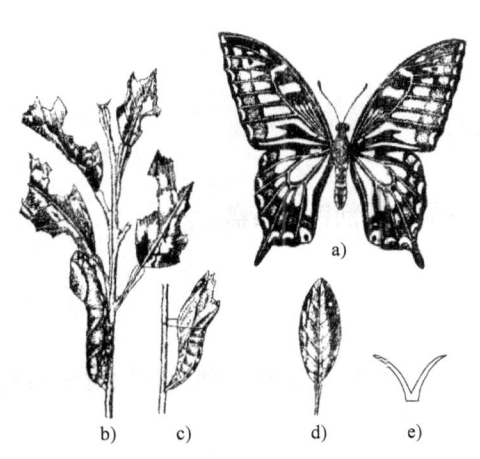

图10-13　柑橘凤蝶
a）成虫　b）幼虫及植物被害状　c）蛹
d）卵　e）幼虫前胸翻缩腺

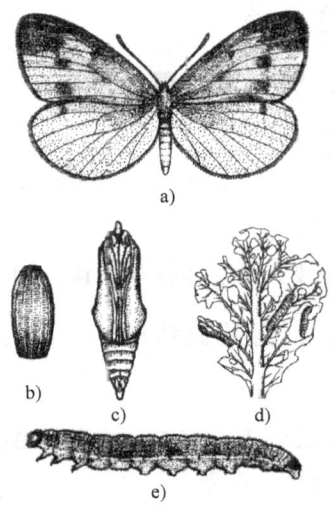

图10-14　菜粉蝶
a）成虫　b）卵　c）蛹
d）植物被害状　e）幼虫

（三）发生规律

1. 柑橘凤蝶

柑橘凤蝶在我国浙江、四川、湖南一年发生三代，在福建、台湾一年发生5～6代，在广东一年发生六代。各地均以蛹附着在橘树叶背、枝干及其他比较隐蔽的场所越冬。

2. 菜粉蝶

各地发生代数、历期不同，在我国内蒙古、辽宁、河北一年发生4～5代，在上海发生5～6代，在南京发生七代，在武汉、杭州发生八代，在长沙发生8～9代。各地均以蛹在发生地附近的墙壁屋檐下或篱笆、树干、杂草残株等处越冬，一般选在背阳的一面。

（四）综合治理办法

1. 加强检疫

加强对南方引进的铁树的检查，防止检疫性蝶类的传入。

2. 人工防治

人工捕杀幼虫和越冬蛹，在养护管理过程中摘除有虫叶和蛹。及时清除花坛绿地上的羽衣甘蓝老茬，以减少菜粉蝶虫源。成虫羽化期可用捕虫网捕捉成虫。

3. 生物防治

在幼虫期，喷施青虫菌粉或浓缩液 400～600 倍液，还可加 0.1% 茶饼粉以增加药效；或喷施 Bt 乳剂 300～400 倍液。

4. 化学防治

可于低龄幼虫期喷 1 000 倍的 20% 灭幼脲一号胶悬剂。若被害植物面积较大、虫口密度较高，可施用 40% 敌·马乳油、40% 菊·杀乳油、80% 敌敌畏、50% 杀螟松、马拉硫磷乳油 1 000～1 500 倍液，90% 敌百虫晶体 800～1 000 倍液，10% 溴·马乳油 2 000 倍液。

任务实施

一、材料及工具的准备

1. 材料

各种蛾类、叶甲类、蝶类等食叶害虫的标本。

2. 用具

手持放大镜、体视显微镜、泡沫塑料板、镊子、解剖针、蜡盘。

二、任务实施步骤

1. 刺蛾类观察

观察黄刺蛾的标本，注意成虫前后翅的斑纹、幼虫的体形和枝刺、茧的质地和花纹。

2. 袋蛾类观察

观察大袋蛾的标本，特别要注意袋囊的组分。

3. 螟蛾类观察

观察樟叶瘤丛螟的标本。

4. 卷蛾类观察

观察茶长卷蛾的标本。

5. 毒蛾类观察

观察豆毒蛾、黄尾毒蛾的标本。

6. 枯叶蛾类观察

观察马尾松毛虫、黄褐天幕毛虫的标本。

7. 尺蛾类观察

观察丝棉木金星尺蛾、槐尺蛾的标本。

8. 舟蛾类观察

观察黄掌舟蛾的标本。可见其雄成虫触角多为栉齿状或锯齿状，雌虫触角多为丝状。

9. 叶甲类观察

观察柳蓝叶甲、白杨叶甲的标本。可见其为小至中型甲虫，体呈卵形或圆形。体色变化大，有金属光泽。

10. 蝶类观察

观察柑橘凤蝶、菜粉蝶的标本，注意各种蝶的翅面斑纹的特点，特别要注意观察凤蝶成虫后翅的尾突和幼虫前胸的"Y"腺。

任务考核

任务考核单

序 号	考核内容	考核标准	分 值	得 分
1	蛾类的形态观察	能准确识别各种蛾类	20	
2	蛾类的习性认知	了解蛾类的共有习性	20	
3	蛾类的发生规律认知	了解蛾类的发生时期、越冬场所和方式	20	
4	蛾类的防治方法	掌握蛾类的主要防治措施	20	
5	叶甲类识别与防治	掌握叶甲的形态特征和主要防治措施	10	
6	蝶类识别与防治	掌握蝶类的形态特征和主要防治措施	10	

思考问题

1. 危害观赏植物的蛾类有哪些？各有什么特点？
2. 蛾类有共同的习性吗？有哪些习性？
3. 叶甲类的发生规律与防治措施有哪些？
4. 蝶类的发生规律与防治措施有哪些？

知识链接

食叶害虫防治方案

一、防治对策

根据"预防为主，综合治理"的方针和保护生态环境的原则，食叶害虫防治要坚持以适地适树和抗性树种为主的营林措施为基础，以生物制剂、仿生农药和植物性杀虫剂为主导、协调运用人工、物理和化学的防治措施，降低虫口密度，缩小发生面积，切实控制虫害蔓延危害。

二、防治措施

1. 人工物理防治

害虫越冬（越夏）是应用人工措施防治的有利时机，由于树体高大，加强对蛹和成虫的防治会取得事半功倍的效果。

2. 生物农药 Bt 等生物防治

在幼虫 3 龄期前喷施生物农药和病毒防治。地面喷雾树高在 12 m 以下的中幼龄林，Bt 用药量 200 亿国际单位/亩、青虫菌乳剂用药量为 1 亿～2 亿孢子/mL、阿维菌素 6 000～8 000 倍液。

3. 打孔注药防治

对发生严重，喷药困难的高大树体，可打孔注药防治。利用打孔注药机在树胸径处不同方向打3~4个孔，注入疏导性强的40%氧化乐果乳油、50%甲胺磷乳油、40%久效磷乳油、25%杀虫双水剂。

4. 毒环和毒绳防治

有上下树干和越冬后上树习性的害虫，可利用将药剂在树干涂环或绑扎毒绳的方法防治。在幼虫上树前，将10 mL 2.5%溴氰菊酯＋10 mL 氧化乐果＋1 kg 废机油混合，在树干上涂3~5 cm 宽的闭合环。

任务2　枝干害虫防治技术

任务描述

我们经常能看到观赏植物的树干、茎、新梢及花、果、种子等被蛀空，这类害虫对观赏植物的生长发育造成较大程度的危害，严重时会造成观赏植物成株成片死亡。这类具有钻蛀习性的害虫都有哪些种类呢？它们又有什么特征？发生的规律是怎么样的呢？又如何进行防治呢？

钻蛀性害虫是指以幼虫或成虫钻蛀植物的枝干、茎、嫩梢及果实、种子，并匿居其中的昆虫。常见的钻蛀性害虫有鞘翅目的天牛类、小蠹类、吉丁类、象甲类；鳞翅目的木蠹蛾类、辉蛾类、透翅蛾类、夜蛾类、螟蛾类、卷蛾类，膜翅目的茎蜂类、树蜂类，双翅目的瘿蚊类、花蝇类。此类害虫应防治在其末蛀入树干之前。

任务咨询

一、天牛认知

天牛是观赏植物主要的蛀茎害虫，属于鞘翅目，天牛科，全世界已知20 000 种，我国已知2 000多种，主要以幼虫钻蛀植株茎秆，在韧皮部和木质部形成蛀道危害。

（一）分布及危害

1. 星天牛

星天牛又名柑橘星天牛、白星天牛，分布于我国吉林、辽宁、甘肃、陕西、四川、云南、广东、台湾等地，主要危害杨、柳、榆、刺等观赏树木。

2. 云斑天牛

云斑天牛又名多斑白条天牛，分布于我国河北、陕西、安徽、江苏、浙江、江西、湖南、湖北、福建、台湾等地，主要危害桑、杨、柳、栎、榕、榆等。

（二）形态特征

1. 星天牛（见图10-15）

雌成虫体长27~41 mm，雄成虫体长27~36 mm，

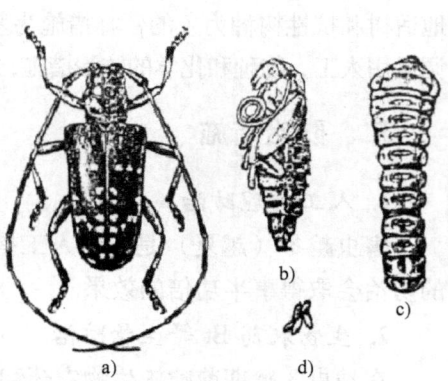

图10-15　星天牛
a）成虫　b）蛹　c）幼虫　d）卵

项目10 观赏植物害虫防治技术

体黑色,略带金属光泽。卵呈长椭圆形,初产时为白色,之后渐变为浅黄白色至灰褐色。老熟幼虫体长 38~60 mm,乳白色到浅黄色。蛹呈纺锤形,长 30~38 mm。初为浅黄色,羽化前逐渐变为黄褐色至黑色。

2. 云斑天牛(见图 10-16)

成虫体长 34~61 mm,体宽 18 mm。体为黑色或黑褐色。卵呈椭圆形,乳白色至黄白色。老熟幼虫体长 70~80 mm,乳白色至浅黄色,粗肥多皱,头部为深褐色,前胸背板有"凸"字形的褐斑。蛹为浅黄白色,裸蛹,长 40~70 mm,末端呈锥尖状,尖端斜向后上方。

(三)发生规律

1. 星天牛

星天牛在我国南方一年发生一代,在北方 2~3 年发生一代,以幼虫在被害寄主木质部内越冬。越冬幼虫于翌年 3 月开始活动,至清明节前后有排泄物出现。

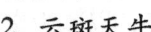

图 10-16 云斑天牛
a)成虫 b)卵 c)蛹 d)幼虫

2. 云斑天牛

云斑天牛在我国各地均 2~3 年完成一代,以幼虫和成虫在蛀道蛹室内越冬。成虫食叶或新枝嫩皮补充营养,昼夜均能飞翔活动,但以晚间活动为多。卵大多产于离地面 1.7 m 左右的树干上,在胸径 10~20 cm 的树干上,周围 1 圈可连续产卵 5~8 次。

(四)防治方法

1. 植物检疫

严格执行检疫制度,对可能携带天牛的苗木、种条、幼树、厚木、木材实行检疫,检验有无天牛的卵槽、入侵孔、羽化孔、虫瘿、虫道和活虫体。

2. 观赏技术防治

加强水肥管理,增强树势,提高抗虫能力,选育抗虫品种,及时剪除及伐除严重受害株,剪除被害枝梢,消灭幼虫。

3. 机械防治

利用成虫飞翔力不强,有假死性,可骤然振动树干并进行人工捕捉。人工击卵,根据天牛咬刻槽产卵的习性,找到产卵槽,用硬物击之杀卵。

4. 物理防治

根据许多天牛成虫具有趋光性的特点,可设置黑光灯诱杀。

5. 化学防治

受害株率较高、虫口密度较大时,可选用内吸性药剂喷施受害树干。例如杀螟松、磷胺、敌敌畏等 100~200 倍液,对成虫都有效。将 80% 敌敌畏 500 倍液注入蛀孔内或用药棉塞孔(外用泥封孔),或用溴氰菊酯等农药做成毒签插入蛀孔中,毒杀幼虫。

6. 生物防治

保护并利用天敌。在天牛幼虫期释放天敌,如花绒坚甲、肿腿蜂、啄木鸟等。此外,白僵菌和绿僵菌也可用来防治天牛幼虫。

二、木蠹蛾类认知

木蠹蛾属于鳞翅目，木蠹蛾总科，为中至大型蛾子。蠹蛾都以幼虫蛀害树干和树梢，为主要的钻蛀性害虫。

（一）分布及危害

芳香木蠹蛾，又名蒙古木蠹蛾，分布于我国东北、华北、西北、华东、华中、西南等地，主要危害丁香、柳、杨、榆、栎、核桃、稠李、山荆子、香椿、苹果、白蜡、沙棘。

（二）形态特征

雌虫体长 28.1~41.8 mm，雄虫体长 22.6~36.7 mm。雌虫翅展达 61.1~82.6 mm，雄虫翅展达 50.9~71.9 mm。体、翅为灰褐色，粗壮。老龄幼虫体长 58~90 mm，扁圆筒形，体粗壮，头部为黑色。

（三）发生规律

芳香木蠹蛾两年发生一代。第一年以幼虫在树干内越冬，第二年老熟后离树干入土越冬。

（四）防治方法

1. 加强管理

合理配置观赏树种，加强水、肥等管理。注意减少树木损伤，增强树势，以减少虫害的发生。结合冬季修剪，及时剪伐新枯死的带虫枝条和树木，消灭虫源。

2. 诱杀

在成虫羽化期用黑光灯和性引诱剂诱杀成虫，夜间使用捕虫器诱杀成虫。

3. 人工捕杀

秋季，人工捕捉下地越冬的幼虫，刮除树皮缝处的卵块。

4. 药剂防治

在幼虫孵化期且未蛀入前，向树干喷施 50% 杀螟松乳油或 40% 氧化乐果乳剂 1 000 倍液，每隔 10~15 天喷一次，毒杀初孵幼虫。

5. 生物防治

用喷注器在蛀虫孔注入每毫升含 $5 \times (10^8 \sim 10^9)$ 孢子的白僵菌液。斯氏线虫也可用来防治木蠹蛾。

三、小蠹虫类认知

小蠹虫属于鞘翅目，小蠹甲科，为小型甲虫。全世界已知 3 000 多种，我国记载 500 种以上，大多数种类寄生于树皮下，有的侵入木质部。种类不同，钻蛀的坑道形式不同。

（一）分布及危害

1. 松纵坑切梢小蠹

松纵坑切梢小蠹分布广，在我国南、北方松林均有分布，主要危害云南松、马尾松、赤松、华山松、油松、樟子松、黑松、雪松等。

2. 松横坑切梢小蠹

松横坑切梢小蠹主要分布在我国江西、河南、陕西、四川、云南等省，危害马尾松、油松、黑松、红松、云南松、糖松。

（二）形态特性

1. 松纵坑切梢小蠹（见图10-17）

成虫体长3.5~4.5 mm，椭圆形。坑道为单纵坑，在树皮下层，微触及边材，坑道一般长5~6 cm，最长约14 cm，子坑道在母坑道两侧，与母坑道略垂直，长而弯曲，通常有10~15条。

2. 松横坑切梢小蠹（见图10-18）

成虫体长3.8~4.4 mm。母坑道为复横坑，由交配室分出左右两条横坑，呈弧形，在立木上弧形的两端皆朝下方，在倒木上则方向不一。子坑道短而稀，长2~3 cm，自母坑道上、下方分出。蛹室在边材上或皮内。

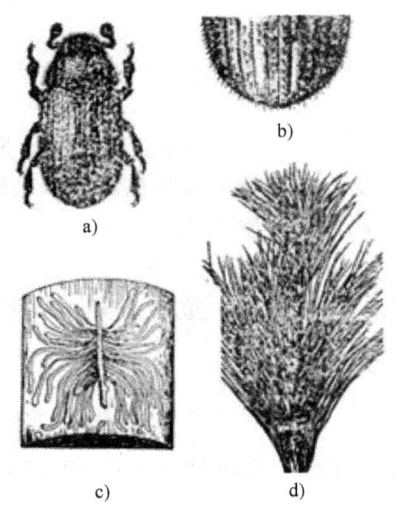

图10-17 松纵坑切梢小蠹
a）成虫 b）成虫鞘翅末端 c）干被害状 d）枝被害状

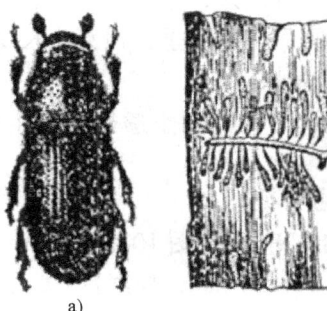

图10-18 松横坑切梢小蠹
a）成虫 b）植物被害状

（三）发生规律

1. 松纵坑切梢小蠹

松纵坑切梢小蠹一年发生一代，以成虫越冬。干基部越冬坑常被枯草覆盖，在越冬坑外残留蛀屑。

2. 松横坑切梢小蠹

松横坑切梢小蠹常与松纵坑切梢小蠹伴随发生，一年发生一代，以成虫在松树嫩梢或土内越冬，主要侵害衰弱木和濒死木，也侵害健康木。

（四）防治方法

1. 加强检疫

严禁调运虫害木，发现后要及时进行药剂或剥皮处理，以防止害虫扩散。

2. 加强观赏管理

及时浇水、施肥、松土，增强树势，减少害虫侵入。及时剪伐虫害严重的新枯死枝干，消灭虫源，防止蔓延。

3. 诱杀

设置饵木于早春或晚秋，在受害树木附近放置刚开始衰弱的松、柏枝条或松木、柏木，引诱成虫潜入，然后处理，消灭诱到的成虫。

4. 生物防治

减少杀虫剂的使用，注意保护天敌昆虫，同时人工饲养和繁殖小蠹虫的天敌。

5. 药剂防治

在成虫羽化盛期或越冬成虫出蛰盛期，喷施 80% 敌敌畏乳油 1 000 倍液或 40% 氧化乐果乳油、80% 磷胺乳油 100~200 倍液于活立木枝干。

四、透翅蛾类认知

透翅蛾属于鳞翅目，透翅蛾科。全世界已知 100 种以上，我国已知 10 余种。成虫很像胡蜂，白天活动。幼虫蛀食茎秆、枝条，形成肿瘤。

（一）分布及危害

1. 白杨透翅蛾

白杨透翅蛾又名杨透翅蛾，分布于我国河北、河南、北京、内蒙古、山西、陕西、江苏、新疆、浙江等地区，主要危害杨、柳树，以银白杨、毛白杨危害最重。幼虫钻蛀枝干和顶芽，枝梢被害后枯萎下垂，顶芽生长受抑制，徒生侧枝，形成秃梢。

2. 苹果透翅蛾

苹果透翅蛾又名苹果小透翅蛾，主要分布在我国华北等地，危害海棠、苹果、樱桃、李、杏、梅等。

（二）形态特征

1. 白杨透翅蛾（见图 10-19）

成虫体长 11~20 mm，翅展达 22~38 mm，外形似胡蜂。老熟幼虫体长 30~33 mm，圆筒形。初孵幼虫为浅红色，老熟时为黄白色。

2. 苹果透翅蛾（见图 10-20）

成虫体长 12~16 mm，翅展达 20 mm 左右，体为黑色且具有蓝黑色光泽。

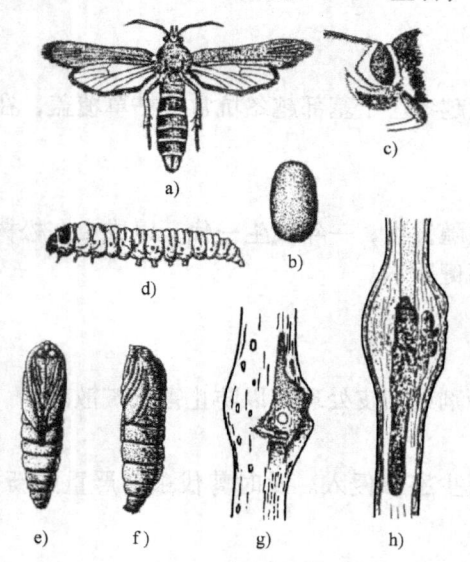

图 10-19 白杨透翅蛾

a) 成虫 b) 卵 c) 成虫头部侧面 d) 幼虫 e) 蛹
f) 蛹的侧面 g) 植物被害状（一） h) 植物被害状（二）

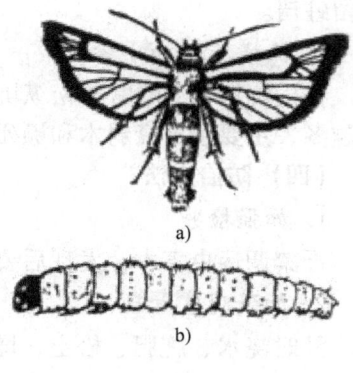

图 10-20 苹果透翅蛾

a) 成虫 b) 幼虫

（三）发生规律

1. 白杨透翅蛾

白杨透翅蛾多为一年发生一代，少数一年发生两代，以幼虫在枝干木质部内越冬。

2. 苹果透翅蛾

苹果透翅蛾在我国北京一年发生一代，以幼虫在树皮下越冬。

（四）防治方法

1. 选择抗虫树种

一些杂交杨树对白杨透翅蛾有较强的抗性。

2. 加强检疫

在引进或输出苗木和枝条时，严格检验，发现虫瘿要剪下烧毁，以杜绝虫源。

3. 人工防治

幼虫初蛀入时，发现有蛀屑或小瘤，要及时剪除或削掉，或向虫瘿的排粪处钩、刺杀幼虫。秋后修剪时将虫瘿剪下烧毁。

4. 生物防治

保护并利用天敌，在天敌羽化期减少杀虫剂的使用。也可用蘸白僵菌、绿僵菌的棉球堵塞虫孔。在成虫羽化期应用信息素诱杀成虫，效果明显。

5. 药剂防治

在幼虫侵入枝干后，表面有明显排泄物时，可用50%磷胺乳油20~30倍液涂1个环状药带，或滴、注蛀孔，药杀幼虫。用三硫化碳棉球塞蛀孔，孔外堵塞黏泥，能杀死潜至隧道深处的幼虫。

五、象甲类认知

象甲类属于鞘翅目，象甲科，也称象鼻虫，是主要的观赏植物钻蛀类害虫。下面主要介绍杨干象。

（一）分布及危害

杨干象，又名杨干隐喙象虫，分布于我国东北及内蒙古、河北、山西、陕西、甘肃，以加拿大杨、小青杨、白毛杨、香杨和旱柳等受害重。

（二）形态特征（见图10-21）

杨干象成虫体呈椭圆形，体长8~10 mm，黑褐色，触角为赤褐色，共有9节，膝状。幼虫为乳白色，全体疏生黄色短毛。

（三）发生规律

杨干象在我国辽宁地区一年发生一代，以卵及初孵幼虫越冬。蛹期为6~12天。6月中旬至10月成虫发生，盛期为7月中旬，以嫩枝干或叶片补充营养，在树干上咬1个圆孔至形成层内取食，使被害枝干上留有无数针眼状小孔。

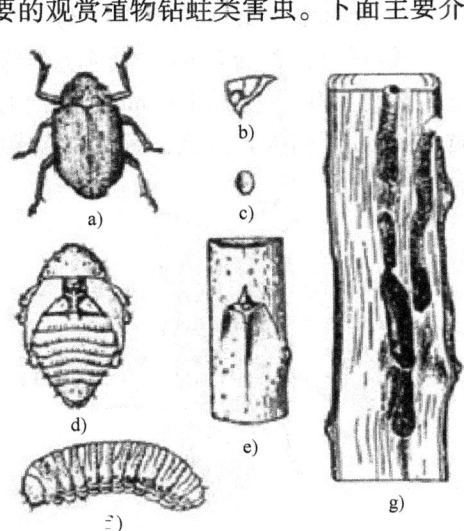

图10-21 杨干象

a）成虫 b）头部侧面 c）卵 d）蛹
e）产卵孔 f）幼虫 g）植物被害状

(四)防治方法

1. 加强检疫

严禁调入、调出带虫苗木,防止其传播蔓延。

2. 清洁田园

及时清除衰弱木,清除枯死枝、干,剪除虫瘿及被害枝条,消灭虫源。

3. 人工捕捉成虫

利用成虫的假死性,于成虫期振落捕杀。

4. 保护并利用天敌

保护和利用寄生蝇、啄木鸟和蟾蜍等天敌。

5. 药剂防治

成虫外出期喷1~2次20%菊杀乳油1 500~2 000倍液,或2.5%溴氰菊酯乳油2 000~2 500倍液、50%辛硫磷乳油1 000倍液。

六、吉丁甲类认知

吉丁类属于鞘翅目,吉丁甲科。

(一)种类、分布及危害

1. 金缘吉丁虫

金缘吉丁虫分布于我国长江流域、黄河故道和山西、河北、陕西、甘肃等地区,危害梨、苹果、沙果、桃等。幼虫蛀食皮层,被害组织颜色变深,被害处外观变黑。

2. 六星吉丁虫

六星吉丁虫分布于我国江苏、浙江、上海等地区,危害重阳木、悬铃木、枫杨等。

(二)形态特征

1. 金缘吉丁虫(见图10-22)

成虫体长13~17 mm,全体为翠绿色,具有金属光泽,身体扁平,密布刻点。卵呈椭圆形,长约2 mm,宽约1.4 mm,初产时为乳白色,后渐变为黄褐色。裸蛹,长15~20 mm,宽约8 mm,初为乳白色,后变为紫绿色,有光泽。

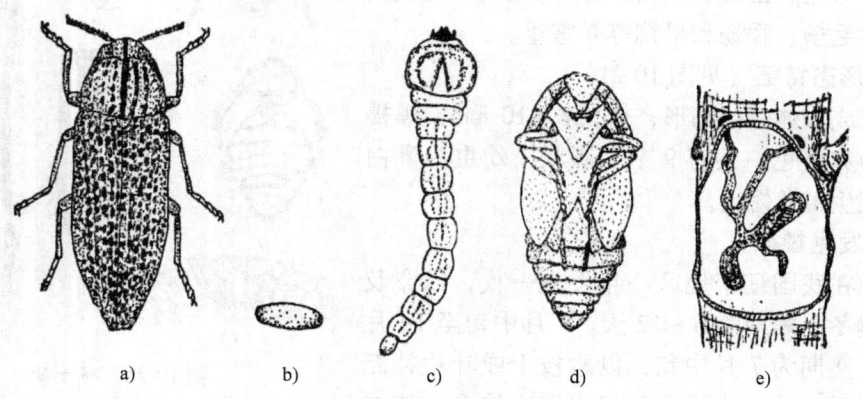

图10-22 金缘吉丁虫
a)成虫 b)卵 c)幼虫 d)蛹 e)植物被害状

2. 六星吉丁虫（见图10-23）

成虫体长10 mm，略呈纺锤形，茶褐色，有金属光泽。鞘翅不光滑，上有6个全绿斑点。老熟幼虫体长约30 mm，身体扁平，头小。蛹为乳白色，体形大小与成虫相似。

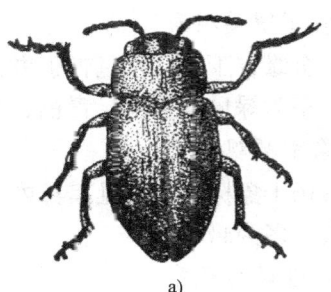

图10-23 六星吉丁虫
a) 成虫 b) 幼虫

（三）发生规律

1. 金缘吉丁虫

金缘吉丁虫两年发生一代，以幼虫过冬。越冬部位多在外皮层，老熟越冬幼虫已潜入木质部。

2. 六星吉丁虫

六星吉丁虫在我国上海一年发生一代，以幼虫越冬。成虫在晨露未干前较迟钝，并有假死性。卵产在皮层缝隙间。幼虫孵化后先在皮层危害，排泄物不排向外面。8月下旬，幼虫老熟，蛀入木质部化蛹。

（四）防治方法

1. 加强栽培管理

改进肥水管理，增强树势，提高抗虫能力，并尽量避免伤口，以减轻受害。

2. 人工防治

刮除树皮以消灭幼虫。及时清理田间被害死树、死枝，减少虫源。成虫发生期，组织人力清晨振树捕杀成虫。

3. 药剂防治

成虫羽化期，树干喷洒20%菊杀乳油800～1 000倍液，或90%敌百虫600倍液。

任务实施

一、材料及工具的准备

1. 材料

星天牛、云斑天牛，松纵坑切梢小蠹、松横抗切梢小蠹，金缘吉丁虫、六星吉丁虫，杨干象，芳香木蠹蛾、白杨透翅蛾、苹果透翅蛾各类标本。

2. 用具

手持放大镜、体视显微镜、泡沫塑料板、镊子、解剖针、蜡盘。

二、任务实施步骤

1. 天牛的观察

观察星天牛、云斑天牛各类标本。应特别注意观察幼虫前胸背板上的斑纹。

2. 小蠹虫类观察

观察松纵坑切梢小蠹、松横坑切梢小蠹各类标本，可见其为小型甲虫。应特别注意蛀道的形状。

3. 吉丁甲类观察

观察金缘吉丁虫、六星吉丁虫各类标本，可见其身体小至大型，成虫色彩鲜艳，具有金属光泽，多为绿色、蓝色、青色、紫色、古铜色。

4. 象甲类观察

观察杨干象标本，可见其身体为小至大型，头部延长成管状，状如象鼻，长短不一。体色变化大，多为暗色。

5. 木蠹蛾类观察

观察芳香木蠹蛾标本，可见其为中至大型蛾类，体粗壮。

6. 透翅蛾类观察

观察白杨透翅蛾、苹果透翅蛾的标本，可见其成虫最显著特征是前、后翅大部分透明且无鳞片，很像胡蜂，白天活动。幼虫蛀食茎秆、枝条，形成肿瘤。

任务考核

任务考核单

序 号	考核内容	考核标准	分 值	得 分
1	天牛的识别与防治	正确识别天牛并能说出有效的防治方法	20	
2	小蠹虫类的识别与防治	正确识别小蠹虫类并能说出有效的防治方法	15	
3	吉丁甲类的识别与防治	正确识别吉丁甲类并能说出有效的防治方法	15	
4	象甲类的识别与防治	正确识别象甲类并能说出有效的防治方法	10	
5	木蠹蛾类的识别与防治	正确识别木蠹蛾类并能说出有效的防治方法	10	
6	透翅蛾类的识别与防治	正确识别透翅蛾类并能说出有效的防治方法	10	
7	问题思考与回答	在整个任务完成过程中积极参与，独立思考	20	

思考问题

1. 天牛的识别与防治措施有哪些？
2. 小蠹虫类的识别与防治措施有哪些？
3. 吉丁甲类的识别与防治措施有哪些？
4. 象甲类的识别与防治措施有哪些？
5. 木蠹蛾类的识别与防治措施有哪些？
6. 透翅蛾类的识别与防治措施有哪些？

知识链接

其他蛀干害虫的识别与防治

一、茎蜂类

茎蜂类属于膜翅目，茎蜂科，危害观赏植物的茎蜂类害虫主要是月季茎蜂。

（一）分布及危害

月季茎蜂，又叫钻心虫、折梢虫，分布于我国华北、华东各地，除了危害月季外，还危

害蔷薇、玫瑰等花卉。月季茎蜂以幼虫蛀食花卉的茎秆，被害植物常从蛀孔处倒折、萎蔫，此虫对月季危害很大。

（二）形态特征（见图10-24）

雌成虫体长16 mm（不包括产卵管），翅展达22~26 mm。体为黑色且有光泽。卵为黄白色，直径约为1.2 mm。幼虫为乳白色，头部为浅黄色，体长约17 mm。蛹为棕红色，纺锤形。

（三）发生规律

月季茎蜂一年发生一代，以幼虫在蛀害茎内越冬。翌年4月化蛹，5月上中旬成虫出现。卵产在当年的新梢和含苞待放的花梗上，当幼虫孵化蛀入茎秆后，被害植物就倒折、萎蔫。

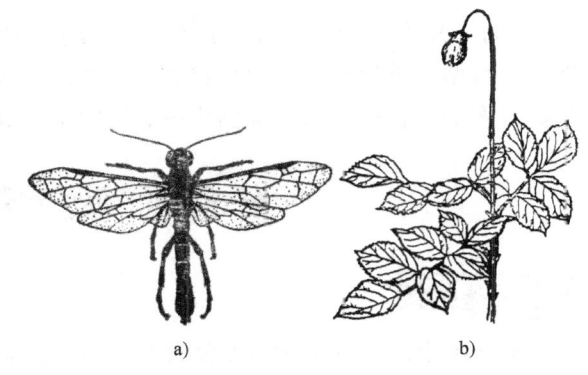

图10-24 月季茎蜂
a) 成虫 b) 植物被害状

（四）防治方法

1）及时剪除并销毁受害的枝条。

2）在越冬代成虫羽化初期（柳絮盛飞期）和卵孵化期，使用40%氧化乐果1 000倍液，或20%菊杀乳油1 500~2 000倍液毒杀成虫和幼虫。

二、蚊蝇类

危害观赏植物的常见蚊蝇类害虫主要有瘿蚊科的柳瘿蚊、菊瘿蚊和花蝇科的竹笋泉蝇。下面主要介绍柳瘿蚊。

（一）分布及危害

柳瘿蚊在我国东北、华北、华中、华东地区均有分布，主要危害柳树，特别是对旱柳、垂柳危害严重。被危害后，树木枝干迅速加粗，呈纺锤形瘤状突起。

（二）形态特征（见图10-25）

成虫体长3~4 mm，翅展达5~7 mm，紫红色或紫黑色。卵呈长椭圆形，橘红色，半透明。幼虫初孵时为乳白色，半透明；老熟时为橘黄色，前端尖，腹部粗大，体长4 mm左右。蛹为赤褐色。

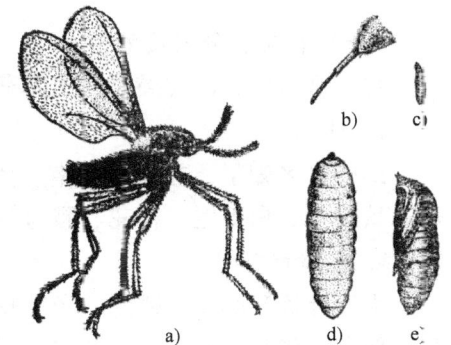

图10-25 柳瘿蚊
a) 成虫 b) 成虫腹部末端
c) 卵 d) 幼虫 e) 蛹

（三）发生规律

柳瘿蚊一年发生一代，以成熟幼虫集中在树皮危害部中越冬。初孵幼虫就近扩散危害，从嫩芽基部钻入枝干皮下引起新生组织不断增生，瘿瘤越来越大，枝干生长很快衰弱，会在两三年内干枯死亡。

（四）防治方法

1. 人工防治

在被危害部位较小或危害初期，在冬季或3月底以前，把危害部树皮铲下，或把瘿瘤锯

下,集中烧毁。

2. 药剂防治

3月下旬用40%氧化乐果原液对2倍水涂刷瘿瘤及新侵害部位,并用塑料薄膜包扎涂药部位,可彻底杀死幼虫、卵和成虫。春季,在成虫羽化前用机油乳剂或废机油仔细涂刷瘿瘤及新侵害部位,可以杀死未羽化的老熟幼虫、蛹和羽化的成虫。

任务3 吸汁害虫防治技术

任务描述

吸汁害虫均以刺吸式口器危害观赏植物,它们吸取植物汁液,造成枝叶枯萎,甚至整株死亡,同时还传播病毒病。而这类吸汁害虫因个体小,发生初期危害状不明显,易被人们忽视。那这类害虫都有哪些种类呢?发生规律如何呢?又如何进行有效的防治呢?

吸汁害虫是指成虫、若虫以刺吸或锉吸式口器取食植物汁液危害的昆虫,是观赏植物害虫中较大的一个类群,其中以刺吸口器害虫种类最多。常见的吸汁害虫有同翅目的蝉类、蚜虫类、木虱类、介壳虫类、粉虱类,半翅目的蝽类,缨翅目的蓟马类,此外,节肢动物门蛛形纲蜱螨目的螨类也常划入吸汁害虫。这类害虫繁殖力强,扩散蔓延快,在防治时一定要抓住有利时机,采取综合防治措施,才能达到满意的防治效果。

任务咨询

一、蝉类认知

(一) 种类、分布及危害

危害观赏植物的蝉类害虫主要有蚱蝉、大青叶蝉、桃一点斑叶蝉、青蛾蜡蝉等。

1. 蚱蝉

蚱蝉又名知了,在我国华南、西南、华东、西北及华北大部分地区都有分布,危害桂花、紫玉兰、白玉兰、梅花、腊梅等多种林木。

2. 大青叶蝉

大青叶蝉又称青叶跳蝉、青叶蝉、大绿浮尘子等,分布于我国东北、华北、中南、西南、西北、华东各地,危害圆柏、丁香、海棠、梅、樱花等。

(二) 形态特征

1. 蚱蝉(见图10-26)

成虫体长40~48 mm,全体为黑色,有光泽。卵呈长椭圆形,长约2.5 mm,乳白色,有光泽。老熟若虫头宽11~12 mm,体长25~39 mm,黄褐色。

2. 大青叶蝉(见图10-27)

成虫体长7~10 mm,雄虫较雌虫略小,青绿色。卵呈长圆形,微弯曲,一端较尖,长约1.6 mm,乳白至黄白色。若虫共5龄。老熟若虫体长6~7 mm,头部有2块黑斑,胸背及两侧有4条褐色纵纹直达腹端。

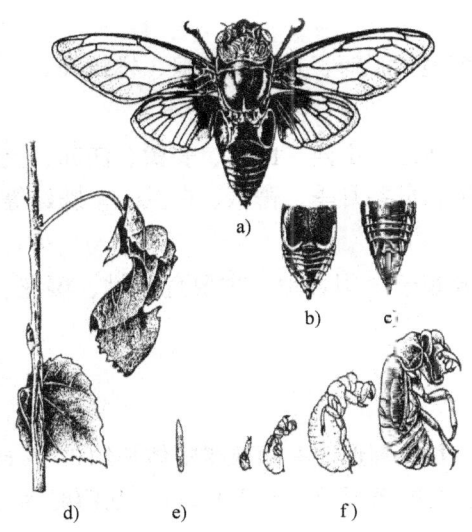

图10-26　蚱蝉
a）成虫　b）雌虫腹面观　c）雄虫腹面观
d）植物被害状　e）卵　f）若虫

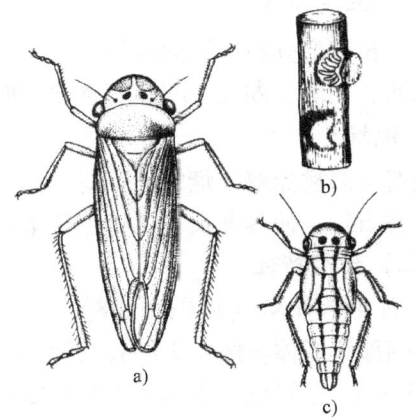

图10-27　大青叶蝉
a）成虫　b）卵　c）若虫

（三）发生规律

1. 蚱蝉

蚱蝉四年或五年发生一代，以卵和若虫分别在被害枝内和土中越冬。初孵若虫钻入土中，吸食植物根部汁液。雄成虫善鸣是此类昆虫最突出的特点。

2. 大青叶蝉

大青叶蝉一年发生3~5代，以卵于树木枝条表皮下越冬。成虫有趋光性，夏季颇强，晚秋不明显。此虫产卵于寄主植物茎秆、叶柄、主脉、枝条等组织内，以卵越冬。

（四）防治方法

1. 人工防治

清除花木周围的杂草。结合修剪，剪除有产卵伤痕的枝条，并集中烧毁。对于蚱蝉，可在成虫羽化前在树干绑1条3~4 cm宽的塑料薄膜带，拦截出土上树羽化的若虫，傍晚或清晨进行捕捉消灭。

2. 灯光诱杀

在成虫发生期用黑光灯诱杀，可消灭大量成虫。

3. 药剂防治

对叶蝉类害虫，主要应掌握在其若虫盛发期喷药防治。可用40%乐果乳油1 000倍液，或50%叶蝉散乳油、90%敌百虫晶体400~500倍液，或20%氰戊菊酯（杀灭菊酯）1 500~2 000倍液喷雾。

二、蚜虫认知

蚜虫类属于同翅目，蚜总科，小形多态性昆虫。

(一) 种类、分布及危害

危害观赏植物的蚜虫类害虫主要有竹蚜、菊姬长管蚜、月季长管蚜、桃蚜等。

1. 月季长管蚜

月季长管蚜分布于我国吉林、辽宁、北京、河北、山西、山东、安徽、江苏、上海、浙江、江西、湖南、湖北、福建、贵州、四川等地,危害月季、蔷薇、白兰、十姊妹等植物。

2. 桃蚜

桃蚜又名桃赤蚜、烟蚜、菜蚜、温室蚜,分布于全国各地,主要危害桃、樱花、月季、蜀葵、香石竹、仙客来及一二年生草本花卉。

(二) 形态特征

1. 月季长管蚜(见图10-28)

无翅孤雌蚜体长约4.2 mm,宽约1.4 mm,长椭圆形。有翅孤雌蚜体长约3~5 mm,宽约1~3 mm,草绿色,中胸为土黄色或暗红色。初孵若蚜体长约1.0 mm,初孵时为白绿色,渐变为浅黄绿色。

2. 桃蚜(见图10-29)

无翅孤雌成蚜体长2.2 mm,体色为绿色、黄绿色、粉红色、褐色。有翅孤雌蚜体长同无翅蚜,头和胸为黑色,腹部为浅绿色。卵呈椭圆形,初为绿色,后变为黑色。若虫近似无翅孤雌胎生蚜,浅绿色或浅红色,体较小。

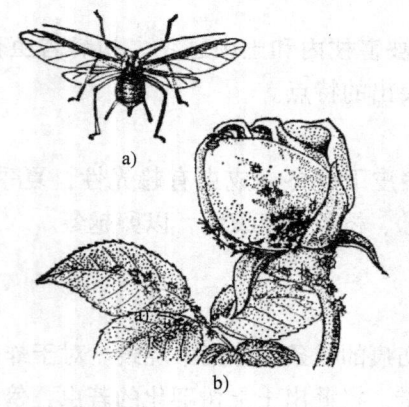

图10-28 月季长管蚜
a) 成虫 b) 植物被害状

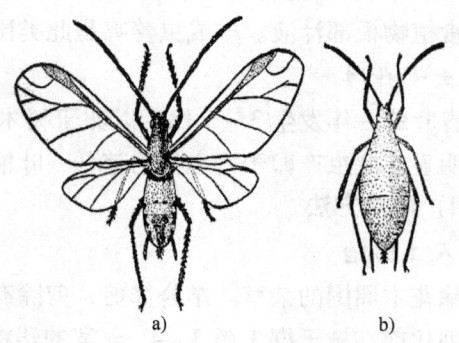

图10-29 桃蚜
a) 有翅胎生雌蚜 b) 无翅胎生雌蚜

(三) 发生规律

1. 月季长管蚜

月季长管蚜一年发生10~20代,冬季在温室内可继续繁殖危害,在我国北方以卵在寄主植物的芽间越冬;在南方以成蚜、若蚜在梢上越冬。气候干燥,气温适宜,平均气温在20 ℃左右,是月季长管蚜大发生的有利因素。

2. 桃蚜

桃蚜一年发生30~40代,以卵在桃树的叶芽和花芽基部和树皮缝、小枝中越冬,属于乔迁式。春末夏初及秋季是桃蚜危害严重的季节。

项目10 观赏植物害虫防治技术

（四）防治方法

1）人工防治。结合观赏措施剪除有卵的枝叶或刮除枝干上的越冬卵。

2）利用色板诱杀有翅蚜。

3）保护天敌瓢虫、草蛉，抑制蚜虫的蔓延。

4）在寄主植物休眠期，喷洒3~5°Bé石硫合剂。在蚜虫发生期，喷洒50%灭蚜松乳油1 000~1 500倍液或50%抗蚜威可湿性粉剂1 000~1 500倍液、2.5%溴氰菊酯乳油3 000~5 000倍液、10%吡虫啉可湿性粉剂2 000~2 500倍液、40%氧化乐果乳油1 000~1 500倍液。

三、介壳虫类认知

介壳虫类属于同翅目，蚧总科，又称为蚧。

危害观赏植物的介壳虫主要有日本龟蜡蚧、红蜡蚧、仙人掌白盾蚧、白蜡虫、紫薇绒蚧、吹绵蚧、矢尖盾蚧、糠片盾蚧、日本松干蚧等。以下主要介绍日本龟蜡蚧。

（一）分布及危害

日本龟蜡蚧，分布于我国河北、河南、山东、山西、陕西等地，危害茶、山茶、桑、枣等100多种植物。

（二）形态特征（见图10-30）

雌成虫体背有较厚的白蜡壳，呈椭圆形，长4~5 mm，背面隆起似半球形，中央隆起较高，表面具龟甲状凹纹。

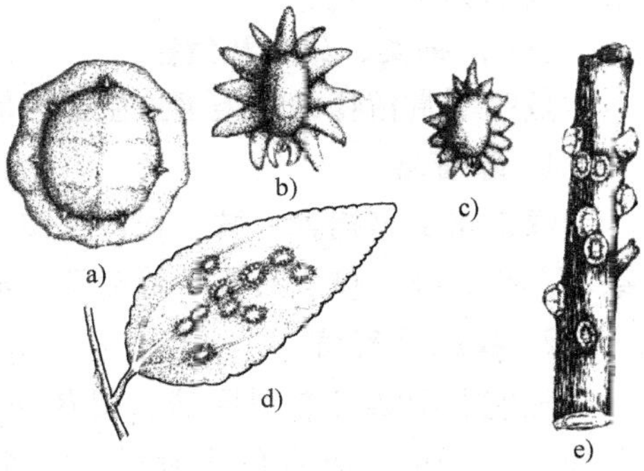

（三）发生规律

日本龟蜡蚧一年发生一代，以受精雌虫主要在1~2年生枝上越冬。天敌有瓢虫、草蛉、寄生蜂等。

（四）防治方法

1）人工防治。结合花木管护，剪除虫枝或刷除虫体，可以减轻介壳虫的危害。

2）保护并引放天敌。

3）药剂防治。落叶后至发芽前喷含油量10%的柴油乳剂，若混用化学药剂效果更好。初孵若虫分散转移期喷施药剂防治，可用1~1.5°Bé石硫合剂。卵囊盛期可用50%杀螟松乳油200~300倍液喷洒。

图10-30 日本龟蜡蚧
a）雌成虫 b）雄成虫 c）若虫
d）植物被害状（一） e）植物被害状（二）

四、木虱类认知

木虱类属于同翅目，木虱科。此类昆虫体型小，形状如小蝉，善跳能飞。触角绝大多数为10节，最后一节端部有2根细刚毛。跗节2节。危害观赏植物的木虱类害虫主要有梧桐木虱、樟木虱。以下主要介绍梧桐木虱。

（一）分布及危害

梧桐木虱是青桐树上的主要害虫。该虫的若虫和成虫多群集在青桐叶背和幼枝嫩干上吸食危害。

（二）形态特征

成虫体为黄绿色，长 4～5 mm，翅展约 13 mm。卵略呈纺锤形，长约 0.7 mm。初产时为浅黄白色或黄褐色，孵化前为深红褐色。

（三）发生规律

梧桐木虱一年发生两代，以卵在枝干上越冬，翌年 4 月下旬至 5 月上旬越冬卵开始孵化危害，若虫期为 30 多天。成虫羽化后需补充营养才能产卵。

（四）防治方法

1）加强检疫。

2）4 月上旬及时摘除着卵叶。

3）4 月中旬至 5 月上旬，剪除有若虫的枝梢，集中烧毁。

4）在卵期、若虫期喷洒 50% 乐果乳油 1 000 倍液或 50% 马拉硫磷乳油 1 000 倍液，兼有杀卵效果。

五、蝽类认知

蝽类属于半翅目，又称为臭虫，体小至大型，体扁平而坚硬。触角呈线状或棒状，3～5 节。前翅为半鞘翅。

（一）种类、分布及危害

危害观赏植物的蝽类害虫主要有麻皮蝽、绿盲蝽、杜鹃冠网蝽等。

1. 绿盲蝽

绿盲蝽又名棉青盲蝽、青色盲蝽、小臭虫、破叶疯、天狗蝇等，分布在全国各地，危害茶、苹果、梨、桃、石榴、葡萄等。成虫、若虫刺吸茶树等幼嫩芽叶。

2. 杜鹃冠网蝽

杜鹃冠网蝽又名梨网蝽、梨花网蝽，分布在全国各地，以若虫、成虫危害杜鹃、月季、山茶、含笑、茉莉、蜡梅、紫藤等盆栽花木。

（二）形态特征

1. 绿盲蝽（见图 10-31）

成虫体长约 5 mm，宽约 2.2 mm，绿色，密被短毛。卵长 1 mm，黄绿色，长口袋形。若虫初孵时为绿色，复眼为桃红色。

2. 杜鹃冠网蝽（见图 10-32）

成虫体长 3.5 mm 左右，体形扁平，黑褐色。触角呈丝状，4 节。卵呈长椭圆形，一端弯曲，长约 0.6 mm，初产时为浅绿色，半透明，后变为浅黄色。若虫初孵时为乳白色，后渐变为暗褐色，长约 1.9 mm。

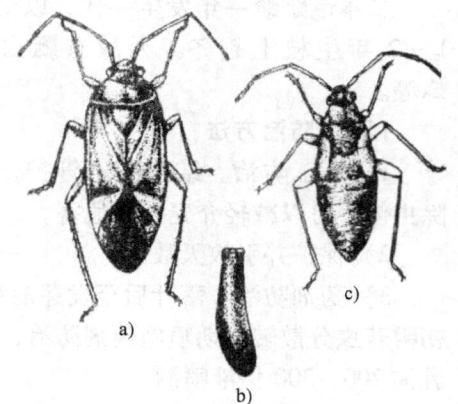

图 10-31 绿盲蝽
a）成虫 b）卵 c）若虫

（三）发生规律

1. 绿盲蝽

绿盲蝽在我国江西一年发生 6～7 代，以卵在树皮或断枝内及土中越冬。成虫飞行力强，

项目10 观赏植物害虫防治技术

喜食花蜜，羽化后六七天开始产卵。

2. 杜鹃冠网蝽

杜鹃冠网蝽在我国长江流域一年发生4～5代。各地均以成虫在枯枝、落叶、杂草、树皮裂缝及土、石缝隙中越冬。成虫喜在中午活动。

（四）防治方法

1）清除越冬虫源。冬季彻底清除落叶、杂草，并进行冬耕、冬翻。

2）对茎秆较粗且较粗糙的植株，涂刷白涂剂。

3）药剂防治。在成虫、若虫发生盛期可喷50%杀螟松1 000倍液，或43%新百灵乳油（辛·氟氯氰乳油）1 500倍液，或10%～20%拟除虫菊酯类1 000～2 000倍液，或10%吡虫啉可湿性粉剂、20%灭多威乳油、5%定虫隆（抑太保）乳油、25%广克威乳油2 000倍液。每隔10～15天喷施一次，连续喷施2～3次。

4）保护和利用天敌。

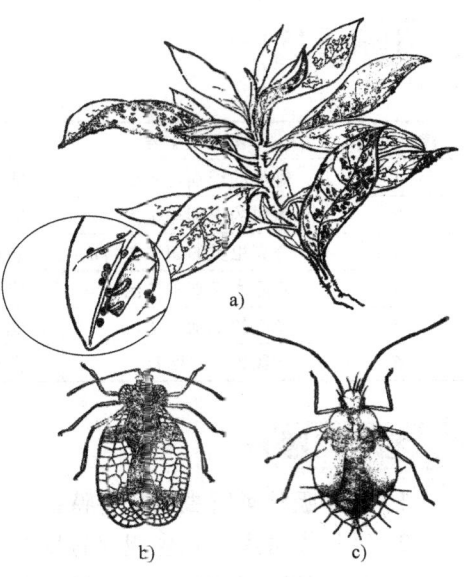

图10-32　杜鹃冠网蝽
a）卵及植物被害状　b）成虫　c）若虫

任务实施

一、材料及工具的准备

1. 材料

当地常见吸汁类害虫的各类标本。

2. 用具

手持放大镜、体视显微镜、泡沫塑料板、镊子、解剖针、蜡盘。

二、任务实施步骤

1. 蝉类观察

观察蚱蝉、大青叶蝉各类标本。

2. 蚜虫类观察

观察月季长管蚜、桃蚜各类标本。可见其为小型多态性昆虫，同一种类分有翅和无翅两种。

3. 介壳虫类观察

观察日本龟蜡蚧标本。应特别注意介壳的形态。

4. 木虱类观察

观察梧桐木虱标本。可见其体小型，形状如小蝉，善跳能飞。

5. 蝽类观察

观察绿盲蝽、杜鹃冠网蝽各类标本。应特别注意半鞘翅的分区、脉纹等。

园艺植物病虫害防治

📋 任务考核

任务考核单

序号	考核内容	考核标准	分值	得分
1	蝉类的识别与防治	能正确识别蝉类并说出具体的防治措施	20	
2	蚜虫的识别与防治	能正确识别蚜虫并说出具体的防治措施	15	
3	介壳虫类的识别与防治	能正确识别介壳虫类并说出具体的防治措施	15	
4	木虱类识别与防治	能正确识别木虱类并说出具体的防治措施	15	
5	螨类的识别与防治	能正确识别螨类并说出具体的防治措施	15	
6	问题思考与回答	在整个任务完成过程中积极参与，独立思考	20	

💭 思考问题

1. 简述吸汁类害虫的危害特征。
2. 吸汁类害虫的发生规律有哪些？
3. 吸汁类害虫的综合防治措施有哪些？
4. 试根据吸汁类害虫的习性制订其防治方案。

🔗 知识链接

螨类的防治

螨类，俗称红蜘蛛，属于节肢动物门，蛛形纲。螨类具有体积小、繁殖快、适应性强及易产生抗药性等特点，是公认的最难防治的有害生物。

螨类的防治应充分利用其特性，坚持"预防为主、综合防治"的方针，以观赏技术防治为主，辅以药剂防治，同时注意保护和利用天敌，可收到理想的效果。

一、观赏技术防治法

及时清除枯枝落叶和杂草。对植株增施有机肥，减少氮肥的使用量。在高温干旱季节，注意及时开穴浇水。对观赏植物加强修剪，增强树势以减少螨类发生机会。

二、生物防治法

捕食螨、瓢虫、草蛉、蓟马等对螨类都具有一定的控制作用，寄生性天敌虫生藻菌、芽枝霉等对螨类种群数量有一定的压制作用，选择药剂时应考虑天敌安全，若有条件，可人工释放天敌。

三、药剂防治法

1) 在早春或冬季，向植株喷洒 3~5 °Bé 石硫合剂，并按 0.2%~0.3% 加入洗衣粉，增强药剂附着力。此方法可杀死越冬螨，降低虫口基数。

2) 4月下旬至5月上旬为越冬卵孵化盛期，用 40% 氧化乐果乳油 5~10 倍液或 18% 高渗氧化乐果乳油 30 倍液涂抹根际、涂干。

3) 在田间出现少量若螨、成螨时即应喷药防治，喷药重点在叶背，药量要足，用 15%

扫螨净乳油3 000倍液均匀喷洒叶片正反面,也可用73%克螨特乳油1 000～1 500倍液、0.6%海正灭虫灵乳油1 500倍液,还可兼治蓟马、蚜虫、潜叶蝇。另外,可用洗衣粉400倍液或洗衣粉100 g加尿素250～500 g并对水50 kg喷洒,防治效果好,并且兼有追肥作用。

任务4　地下害虫防治技术

任务描述

地下害虫长期生活在土内危害植物的地下和地上部分,或昼伏夜出在近土面处危害。这类害虫种类繁多,危害寄主广,它们主要取食观赏植物的种子、根、茎、块根、块茎、幼苗、嫩叶及生长点等,常常造成缺苗、断垄或植株生长不良。这些害虫的形态特征是什么样的呢?发生发展规律又如何呢?怎样才能控制其发生与危害呢?

地下害虫是指一生或一生中某个阶段生活在土壤中危害植物地下部分、种子、幼苗或近土表主茎的杂食性昆虫。其种类很多,主要有蝼蛄、蛴螬、金针虫、地老虎、根蛆、根螨、根蚜、拟地甲、蟋蟀、根蚧、根叶甲、根天牛、根象甲和白蚁等10多类,植物等受害后轻者萎蔫,生长迟缓,重者干枯而死,造成缺苗断垄,以致减产。有的种类以幼虫危害,有的种类成虫、幼(若)虫均可危害。由于它们分布广,食性杂,危害严重且隐蔽,并混合发生,若疏忽大意,将会造成严重损失。

任务咨询

一、蝼蛄类认知

（一）种类、分布与危害

1. 东方蝼蛄

东方蝼蛄几乎遍及全国,但以南方各地发生较普遍。东方蝼蛄在低湿和较黏的土壤中发生多。

2. 华北蝼蛄

华北蝼蛄主要分布在我国北方地区,在盐碱地、沙壤土发生多。华北蝼蛄终生在土中生活,是幼树和苗木根部的主要害虫。

（二）形态特征

1. 东方蝼蛄

成虫体为灰褐色,长30～35 mm,体色初为黄白色,后变为灰褐色,孵化前变为暗紫色。

2. 华北蝼蛄

成虫体为黄褐色,长36～55 mm,体色初为乳白色,后变黄褐色,孵化前变为暗灰色。

（三）发生规律

东方蝼蛄和华北蝼蛄均昼伏夜出,20～23时是活动和取食的高峰。初孵化幼虫有群集性,怕风,怕水,怕光,3～6天后即分散危害。两种蝼蛄具趋光性,趋厩肥习性,嗜好香甜物质,喜水湿,一般在雨后和灌溉后的低洼地危害最强。蝼蛄类中的非洲蝼蛄喜栖息在灌渠两旁的潮湿地带。

（四）防治方法

1. 诱杀

蝼蛄羽化期间，可用灯光诱杀，以晴朗无风的闷热天诱集量最多。

2. 灭敌防治

红脚隼、戴胜、喜鹊、黑枕黄鹂和红尾伯劳等食虫鸟类是蝼蛄的天敌，可在苗圃周围栽防风林，招引益鸟栖息繁殖和食虫。

3. 毒土

作苗床（垄）时，将粉剂农药加适量细土拌均匀，随粪翻入地下，利用毒土预防。

4. 合理施肥

合理施用充分腐熟的有机肥，以减少该虫滋生。

5. 药剂防治

发生期用毒饵诱杀。毒饵的配法：40%乐果乳油与90%敌百虫原药用热水化开，每0.5 kg 药液加水 5 kg，拌饵料 50 kg。

二、地老虎类认知

地老虎属于鳞翅目，夜蛾科。目前，国内已知有 10 余种，主要有小地老虎、大地老虎等。以下主要介绍小地老虎。

（一）分布与危害

小地老虎在全国各地均有分布，其危害严重地区包括长江流域、东南沿海各省。小地老虎主要危害松、杨、柳、广玉兰、大丽花、菊花、蜀葵、百日草、一串红、羽衣甘蓝等 40 余种观赏植物。

（二）形态特征（见图 10-33）

成虫体长 16～23 mm，翅展达 42～54 mm，深褐色，前翅由内横线、外横线分为 3 段，具有显著的肾状斑、环形纹、棒状纹和 2 个黑色剑状纹。

（三）发生规律

小地老虎在全国各地一年发生 2～7 代，以蛹或老熟幼虫越冬。一年中常以第一代幼虫在春季发生数量最多，造成危害最重。

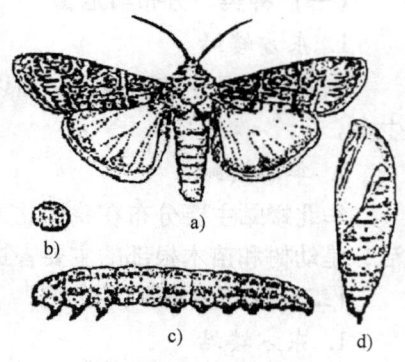

图 10-33　小地老虎

a）成虫　b）卵　c）幼虫　d）蛹

（四）防治方法

1. 田园清洁

及时清除苗床及圃地杂草，降低虫口密度。

2. 诱杀

在播种前或幼苗出土前，用幼嫩多汁的新鲜杂草 70 份与 2.5%敌百虫粉 1 份配制成毒饵，于傍晚撒于地面，诱杀 3 龄以上幼虫。在春季成虫羽化盛期，用糖醋酒液诱杀成虫。糖醋酒液配料：糖 6 份、醋 3 份、白酒 1 份、水 10 份，再加适量敌百虫。用黑光灯诱杀成虫。

3. 机械防治

播种及栽植前深翻土壤,消灭其中幼虫及蛹。幼虫取食危害期,可在清晨或傍晚在被咬断苗木附近的土中搜寻捕杀。

4. 药剂防治

幼虫危害期,用90%敌百虫500~1 000倍液,毒杀危害苗木的初龄幼虫。在幼虫初孵期,喷20%高卫士1 000倍液防治,兼治其他害虫。

三、蛴螬类认知

蛴螬是金龟甲幼虫的统称,属于鞘翅目,金龟甲科。下面主要介绍东北大黑鳃金龟。

(一) 分布与危害

东北大黑鳃金龟分布于我国东北、西北、华北等地,危害红松、落叶松、樟子松、赤松、杨、榆、桑、李、山楂、苹果等多种苗木根部、草坪草及多种农作物。

(二) 形态特征(见图10-34)

成虫体长16~21 mm,宽8~11 mm,长椭圆形,黑褐色或黑色,有光泽。

(三) 发生规律

东北大黑鳃金龟在我国东北及华北地区两年发生一代,以成虫及幼虫越冬。成虫于傍晚出土活动,拂晓前全部钻回土中,先觅偶交配,然后取食,有趋光性,但雌虫很少扑灯。

图10-34 东北大黑鳃金龟
a) 成虫 b) 幼虫头部正面观 c) 幼虫肛腹片

(四) 防治方法

1. 消灭成虫

对于危害花的金龟甲,于果树吐蕾和开花前,喷50%对硫磷乳油1 200倍液,或40%乐果乳油1 000倍液,或75%辛硫磷乳油、50%马拉硫磷乳油1 500倍液。可设黑光灯诱杀。

2. 除治蛴螬

1) 选择适当的杀虫粉剂,按一定比例掺细土,充分混合,制成毒土,均匀撒于地面,于播种或插条前随施药,随耕翻,随耙匀。

2) 若在苗木生长期发现蛴螬危害,可用50%对硫磷乳油、25%辛硫磷乳油、25%乙酰甲胺磷乳油、25%异丙磷乳油、90%敌百虫原药等,制成1 000倍的稀释液灌注根际。

3) 加强苗圃管理,中耕锄草,松土,破坏蛴螬适生环境并借助器械将其杀死。

3. 生物防治

金龟甲的天敌很多,如各种益鸟、刺猬、青蛙、蟾蜍、步甲等,都能捕食成虫、幼虫,应予以保护和利用。寄生蜂、寄生蝇和乳状菌等各种病原微生物也很多,也需进一步研究和利用。

四、金针虫类认知

金针虫是叩头虫的幼虫,属于鞘翅目,叩头甲科,种类较多。观赏植物中最常见的有细胸金针虫与宽背金针虫两种。

（一）分布与危害

1. 细胸金针虫

细胸金针虫分布在我国从黑龙江沿岸至淮河流域，西至陕西、甘肃等省区，危害丁香、海棠、元宝枫、悬铃木、松、柏等。

2. 宽背金针虫

宽背金针虫主要分布于我国东北和西北1 000 m以上高海拔地区，以沿河流开放草原流域、退化钙质淋溶土、栗钙土地带发生较重。

（二）形态特征

1. 细胸金针虫（见图10-35）

成虫体长8~9 mm，宽2.5 mm，体为暗褐色，鞘翅长约胸部的2倍，上有9条纵列刻点。幼虫体长23 mm，体为浅黄色，尾节呈圆锥形且不分叉，近基部两侧各有1个圆斑。

2. 宽背金针虫

成虫体长9~13 mm，宽约4 mm，体为黑色，鞘翅长约前胸的2倍，纵沟窄，沟间突出。幼虫体长20~22 mm，体为棕褐色，尾节分叉，叉上各有2个结节，4个齿突。

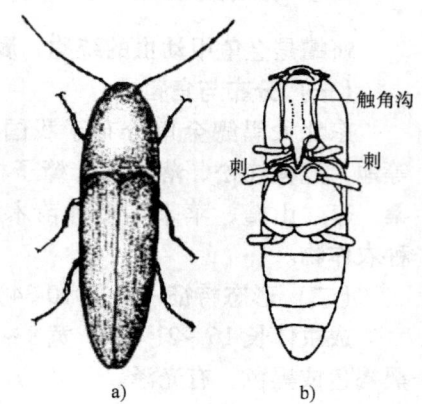

图10-35 细胸金针虫
a）成虫 b）腹面

（三）发生规律

1. 细胸金针虫

细胸金针虫一年发生一个世代，以成虫和幼虫在土壤中越冬。成虫昼伏夜出，喜食麦叶，有假死性。

2. 宽背金针虫

宽背金针虫需4~5年发生一个世代，以成虫和幼虫在土壤中越冬。成虫白天活动，善于飞翔。越冬成虫5~6月出土活动并开始产卵，幼虫于6~7月危害。

（四）防治方法

1. 农业防治

适当浇水，使土壤湿度达到35%~40%时，即可使此虫停止危害，使其下潜到10~30 cm深的土壤中。精耕细作，将虫体翻出土面让鸟类捕食，以降低虫口密度。加强苗地管理，避免施用未腐熟的厩肥。

2. 诱杀成虫

用3%亚砷酸钠浸过的禾本科杂草诱杀成虫。

3. 土壤处理

做床育苗时，采用5%的辛硫磷颗粒剂按每公顷30~45 kg施入表土层。

4. 药液灌根

若虫害发生较重，可用40%乐果乳剂或50%辛硫磷乳剂1 000~1 500倍液灌根。

项目10 观赏植物害虫防治技术

5. 药剂拌种

用种子重量1%的25%对硫磷微胶囊缓释剂拌种、50%辛硫磷微胶囊缓释剂拌种或40%甲基异柳磷乳剂拌种。

任务实施

一、材料及工具的准备

1. 材料

金龟甲成虫与幼虫标本；蝼蛄的不同虫期标本；地老虎的各类标本；金针虫的各类标本。

2. 用具

手持放大镜、体视显微镜、泡沫塑料板、镊子、解剖针、蜡盘。

二、任务实施步骤

（一）蛴螬类形态观察

观察东北大黑鳃金龟的成虫与幼虫标本，应特别注意观察幼虫头部的刚毛和臀节上的刺毛。蛴螬体肥大，弯曲近"C"形，多为白色，有的为黄白色。

（二）蝼蛄类形态观察

观察东方蝼蛄、华北蝼蛄、非洲蝼蛄的不同虫期标本。可见其前足为开掘足。前翅短，仅达腹部中部，后翅纵折伸过腹末端如尾。产卵器不发达。

（三）地老虎类形态观察

观察小地老虎的标本。成虫后翅的 M_2 脉发达，和其他脉一样粗，中足胫节有刺。其幼虫生活于土中，咬断植物根茎。

（四）金针虫类形态观察

观察细胸金针虫、宽背金针虫的各类标本。可见其幼虫多为黄褐色，体壁坚硬、光滑，体形似针。

任务考核

任务考核单

序 号	考核内容	考核标准	分 值	得 分
1	蛴螬类形态观察	正确识别蛴螬类并能说出有效的防治方法	20	
2	蝼蛄类形态观察	正确识别蝼蛄类并能说出有效的防治方法	20	
3	地老虎类形态观察	正确识别地老虎类并能说出有效的防治方法	20	
4	金针虫类形态观察	正确识别金针虫类并能说出有效的防治方法	20	
5	问题思考与回答	在整个任务完成过程中积极参与，独立思考	20	

思考问题

1. 常发生的地下害虫的种类有哪些？其危害特征如何？

2. 地下害虫的发生规律有哪些？
3. 地下害虫有哪些习性？如何利用这些习性诱杀？
4. 怎么防治地下害虫？

知识链接

地下害虫综合防治方案

一、影响地下害虫危害的因素

地下害虫的发生与土壤的质地、含水量、酸碱度、圃地的前作和周围的花木等情况有密切关系。

二、观赏植物地下害虫的防治措施

地下害虫的特点是长期潜伏在土中，食性很杂，危害时期多集中在春秋两季。防治时应抓住时机，采取农业措施和药剂防治相结合的方法进行综合防治。

1. 农业防治

翻耙整地，精耕细作。合理使用肥料。种植诱集作物。铲除杂草，清洁田园。人工捕捉幼虫、成虫。当害虫的数量小时，可根据地下害虫的各自特点进行捕杀。

2. 诱杀

1) 进行黑光灯诱杀。

2) 趋性诱杀。利用蝼蛄趋向马粪的习性，可在圃地内挖垂直坑并放入鲜马粪诱杀，还可在圃地栽蓖麻诱集金龟甲成虫。

3) 糖醋液诱杀。在春季用糖、醋、水按 1:3:10 的比例配成糖浆，然后将 0.5 g 90% 的敌百虫溶液放入盘中，于晴天的傍晚放在草坪内的不同位置诱杀。

4) 毒饵诱杀。每亩用碾碎炒香的米糠或麦麸 5 kg，加入 90% 的敌百虫 50 g 及少量水拌匀，或用 50% 的甲胺磷乳剂 60 g 混匀，傍晚撒于花木幼苗旁，对蝼蛄、地老虎的防治效果很好。

5) 毒草诱杀。当小地老虎达高龄幼虫期（4 龄期）时，将鲜嫩草切碎，用 90% 敌百虫、50% 辛硫磷或 50% 甲胺磷 500 倍液喷洒后，每亩用毒草 10~15 kg，于傍晚分成小堆放置田间，进行诱杀，对减轻花木幼苗受害有很好的效果。为了减少蒸发，可在毒草上盖枯草。

3. 生物防治

金龟甲的捕食性天敌有鸟、鸡、猫、刺猬和步甲。捕食蛴螬的天敌有食虫虻幼虫。寄生蛴螬的天敌有寄生蜂、寄生螨、寄生蝇。目前，对蛴螬防治有效的病原微生物主要有绿僵菌，它的防治效果达 90%。应用乳状杆菌，可使某些种类的蛴螬感染乳臭病而死。

将蓖麻叶 1 kg 捣碎，加清水 10 kg，浸泡 2 h，过滤，在受害区喷液灭杀金龟甲。或将侧柏叶晒干并磨成细粉，随种子同时施入土中，杀死金龟甲幼虫。

4. 药物防治

1) 播种前，将 40% 甲基异柳磷、3% 地虫净、呋喃丹颗粒或 5% 的辛硫磷颗粒均匀撒施地面，随即翻耙使药剂均匀分散于耕作层，既能触杀地下害虫，又能兼治其他潜伏在土中的害虫。

2）在春播花卉种子出苗前，每亩用3%呋喃丹颗粒剂1 kg，拌干细土30 kg，均匀撒于地边沟内的杂草上，可药杀刚出土的金龟甲。

3）幼虫盛发期用50%辛硫磷600倍液、90%敌百虫晶体800倍液、50%二嗪农乳油500倍液、50%辛硫磷1 000倍液、50%马拉硫磷800倍液或25%乙酰甲胺磷800倍液灌根，8~10天灌一次，连续灌2~3次，对消灭地下害虫的幼虫有良效。

任务5 草坪主要害虫防治技术

任务描述

草坪是一个小生物群落，栖息了多种有害昆虫，严重影响草坪质量。害虫在草坪上主要是采食草坪草，传播疾病，给植物带来危害。同时，草坪作为一类特殊的植物产品，一旦感染害虫，其观赏价值将会部分或全部丧失，在经济效益、观赏效果及生态效应等方面将会大打折扣。那么，草坪上常发生的害虫都有哪些呢？怎样才能防止其对草坪的破坏和危害呢？

草坪害虫主要是通过咀嚼和刺吸来采食草坪草的。它们直接吞食草坪草的组织和汁液，从而减少或抑制草坪草的正常生长。随着我国草坪的大面积发展及管理强度的增加，草坪害虫成了制约草坪质量的重要因素之一，能否控制好草坪害虫，是草坪养护管理成败的关键。

任务咨询

一、黏虫

（一）分布与危害

黏虫是世界性分布的、对禾本科植物危害极大的害虫，在我国分布也较广。该虫的幼虫危害性较大，是一种暴食性害虫，大量发生时常把叶片吃光，甚至将整片地吃得光秃。此虫危害黑麦草、早熟禾、剪股颖和高羊茅等多种草坪草。

（二）形态特征

成虫体长15~17 mm，体为灰褐色至暗褐色。前翅为灰褐色或黄褐色。环形斑与肾形斑均为黄色，在肾形斑下方有1个小白点，其两侧各有1个小黑点。后翅基部为浅褐色并向端部逐渐加深。老熟幼虫体长约38 mm，圆筒形，体色多变，黄褐色至黑褐色。

（三）发生规律

黏虫一年发生多代，在我国东北地区一年发生2~3代，在华南地区一年发生7~8代，并有随季风进行长距离南北迁飞的习性。成虫有较强的趋化性和趋光性。黏虫喜欢较凉爽、潮湿、郁闭的环境，高温干旱对其不利。

（四）防治方法

1）清除草坪周围杂草或于清晨在草丛中捕杀幼虫。

2）利用灯光诱杀成虫，或利用成虫的趋化性，用糖醋液诱杀。糖醋液的配置：糖、酒、醋、水按2∶1∶2∶2的比例混合，再加少量辛硫磷。

3）初孵幼虫及时喷药，喷洒40.7%毒死蜱乳油1 000～2 000倍液、50%辛硫磷乳油1 000倍液；或用每克菌粉含100亿活孢子的杀螟杆菌菌粉或青虫菌菌粉2 000～3 000倍液喷雾。

二、草地螟

（一）分布与危害

该虫在我国北方普遍发生，食性广，可危害多种草坪禾草。初孵幼虫取食幼叶的叶肉，残留表皮，并喜欢在植株上结网躲藏，在草坪上称为"草皮网虫"。3龄后的幼虫食量大增，可将叶片吃成残刻、孔洞，使草坪失去应有的色泽、质地、密度和均匀性，甚至造成草坪光秃，降低了观赏和使用价值。

（二）形态特征

成虫体较细长，9～12 mm，全体为灰褐色。前翅为灰褐色至暗褐色，中央稍近前缘有1个近似长方形的浅黄色或浅褐色斑，翅外缘为黄白色且有1串浅黄色小点组成的条纹；后翅为黄褐色或灰色，沿外缘有2条平行的黑色波状纹。老熟幼虫体长16～25 mm，头部为黑色。

（三）发生规律

该虫一年发生2～4代。成虫昼伏夜出，趋光性很强，有群集性和远距离迁飞的习性。幼虫发生期为6～9月。幼虫活泼，性暴烈，稍被触动即可跳跃，高龄幼虫有群集和迁移习性。幼虫最适发育温度为25～30 ℃，高温多雨年份有利于其发生。

（四）防治方法

1. 人工防治

利用成虫白天不远飞的习性，用拉网法捕捉。

2. 药剂防治

用50%辛硫磷乳油100倍液，或用每克菌粉含100亿活孢子的杀螟杆菌菌粉或青虫菌菌粉2 000～3 000倍液喷雾。

三、稻纵卷叶螟

（一）分布与危害

稻纵卷叶螟在我国各省、自治区均有分布，是以危害禾本科草坪叶片为主的重要迁飞性害虫。

（二）形态特征

雌蛾体长8～9 mm，体翅为黄褐色，前翅前缘为暗褐色，外缘有暗褐色宽带。老熟幼虫体长14～19 mm，浅黄绿色。蛹长9～11 mm，细长纺锤形，末端尖，棕褐色。

（三）发生规律

稻纵卷叶螟在我国从北到南一年发生1～11代，长江中下游以南至秦岭以北一年发生5～6代。幼虫活泼，遇惊跳跃后退，吐丝下坠脱逃，末龄幼虫多在植株基部的枯黄叶片或叶鞘内侧吐丝结茧化蛹。此虫的主要天敌有赤眼蜂、绒茧蜂、蜘蛛、瓢虫、白僵菌等。

（四）防治方法

1. 生物防治

在产卵期释放赤眼蜂，每公顷释放30万头；或在卵孵化期每公顷用Bt乳剂3 000mL，兑水 750 L 均匀喷雾。

2. 化学防治

用 50% 杀螟松乳油 1 000 倍液，或 50% 甲胺磷乳油 1 500 倍液，或 25% 杀虫双水剂 500 倍液均匀喷雾。

四、蝗虫

蝗虫属于直翅目，蝗总科。蝗虫食性杂，可取食多种植物，但较嗜好禾本科和莎草本植物，喜食草坪禾草。成虫和蝗蝻取食叶片和嫩茎，大发生时可将寄主吃成光杆或全部吃光。

(一) 形态特征

1. 东亚飞蝗

雄成虫体长 33~48 mm，雌成虫体长 39~52 mm，有群居型、散居型和中间型 3 种类型，体为灰黄褐色（群居型）或头、胸、后足带绿色（散居型）。

2. 短额负蝗

成虫体长 21~32 mm，体色多变，从浅绿色到褐色和浅黄色都有，并杂有黑色小斑。

(二) 发生规律

1. 东亚飞蝗

东亚飞蝗在我国北京以北一年发生一代，在黄淮海流域一年发生两代，在南部地区一年发生 3~4 代。全国各地均以卵在土中越冬。

2. 短额负蝗

短额负蝗一年发生两代，以卵越冬。成虫、若虫大量发生时，常将叶片食光，仅留秃枝。初孵若虫有群集危害习性，2 龄后分散危害。

(三) 防治方法

1. 药剂喷洒

发生量较多时，可采用药剂喷洒防治，常用的药剂有 3.5% 甲敌粉剂、4% 敌马粉剂，30 kg/hm^2；40.7% 毒死蜱乳油 1 000~2 000 倍液。

2. 毒饵防治

将麦麸 100 份、水 100 份、50% 辛硫磷乳油 0.15 份混合拌匀，22.5 kg/hm^2；也可用鲜草 100 份切碎加水 30 份拌入 50% 辛硫磷乳油 0.15 份，112.5 kg/hm^2。药剂应随配随撒，不能过夜。阴雨、大风、温度过高或过低时不宜使用。

任务实施

一、材料及工具的准备

1. 材料

当地草坪常发生害虫标本（成虫、卵、幼虫、蛹）、危害状标本、临时采集的新鲜标本、挂图等。

2. 用具

按组配备双目体视显微镜、放大镜、镊子、解剖针等用具。

二、任务实施步骤

4~6人为一组，在教师指导下对草坪植物各种害虫标本进行观察与识别。

（一）咀嚼式口器食叶害虫的形态及危害状识别

肉眼识别黏虫、斜纹夜蛾、草地螟、蝗虫、蜗牛、蛞蝓等害虫的形态及危害状，对照挂图或结合现场识别咀嚼式口器食叶害虫的危害状。

（二）刺吸式口器害虫的形态及危害状识别

肉眼识别蚜虫、叶蝉、飞虱、盲蝽、叶螨等害虫的形态及危害状，对照挂图或结合现场识别刺吸式口器害虫的危害状。

（三）地下害虫的形态及危害状识别

肉眼识别蝼蛄、蛴螬、金针虫、地老虎等害虫的形态及危害状，并对照挂图或结合现场识别地下害虫的危害状。

（四）线虫的形态及危害状识别

肉眼识别线虫的形态及危害状，并对照挂图或结合现场识别线虫的危害状。

任务考核

任务考核单

序号	考核内容	考核标准	分值	得分
1	蛴螬形态观察	正确识别蛴螬并能说出有效的防治方法	20	
2	蝼蛄形态观察	正确识别蝼蛄并能说出有效的防治方法	20	
3	地老虎形态观察	正确识别地老虎并能说出有效的防治方法	20	
4	金针虫形态观察	正确识别金针虫并能说出有效的防治方法	20	
5	问题思考与回答	在整个任务完成过程中积极参与，独立思考	20	

思考问题

1. 简述黏虫的发生规律与防治方法。
2. 简述蝗虫的发生规律与防治方法。
3. 草坪害虫的发生受哪些因素影响？

知识链接

草坪害虫的综合防治方案

一、草坪害虫的防治措施

1. 草种检疫

目前，我国绝大部分冷季型草种是从国外调入的，传入危险性害虫的风险很大，因而必须加强草种检疫。草坪草的检疫性害虫有谷斑皮蠹、白缘象、日本金龟子、黑森瘿蚊等。

2. 建植措施

1）选用抗虫草种、品种，如多年生黑麦草品种为近来培育的抗虫新品种。

项目10 观赏植物害虫防治技术

2) 利用带有内生真菌的草坪草种和品种。

3) 适地适草。应根据当地的生态特点选择最适草种（品种），否则草坪草生长不良，抗逆性差，容易受到害虫的侵袭。

3. 养护措施

1) 合理修剪可以直接降低害虫的数量，但修剪时也会通过剪草机传播害虫。

2) 合理适时的灌溉，可促进草坪草健康生长，避免因过干或过湿而胁迫草坪，从而提高草坪的抗虫能力。

3) 施肥时要考虑到氮、磷、钾的平衡，既要促进草坪健康生长又要防止草坪徒长，同时还应防止因施用化肥不当引起土壤酸碱度的大幅度变化。

4) 由于枯草层可为多种害虫提供越冬场所，并影响草坪的通气性与透水性，降低草坪草的活力及其抗性，因而应及时清除。

4. 生物防治

1) 利用草坪或其周围区域的天敌，如草蛉、瓢虫、寄生蜂、寄生蝇、蜘蛛、蛙类、鸟类等来消灭害虫。

2) 能使昆虫染病的病原微生物有真菌、细菌、病毒、立克次氏体、原生动物及线虫等。目前，生产上应用较多的是真菌、细菌和病毒。常见药剂有苏云金杆菌、白僵菌、核多角体病毒（病毒制剂）、斯氏线虫、微孢子虫等。

学 习 小 结

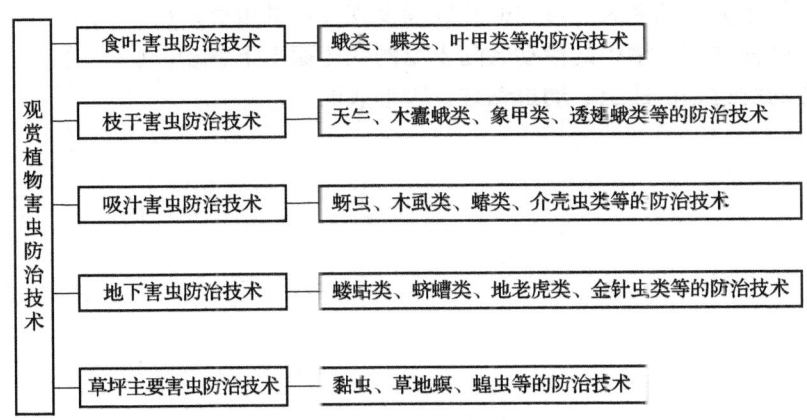

达 标 检 测

一、填空题

1. 金龟甲的幼虫肥胖，呈_____形弯曲，有_____胸足，俗称_____；叩甲的幼虫多为_____色，体壁_____、光滑，体形似_____，俗称_____；尺蛾的幼虫仅在第6腹节和末节上各具_____，行动时，弓背而行，如同以手量物，俗称_____。

2. 观赏植物食叶害虫的种类很多，除鳞翅目的蝶类、蛾类幼虫外，还有鞘翅目的_____、_____、_____，膜翅目的_____，直翅目的_____。

3. 毒蛾类幼虫体多具_____毛，腹部第6~7节背面有_____，有_____危害的习性。
4. 芫菁的1龄为_____型，行动活泼；2~4龄和6龄为_____型；5龄为_____型。
5. 叶蜂类幼虫体表光滑，多皱纹，腹足_____对，无_____。
6. 常见的吸汁害虫有同翅目的_____、_____、_____、_____、_____，半翅目的_____，缨翅目的_____。此外，节肢动物门蛛形纲蜱螨目的_____也常划入吸汁害虫。

二、选择题

1. 下列害虫中（　　）是卷叶或缀叶危害的。
   A. 黄刺蛾　　　　　B. 马尾松毛虫　　　　C. 香蕉弄蝶　　　　D. 黄杨绢野螟
2. 下列害虫中成虫、幼（若）虫都危害植物叶片的有（　　）。
   A. 柳蓝叶甲　　　　B. 铜绿丽金龟　　　　C. 短额负蝗　　　　D. 樟叶蜂
3. 下列刺蛾中在地下结茧的有（　　）。
   A. 黄刺蛾　　　　　B. 扁刺蛾　　　　　　C. 褐边绿刺蛾　　　D. 褐刺蛾
4. 下列蛾类、蝶类成虫中白天活动的有（　　）。
   A. 柑橘凤蝶　　　　B. 曲纹紫灰蝶　　　　C. 斜纹夜蛾　　　　D. 重阳木锦斑蛾
5. 下列害虫对糖醋酒液有趋性的是（　　）。
   A. 东方蝼蛄　　　　B. 小地老虎　　　　　C. 斜纹夜蛾　　　　D. 白星花金龟

三、判断题

1. 芫菁的成虫和幼虫都是食叶害虫。（　　）
2. 黏虫有迁飞习性。（　　）
3. 利用东方蝼蛄对香甜物质的趋性，可以用糖醋酒液进行诱杀。（　　）
4. 天牛类枝干害虫危害时常可在蛀孔周围发现大量的虫粪。（　　）
5. 蛴螬、金针虫在土壤中的活动会随土温的变化而上下移动。（　　）
6. 小蠹虫的坑道是由成虫、幼虫钻蛀危害形成的。（　　）

参 考 文 献

[1] 蒋书楠. 中国天牛幼虫 [M]. 重庆：重庆出版社，1989.
[2] 江世宏，王书永. 中国经济叩甲图志 [M]. 北京：中国农业出版社，1999.
[3] 黄少彬，孙丹萍，朱承美. 园林植物病虫害防治 [M]. 北京：中国林业出版社，2000.
[4] 黄其林，田立新，杨莲芳. 农业昆虫鉴定 [M]. 上海：上海科学技术出版社，1984.
[5] 郝素琴. 荔枝栽培 [M]. 北京：气象出版社，1990.
[6] 胡金林. 中国农林蜘蛛 [M]. 天津：天津科学技术出版社，1984.
[7] 韩召军. 植物保护通论 [M]. 北京：高等教育出版社，2001.
[8] 萧刚柔. 中国森林昆虫 [M]. 北京：中国林业出版社，1992.
[9] 郑进，孙丹萍. 园林植物病虫害防治 [M]. 北京：中国科学技术出版社，2003.
[10] 张随榜. 园林植物保护 [M]. 北京：中国农业出版社，2001.
[11] 中国林业科学研究院. 中国森林昆虫 [M]. 北京：中国林业出版社，1983.
[12] 袁锋. 昆虫分类学 [M]. 北京：中国农业出版社，1996.
[13] 北京林学院. 森林昆虫学 [M]. 北京：中国林业出版社，1979.
[14] 陈合明. 昆虫学通论实验指导 [M]. 北京：中国农业大学出版社，1991.
[15] 蔡邦华. 昆虫分类学：中册 [M]. 北京：科学出版社，1973.
[16] 戴漩颖，陈息林，浦冠勤. 桑褐刺蛾的发生与防治 [J]. 江苏蚕业，2004（3）.
[17] 董守莲，何成云，朱林科. 杨白潜叶蛾观察初报 [J]. 青海农林科技，1997（1）.
[18] 费显伟. 园艺植物病虫害防治 [M]. 北京：高等教育出版社，2005.
[19] 方志刚，王义平，周凯，等. 桑褐刺蛾的生物学特性及防治 [J]. 浙江林学院学报，2001，18（2）.
[20] 管致和. 植物保护概论 [M]. 北京：中国农业大学出版社，1995.
[21] 李梦楼. 森林昆虫学通论 [M]. 北京：中国林业出版社，2002.
[22] 李剑书，张宝棣，甘廉生. 南方果树病虫害原色图谱 [M]. 北京：金盾出版社，1996.
[23] 李成德. 森林昆虫学 [M]. 北京：中国林业出版社，2004.
[24] 李清西，钱学聪. 植物保护 [M]. 北京：中国农业出版社，2002.
[25] 李翠芳，张玉峰. 杨枯叶哦的形态特征和生物学特性 [J]. 沈阳农业大学学报，1996，27（4）.
[26] 牟吉元，柳晶莹. 普通昆虫学 [M]. 北京：中国农业出版社，1996.
[27] 欧阳秩，吴帮承. 观赏植物病害 [M]. 北京：中国农业出版社，1996.
[28] 芩炳沾，苏星. 景观植物病虫害防治 [M]. 广东：广东科技出版社，2003.
[29] 忻介六，杨庆爽，胡成业. 昆虫形态分类学 [M]. 上海：复旦大学出版社，1985.
[30] 金波. 花卉病虫害防治彩色图说 [M]. 北京：中国农业出版社，1998.
[31] 吴福桢. 中国农业百科全书昆虫卷 [M]. 北京：中国农业出版社，1990.
[32] 王琳瑶，张广学. 昆虫标本技术 [M]. 北京：科学出版社，1983.
[33] 王雄. 濒危植物沙棘青冬新害虫——灰斑古毒蛾的研究 [J]. 内蒙古师范大学学报，2002，31（4）.
[34] 王霞，田立荣，王连伊. 白杨叶甲生物学特性及防治 [J]. 内蒙古林业科技，2004（4）.
[35] 王宏，张士平，金伟. 东亚飞蝗发生规律及治理策略 [J]. 河南农业科学，2006（6）：69-70.
[36] 覃榜彰，莫钊志，蔡肖群. 龙眼优质丰产图说 [M]. 北京：中国林业出版社，2001.
[37] 朱俊庆. 茶树害虫 [M]. 北京：中国农业科学技术出版社，1999.
[38] 杨辅安，黄有政，汪园林. 短额负蝗生物学特性的观察 [J]. 昆虫知识，1996，33（5）.
[39] 袁雨，吕龙石，金大勇. 长白山区柑橘凤蝶生物和生态学特性的研究 [J]. 农业与技术，2001，21（3）：19-22.